HISTORY AND SYSTEMS OF PSYCHOLOGY

[美]
詹姆斯·F. 布伦南
[美]
基思·A. 霍德
——著

剑桥心理学史

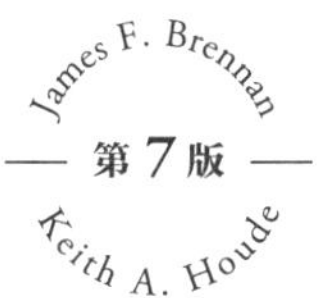

颜雅琴 谢晴
——译

東方出版中心

前言

无论是作为充满活力的研究性学科，还是在形形色色的应用领域，心理学在当代的多样性都迫使人们去追问这一学科的形成历程。如今的职业市场和思想观念都以多种形式显示了心理学的影响，心理学的过去也说明心理探索一直存在于学术研究领域之内。然而，直到 19 世纪下半叶，心理学才从其他学科之中独立出来。

回望心理学的过去，有助于我们理解当代对主要学科主题和扩展的多样性认识。同样重要的是透过学术史本身和一般科学哲学的视角审视心理学的发展。当心理学在文艺复兴前后的纷乱思想中为其学科身份而挣扎时，正是现代科学的出现推动了心理学在 1870 年代最终获得正式的学科地位。这个过程很重要。

心理学过去的许多故事都植根于宽广的学术史中，这为心理学的学生和教师都增添了极大的难度。当心理学史的内容更多地来自整个学术史，而不是大多数人心目中的心理学时，我们要如何讲述心理学的过去？事实上，这一挑战就是本书的核心理论基础。

笔者对历史、思想史很感兴趣，也很热衷于探讨心理学的内容、方法和应用历程。在教学经验中，我们发现，心理学的思想史有时可能显得枯燥无味、过于抽象、不够连贯，尤其是对非专业人士而言。但我们对这个领域充满热情，希望能将心理学史上的思想带进生活中，也就是说，将生命注入有时过于枯燥的心理学故事之中。

方法和范围

赫尔曼·埃宾豪斯（Hermann Ebbinghaus）在《心理学纲要》（*Outline of Psychology*, 1908）中写下著名的那句："心理学有着悠久的过去，却只有短暂的历史。"（第 1 页）笔者认为，要追溯心理学的历史，必须从遥远的历史起点开始，而不是仅仅着墨于现代心理学创立后的短暂历史。必须在条分缕析总结完古代的发展历程之后，才有可能连贯统一地描述现代心理学的发展史。要为心理学的未来铺平道路，很有必要学习它过去的发展历程。

首先要探讨的是塑造心理学故事的重要人物和地点。对于心理学的伟大人物和开创性思想家，应该结合他们的生活和时代背景进行思考。然后，我们有必要讨论心理学领域内的疑问和范式。心理学领域似乎一直在试图寻找统一的范式，一些重要的问题在叙述中反复出现，答案的共同之处围绕某些重复出现的主题或思想流派而不断融合。

为了理解不同时代的各种方法，我们试图找出并强调贯穿始终的普遍主题，厘清这些思想的连接脉络。我们发现，从古希腊开始，整个叙事过程中出现了五大取向：生物主义、经验主义、机能主义、人本主义和唯心主义。沿着这一脉络，我们观察并描绘了古往今来不同的心理学思想的自然发展进程：从理论（内容）到研究（方法）再到实践（应用）。心理学的首要问题是与研究内容相关的理论问题，即人性的本质问题，包括身心问题及其衍生产物。与此密切相关的是围绕知识本质和研究方法的思考，本书深入介绍了自然科学和人文科学两种互补的模式。在当代美国，心理学的理论和研究似乎不可避免地以漏斗状的方式汇聚解决各类问题以及关乎生活前景的实际应用之上。

本书分为两部分：第一部分是“心理学的历史基础”，论述了从古代哲学和宗教思想到 19 世纪 70 年代经验主义心理学出现的历程，梳理了心理学内部不同模式的演变史。虽然我们关注的重点是心理学，但这样的研究必须放在西欧学术思想这一更广泛而丰富的背景之下。这样做使我们隐微地认识到，心理学是西方文明传统的组成部分之一。本书的第一部分也介绍了心理学的历史——这是一段与西方文明的里程碑密切相关的历史。特别是，从逻辑上讲，心理学的历史与西方思想传统的紧密联系，基于有关人类本质的基本哲学前提，这一哲学前提可以追溯到古希腊时期。然而，为了更准确地认识与了解心理学，也要认识到这样至关重要的一点：关于人类活动的重要思想也来自西方世界之外的丰富思想传统。因此，在成百上千年的学术探索中，关于人类经验的经典问题将主题的共同性引向了一个特定的方向。但是，当我们继续探讨西方思想史中心理学的重要主题时，应该意识到，关于人类本质的假设具有普遍意义上的多样性。

本书的第二部分“心理学的体系”从第 14 章开始，探讨了心理学与哲学、生理学和物理学分道扬镳以来发展出的主要变化。如果不去了解和欣赏过去 150 年发生的事件，很难真正理解心理学的这些变化或是体系。很明显，自从心理学正式成为一门独立学科，就几乎没有出现真正全新的关键问题。研究重点有所改变，研究技术与术语有所创新，但本质上，激发我们、使我们困惑的，仍是祖先出于自身的好奇心而遭遇的那些问题。

本书的亮点和特点包括：

· **从古至今：** 全面概述、涵盖了心理学从古代发展到现代的历程；

· **从东到西：** 强调心理学的西方基础，探究东方对心理学历史的贡献；

· **时代精神：** 探讨促使心理学最终成为一门独立学科的重要背景，“时代精神”和地点、历史时期与地理位置；

· **伟大的思想家：** 确定每个时代最具开创性的思想家，以及心理学中各种历史方法和流派的代表人物；

· **经典问题：** 思考心理学内部反复出现的问题，包括现实性质、真理标准、认识方式和人性；

· **持续范式：** 在心理学寻求统一范式的背景下，归纳五大取向或思想流派，将其作为贯穿心理学史的组织框架；

· **自然科学和人文科学：** 在不断发展的心理学领域中，正确认识这两种实证研究方法；

· **实际应用：** 介绍心理学的当代应用和各个子领域；

· **教学实践：** 为学生和教师提供合理和结构清晰的教学材料（下文将进一步说明）。

目标受众

本书的目标受众分为三类。第一类是对心理学感兴趣的本科生，不需要具备历史、哲学和科学哲学背景。本书尽量提供了重要的细节和方向建议，为具备求知欲的读者补充背景知识。第二类是心理学研究生，帮助他们找到坚实的参考基点，从而进行更深入的研究。第三类受众则更为广泛，包括所有对心理学感兴趣并为其中的核心问题而着迷的人，正是这些问题将我们吸引到心理学这一学科上，那就是我们对自己的主观性和自我意识的好奇。

本书旨在作为《心理学的历史和体系》课程教材使用，适用于心理学专业的本科或研究生教学。它能为学生提供结构合理的框架，有助于组织和学习纷繁复杂的知识内容。本书提供了极具综合性的教学材料，既适合经验丰富的教授使用，也能满足对该主题不甚熟悉的青年教师。

教学特色

读者资源

很高兴为您提供进入精彩纷呈的心理学史世界的护照，欢迎您前来参观。本书覆盖了心理学中大量经典问题。通过探讨时间与空间、政治与经济、宗教与教育、探索与发明，以及当时的建筑、艺术、音乐和文学等各个方面，我们构建了心理学史上各个时期的时代精神。地图和时间表将一路为我们提供帮助。在每段时期的学术探讨中，我们都会以“伟大的思想家”作为这一时期思想的代表人物（本书将以▲符号作为标示）。我们将遵循五条心理学思想发展脉络，帮助你更清晰地对比心理学历史上反复出现的概念和主题。最后，我们也会脚踏实地，思考心理学在当代生活中的多种应用方式。

教师资源

为了更全面、更系统地了解心理学史，本书的最佳阅读方式是自始至终按顺序进行。然而，根据实际情况和（或）教学偏好，您也可以选择其他方式。本书中最重要、最关键的章节，也就是全书的理论基础和框架主要包括：

第 1 章	从古至今：寻找范式的心理学
第 3 章	古希腊的心理学基础
第 13 章	现代心理学的创立
第 20 章	当代心理学

可行的阅读方式包括：

· 分别阅读本书的两部分，有选择地学习“心理学的历史基础”和（或）“心理学的体系”。

· 换一种方式将本书分为两部分，第一部分是从古代到启蒙运动（第 2 至 11 章），第二部分是从 19 世纪到现在（第 12 至 20 章）。

· 请自行决定是否需要学习第 2 章“古代东方心理学”。

· 将第 8 章（法国的感觉主义）和第 9 章（英国的经验主义）相结合，第 10 章（德国的理性主义）和第 11 章（浪漫主义与存在主义）相结合，更深入地了解启蒙运动时期。

· 只学习每个时代最杰出的思想家（本书以符号▲标识“伟大的思想家”，各位老师也可以自行选择），各个关键方法及流派的典型代表（如表 20.1 所示），简化覆盖范围。

目　录 CONTENTS

第二部分 心理学的体系

第一部分

心理学的历史基础

HISTORY

AND

SYSTEMS

OF

PSYCHOLOGY

第 1 章

从古至今：寻找范式的心理学

章节内容

历史调查的方法

心理学对统一范式的探寻

心理学的经典问题

东西方心理学传统

心理学与人们的生活息息相关。日常生活中，心理学一词有多种含义，有人觉得它主要研究精神，有人觉得它主要探讨行为，也有人觉得它只关注异常现象。大众传媒的存在似乎强化了这种看法。例如，我们经常听到有人将心理学、精神病学和**精神分析学**混为一谈。许多有关吸烟或药物危害的研究结果，明明来自心理学家，却被媒体描述为医学研究。有时我们也会看到，一部分心理学家用未经实践验证的“安乐椅”方法，在报纸上对陷入困境的读者们给出深刻的建议。即使有些人听过大学水平的心理学入门课程，也不一定能消除这些误解。上过这些课程的人，可能只模模糊糊记得智商测验、狗的唾液、焦虑等级、俄狄浦斯情结、图形-背景转换、老鼠走迷宫、心率控制和朋辈影响等问题。列出心理学家的工作范畴对此窘境同样于事无补。在医院、社区心理健康中心、广告业、工业、政府、部队以及高校，都能看到心理学家的身影。

现代心理学的多样性正是造成上述困惑的根源，同时，心理学的研究范围确实相当广泛。作为一门存在于高校里的正式、独立的学科，心理学仅仅存在了一个多世纪。然而，我们应该认识到，自从人类第一次尝试了解自我，我们就一直在“心理化”。在漫长的历史长河中，心理学的理论和模型发展缓慢，主要集中在哲学层面，直到 19 世纪，科学的方法论思想被应用于心理学研究，心理学才作为一门正式学科出现在西方的学术领域。

现代心理学作为一门正式学科的出现，让我们开始思考有关**科学**的问题。一般来说，科学是指对知识的系统获取。然而，从更狭义的角度讲，知识的获取仅限于通过感官验证的**观察**。也就是说，我们必须看到、听到、触摸、品尝或闻到事物，才能将它们作为科学数据。这类科学被称为**经验主义**，使用的研究方法是经过最严格控制的实验法，需要操控、测量各种变量。到了 19 世纪末，这一狭义的、强调经验的科学定义与人们对心理学研究对象的思考相结合，导致了心理学学科的诞生。然而，无论是当时，还是在随后的许多年里，这种心理学模式并没有赢得普遍认可。一部分学者主张其他心理学模式，也有人试图使用更广泛的科学定义，或者两者兼而有之。因此，心理学的漫长过去，再加上近年来对心理学学科应有模式的不同看法，导致了当代心理学的驳杂现状。

尽管关于心理学的多种观点可能带来困惑，但它也可能是令人兴奋的源泉。心理学是一门年轻、多变而难以控制的学科，它的研究主题非常有趣，那就是人类活动。研究心理学史的目的是消除由心理学的多样性产生的困惑。通过将这种多样性转化为资源（而非障碍），人们对心理学发展历程的理解能够丰富对当代心理学的认识。研究心理学史当然还有其他好处。过去的知识本身就能够为我们提供有价值的观点作为参考，研究心理学史也有助于进一步阐明历代学者都在关注的问题。此外，最不容忽视的原因是，研究心理学史有助于理解当代心理学多样性的根源。

历史调查的方法

历史学家提出了一些探索历史的理论框架或模型，借此对事件进行分类、关联和解释。例如，杰出的心理学史家 E. G. 波林（E. G. Boring，1950）将英雄史观和时代史观应用于心理学史，并对二者进行了对比。简单来说，英雄史观认为历史的进程是由**伟大人物**推动的，这些人运筹帷幄，以一己之力改变历史前进的方向。时代史观则强调“**时代精神**”，认为时代本身提供了契机，允许合适的人在合适的时间实施变革。因此，1517 年，马丁 · 路德（Martin Luther，1483 — 1545）将谴责教会腐败的论文钉在威丁堡（Wittenberg）的教堂门上时，他既可以被视为推动**宗教改革运动**（**Reformation**）的伟大人物，也可以被视为已经开始的宗教改革的代理人。

库恩（Kuhn，1970）将时代史观应用于科学史，认为科学的**范式**或模型来自各历史阶段的社会和文化力量，每个时段的科学研究都在特定的范式内进行，直到该范式被取代。范式的变化是时代文化需求的副产品，也是旧范式无法适应新的科学发展的结果。因此，库恩提出了科学发展的循环模式。在某个得到科学家共同认可的特定科学范式中，出现了一种无法被这一范式解释或适应的异常情况。一场危机由此产生，新的理论纷纷涌现，争相取代暴露出缺陷的旧范式。最后，某个观点获得了实施科学革命的科学家们的拥戴，新的范式就此产生。当异常情况再次出现时，这一周期又会卷土重来。因此，库恩认为，对理论、事实和观察的理解都具有相对性，依赖于科学家持有哪种隐含的假定。

沃森（Watson，1971）提出了构建科学历史进程的另一种方式。通过研究、描述特定年代的科学发现与主流文化力量之间的关系，沃森为心理学研究主题的分类提供了方案或维度。从本质上讲，沃森的方法评估了各理论流派的潜在假设和后续影响。这种方法是一种有用的评估工具，可以借以比较心理学中各种理论流派的主题和影响。

对历史事件的解读和解释，无疑有助于我们理顺心理学的历史。审视心理学的过去及现在时，我们将参考科学史的各种解释来理解特定学术运动的意义。然而，这本书会尽力采取更折中的方式来讲述。本书作者不是历史学家，而是心理学家，我们不必过于苛责解读历史事件的方式，而应尽可能以最清晰的方式书写心理学的来龙去脉。

心理学对统一范式的探寻

虽然我们已经知道，为心理学找一个明确的最佳框架几乎是种奢望，但仍有无数学者前仆后继。下文是现代心理学史上一些著名人物的观点：

> “一系列原始事实；一些关于观点的流言蜚语和争论；仅存在于描述性层面的一点点分类和概括；我们思想上的强烈偏见，以及大脑对它们的调节：但这不是一个与物理定律对等的单一定律，不是一个能推导出任何结果的单一

命题……这不是科学，只是对科学的希望。”

——威廉·詹姆斯（William James），1892/1910，第 468 页

“清晰地理解心理学的真正意义，比解决任何特殊的心理学问题都难。”

——雨果·闵斯特贝尔格（Hugo Münsterberg），1914/1923，第 8 页

“人们普遍认为，现在心理学界的不团结已经达到了相当糟糕的程度。即便不是每一个人都试图独创一门科学，也可以说，每一个学派都试图独立于前人甚至同事来建立全新的科学。其结果是，所有的相似似乎都成了耻辱。心理学成为被其他学科批判的典型。”

——查尔斯·斯皮尔曼（Charles Spearman），1935 年，第 11 页

“即使是在持续努力了 45 年后的此刻，我仍然不确定自己是否取得了任何进展，是否踏入了认识人性之门……‘心理学’这个词所蕴含的科学是我们无法企及的，这样的科学不存在，我们不可能拥有这样的科学……心理学的现状堪称可悲。”

——威廉·麦独孤（William McDougall），1936 年，第 3、5 页

根据上文所述库恩的术语，如果我们需要并希望心理学属于科学，就必须将这门学科推向解释性的导向，从而使有效、可靠的定律

或关系得以形成。也就是说，心理学必须以规范人类经验的原则的有序性和组织性为目标，而适应心理学研究的框架就是在这一过程中的特定范式。如前所述，获得心理学家一致认可的权威范式尚未出现。

心理学的经典问题

尽管上述著名学者的引言反映了心理学定义的差异性，但自19世纪心理学成为一门正式学科以来，某些问题似乎仍在不断出现，可以概括为：

◇ **心灵（Mind）：** 每个人都有心灵吗？如果有，心灵是否是主观经验的实体？是否能为每个人提供同一性、自我认知或**意识**？这个问题既浅显又深刻。浅显是因为"心理学"一词的希腊词源psyche，意思就是对心灵或**灵魂**的研究。深刻是因为它触及了人类的**本质**，解释为什么我们能知我所知——即拥有自我觉知（self-aware）。如果心灵是真实的，它是如何工作的？心灵作用于外部世界，还是对外部世界的反应？如果心灵不存在，是什么解释了我们的同一性、统一感和自我意识？神经系统的各个层次是否会产生这种主观经验，从而使神经系统的机制具有足够的解释力？

◇ **知识的来源：** 我们如何获得经验的内容？如何学习和成长？人与环境互动时，人只是被动地接收信息，让它进入我们的神经系统并存储吗？还是我们的内部学习过程更具主动性和**动力性**？我们是根据经验中的信息（包括个人的解释、判断和价值观）来采取行动吗？这些问题也直接影响我们对记忆的理解。我们会完全遵照经验要素来储存经验吗？还是会根据个人的性格、动机和价值观修改记忆？

幸运的是，心理学史家（例如，奥尔波特在 1940 年，沃森在 1967 年，科安在 1968 年，赫根汉和亨利在 2014 年）都梳理并确定了该领域中许多反复出现的主题和问题。在此，我们将对这些内容进行概述，随着本书内容的展开，我们还会时常回顾这些问题。

◇ **自然主义**（**Naturalism**）—**超自然主义**（**Supernaturalism**）。现实的终极本质是什么？现实能完全由自然中的原则解释（**自然主义**），还是必须寻求超越自然的答案（超自然主义）？宇宙是空无一物的、非人格的（非人主义）还是充满物质的、人格化的（人格主义）？上帝存在吗？如果存在，上帝的本质是什么（属于无神论、不可知论、自然神论、一神论、多神论还是泛神论）？人类**存在**的起源和终点是什么？人类生活是随机的、无意义的（**怀疑论**）吗？还是充满目的和意义（目的论）？相关的问题还包括：现实是由一个实体（**一元论**）构成的吗？如果是的话，这个实体是物质（**唯物主义**）还是心灵（唯心主义）呢？或者，现实是由物质和心灵组成的两个实体（**二元论**）构成的吗？这些问题非常深刻，对心理学影响深远。这一层次的思想属于**形而上学**的哲学范畴，关注现实的本质和结构。

◇ **普遍主义**（**Universalism**）—**相对主义**（**Relativism**）。真理的本质是什么？真理是永恒的、普遍的、可知的（**普遍主义**）？还是短暂的、相对的和（或）不可知的（**相对主义**）？对人类而言，有可靠的标准和指南来判断善恶吗？我们如何理解苦难，如何获得真正的幸福和人类的繁荣？这些问题通常是在**伦理学**范畴内讨论的，伦理学是哲学研究的一部分，主要探寻真、善、美的本质。但它们同样与心理学有直接关联。

◇ **经验主义（Empiricism）—理性主义（Rationalism）**。人类的知识主要来自经验（**经验主义**）还是理性（**理性主义**）？相关问题包括：知识是从特定实例到一般原则（**归纳法**）？还是从一般原则到特定实例（**演绎法**）？人类的思维是被动接受知识，还是主动创造知识？知识来源于感官**联想**（**经验主义**）、心理过程（理性主义）和（或）**先天范畴**（**先天论**）？如我们所见，这些问题的答案决定了心理学与自然科学的关系，属于哲学范畴中的**认识论**。哲学的这一分支主要探索人类知识的性质、来源和获取方法。

◇ **还原主义（Reductionism）—整体主义（Holism）**。另一组源自认识论的心理学问题是：对于研究主题或对象，是将其拆分成部分**分析**（**还原主义**）还是综合为一个整体（**整体主义**）？心理信息是以相对较小的单位呈现（**分子论**）还是相对较大的单位（**整体论**）？相关问题包括：强调知识是可以量化的（**定量法**），或是从**本质**或结构上进行区分（**定性法**）？是更强调操作性定义（**操作主义**）还是现象学描述（**现象学**）？是强调发现一般原则和定律（一般规律研究）还是描述特定事件或人（**特殊规律研究**）？

人类学为心理学提供了四类问题，这些问题旨在理解和表达人性。那就是，人类如何适应与其他生命形式、地球和宇宙的关系？

身（Body）—心（Mind）。人的心灵和身体是什么关系？这通常被称为“身心问题”，这一关系引出了一系列答案，回答了有关人性的一元论或二元论问题。许多子问题是从身心问题的基本答案中产生的，而最根本的问题是，人类经验究竟只有一个层面还是两个层面？人的本质是由身体和心灵组成（二元论）的吗？身体和心灵相互作用、相互影响（**互动论**）吗？或者，人的本质是由身体或心灵其中之一组成（一元论）的吗？到底是身体（唯物主义）还是心灵（唯心主义）？与身心问题相关的问题是，人的本质是否可以被机械的、物质的规律（**机械论**）充分解释？或是还得将某种有生命的、非物质的力量（**活力论**）考虑在内？

决定论（Determinism）—唯意志论（Voluntarism）。人的本质是自由的还是被决定的？如果是自由的（引用自詹姆斯，1897/1979，第 117 页），这种自由是绝对自由（非决定论）还是有限自由（软决定论）？如果人的本质是被决定的（硬决定论），那是被生物因素（本性、遗传）、环境因素（养育、经验）还是心理因素（思想、情绪）决定的呢？这些影响将在下面的两个维度中进一步讨论。

非理性（Irrational）—理性（Rational）。人是理性的还是非理性的？人性是更多地受到理性的引导（理性主义），如智力、推理和有意识的思想？还是更多受到非理性的驱使（非理性主义），如情绪、直觉和**无意识**的本能？与之相关的问题是，人类和其他动物之间的区别只在于量（**进化论**）还是在于质（**人本主义**）？

个体性（Individual）—关系性（Relational）。人的个体性和关系性的本质是什么？这个“关于自我的问题”至少可以从两方面进行考虑。首先，关于人格，是否有一个稳固的、持续的自我、心灵、灵魂或身份（**静态论**）能解释经验和行为的统一性和连续性？或者说，不存在这样一种持续的自我（**动态论**），从而导致了经验和行为的不连续性？这种不连续性可能表现为断续的意识流（唯心主义），也可能表现为随机的刺激—反应序列（唯物主义）。第二，关于关系性，个体的人格主要是来自内部，即基于本性（遗传）或自然适应吗？还是主要受到外部的影响，经由养育（环境）或社会构建的途径？

形而上学、伦理学、认识论和人类学等知识领域丰富了心理学的内涵，促成了它的综合性与全面性。在心理学史上，这些知识领域所产生的问题反复出现，表 1.1 对此进行了总结。

表 1.1 心理学的经典问题

领域	经典问题
形而上学	自然主义—超自然主义
伦理学	普遍主义—相对主义
认识论	经验主义—理性主义
	还原主义—整体主义
人类学	身—心
	决定论—唯意志论
	非理性—理性
	个体性—关系性

这些问题为着手进行心理学史的研究提供了基础。从有历史记载开始，人们就在不断追问这些问题，形形色色的答案促成了历代心理学范式的形成。当然，我们可以看到，对这些问题的不同回答会引导人们走向不同的方向。因此，当我们考察心理学的漫长过去时，很有必要先审视这些问题。

东西方心理学传统

如前所述，19 世纪，心理学在欧洲作为一门正式学科出现，它是一种学术传统的产物，这种传统通过一系列特定的假设来看待人类的经验。这些假设很大程度上来源于对上述有关人类基本经验的问题的回答。古希腊思想兴起以来，在长达 2 500 年的动荡的知识更新中，历经了无数次的培育、构建和讨论，最终形成了今天我们所知的心理学概念。必须承认，现代心理学主要源自西方的思想，所以本书也会更强调西方传统。

尽管当代的经验主义心理学与西方思想具有长期的密切联系，但也必须认识到，非西方哲学同样十分关注人的本质，不断探索人类的内心世界。因此，在继续讲述故事之前，最好先暂停一下，承认还有其他探寻心理学主题的路径，譬如宗教和东方哲学。非西方的古代心理学思想遗产常常给西方的学术思想带来新的冲击，或是导致东方学者对古代文献的再发现。例如，人们通常认为代数学（algebra）源自古印度哲学家，公元前 4 世纪由古希腊人在西方最先使用，但在中世纪消失了。阿拉伯学者保存了代数学，依靠他们，代数这一名称及方法被重新引入西方（algebra 来源于阿拉伯语 aljbr，意思是“将分离或破碎的部分复原”）。

我们将从第 3 章的古希腊思想开始研究西方思想史中的心理学，但请不要忘记更广阔的视角——那就是，知识上的成就也同时在其他文化和传统中发生。大多数时候，这些事件是平行发展的，几乎没有互动，但在某些情况下，外界的进步传入西方，丰富了西方的思想传统。因此，开始介绍古希腊思想之前，我们先得承认这些来自东方文化的传统。然后，本书余下的部分主要是从西方视角出发，思考心理学如何从西方文明中应运而生。考虑到整体性、普遍和谐、反思性知识、道德生活等反复出现的主题，我们发现，心理学深深地植根于宗教和道德哲学之中。因此，当我们展开更加集中的历史旅程时，也应该注意到其他丰富的传统，这些传统为心理学的主题提供了不同观点。

心理学史的研究

心理学的历史和体系研究是一个冷门而又重要的学术领域。可能是由于心理学比其他学科年轻，在第二次世界大战之前，基本没有针对心理学史的系统研究。尽管如此，仍有一些重要而有趣的学术著作研究了战前的心理学发展。第一本是 G. S. 布雷特（G. S. Brett）撰写的《心理学史》（*History of Psychology*），1912 年至 1921 年共出版了三卷。同样在 1912 年，B. 兰德（B. Rand）以《经典的心理学家们》（*The Classical Psychologists*）为名，出版了一本从古希腊至 19 世纪的心理学著作选集。1929 年，两个美国人 W. B. 皮尔斯伯里（W. B. Pillsbury）和 E. G. 波林出版了心理学史方面的书籍。其中，波林（1886 — 1968）成为心理学史的权威学者和代表人物。他的著作《实验心理学史》（*A History of Experimental Psychology*）于 1929 年出版，1950 年修订，成为心理学史的经典书目。

第二次世界大战以来，心理学史已经发展成为公认的专门研究领域。1966 年，芝加哥洛约拉大学（Loyola University）研究生院授予代顿大学（University of Dayton）已故的心理学教授安托斯 · 兰库雷洛（Antos Rancurello）博士学位，以表彰他撰写了第一篇以心理学史为主题的学位论文——弗朗茨 · 布伦坦诺（Franz Brentano）研究。随后，新罕布什尔大学（University of New Hampshire）和卡尔顿大学（Carleton University）开设了心理学史的博士点。1966 年，美国心理学会成立了心理学史协会（第 26 分会）；随后，1969 年，喀戎国际行为与社会科学史协会成立。1965 年，阿克伦大学（University of Akron）建立了美国心理学史档案馆。最重要的是，《行为科学史杂志》（*Journal of the History of the Behavioral Sciences*）于 1965 年开始出版，并持续出版跨学科范围的学术研究，如今该杂志社隶属于约翰威利父子公司（John Wiley & Sons）。此外，自 1988 年以来，《社会科学史》（*History of the Social Sciences*）杂志得到了塞奇出版社的支持，美国心理协会则通过第 26 分会创办了《心理学史》（*History of Psychology*）期刊。上述所有成就都带动了学术界对现代心理学前史的研究。

讨论题

1. 英雄史观和时代史观对历史发展的解释有何区别？请分别举例说明。

2. 考虑到心理学各式各样的定义和实际应用，有可能找到一个普适性的范式吗？这一假设与建立统一的心理学学科的目标矛盾吗？

3. 心理学有争议的核心问题可以分为两类：与心灵相关的问题、与知识来源相关的问题。这一分类足够充分、完整吗？

4. 结合心理学与其他自然科学、社会科学的联系，谈谈你对“心理学有着悠久的过去，却只有短暂的历史”这句话的看法。

第 2 章

古代东方心理学思想

章节内容

十字路口：波斯和中东

印度

印度教的科学与哲学

佛教

中国

早期哲学思想

孔子

后期哲学思想

日本

埃及和希伯来传统

埃及传统

希伯来传统

本章小结

19 世纪下半叶，心理学成为一门独立学科，很大程度上依赖于西欧科学的发展，而西欧科学正是以古希腊哲学为基础。心理学的历史与西方知识传统联系紧密，在逻辑上都是以有关人性的哲学思想为前提，这些哲学思想都可以追溯到古希腊。正如我们所见，古希腊思想繁荣发展的基本假设是，人是由身体和灵魂组成的二元实体——也就是说，人由物质和精神（人类经验的非物质方面）构成。经过一段错综复杂的历史，心理学作为一门新建立的学科进入了 20 世纪，它继承了西方传统，将人分为物质和精神两个方面。由于物理学和生理学对物质方面的研究蒸蒸日上，人类经验的精神方面也亟待研究，这也正决定了心理学的研究范围。

从某种现实意义上来说，20 世纪的心理学体系都是通过接受或拒绝古希腊的二元论概念而发展起来的。欧洲的后**文艺复兴**时期，现代科学开始出现，用神学和形而上学解释人类经验精神方面的方式逐渐被抛弃，对经验主义心理学的需求日益迫切。然而，随着 19 世纪和 20 世纪的科学进步，心理学不断被重新定义，研究主题和方法论引发了许多争议。本书后半部分回顾了 20 世纪的心理学体系，介绍了人们对心理学的内容和方法问题的不同解决方案，这些理论都能在源自古希腊思想的西方知识遗产中找到。

显然，当代经验主义心理学与西方知识史之间存在长期联系，但非西方哲学也相当重视人的本质和内心世界。这些非西方的心理学思想可以概括为两个方面。首先，这些思想为西方心理学和科学的发展提供了丰富的资源。事实上，我们发现，在东西方文明交汇的某些历史时期，东方的知识和宗教传统有时更先进、更多样化，从而促进了西方知识发展的创新或复兴。例如，在圣经研究中，最初使用活字印刷的圣经版本中有一套名为康普路屯多语圣经（Complutensian Polyglot），由红衣主教弗朗西斯科 · 希门尼斯 · 德 · 西斯内罗斯（Francisco Jiménez de Cisneros，1436 — 1517）于 1502 年委托出版。这部早期的印刷作品不仅因其宗教意义而受到重视，其翻译也得益于基督教、犹太教和伊斯兰教学者的贡献，这些都反映了他们独特的知识传统，尤其是希伯来和阿拉伯文化。遗憾的是，1517 年，翻译完成后不久，犹太人和穆斯林都被驱逐出西班牙，该项目令人兴奋的学术合作氛围就此烟消云散。

东方思想对心理学的第二个影响距今更近，始于人们对古代和现代的亚洲哲学家及宗教重新燃起的兴趣。在某种程度上，通过对非西方心理学和哲学根源的体察，可以对我们研究人类活动的基本假设提出质疑。因此，在介绍西方心理学的基础——古希腊文化之前，本章将概述亚洲、中东的哲学和科学史中蕴含的心理学主题与阐释。

十字路口：波斯和中东

十字军东征（第 5 章将介绍其历史背景）为西方学术发展做出了贡献，特别是促进了西欧思想与外界的接触，使其超越了当时的知识局限。事实上，正是因为伊斯兰地区的穆斯林和犹太学者的学术研究，才保留了古希腊著作的核心内容，并扩展了他们对古希腊哲学、科学和医学的解释。由于能够接触到多种东方文明，伊斯兰学者得以建立较早的学术成就，也正是因此，东方思想从各个发源地传播到阿拉伯世界的学术成就中心，并从那里传播到西欧。

与阿拉伯邻居一样，波斯也是东西方之间的重要通道。古代波斯大致范围为当今伊朗及其周边地区，东起印度河，西边则紧靠阿拉伯和中东。古代波斯人属于印欧人种，在居鲁士二世（Cyrus，公元前 550 —前 529 年在位）和大流士一世（Darius I The Great，公元前 522 —前 486 年在位）等人领导下，古波斯的版图不断扩张，国力日益强大。然而，亚历山大大帝（Alexander the Great，公元前 356 —

前 323）在阿贝拉（Arbela）击败并杀死大流士三世（Darius III，公元前 336 —前 330 年在位）后，波斯成为马其顿帝国的一个省。波斯帝国灭亡了，古希腊则从此加强了与东方的联系，最终促进了古希腊学术的发展。

古波斯的核心宗教思想[1]以祭司、先知查拉图斯特拉（Zarathustra，约公元前 628 —前 551）命名，他也被希腊人称为琐罗亚斯德（Zoroaster）。传说他是从至高无上的神、生命之主阿胡拉·玛兹达（Ahura-Mazda）的灵魂中诞生的。查拉图斯特拉是善、爱、智慧和美的化身，他克服了来自魔鬼的强烈诱惑，拒绝作恶。作为对他美德的奖励，神给了他《阿维斯陀经》（*Avesta*），其中蕴含了知识和智慧，构成了琐罗亚斯德教的教义基础。《阿维斯陀经》，或者说它流传下来的部分，是一本由祈祷、传说、诗歌和律法构成的经典，描述了善之神和魔鬼之间的斗争。尘世的存在是善恶冲突中的一个过渡，将持续 12 000 年。纯洁、诚实的美德将带来永恒的生命。因为尘世间的魔鬼想要获得死者的尸体，所以人死之后不能被火化或掩埋，而应留给猛禽或狗食用，从而迅速回归自然。至高无上的神阿胡拉·玛兹达创造并统治着世界，其余神祇则辅助在侧；查拉图斯特拉教导人们，阿胡拉·玛兹达有七个方面值得人们效仿、追求：光明、慈善或智慧、公正、统治、福祉、虔诚和不朽。

作为尘世冲突的一部分，每个人都在善恶之间纠缠，在两者之间自主选择归属。这种心理导致了一套强调诚实和虔诚的道德规范和价值观。在这套规则中，主要的罪过是对神的质疑，这类人立马

---

[1] 指的是古波斯帝国的国教琐罗亚斯德教，也称为拜火教，其教义经典为《阿维斯陀经》，也叫《波斯古经》。——译者注

就会被处置。道德规范的执行者是神父，又叫祭司（magi，源自波斯语单词“巫师”），因为他们拥有世人公认的智慧，同时也是波斯医学的实践者。与文艺复兴前的欧洲一样，古波斯的宗教和医学合二为一，皆由僧侣阶层负责。

琐罗亚斯德教的哲学和宗教遗产有着深远影响。善与恶的冲突在古希腊哲学家的作品中时有体现。一神教的传统同样出现在犹太教中，此外，琐罗亚斯德教教义对希伯来思想可能还有其他影响。即使是基督诞生日的东方三博士朝拜和神子诞生[1]的故事，在琐罗亚斯德教的传统中也能找到先例。波斯是**古印度**和中东的阿拉伯、希腊之间的桥梁，地理位置优越，思想相互交织。我们将在第 4 章中介绍这种影响的后续，它促进了伊斯兰文化的发展（特别是在科学方面），与此同时，基督教统治下的西欧正处于知识发展的低谷期。最终，波斯及其继承者所提供的东方知识宝库，反过来在第一个千年末极大地推动了伊斯兰学术中心的繁荣。

印度

据传，古印度是佛陀释迦牟尼的出生地，印度教与《奥义书》（*Upanishads*）的历史发源地，以及欧洲列强的殖民剥削对象。此外，印度还是一个各种思想深度交汇的宝库。作为一个拥有多民族的次大陆[2]（这些民族之间经常发生冲突，但更多的时候相互容

[1] 依据《圣经》，在圣母马利亚生下神子耶稣后，有来自东方的三位博士（智者）带着礼物，朝拜耶稣。——译者注

[2] 指一块大陆中相对独立的较小组成部分。——译者注

忍），历史上的印度因其丰富的物资和劳动力一直吸引着外来者。西方对印度的兴趣可以追溯到近代史上相当长的一段时期。马可·波罗（Marco Polo）在 13 世纪抵达印度，200 年后，葡萄牙航海家瓦斯科·达·伽马（Vasco da Gama）也来到了这片大陆。1492 年，为了寻找印度，哥伦布（Columbus）意外发现了美洲。随后，荷兰、法国和英国在印度建立了殖民地统治和经济控制。

印度教的科学与哲学

古印度的许多哲学理念来自《吠檀多经》（*Vedas*），即《梵经》。《吠檀多经》是由口口相传的讲授、赞美诗、诗歌和散文汇编而成。《梨俱吠檀多》（*Rig-veda*）因其文学价值而为世人熟知，它由歌颂各种崇拜对象（如太阳、月亮、风、黎明和火）的大量赞美诗和诗歌组成。但我们对《奥义书》更感兴趣，因为它代表了古代印度学者的集体智慧，思考着人与世界的关系。《奥义书》是印度教泛神论哲学的早期表达，汇集了各类学者一千多篇的讲演。这些典籍写作于公元前 800 年至前 500 年之间，旨在描述个体与宇宙的关系。《奥义书》的几个主要主题反映了印度教哲学的独特特征。对智力和感官知识的不信任是重要主题之一，此外，还有对自我控制、统一以及对普适的知识的追求。实现这些目标的过程包括抛却知识、体悟，以及觉察永恒与短暂。我们既非身体或心灵，也不是两者的共同体；相反，我们是一个非个人的、中性的、普遍存在的实体。《奥义书》有一些特殊的形而上学的知识主题，能让我们从细节和物质的束缚中解脱出来。《奥义书》关注精神上的超脱之法。轮回被视为对个人邪恶生活的惩罚，而超越这些束缚最终能让我们从无尽轮回中解脱。通过苦行生活消除个人欲望，我们可以摆脱个体，重新融入存在的整体之中。

《奥义书》的主旨与西方心理学的基本哲学原理完全相悖。后者认为，个人将自我看成是一个成功发展和适应的过程——实际上，西方心理学的许多理论的确描述和预测了一些方法，用以促进这种个人发展过程，而《奥义书》提出了相反的观点。他们神秘、非人格而统一的主题揭示了一种和谐，这种和谐可以通过拒绝个人表达来实现。这些主题渗透在印度教和**佛教**思想之中，并提供了一个鲜明的对比，能够借此理解印度和西方思想之间的一些基本差异。此外，涉及对心理及知识基本问题的看法，两者不同的假设代表了不同的心理研究取向。

印度教哲学对心理学有重要影响。首先，个人是更大、更理想的整体中独特的一部分。个人的成长就是脱离个性，进入获得世间真理的极乐状态。其次，主张个性没有什么意义，而应该尽量避免。感官和精神活动都不可靠。事实上，只有超越了感官和精神活动，抛却意识，才能获得真理。最后，西方心理学的一些观点强调人本主义和个人自我的中心性，这也不同于印度教哲学的主题。根据印度教的基本概念，个人的完整性是值得怀疑的，因为相对于整个和谐而复杂的宇宙，个人不过是一粒微尘。

佛　　教

尽管佛教的覆盖范围包括了中国、日本和东南亚，但它的创始人是印度哲学家悉达多·乔答摩，也就是佛陀释迦牟尼。事实上，不仅是哲学，许多印度文化成就也随着佛教传往世界各地。佛教传教者把十进制、天文学的数学基础引入了中国。

就像第 3 章所述的古希腊智者一样，佛陀周游各地，向一群又一群民众布道，人们早已知晓他的声名，称他为“觉悟者”（the enlightened one）。他的学说被整理成经书，用来警示世人。佛教提出的神学观念近乎无神论。他没有谴责世人对神的崇拜，而是教导人们，认识一些仪式的愚蠢。弥漫在人类经验中的痛苦和悲伤给佛陀留下了深刻的印象。他在混乱的生活中找不到秩序，只发现善少恶多，于是否认世界是由某个全知全能的神在掌控。理想地讲，佛陀教导了一种不可知论，使这种宗教成为一种良方，这种良方以一种简单的行为准则来阐明何为高尚的生活，使人们获得主观幸福感。

在这一宗教哲学中，佛陀看待个体的方式多少有点矛盾。佛陀否定了灵魂或心灵的存在，认为这些只是人类虚构出来的概念，用来阐明一些无法解释的经验，这一主张与印度的哲学传统不同，却与现代西方心理学的一些观点一致。感官输入是我们唯一的知识来源。佛陀认为，人格的统一是由一系列的习惯和记忆构建的。作为个体，我们不能左右自身命运，因为我们受到习惯、遗传和外部环境的控制。个体死亡后，人格便不复存在。

佛陀的心理学思想似乎有些接近行为主义和唯物主义，与 20 世纪心理学的一些观点类似。然而，佛陀也认可转世和轮回，并作为其理论中不容置疑的前提。如果灵魂不存在，那轮回的是什么呢？据我们所知，佛陀并没有直接解释这一矛盾，但他对主观幸福这一目标的追求以及来自印度教的思想遗产，为此提供了一些解决之道。一个可能的答案是，如果我们通过苦行僧般的自律和精心训练，努力抛却个人意识层面的幸福，那就能体验到内在精神，这种精神位于我们最本质的东西之中。精神能让我们超越个体。根据这种观点，每个单独的生命只是毫无价值的人生过客，基于个人主义的心理研究是相当荒谬的。

对于心理学与其他科学而言，古印度的思想成就不仅意义重大，而且在将人类经验概念化的方式上确实令人耳目一新。印度教哲学的主题是抛却个体，这正是西方心理学的对立面。即使是与心理学观点较为接近的佛教，心理的重要性也被降到了次要地位。因此，就西方学科意义上的心理学而言，印度哲学留给其进行科学探究的空间非常有限。

中国

古代中国人把自己的国家看作是介于天国和其他外族之间的“中间国度”。第一个统一中国的皇帝秦始皇（公元前 221 —前 210 年在位），为了抵御外国人而开始修建长城。十年间，长城沿着中国北部边境延伸了 1 500 英里。中国的封建制早在基督诞生前约三百年就结束了[1]，当时的文学、哲学和艺术都十分繁荣。早在公元 100 年左右，中国人发明了纸；到了 9 世纪，书籍普遍使用雕版印刷；公元 200 年，中国第一部“百科全书”问世[2]。1041 年，北宋印刷工毕昇发明了以胶泥为载体的活字印刷术；1611 年，火药被运用于战争之中，这是有史料记载的第一次。1270 年，当马可 · 波罗第一次来到中国，见证了中华文明对又一个游牧部落（忽必烈麾下的蒙古人）的同化时，中国的社会和政治体系已经在全国范围内运行了将近 1 500 年。这份关于中国古代成就的简介，能让你一窥中华文明的博大精深。尽管中国一直在努力积聚和保护自己的成就，中国文化

[1] 此时是战国时期。——译者注

[2] 可能指的是张仲景的《伤寒杂病论》。——译者注

依然成为东亚的主导力量，影响力遍及亚洲。与中国相比，西方的文化和文明发展极晚。

早期哲学思想

中国文学史上最早有记载的作品之一是充满玄学意味的《易经》。这本书写于公元前 1120 年左右，一般认为是周文王姬昌所作，书中包含了神秘卦象，用来阐明世界的规则与要素。每一卦由三行线条组成。一种线条是连续的，代表男性特质“阳”，寓意积极的方向、活力和生产力，也是美好的光、热和生命的象征。另一种线条中间有间断，代表女性特质“阴”，寓意消极的方向和状态，也是俗世中黑暗、寒冷和死亡的象征。通过笔画数量和“阴阳”线条的各种组合，周文王衍生出各种错综复杂的卦象。每一种组合都意味着一些相应的法则，所有的历史、智慧和现实都蕴含于这些组合之中。孔子把《易经》看作百书之首。据说他希望自己能多活 50 年，从而进一步研究《易经》。这本书之所以重要，是因为它为后续的中国哲学定下了基调。《易经》中所教导的“美好生活”是一种乌托邦，必须通过破解《易经》中的谜题，获得通往现实的钥匙，才能达到这种状态。它强调了神学的不确定性和道德的相对性。因此，中国哲学不强调对绝对真理和普遍性原则的追求，而是倾向于实践。

在儒家学派之前，最伟大的哲学家应该是老子（公元前 604 —前 531 年），他撰写的《道德经》是道家最重要的著作。道家的“道”，字面上的意思是“道路”，即通往智慧生活的路径，它反对入世，崇尚贴近自然的朴素生活。老子主张与自然规律、秩序和谐共存，反对将知识作为一套迷惑人的伎俩或论据。老子认为，正确的生活方式就是找到自然规律，然后遵循它。寻道之人必须以沉默开启对智慧的追求之旅："道可道，非常道。"在否认智慧的确定性和强调知识的相对性的同时，道家并没有为如何入世提供可行的、现实的方案。如果人人回归自然，必然导致整个民族陷入衰败，因为"自然"的生活也存在着攻击、贫穷与无知。纵观历史长河，道家及其田园诗歌般的主张经常遭到人们的反对，反对者中就包括了历史上最有影响的哲学家之一——孔子（公元前551—前479年）。

孔　子

孔子的出生是个谜，有传说认为他是黄帝（公元前2697—前2597）的后裔。22岁时，孔子开始授课，吸引了一批弟子追随他。他因智慧和诚实声名远播。他曾被任命为政府官员，担任过好几个职务，并因推行改革、清正廉洁而广受赞誉。随后，孔子因嫉妒者的弹劾而被解雇，因为他不赞成王室的放荡行为，认为统治者应该成为臣民模仿的积极榜样。在接下来的十三年里，孔子和他的弟子作为一群无家可归的君子，靠微薄的束脩在乡下生活。最后，统治阶层更迭，孔子被免除了罪责并获得了一定的养老金，安宁地度过生命的最后五年。在这段时光，他的身边只有他的弟子们。

孔子的主要思想囊括在九卷著作之中。前五部作品分别是《礼》《易》《乐》《书》和《春秋》。这几部著作很有意思，它们从历史中选择了一些经验教训，以阐明美德、智慧和完美的内涵。后四部作品是在孔子死后，学生们汇编而成，里面记载了他的哲学思想。

虽然孔子并不否认神的存在，但他更类似于不可知论者。孔子道德理论的基础是，个人会对真诚、诚实以及自我和谐孜孜追求。

从人对善的渴望出发，家庭结构得以形成。对孔子来说，家庭是十分关键的社会单元，支撑着个人，也支撑着更广阔、更复杂的社会。因此，社会系统的形成源自“忠”，“忠”基于人们的尊重，而这些人又遵守恰当的行为准则。

儒家思想不是一门综合性的哲学。相反，它由一系列针对道德和政治的实践观点组成。理想中的君子是值得信赖的、忠诚的、真诚的、充满求知欲的，也是含蓄的、深思熟虑的。儒家秉持相当保守的观点，旨在维护生命的统一性，认为否则就很容易陷入混乱。中国历史一直以混乱与秩序的循环为标志，儒家思想似乎想通过提供规则，促使人们更和谐地共同生活在一起，达到破解这一循环的目的。

孔子的理论决定了中国的政治和思想发展方向。作为应用于个人道德和社会交往等日常问题的实践哲学，儒家提倡因循守旧，这种保守主义支撑着中国社会渡过了重重劫难。对家庭的重视（其特点是对特定关系的“忠”），为政治、教育、军事和经济提供了基本框架。与基督教、佛教和伊斯兰教的道德规范一样，心理学思想也被吸纳在儒家的礼教规范之中，对这些规范的偏离会被认定为异常。

后期哲学思想

孔子死后，各种哲学体系相继诞生，但最终儒家思想占据了正统。在对孔子学说的批评中，墨子（约公元前 450 年）值得一提。他被称为“兼爱”的哲学家，认为儒家思想脱离实际。他试图为精神、鬼魂的存在提供**逻辑**证明。为了消除社会中的恶，墨子提倡“兼爱”，进而实现天下太平。他的理论成为中国和平主义的基础。

与墨子相反，哲学家杨朱（约公元前 390 年）的理论否认神和来世，认为人们只能无助地顺应自然与宿命。杨朱认为，既然生活中善者与恶者都会遭受磨难，后者似乎更容易获得快乐。孟子（公元前 370 —前 283 年）认为墨子和杨朱的看法都过于极端，于是提出了较为温和的观点，并获得了“亚圣”的称号。孟子倾向于建立一种社会秩序，让人们能追求美好的生活。从孔子的实用性思路出发，他提倡仁政和性善。这些目标将成为社会规范。最后，另一位思想家庄子（约公元前 350 年）完善了老子及其“道”的学说，提倡回归自然、无为而治。在众多观点衬托之下，孔子的学说始终居于首要地位。孔子详细阐明了处世方式，观点更具实用性和功能性。

中国历史并没有产生像后文艺复兴时期的欧洲那样的科学时代。中华文明出现过许多重要的科学发现，但从来没有像 19 世纪的欧洲那样，让科学本身成为学术活动的主导模式。相反，中国哲学，尤其是儒家思想，似乎更好地代表了中国思想的主要主题和关注点。宗教、道德和政治问题交织在一起，影响着包括心理学在内的所有学术领域。迷信与怀疑、祖先崇拜、社会宽容、善良、泛神论等都是中国思想和文学的重要主题。

心理学在这一框架中的地位相当模糊。作为一种实践结果，心理学受到了限制，要么符合、要么不符合社会接受的道德准则。履行规定的道德行为准则成为一种重要的社会化形式。这些准则强制要求人们遵守，不会进一步考虑个人的诉求或成长。在更理想化的层面上，心理学研究主题被整合到诸如善良、诚实等美德的目标中。中国哲学认为，一个完整的人应该是家庭、社会、民族和宇宙的一部分，这一核心思想否定了西方心理学研究的必要前提——只研究（个体）统一经验。

日本

韩国和日本都大量接受了中国文化的成果，但在引进中国宗教、哲学和文学的过程中，日本人对中国文化进行了选择性的吸收，留下了明显的本土印记。日本神话告诉我们，本土的神圣岛屿是由神灵们创造的，他们诞下了第一位天皇，历任天皇万世一系，继承了神圣血统。

封建时期的日本社会（从约 1000 年到 1868 年明治天皇即位，皇权重新确立）被严格划分为各级种姓，天皇基本上只是傀儡，真正的权力掌握在幕府将军手中。幕府将军通常是通过包括激烈战争和政治阴谋在内的权力斗争之后登上历史舞台，将权力传递给自己的直系子孙，直到下一场权力斗争将其推翻。幕府的竞争者是来自各个阶层的领主，他们的财富来自土地、农民和奴隶。每位领主拥有一批武士，在日本封建社会的各个时期，武士阶层始终保持在一百多万人的规模。他们遵循一套严格的行为准则，推崇忠诚、勇气，对个人尊严和荣誉极富敏感性。这个国家的实际工作是由工匠、农民和商人阶级完成的。此外，还有一个人数众多的奴隶阶级，几乎占总人口的 5%，他们是罪犯、奴隶的后代或是被贩卖为奴隶的平民。工人们被课以重税，在特定时期内还得免费为当地领主或国家劳动。而在中国，基本的社会单位是家庭，个体在家庭背景下习得忠诚和尊重。

日本最古老的宗教是神道教（Shintoism），建立在祖先崇拜的基础上。神道教的信条相当简单，尊重传统的本民族仪式和祈祷。神道教没有专门的僧侣，没有复杂的仪式，也没有详细的道德规范。除了要偶尔祈祷和朝圣外，该教派对信徒的要求很少。公元 522 年，佛教从中国传入日本并大受欢迎，它似乎满足了神道教无法提供的宗教需求。然而，在日本获得成功的佛教有所改变，摒弃了原本的佛教对不可知论和严格道德准则的重视。日本佛教成为对仁慈神灵信仰的积极肯定。通过履行职责和仪式，服从道德生活模式，在今生受苦的人可以期待更美好的来生。这一流派的佛教非常契合日本社会的等级结构，反过来又增强了大众的民族主义精神。

儒家思想在 16 世纪传入日本，首次为鼓励求知提供了真正的动力和框架。儒家思想传播者、散文家林罗山（Hayashi Razan，1583 — 1657）声名远播，赢得了日本佛教和新引进的基督教的认可。虽然第一所日本大学早在 8 世纪就在京都成立，但直到 17 世纪德川幕府时代（1603 — 1867）的开启，真正意义上的高等教育才出现。1630 年，林罗山在江户[1]创办了一所政府管理与儒家哲学学院，后来发展为东京大学。因此，儒家思想成功地提升了日本的学术与求知氛围。贝原益轩（Kaibara Ekken，1630 — 1714）也许是日本封建晚期最著名的儒家哲学家。他强调个人与环境的统一，提倡通过道德生活来实现人与自然和谐相处。日本很快成为儒学思想研究的中心之一，发展出各式各样的流派。

在儒家思想的具体应用方面，泽庵宗彭（Soho Takuan，1573 — 1645）认为个体是宇宙的微观反映，因此，个人能够通过自律控制外部事件。石田梅岩（Baigan Ishida，1685 — 1744）认为，心理以生理为基础，对环境输入的信息很敏感。在石田梅岩看来，心理活动

---

[1] 即现在的东京。——译者注

的内容依赖于环境，所以人格会伴随着环境输入的变化而改变。镰田柳泓（Ho Kamada，1753 — 1821）认为情绪分为 14 种，并提倡通过基于道德生活的心理学来获得个人幸福。也就是说，封建晚期的日本哲学有着丰富的心理学诠释，其中许多内容与欧洲同时期提出的观点一样精深透彻。

日本大量借鉴了其他文化，尤其是中国文化，但他们对这些外来思想和观点进行了加工，以适应自己的社会和民族性。尽管内乱不断，自然资源有限，地震灾害频发，日本人还是建立了一个最终接受儒家思想、重视学术研究的社会。19 世纪后期，日本迅速从封建社会向工业社会过渡，并建立了一个以强烈的求知欲为基础的高质量教育体系。

19 世纪下半叶，日本从封建社会向工业社会过渡，这是相当了不起的成就。在 1904 年至 1905 年的日俄战争期间，日军取得了辉煌的胜利，这证明了日本工业化的成功。日本的工业化保留了其哲学理论的一些传统。忠诚、归属感和家族力量都融入了日本工业组织结构中。对生产力与教育的重视灌输到了日本的社会价值观的方方面面，从而在全国层面形成了独一无二的社会心理体系，至今依然影响着整个日本社会。

埃及和希伯来传统

在最早期文明出现的过程中，河流发挥了战略性的作用。在中东地区的西部，底格里斯河和幼发拉底河流经之处，肥沃的美索不达米亚造就了一系列令人惊叹的社会，同时也提供了通往波斯和印度的通道。乌尔（Ur）古城是古代苏美尔和巴比伦文化中一个重要的城市，也是圣经中记载的亚伯拉罕（Abraham）的诞生地。亚伯拉罕是三大宗教——犹太教、基督教和伊斯兰教共同的先知。蒙上帝召唤，亚伯拉罕前往以色列国，圣经故事由此开始。以色列正是美索不达米亚和埃及尼罗河流域之间的中点。

埃及传统

从古王国时期[1]修建金字塔的那些君主们，到公元前30年托勒密王朝最后的统治者克利奥帕特拉七世（Cleopatra）[2]，在长达3 500年的历史长河中，埃及取得了极为重大的成就。这段时间里，埃及一边对抗、一边吸收其他文化，在促进经济福祉方面取得了相当稳定的进步，文化和教育水平也远远领先于同时期的其他社会。正是尼罗河提供的资源，让埃及如此强大兴盛。尼罗河两岸各有一片狭长而肥沃的土地，使埃及能够养活各种阶层的自由人与奴隶，形成强大的政治组织。

埃及科学有许多令人瞩目的发现，并极大促进了国家的发展。古埃及的教师和学者都来自祭司阶层，因此与其他一些古文明一样，宗教和科学混在一起。除了发展出成熟的书面语言外，古埃及的数学也很先进，成为其他科学（尤其是天文学）发展的核心基础。虽然无法了解古埃及天文成就的许多细节，但我们知道他们的计算方法推动了历法的发展。埃及人擅长医学，在全世界都享有盛名。甚至在埃及的政治霸权行将末路之时，敌国的君主也会向埃及

---

[1] 古埃及共分30个王朝，其中古王国时期约为公元前2686—2181年，由于这个时期有大量的金字塔修建，故也称金字塔时期。——译者注

[2] 即埃及艳后。——译者注

医者寻求帮助。

在如今的埃及乃至全世界的博物馆中，古埃及艺术、建筑的主要遗产让游客与学者们眼花缭乱。开罗附近的古王国纪念碑，古卢克索（Luxor）和卡纳克（Karnak）的寺庙和宫殿的遗迹，都仍是建筑与审美领域的杰作。陵墓里的浅浮雕装饰的色彩与样式足以与后世的艺术作品相媲美。

埃及哲学遗留的道德教诲集中在对家庭和国家的忠诚，这种忠诚可以依靠诚实生活、关怀亲朋来实现。通过从自然中寻找人类经验的解释，许多哲学思想与宗教情感紧密交织在一起。埃及人创造了大量的神，认为它们引导并控制着人类的生活。各路神灵们为了寻求关注与祭品而各显神通。长生不老是埃及宗教的显著特征之一，墓穴里那些为来世精心准备的陪葬品就是证明。通过赐予永生的承诺，祭司在维持宗教的精美仪式和提升国家凝聚力方面起到了重要的作用。受限于这种宗教文化，心理学思想变得混淆不清，只能通过思维与行为举止标准来阐明；对于绝大多数古埃及人来说，这些标准被定义为“忠诚”。

希伯来传统

古代文化的神灵体系中大多会有一个主神，许多古代部落则只崇拜一个神，正如信仰琐罗亚斯德教的波斯人那样。古代犹太人与众不同的地方在于，他们声称自己从独一无二的神那里得到了启示：这位心怀嫉妒的神不能容忍他的选民（即犹太人）崇拜其他虚假的神。亚伯拉罕来自位于美索不达米亚地区的苏美尔城市乌尔，作为其后裔，古代以色列人在《圣经》中记载了这种传承。这最终导致了圣城耶路撒冷的建立，圣殿就坐落在此。圣殿中的至圣所

(holy of holies)[1]用来容纳上帝的存在，并由一群专门的神职人员负责祭祀。

作为神的选民，犹太人与神建立了契约，其标志是受割礼。人性的弱点导致了个人的罪，最终表现在亚当和夏娃身上，因此，为了维持与神的契约，为赎罪而向上帝献祭成为人类生活的一个必要部分。犹太人与其他文化的接触通常是被迫的，首先是埃及人，然后是巴比伦人，再往后是罗马人。令犹太人与众不同的是他们对一神论的坚守，以及坚持在耶路撒冷圣殿献祭以安抚神灵，为以色列国民的罪过与不忠赎罪。犹太人的先知预言了上帝和他的选民之间的关系会经历许多考验和磨难，他们还预言上帝派来的弥赛亚(messiah)[2]最终会拯救以色列人民。

古代犹太文化的重要贡献之一是承认法律至高无上，指导着选民们的生活。《圣经》前五卷《律法书》(*Torah*)中有大量的法律及其解释，可概括为摩西十诫，后来演变成了一套高度规范性的准则，用以指导人们过上美好、高尚的生活。此外，对法律及其研究的重视，导致了一种将对教育的深深欣赏和尊重作为其自身的美德的文化。希伯来人相信，男人和女人都是按照神的形象塑造的，是由地上的尘土和生命的气息所组成的生命。

公元前344年，亚历山大大帝作为征服者进入耶路撒冷，他对以色列人民和他们的神表现出了极大的敬意。尽管古时候的神庙历经了多次重新修建，但犹太文化的影响是巨大的，特别是考虑到以色列的人口相对较少，在政治上也丝毫不占优势的前提下，这种文

---

[1] 神殿中最神圣的房间，神现身之地。——译者注

[2] 意思是神选中之人，即救世主。——译者注

化上的影响显得愈发惊人了。在亚历山大征服耶路撒冷的几百年后，一群拿撒勒（Nazareth）[1]的耶稣的狂热信徒影响逐渐扩大，耶路撒冷再次被占领。这种影响之所以成功，主要是因为早期的基督教徒决定将这一宗教扩展到犹太血脉之外，并将自己与希腊文化联系起来。这种文化联系的飞跃对基督教有很大好处，并最终促成了心理学的出现。接下来，我们来看看古希腊哲学家的故事。

本章小结

心理学在东方文化的宗教和道德哲学中有着丰富多彩的渊源。西欧文艺复兴以前，东西方的主要交往发生在波斯，波斯是印度和阿拉伯世界的十字路口。古代印度文化带来了佛教和印度教的思想。《吠檀多经》，尤其是《奥义书》，为印度教哲学奠定了基础，并阐明了许多心理学方面的观点。佛教传播到中国，在那里获得了巨大的成功。佛教思想认为，自我否定和正确思考是获得成就感和幸福感的必要条件。然而，古老的儒家思想为中国的思想发展提供了更为坚实的基础。佛教和儒学都传播到了日本，并被吸收到社会结构之中，转化为日本哲学，成为民族精神的助力。

来自中东的埃及和希伯来文化也应得到重视，他们是古希腊思想的前身，而古希腊思想为心理学的出现奠定了基础。埃及的艺术和建筑成就给我们留下了一笔遗产，也证明了人类高超的学习水平，特别是在天文学和医学领域。犹太人的一神论和对法律的重

[1] 以色列北部城市，基督教的圣城之一，是耶稣长期生活的地方。——译者注

视，连同将人看成精神与物质统一体的观点，与希腊文化交融在一起，形成了罗马帝国时期地中海地区的主流思想。

讨论题

1. 根据东方哲学和宗教体系中关于人性的假设，讨论在西方思想体系发展起来的心理学。

2. 在印度教的《奥义书》中，对人性的基本观点是什么?

3. 佛教教义与西方心理学的定义有何差异?

4. 孔子有关心理方面的主要思想有哪些?

5. 希伯来人认为人类是地上的尘土和生命的气息的结合体，你怎么看待这种观点?

6. 总结东西方心理学思想历史背景中，关于人性的哲学假设的主要差异。

第 3 章

古希腊的心理学基础

章节内容

有一种成见叫“历史总在不断重演”，然而，关于历史事件如同雪花的推断可能更接近事实：据说，没有两片雪花是完全相同的，它们只可能相似。当我们从古希腊开始回顾心理学在西方思想史中的漫长历程时，或许很适合将雪花的比喻应用于历史事件上。我们可能会万分惊诧，人类对自我的追问总是如此相似——回答也相差无几。然而，我们也应该认识到，在过去的 25 个世纪里，文明确实取得了一些进步，不要在简单回顾了古希腊思想之后就认为自己足够了解心理学。尽管古代和现代对关键心理问题的表述和解决方法往往惊人地相似，但它们并不完全相同。

自从人类拥有了智慧和理解，就开始致力于探索自我。为什么我们成为现在的自己？为什么我们能够对某些行为做出合理的解释，某些行为却不行？为什么我们会有情绪？为什么我们知道自己知道些什么呢？纵观历史，人们对这些问题都有自己的答案，这些解释同时也阐明了一些原因。例如，我们逃跑是因为害怕，哭泣是因为悲伤。这些因果解释的本质随着时间推移而不断改变。19 世纪的法国哲学家奥古斯特·孔德（Auguste Comte）将这些因果解释的改变描述为学术阶段的发展。最原始的层次被称为“神学”，这时的人们认为神是导致人类和自然变化的原因。事实上，很多古代社会都创造出了至高无上的神。古埃及人甚至有一套完整的神灵目录，囊括了从太阳到猫在内的世间万物。这些神灵被用来解释人类的行为，如果有人希望能改变自己的处境，就会被建议向相关的神进行祈祷或者献祭。自然界的变化，如火山爆发或风暴来临，则反映了神对某些人类活动的不满。在神学阶段，人们对自己和世界的解释都局限于神灵相关的原因。

我们将在第 8 章具体讨论孔德对因果解释发展的描述，以及他的**实证主义**哲学，但在这里就应提出，他把古希腊思想家看作是从神学阶段到下一个阶段之间的过渡。所谓下一个阶段，更侧重于从自然、环境或自然规律中归纳出法则。在古希腊思想繁荣之前，人类与环境之间的关系是由一种可以称之为原始的万物有灵论所支配的；也就是说，早期的生命理念认为，有一种精神或类似魂魄的实体居住在肉体之中，让身体得以存活且具有意识。睡眠是因为魂魄暂时离体，醒来则是魂魄归来，人一旦死亡，魂魄就会彻底离开身体。所有的心理活动，包括**感觉**、**知觉**、思想和情绪，都是由魂魄造就的。对于自然界中似乎有生命或有运动的其他事物，如植物、动物、闪电和河流，人们也提出了类似的解释。所以在这一阶段，自然界中的生命体和非生命体的区别往往相当模糊。因此，在早期的人类心理学研究中，个体与环境的界限并不明显。

对心理活动的早期解释

许多历史学家认为，随着古希腊思想家最先将因果解释的焦点从上帝转移到自然或环境，科学在西方文明中诞生。如图 3.1 所示，早期希腊人对关键心理问题的解释分为几个类别。从本质上说，这五个范畴或取向都试图通过自然第一原则（或至少从自然中得出的类比）来对人类活动进行因果解释。这些取向的区别在于他们对环境的各个方面的重视程度不同。接下来我们将大致按照时间顺序，简要地介绍这几大取向。

图 3.1　早期希腊对人类活动解释的主要类别或取向

自然主义取向

这一解释的所有阐述都着眼于人体外部的物质环境，从中寻找生命存续的原因。最早或许也是最清楚的自然主义观点，是在公元前 6 世纪由伊奥尼亚学派[1]的物理学家（包括泰勒斯、阿那克西曼德和阿那克西美尼）提出的。古希腊的伊奥尼亚联邦为哲学和科学的早期发展奠定了基础，尤其是在米利都城（Miletus）。

这些学者提出，生命和物质不可分割，人类与宇宙密切相关。因此，所有生命都由物理原理决定，而这些原理都能在宇宙中找到。

泰勒斯（Thales，约公元前 640 —前 546）被公认为古希腊的早期圣贤，正是他将数学和天文学引入希腊学界，从而推动了古希腊文化朝向科学发展。在泰勒斯看来，水是万物之源，是所有生命的内在元素。通过将万物还原为水，泰勒斯强调了自然的统一性。物质和生命不可分割，因为水是自然的起源，也是它的最终形式。泰勒斯提出了一元论的观点，认为无论其在时间和空间上的具体形态如何，水作为赋予生命的元素，都足以解释任何形式的自然。

另一位伊奥尼亚物理学家阿那克西曼德（Anaximander，约公元前 610 —前 546）是泰勒斯的学生，发展了老师的宇宙观，认为地球是一个悬浮在宇宙中心的圆柱体，太阳、月亮和星辰都绕着它旋转。阿那克西曼德认为，宇宙中的阿派朗[2]（Boundless）蕴涵着自然界的基本元素。阿派朗通过它自身的无形力量发展，呈现出自然的各种表现形式。阿那克西曼德的学生阿那克西美尼（Anaximenes，公元前 6 世纪）认为，我们周围的空气——他称之为

[1] 代表人物为泰勒斯、阿那克西曼德和阿那克西美尼，他们抛弃了古老的神话传说，试图用合理的解释代替神圣的神秘的力量。——译者注

[2] 又译为“无定”“无限”，指无固定限界、形式和性质的物质。——译者注

普纽玛（pneuma）——是自然的生命之源。这三位伊奥尼亚物理学家都代表了一种自然主义的倾向，他们寻找生命的初始因果原理，并在物理世界中找到了它。这样的思路与向神寻求解释有着本质上的不同。

恩培多克勒（Empedocles，约公元前 500 —前 430）提供了自然主义取向和生物主义取向之间的联系。他是一位才华横溢、性格古怪、**折中主义**的医生，同时也是著名的演说家、工程师和诗人。他认为宇宙是由土、水、空气和火四种基本元素组成的。他的心理学思想认为，感觉是刺激粒子落在感觉器官“孔道”上的产物。因此，感觉有一个时间过程，其质量和强度是可以测量的。他假设，变化是由爱与憎相互斗争发展而来，也就是说，由吸引力与排斥力共同作用。此外，人类的活动通过进化过程被紧密地束缚在自然界中，在这个过程中，变化先将宇宙的各个方面区分开来，再合并成一个无法区分的整体。因此，爱和憎导致了发展和衰退的过程。对于人类活动来说，生命的核心在心脏，因为它能提供变化的动力。

另一种自然主义取向的阐述来自德谟克利特（Democritus，约公元前 460 —前 362），他曾在父亲的慷慨支持下游历各地。对德谟克利特来说，我们的知识依赖于感官，而感官又从外界客体处接收**原子**。因此，关于生命的关键性解释是，物质都是由原子构成的。此外，德谟克利特认为物质的数量总是恒定的，这就导致了物质的不可毁灭性及永恒性的观点。原子的大小、重量和结构各不相同，但原子之间的关系完全受自然规律的支配，不由偶然性或自发性决定。人类和动物是由最复杂、最易移动的原子组成的。因此，德谟克利特从唯物主义或物理属性中找到了生命的基本解释原则——世界是原子。

古希腊伊奥尼亚联邦最著名的城市或许是以弗所（Ephesus），它是一个繁盛的贸易和文化中心。在那里，赫拉克利特（Heraclitus，约公元前530年—前475）提出了一种符合自然主义取向的人类活动观。具体地说，他在寻求一种单一的统一原则或物质，可以解释世界中变化与永恒的本质。由于火的物理性质和象征价值，他将其作为解决方案。赫拉克利特认为，变化是自然界最明显的事实，火的物理性质会引起其他物理客体的显著变化。此外，火也象征着自然界的变化。也就是说，赫拉克利特认为火这种统一的物质是生命的基础。

因此，自然主义取向认为，环境是构成生命基础的关键。这一取向有两个明显的倾向。一种是以伊奥尼亚学派和德谟克利特为代表的观察倾向，认为我们环境中存在的某种物质是生命的基础。另一种是赫拉克利特和巴门尼德的观点，他们先假设变化的属性，然后根据假设推断演绎出物质的定义。尽管观察和**假设—演绎**这两种倾向在处理环境的方式上有所不同，但它们都通过追寻自然规律并将其概括为人类活动的原因，为生命的本质提供了解答。

生物主义取向

当自然主义取向的哲学家从外部环境中寻找生命基础的解答时，生物主义取向的哲学家则更强调人类的内在状态和生理机能，认为这才是把握生命的线索。

阿尔克迈翁（Alcmaeon，公元前5世纪）被称为古希腊医学之父，也是有历史记载的第一个解剖动物、讨论视觉神经和咽鼓管的人。与心理学关系更紧密的是，他认识到了脑的重要性，并明确区分了感官感知和思维。他提出，人类活动的主要因果决定因素在于身体的机制。身体不断寻求机制平衡，从而为人类活动带来了动力。

希腊哲学和科学更重要的进步是医学实践与宗教的分离。这种分离在希波克拉底（Hippocrates，约公元前 460 —前 377）身上得到了体现，他不仅提高了医学研究的水平，而且还制定了《希波克拉底誓言》[1]中所包含的道德准则，直到今天，医生仍在遵循这一准则。和阿尔克迈翁一样，希波克拉底也很强调大脑在心理过程中的作用。他提出了一套处理医学问题的体系，这可以被称为科学方法的先驱。与心理问题相关，希波克拉底提出了“体液”（humors）理论来解释人类活动的基础。他认为人体包含四种体液：血液（blood）、黄胆汁（yellow bile）、黑胆汁（black bile）和黏液（phlegm）。希波克拉底从前人思想中借鉴了平衡的概念，认为如果这些体液比例恰当，就会带来完美的健康。任何一种体液在比例上占据主导，都会导致相应的不适。有趣的是，这一理论从古希腊时期一直流行到了 19 世纪，直到现在，我们仍会用“体液不好”（bad humors）来形容一个人心情、状态不佳。希波克拉底应该被人铭记，正是在他的积极努力之下，医学得以一步步从迷信的纠缠中解放出来。

生物主义取向通过对人类活动的基本原则进行系统阐述，将人类的地位提升到自然之上。从这个意义上说，生物主义取向将人类活动的独特性与其他自然关系区分开来，而自然主义则强调人类活动是自然规律的表现。这些早期哲学家的解释主要局限在生理方式

[1] 希波克拉底提出的从医者道德规范，如今仍是公认的医道准则。——译者注

中，而后续的思想发展证明了这样的解释并不恰当。

数学主义取向

自然主义和生物主义都以环境或身体等物质为第一原理。与之相反，数学主义取向试图从物质层面向外拓展，推断出所有生命的一般原理。通过提出在物理世界中没有实际表现却能解释物理现实的普遍规律，这一取向利用数学结构中的秩序之美来维护世界的统一性。

毕达哥拉斯（Pythagoras，约公元前582—前500）或许可以算是古希腊最著名的数学家，他给现代社会留下了丰富的思想遗产。毕达哥拉斯提出了人尽皆知的毕达哥拉斯定理[1]，建构了自己的数学体系，并探讨了生命的基础。他指出，我们通过感官印象去认识世界，但这样认识的世界是扭曲的、人为的。然而，更持久的现实存在于基本关系中，其本质上是数学的，难以经由感官直接发现，必须通过直觉推理。这种由明确的关系组成的世界说明了自然在本质上的统一性，从而能解释所有现实。

毕达哥拉斯进一步提出了不朽实体的存在，认为这种实体是生命的原则。这种赋予生命的元素具有感觉、直觉和推理的功能，其中第一种机能存在于心脏，后两种存在于大脑。人和动物都具备感觉和直觉，但只有人类能推理。也许是由于四处游历时曾接触过近东的神秘主义，毕达哥拉斯提出，人类死亡时，灵魂会前往阴间进行净化，然后以一系列轮回的方式回到人间，而只有在确定形成了善的生命之时，轮回才会结束。毕达哥拉斯的信徒极多，在他去世

---

[1] 即勾股定理。——译者注

后的三个世纪里，他们仍坚持他的教诲。作为伟大的数学家和哲学家，他的影响一直绵延至今。

除了毕达哥拉斯之外，另一位值得一提的代表人物是数学家希波克拉底（约公元前 500 —前 450）。他在公元前 440 年写了一本目前已知最早的几何学著作，欧几里得（Euclid）是他最著名的学生。他是一个系统论者，强化了毕达哥拉斯将数作为生命基础的信念，也因此被人们铭记。

数学主义取向非常有趣，因为它提出了一种超越物理层面来解答生命第一原理的方式。尽管自然主义和生物主义取向都归纳了规律，但它们都是建立在物质世界的基础之上的。数学主义则倾向于把世界与人类的认识都贬为不可信的事物。作为代替，它提供了一种数学关系的范畴，而它无法通过感官了解。然而，通过推理，我们可以对这个真实而难以捉摸的世界有所了解。关于这一主题的各种衍变，以及感官的不可靠性和通过推理推断真相的必要性，将在整个心理学史上不断地重现。因此，数学主义取向使我们不再强调物质或物质世界，而是强调一种假定的、普适的关系形式或结构。

实用主义取向

毕达哥拉斯学派建立了一套系统来解释生命，基于终极的非物质的统一性数学关系。另一种取向则并不打算找到任何第一原理。一个叫作智者学派（Sophists）的团体支持这一想法，我们将这种朴素的、重视实践的取向称之为实用主义。古希腊的智者都学识渊博，到处讲课，把智慧传授给热忱的听众。从这一意义上说，他们组成了一所流动的大学，其规模远远超过了传统的一对一师生教学。然而，一些智者在从事活动时变得贪婪而商业化，他们对听众收费过高，以至于伟大的哲学家柏拉图嘲笑他们是伪知识分子。柏拉图的批评使得智者的形象蒙上了消极的阴影，掩盖了这场运动留下的积极成果。

在这些巡回各地的学者中，最著名的是普罗塔哥拉（Protagoras，约公元前 481 —前 411），他承认感官信息的重要性，认为它能引导我们去追求知识。然而，他否认了归纳规律或者超越实体的价值。充分归纳出规律的第一原理——真、善、美。这些概念本身并不存在，只有在人身上表现出来才能被发现。这个假设有两个深远的影响。首先，对第一原理的否定意味着，对生命基础的探索必须局限于对生命的研究，因为它只会在生命中起作用。这样一种**操作性**的研究态度决定了对生物的研究本身就是终极目标，而不仅仅是借以找到具有普遍性、超越性的第一原理的一种手段。其次，我们必须时刻警惕那些超出观察范围的主张。也就是说，我们必须带着**怀疑**和批判的精神，对自己观察结果的真实性加以质疑。

另一位智者高尔吉亚（Gorgias，约公元前 485 —前 380）继承并推进了普罗塔哥拉的思想。他在《论自然》（*On Nature*）一书中提出了相当极端的观点：除了感官所感知的东西之外，什么都不存在——即使有某种东西存在，我们也不可能知道它，更无法将它描述给另一个人。因此，高尔吉亚改变了普罗塔哥拉关于感官信息作用的主张，后者认为感官信息是知识的引导，而前者则宣称感官信息是知识的唯一来源。事实上，他认为，感官信息和知识等同于我们对生活所能知道的一切。雅典的安梯丰（Antiphon，约公元前 480 —前 411）继续推进了这一观点，阐述了感官信息的价值和知识的局限性。

实用主义取向与自然主义、生物主义和数学主义的理论截然不同。智者学派认为，一个人的知识取决于他的经验背景，因此，根本不存在客观的真理。他们不认为从现实中能归纳出第一原理，而是提出了寻求生命知识的有限目标。此外，他们对感官信息的依赖强调了关注实践层面的重要性：如果一个人想了解生命，就应该研究生活在这个世界上的人所呈现出的生命。再加上怀疑论思想的强化，由这种实践精神中产生了一种科学方法，告诫人们不要进行超出可观察现实的推测。

人本主义取向

选择“人本主义”这一名称，是为了说明这一取向的目标在于区分人与其他生命，从而寻求对生命的解释。从这个意义上说，人本主义取向将人类置于比其他生命更高的层面，并重视那些使人类独一无二的特征，如理性、语言和自省。

阿那克萨哥拉（Anaxagoras，约公元前 488 —前 428）明确支持这一取向，并推测了世界的起源和发展。他认为，世界最初是无序的混乱状态，许多哲学家（包括中国传统哲学）都这样定义宇宙的起点，并据此找到了与自然和谐共处的方案。对阿那克萨哥拉来说，一种世界意识，或者说是“努斯”（Nous）[1]，给混乱带来了秩序，并将世界划分为四个基本元素：土、水、空气和火。像恩培多克勒一样，阿那克萨哥拉也认为，世界是从这四种元素逐渐演变而来的。然而，努斯的加入提供了一个新的维度。阿那克萨哥

[1] 指心灵、理性与精神，阿那克萨哥拉也用这个名词表示世界的本质与真理。

拉假定有一种精神在监督世界的发展，他把理性和意向性（intentionality）看成推动发展的系统性动力。此外，努斯渗透到所有的生命中，构成了定义生命本身的共同基础。阿那克萨哥拉将人与人之间的个体差异归因于生物差异性。他认为，所有人的本质都是由努斯决定的。

由于对努斯的定位描述了人类意义的核心，阿那克萨哥拉的推测将人类提升到了自然界中独一无二的层次。思维和动机的能力决定了我们的主观自我意识，因此对它的研究——心理学——具有丰富性和深度，尤其是对人类而言。后世学者（从苏格拉底开始）在他的基础上，继续全面探索人类之所以为人类的定义性特征的意义。

在我们探寻生命基础的过程中，这五大取向提供了丰富多样的策略。自然主义和生物主义的观点依赖于物理解释，而数学主义的毕达哥拉斯学派则从生命超越物质表达的关系中，断言了生命的基本统一。尽管智者学派否认这种超越的可能性，但他们的实践精神和怀疑论提供了一种方法论上的进步。最后，阿那克萨哥拉提出一种新颖的观点，即把人的人性置于生命的核心位置，实现了学术思想的一次飞跃。这种对生命的人本主义解读对心理学有着深远的影响，对苏格拉底、柏拉图和亚里士多德的心理学思想产生了十分直接的促进作用，后者又推动了现在的我们转向对灵魂概念的探索。

巅峰：古希腊哲学

古希腊文化的黄金时代以雅典为中心，被定义为从政治家伯里克利（Pericles，约公元前 495 —前 419）出生到哲学家亚里士多德（Aristotle，公元前 384 —前 322）去世的这段时期。与波斯的战争结束后，雅典迎来了经济的繁荣，民主制度也随之兴盛。米利都的阿斯帕西娅（Aspasia，约公元前 470 —前 410）是伯里克利的妻子，发生在她身上的一件趣事反映了雅典的文化和社会创新。她在公元前 450 年左右抵达雅典，建立了一所学校，鼓励妇女接受教育，担任公共角色，这在当时是一项激进的举措。最终，不仅女孩和已婚妇女来听她的讲座，男人也会来听，其中包括伯里克利、苏格拉底，或许还有阿那克萨哥拉。她不愿结婚，因为按照当时的习俗，这意味着必须禁足家中，所以她公开和伯里克利同居。阿斯帕西娅在家里开设了学术沙龙，让大家自由地讨论、辩论艺术和科学的相关观念。她的聪明才智广受赞赏，并最终引来妒忌。她被指控对神不虔诚、不尊重，但在一次公开审判后被无罪释放。伯里克利死后，她此后的经历变得扑朔迷离，我们只知道她与伯里克利的儿子成为合法的雅典公民。阿斯帕西娅是一位杰出的女性先驱学者，后世女性也在跟随她的脚步前行。这些优秀的女性包括昔兰尼（Cyrene）的阿雷特（Arete，约公元前 400 年），她的父亲是苏格拉底的学生亚里斯提卜（Aristippus，约公元前 435 —前 356），她继承了父亲的昔兰尼学派，曾写过约 40 本书。

苏格拉底（公元前 470 —前 399）

伟大的哲学家苏格拉底是人本主义取向的集大成者，他开创了一种明确的学说，并由柏拉图和亚里士多德继承发扬。苏格拉底从矛盾的生命观中获得了灵感。他坚信有必要给予生命一种普遍性的概念。此外，个体本质上的独特性是理解生命的关键。与智者学派相反，他认为，没有超验原则[1]（transcendent principles），道德就会被贬低，人类的进步就会停止。通过运用后世所称的苏格拉底法（Socratic method）[2]，他首先在普遍的层面上定义了一个关键问题，然后不断质疑这个定义的充分性，最后在逻辑上对这个问题进行更清晰的表述以促进其解决。因此，他认为，知识的普适性使一个理性的人能够确认客观真理并做出道德判断。苏格拉底思想的哲学实质很难具体说明，因为他不是教条主义者，而且曾提出，“我唯一知道的事就是自己一无所知”。年轻时，苏格拉底学习过物理学，但他变得越来越充满怀疑，认为对可观察的环境中的事实和关系的解答只会导致新的困惑。于是他转向个体，开始关注感觉和知觉这些心理过程。这使他得出结论，获取知识是至高之善（the ultimate good）。他的关注点从物质层面转向了对自我角色及其与现实关系的重视。苏格拉底认为，个人的独特性表现在赋予生命的灵魂是永恒的，灵魂定义了一个人的人性。苏格拉底的政治和道德思想冒犯了许多雅典人，最终导致他不得不选择自杀。然而，他成功地为解读生命确立了明确的方向。苏格拉底认为，我们应该关注人及其在自然界中的地位，他的学生和传承者进一步清晰地阐明了这一观点。

对于苏格拉底及其传承者来说，无论是通过心理学还是哲学来研究人类活动，最终都必须落脚在伦理学和政治学上。此外，**逻辑学**可以提供获取有关自我的知识的方法。知识本身是善的，因为它

[1] 超越一切可能的经验之上的普适性法则。——译者注

[2] 又叫“产婆术”，自始至终是以师生问答的形式进行的，苏格拉底在教学生获得某种概念时，不是把这种概念直接告诉学生，而是先向学生提出问题，让学生回答，如果学生回答错了，他也不直接纠正，而是提出另外的问题引导学生思考，从而一步一步得出正确的结论。——译者注

能带来幸福，而无知则是恶。因此，正确的知识能够引导个人采取恰当的行动。柏拉图和亚里士多德在苏格拉底阐述的框架内继续深入思考。从根本上来说，他们试图建立一个全面的人类知识框架，用以解释人类性格中的下列特征：

1. 统一性、自主性、一致性和创造性等智力能力；
2. 差异性、**关联性**和刻板印象的行为表现；
3. 人类活动的目的或意志方面。

▲柏拉图（公元前 427 —前 347）

通过提出第一个非物质存在的明确概念，柏拉图继续追随老师苏格拉底的脚步。柏拉图的理念论（theory of Ideas）、理型论（theory of Forms）认为，非物质的、自我存在的和永恒的实体是所有尘世间不完美物体的完美原型。尘世的事物是对完美理念或理型的不完美反映。用这一理论来解释人类活动时，柏拉图主张**心理物理**上的心身二元论。换句话说，人类活动由两个实体组成：心灵和身体。只有理性的灵魂或心灵才能思考真正的知识，而较为低等的身体则只能获取感觉。

柏拉图出身雅典的名门望族，原姓为阿里斯托克勒（Aristocles），柏拉图是他的绰号。该词源自希腊单词 platon（意为平坦、广阔），用来形容他强壮的体格。青少年时期的柏拉图精通数学、音乐、修辞学和诗歌，他参加过三场战役，因勇敢而获得赞誉。20 岁左右，他来到苏格拉底门下，生活发生了翻天覆地的变化。苏格拉底去世后，柏拉图游历各地，在古代世界的各个文明中心学习数学和历史。旅程结束后，他定居雅典，开办了自己的学园，该学园成为希腊的学术中心。

数学研究是柏拉图思想的核心。事实上，柏拉图学园的大门上写着这样一句箴言："不懂几何者勿入。"柏拉图重视数学，将其视为发展逻辑思维的工具，并且一直致力于数学知识的系统化。此外，他将数学应用于天文学研究，做出了宝贵的方法论贡献。

柏拉图的心理学思想意义深远，内容详尽。首先，他认为人与环境之间的互动是理解人类活动的关键因素。根据柏拉图的说法，我们通过感官来应对环境，这种依赖于身体的知识类型构成了心身二元论的一个方面。然而，这种身体水平上的感官知识过于原始、失真而不可靠。因此，他不认同智者学派关于感觉知识之价值的学说，而是认为感觉信息的汇集会给我们一种感知，他将其定义为关于环境的信息单元，并且强调这种感知总在不断变化。感知本身不足以提供可靠、完整的知识，但是能促进"理念"的出现。理念是基于感知的稳定概括，但并不依赖于感知。在《理想国》（*The Republic*）第 7 卷中，柏拉图借哲学大师苏格拉底之口讲述了囚犯困于黑暗洞穴的著名故事。他们对世界的唯一了解是来自洞壁上间接的扭曲图像，而这些图像是洞外物理世界通过闪烁的火光投射进来的影子。柏拉图认为，哲学家的目标是超越感知信息的黑暗世界，更清晰地看到明亮的外界。此外，哲学家有责任回到山洞，以照亮那些被感官知识的"黑暗"囚禁的人们。

形成和存储思想的主体是灵魂。柏拉图将灵魂描述为由理性（reason）和欲望（appetite）组成的精神存在。灵魂可以分为理性和非理性两部分，前者集中在头部，后者集中在身体。灵魂的动机是需要，柏拉图将需要描述为灵魂的首要条件。灵魂的活动有两个方面：等级较高的纯粹智力，能提供直观的知识和理解；见解（opinion）是通过身体与环境的互动而形成的，能激发信念与推测。

柏拉图认为，科学和哲学的研究与内容应该由理念组成，而不是特定的具体事物或对象。理念是唯一的真实，而通过感官所经历的所有其他事情都是理念模糊不清的表现形式。灵魂或心灵具有生命力、永恒性和灵性，是人的动力，也是万物动力的一部分。柏拉图认为，灵魂先于身体存在，将前世拥有的知识带到今生，也就是说，每个人心灵中的先天理念实际上是前世的知识残余。柏拉图认为，善的生活（the good life）是理性与快乐的适当结合，至高之善源于对普遍规律之永恒形式的纯粹认识。通过提出感官知识和理性知识的差异，柏拉图在自然主义的赫拉克利特和巴门尼德两人关于世界变化的矛盾观点之间做了调和。柏拉图的感官知识观点接近于赫拉克利特对变化的看法，而巴门尼德对于永恒统一的主张也在柏拉图的理性知识观点中得到了支持。

柏拉图对灵魂和身体的描述给心理学带来了几个重要的启示。首先，他将身体功能降为基本功能，认为它很不可靠，具有负面色彩。从这个意义上讲，身体就像监狱一样，干扰着个体更高级、更真实的灵魂的功能。其次，柏拉图继承了苏格拉底的思想，认为灵魂包含将人类与自然界区分开的所有活动。柏拉图为灵魂的分类区分了不同层次：滋长的灵魂（nutritive soul）、感性的灵魂（sensitive soul）和理性的灵魂（rational soul）[1]。在最高层次上，人类的灵魂允许理念形式的存在，从而带来了理性的思考。因此，灵魂提供了人类存在的秩序、对称性和美感。柏拉图关于人类的概念清楚地

[1] 这里的三分法更符合亚里士多德的观点，柏拉图提出的灵魂三分法是理性、意气与欲望，原作者此处似有误。——译者注

表达了心身二元论。在物质层面上，世界上存在着运动，引发了感觉；在思想层面上，存在着与物质运动平行但又超越身体的思想，能从自然中抽象出规律。理念不依赖于物质层面，具有智力上的自发性。

柏拉图将他的灵魂理论应用到了政治和道德上。令人感兴趣的是，这些应用以他对人性在根本上的不信任为特征，尤其是基于他所提出的感官知识的不可靠。或许如果人是纯粹的灵魂，他对政府和社会的预测会更正面。但是，他认为身体本质上是邪恶的，社会结构的构建是为了保护人们免受自身伤害。

▲亚里士多德（公元前 384 —前 322）

亚里士多德跟随柏拉图学习二十多年，十分认可柏拉图的心身二元论以及对灵魂纯粹知识的强调。在学习与继承柏拉图的思想之外，亚里士多德还引入了对自然多样性和动态性的认识。亚里士多德试图理解抽象的理念或理型与物质世界之间的关系。他知识广博，尤其精通生物学，这有助于进一步的学习与研究。或许可以说，亚里士多德创造出了有史以来最全面、最完整的哲学。亚里士多德对生命和世界的基本观点是，他相信世界是为了某种目的或伟大的设计而呈现出秩序，生命的所有表达形式也都依据某种目的而发展。

亚里士多德出生在斯塔吉拉（Stagira）地区的查尔基迪斯（Thalciceice），这是爱琴海沿岸的一个小镇，与色雷斯（Thrace）和马其顿（Macedonia）接壤。他前往雅典，很快成为柏拉图的得意门生。柏拉图去世后，亚里士多德去了小亚细亚（Asia Minor），并为年轻的亚历山大大帝担任了四年导师。 在亚历山大的支持下，亚里士多德在雅典开设了一所学校，专门研究哲学和**修辞学**。亚里士多德继承了柏拉图理论体系的基本结构，但他掌握了大量物理世界的知识，并试图将这些知识纳入柏拉图体系。亚里士多德的最终研究结果是对所有自然事物的分类和系统化。在此过程中，他摒弃了柏拉图对人性的悲观主义看法。

不幸的是，亚里士多德的大部分著作都残缺不全了。他写了大约 27 部语录或书籍，但原始版本都毁于西罗马帝国灭亡前后的长期动乱，我们只能从评论和注释里模糊地揣测原著内容，还得依靠阿拉伯语的译本。为了理解亚里士多德论述的范围，可以将他的著作分为六大类主题。这些著作的实际名称来自亚里士多德的论述或选集：

1. 逻辑学：《范畴篇》（*Categories*）、《解释篇》（*Interpretation*）、《前分析篇》（*Prior Analytics*）、《后分析篇》（*Posterior Analytics*）、《论题篇》（*Topics*）、《辩谬篇》（*Sophist Reasonings*）

2. 科学

A. 自然科学：《物理学》（*Physics*）、《气象学》（*Meteorology*）、《论天》（*On the Heavens*）、《论生灭》（*Mechanics*）

B. 生物学：《动物志》（*History of Animals*）、《动物之构造》（*Parts of Animals*）、《动物之运动》（*Locomotion of Animals*）、《动物之生殖》（*Reproduction of Animals*）

C. 心理学：《论灵魂》（*De Anima*）、《论自然》（*Little Essays on Nature*）

3. 形而上学：《形而上学》（*Metaphysics*）

4. 美学：《修辞学》（*Rhetoric*）、《诗学》（*Poetics*）

5. 伦理学：《尼各马可伦理学》（*Nicomachean Ethics*）、《优台谟

伦理学》(*Eudemian Ethics*)

6. 政治学:《政治学》(*Politics*)、《雅典政制》(*The Constitution of Athens*)

为了研究心理学史,我们更应重视的是亚里士多德的逻辑学观点以及著作《物理学》《形而上学》和《论灵魂》。

亚里士多德方法论的核心来自他的逻辑学论述,他试图分析语言中的思想。亚里士多德对逻辑的使用包括定义一个对象,围绕该对象构造一个命题,然后通过三段论(syllogism)的推理来检验该命题。举个例子:

白色的东西能反射光。

雪是白色的。

所以雪能反射光。

逻辑的两个过程是演绎(deduction)和归纳(induction)。演绎是从一个普遍性的命题开始,推导出特定的事实。归纳则是从某个特定观察开始,总结出适用于所有观察的一般性陈述或推论。亚里士多德重视逻辑,这也为他尝试积累所有知识的目标提供了系统的、通用的框架,从此,逻辑就为科学的有效方法论提供了基本的标准。具体来说,经验主义科学的基本过程包括了演绎和归纳两个元素。对具有代表性的特定群体或个人进行采样的过程,需要将整体特征推演到个体或群体样本之中,也就是演绎。在描述了样本之后,将特征描述推回整体的过程就是归纳。最后,将关于整体的结论推广到所有成员的过程又需要演绎。至今,亚里士多德关于演绎和归纳规则的规范,仍是经验主义科学研究策略的指导思想。

或许是由于受到了医生父亲的影响,再加上自己多年的游历,亚里士多德对自然世界的兴趣相当广泛。他在《物理学》中定义了自然科学，还为物理世界的分门别类提供了复杂的体系。在此过程中，他建立了一般性的原则，用来管理、区分生命体和非生命体。植物学和动物学对属和种的分类结构基本上保留了亚里士多德的方法。他对物理世界的看法是基于细致的观察逐步形成的，由于其方法论的清晰性，许多学者认为亚里士多德是科学的奠基人。事实上，关于科学知识的体系建构，亚里士多德确实功勋卓著。他明确规定了用来界定学科的前提和假设，为科学探索的进一步发展奠定了基础，其贡献至今仍发挥着极大作用。尽管他对自然科学和生物学的某些观察包含许多错误，而且始终致力于寻找自然的目的或意图。他从感觉、运动、防御和生殖等方面探索了动物生物学的行为功能，以确定这些行为如何适应个体和物种的生存与繁衍。

“形而上学”在希腊语中的字面意思是“在物理学之后”，是哲学的一个分支，致力于寻求自然的第一原理。形而上学可以分为对世界的起源和发展的研究（**宇宙论**），对存在的研究（**本体论**）和对知识的研究（**认识论**）。亚里士多德充分阐述了形而上学，并为这一事业投入了巨大的精力。这一事业最早始于伊奥尼亚物理学家寻找生命的第一原理与起因。在他的形而上学思想中，亚里士多德区分了四种因果关系：

1. 质料因（Material cause）：事物是由某些物质构成的。例如，桌子的质料因可能是木材或塑料。

2. 形式因（Formal cause）：将事物与其他所有事物区分的原因。一张桌子的形式因是它通常有四条腿，以及放置其上的面板。

3. 动力因（Efficient cause）：通过其行动，事物得以完成或做出。桌子的动力因是建造桌子的木匠。

4. 终极因（Final cause）： 事物完成或者做出的目的。桌子的目的因是有人希望拥有放置物品的家具。

通过这四种因果关系，亚里士多德研究了存在的本质，尝试寻求对现实的解释。他认为，所有存在都有两个基本实体：原始质料（primary matter）和实质形式（substantial form）。前者是构成世间万物的基本材料，是万物的本质；必须有了后者，前者才有可能存在。因此，世界上没有偶然的诞生，也没有突然的异变。在因果关系的控制下，事物发展的方向由其自身形式或结构决定。例如，在妊娠过程中，胚胎会以特定的方式（由物种的形式决定）生长。在亚里士多德的著作中，我们可以看到，他的思想标志着古希腊学者对第一原理的探寻达到了巅峰，因为他的形而上学理论解释了我们周围的物理世界。

在解释物理世界之余，亚里士多德的形而上学理论还论述了宇宙中非物质、精神的部分——灵魂。亚里士多德的著作《论灵魂》包含了他有关心理学的主要观点，这些观点一直界定着心理学的研究范围，直到文艺复兴时期人们开始科学研究。与柏拉图类似，亚里士多德也提出了身体和灵魂的二元论。他认为，身体可以通过触觉、味觉、嗅觉、听觉和视觉接收原始感觉水平的信息。灵魂是每个人的本质，而身体使其得以存在。然而，由于灵魂是所有生命体中赋予生命的元素，亚里士多德提出了灵魂的等级划分，即将灵魂分为植物性（vegetative）、感性和理性。植物性灵魂是所有生命所共有的，能为其自我滋养与成长提供养分；感性灵魂由所有动物共有，使动物拥有感觉和简单的智力形式，如试误学习；理性灵魂由所有人类共有，具有不朽性。所有的智力能力都包含在理性灵魂中，此外，理性灵魂还具有**意志（will）**。所有运动都源于灵魂，并产生想象力、理解力和创造力。此外，自省和意志会导致人类有目的地活动，从而决定了人类活动的具体方向。

亚里士多德对心理学的详细论述集中在身体与灵魂之间的关系上。他提出，愤怒等情绪、勇气、欲望和感觉，都是灵魂的功能，但它们只能通过身体起作用。生命的生物基础对于真正理解心理学至关重要，通过这一论断，亚里士多德验证了生理心理学的合理性。此外，他认为理念是通过联想机制形成的。具体来说，感觉引起灵魂的波动，波动随着不断重复而增强。因此，感觉的可靠重复建立了事件的内部模式，而记忆是对这些模式系列的回忆。亚里士多德区分了记忆（memory）和回忆（recollection），方式与现代心理学对短时记忆和长时记忆的区分类似。他还通过假设十个范畴来进行分类、比较、定位和判断，从而将物理事件的属性与人类知识结构相关联。亚里士多德的十个范畴基本上是从灵魂的理性力量中产生出来的，这一力量能帮助我们划分对自身和环境的认识。这些范畴可以简要总结如下：

1. 实体（Substance）是一种通用范畴，以“是什么”的方式从本质上将一个物体区分出来，例如，男人、女人、猫、花、化学物质、矿物。

2. 数量（Quantity）是描述物质各部分的顺序范畴，它可以是离散的，也可以是连续的。离散量是数字，例如 5、20 或 40；连续量可以是平面或立体的一部分，例如直线、正方形或圆形。

3. 性质（Quality）是重要的心理学范畴，描述了物质的能力或功能。亚里士多德认为习惯和性格是心灵的性质。习惯是一种根深蒂固的心理倾向，可能是积极的（例如正义、美德或科学知识）也可能是消极的（例如错误的知识或不诚实的恶行）。人的性质还可以指操作或行使功能的能力（例如思考、意愿或聆听），也可以描述能力的缺失（例如发育障碍、视力障碍或优柔寡断）。此外，亚里士多德使用性质这一范畴来代表感官性质，以描述颜色、味道、气味和声音。最后，他提到了图形或形状的性质，这些性质可代表完整或完善的程度。

4. 关系（Relation）是将一个事物与另一个事物相联系的范畴，例如母性、优越性、平等或伟大。

5. 主动（Activity）是描述从一种行为主体或物质到另一种的行动的范畴，例如奔跑、跳跃或战斗。

6. 被动（Passivity）是描述接受其他事物的动作或被施加动作的范畴，例如被击打、被踢或接受温暖。

7. 时间（When）是描述物质所在时间的范畴，例如现在、上周或 22 世纪。

8. 地点（Where）是描述位置的范畴，例如在学校、在房间、这里或那里。

9. 姿态（Position）是指特定的姿态，例如坐着、舒展四肢或站立。

10. 具有（Dress）是人类特有的范畴，因为它是指着装或装备，例如穿着西服、化了妆或携带武器。

列出亚里士多德的十范畴，是为了详细说明他的整体思想。范畴的使用是一个心理过程，亚里士多德指出，理性灵魂的学习和理解能力构成了存在的最高层次。

作为希腊思想的最高峰，亚里士多德的贡献十分重要，他的理论体系和对人类活动的概念化足以匹配任何赞誉。亚里士多德的理论和方法论为后续 1 500 年的研究提供了一个框架。亚里士多德的思想一度成为古希腊和古罗马的主流，却没能顺利地流传到西欧，而是被伊斯兰学者精心保存和继承了下来。直到西欧开始摆脱中世纪（这段时期因为知识发展停滞而被称为黑暗时代）的愚昧无知，这些著作才重新受到重视。他的理论体系是其他所有解释人类活动的理论体系应参照的标准。到了文艺复兴时期，对亚里士多德的重要挑战才出现，即使如此，那些与之相对立的观点也受到了他的巨大影响。亚里士多德将身体、心理和道德知识作为一个统一的系统来描述世界，这一尝试让他站在了古典希腊思想发展的顶端。他提供了一种综合性的哲学体系，满足了从古希腊时代直到 17 世纪的学术需求。

关于生命的本质，古希腊哲学提出了各式各样的见解。人们热衷于探索生命的源头，导致了对第一原理这一问题的不同解释。正如我们所见，直到现在，也很难彻底突破古希腊学者提供的各种思想方向。事实上，古希腊各种思想的背景与方法都在后世得到了完善，导致了心理学在历史发展过程中重心的变化。因此，心理学早在古希腊时代就已萌芽，基本问题和答案已经得到了相当明确的界定。古典希腊学者（尤其是亚里士多德）成功地认识到了心理学的关键问题，并试图设计一种系统的方法来研究这些问题。然而，科学的出现尚且遥遥无期，在经验主义科学全面发展之前，人们只能尝试使用其他方法。经验主义科学出现于文艺复兴时期，在此之前，非经验的、思辨的方法构成了心理学研究的重点。在某种程度上，这种思辨的方法更倾向于柏拉图的哲学原理，而不是亚里士多德。这是因为，柏拉图式的世界通过把身体获得的感官信息的价值降至最低，认为人类的经验依赖于命运或上帝的意志。因此，今生的目标是获得来世的幸福，这就成为一种永恒的循环。显然，这种世界观将今生的意义降到了最低，认为这只是短暂的。只要柏拉图式的假设占据主导地位，真正的科学就无法很快出现。

本章小结

古希腊孕育了西方文明中详细探讨人类活动源头的最早假设。在寻找生命的第一原理时，古希腊学者提供了几种初步的解释体系。以伊奥尼亚物理学家恩培多克勒、德谟克利特、赫拉克利特和巴门尼德为代表的自然主义取向，将一些基本物理元素视为第一原理。阿尔克迈翁和希波克拉底开创的生物主义认为，人体生理学包含着对生命的解释。毕达哥拉斯代表数学主义，认为生命的基础可以超越物质世界，存在于数学关系的本质一致性中。智者学派提出了实用主义，否认了寻求第一原理的价值。相反，他们提倡一种实践性的态度，这种态度依赖于对生活的观察。最后，阿那克萨哥拉和苏格拉底反对智者学派，他们提出了灵魂的存在，认为灵魂定义了人类的本性。这种人本主义取向发展出精神性灵魂的观念，认为它拥有智力、意志等独属于人类的能力。柏拉图和亚里士多德认为，灵魂是解释生命的核心要素。到了古希腊时代末期，心理学的关键主题、问题以及方法论都得到了很好的界定和构建。

讨论题

1. 简要描述古希腊对心理活动的五种取向或解释。

2. 对比自然主义取向和生物主义取向的哲学家，他们对生命基础的解释有何不同？

3. 在基本关注点上，古希腊学者的数学主义取向与自然主义取向、生物主义取向有何不同？

4. 关于生命的哪些特有观点将人本主义取向与古希腊思想的其他四个取向区分开来？

5. 苏格拉底对灵魂的论述在哪些方面代表了早期古希腊观点的巅峰？

6. 柏拉图的心身二元论是什么？这一立场如何反映了他的理念论和理型论？

7. 描述柏拉图理论中数学的重要性，以及亚里士多德理论中生物学的重要性。

8. 对比亚里士多德关于归纳与演绎的概念。科学与这些认知方法相适应的地方在哪里？

9. 描述亚里士多德对灵魂等级的分类。这种对不同生命层级的描述为什么有助于解释人类活动的多样性？

10. 作为古希腊思想的顶峰，亚里士多德的理论体系捍卫了心理学的必要性。在他的体系中，心理学和其他探索性学科之间的关系是什么？

第4章

从古罗马到中世纪早期

章节内容

罗马共和国有着五百年的历史，其宪法将权力授予了元老院[1]。

[1] 由贵族成员组成的参议团体，罗马共和国实际权力的掌握者。——译者注

共和国在战争和内斗中得以延续，直到尤利乌斯·恺撒（Julius Caesar，公元前 100 —前 44）的崛起。罗马共和国或许是整个西方文明史上最伟大的政治体制，但恺撒及其继任者结束了它，成立了罗马帝国。在罗马帝国的巅峰期，影响力涵盖了从近东到不列颠群岛的整个西方世界。罗马文明吸收了美索不达米亚、埃及、以色列和希腊等古代社会的文化思想。此外，罗马将新的民族纳入西方文明的主流中。在东方，亚美尼亚人（Armenians）和亚述人（Assyrians）被罗马统治。在西方，罗马人征服了如今北非、西班牙、法国和英国的广大地区。沿着帝国边界，古罗马文化与德意志人、斯拉夫人、日耳曼人和克尔特人有了接触。从奥古斯都（Augustus）时代（公元前 63 — 14）直到蛮族在公元 400 年左右开始洗劫西方帝国，整个地中海世界在罗马和平时期（Pax Romana）[1]处在相对和平有序的统治之下。实际上，东罗马帝国一直持续到了 1453 年，直到君士坦丁堡（今伊斯坦布尔）最后被土耳其人征服。在帝国期间，罗马人通过高效率的管理实现了成功的统治。通过法律和民政管理体系，他们得以发展商业，并将统一的语言和文化传播到不同的人群中。

跟古希腊人不一样，古罗马人更重视管理和建造，对于探索自然科学没有那么强烈的热情，而正是这种热情构成了古希腊哲学体系的基础。罗马人重视应用和实践，而不是抽象研究。举个例子，他们没能显著提升纯数学领域的研究，但在建造罗马水道（Roman

[1] 罗马帝国初期是罗马的鼎盛时期，史称“罗马和平”。——译者注

Aqueducts）[1]时将数学关系运用在了建筑设计中。他们用槽式算盘（Roman abacus）进行数学计算和教学，还设计出一种计时法，后来发展为儒略历（Julian calendar）。在 1582 年教皇格列高利十三世（Pope Gregory XIII）发明了改进版之前，该历法一直被人们使用。得益于技术上的进步，科学在罗马繁荣发展。纵观整个罗马帝国史，每个时代都建立了高等教育中心，用以教育年轻人，服务于维护罗马统治与管理的目的。学者和文人被送到埃及的亚历山大港，该城市由希腊征服者的追随者们建立，是罗马时代的希腊文化复兴中心，复制了大量古代哲学家和科学家的著作。尽管这座伟大的图书馆最终被尤利乌斯·恺撒本人破坏、烧毁，但罗马人一致认可古希腊学术的价值，一直尝试保留它，而不是摧毁。

罗马人对科学实践方面的重视，使得古希腊的成就得以进步和扩展。哲学家卢克莱修（Lucretius，公元前 99 —前 55）提出了一种自然秩序理论，该理论提出了自然界中从低等生物到相对复杂的哺乳动物和人类的分级体系。学者和作家瓦罗（Varro，公元前116 —前 26）发明了百科全书的早期版本，将所有知识分为九大学科：语法、逻辑论证（或辩证法）、修辞学、几何、算术、天文学、音乐、医学和建筑学。希腊裔历史学家波里比阿（Polybius，约公元前 204 —前 122）试图建立系统的描述已知世界的地理学。基于希波克拉底的体液理论，来自小亚细亚帕加马（Pergamon，今土耳其贝尔加马）的希腊医师、哲学家盖仑（Galen，约 129 —约 200）提出了四

[1] 罗马水道是指古代罗马帝国城市供水系统的输水槽。古罗马城在 1 世纪已有较好的供水系统，历代花费了巨大的人力、财力和物力，保证了罗马城的用水，对城市建设起到了重要作用。——译者注

种气质类型：多血质（血液）、胆汁质（黄胆汁）、抑郁质（黑胆汁）和黏液质（黏液）。科学实践的应用带来了专业化的趋势。希腊人对知识统一性的重视导致了追求普世原理的哲学家的产生，柏拉图和亚里士多德就是例证。与之相反，罗马人对技术知识和详细实践的重视则更需要专家。即使是在亚历山大港的一流教学和学术中心也承认，要研究知识，最好分为三个独立的体系：科学、伦理学和宗教学。

尽管罗马人或许会以牺牲普世知识为代价来强调技术的专业化，但他们在罗马和平时期的杰出成就促进了知识的广泛传播。尤利乌斯·恺撒逝世后，为了争夺统治权，继任者们爆发了旷日持久的内战。随着恺撒的外甥盖乌斯·屋大维（Gaius Octavius，公元前 63 — 14）的获胜，内战结束了。屋大维以恺撒·奥古斯都（Caesar Augustus）的头衔登基，开启了长时间的相对和平与宁静的时期。在奥古斯都继任者的领导下，罗马实行高度集权的统治，集中的政府体系使思想理念得以迅速传播。罗马和平时期持续了几个世纪，直到 180 年皇帝马可·奥勒留（Marcus Aurelius）逝世结束。180 年之后，由于外族的一系列入侵和袭击，帝国的统治力不再那么绝对，但直到 5 世纪，罗马帝国的秩序在西欧大体还保持着平稳。

罗马统治带来的相对安宁与稳定，使得希腊哲学的精髓得以在整个帝国传播。西塞罗（Cicero，公元前 106 —前 43）、李维（Livy，公元前 59 — 17）和维尔吉尔（Virgil，公元前 70 —前 19）的著作使拉丁文学兴起并成功地继承、改编了古希腊文化遗产，从而面向更广泛的受众。罗马帝国为各种新制度的出现提供了环境，其中最著名的就是基督教会。在考虑早期基督教对心理学思想形成的影响之前，有必要简要审视一下在希腊灵魂概念的基础上，罗马人的哲学思想有了怎样的进展。

罗马哲学家

伴随着自然科学的发展，罗马的斯多亚学派和伊壁鸠鲁学派为心理学的发展做出了贡献。这两种哲学的范围有限，主要是通过罗马宗教实践的形式呈现。古希腊学者试图设计全面的人类知识体系，以心理学为中心，而罗马人没有延续这种尝试。恰恰相反，罗马哲学对待生命的态度是专门化的、有限的，而不是一般性的。这些观点的心理学表现仅限于行为准则和道德价值观。同时，正当基督教扩展到拥有帝国内部大量信徒的时候，柏拉图理论的复兴（被称为新柏拉图学派）也在罗马学术界产生了重大影响。

斯多亚学派

斯多亚学派（约公元前500—前200）是古罗马宗教中包含的一种信仰体系，极大地影响了罗马人的道德观和社会价值观。斯多亚学派从希腊哲学家芝诺（Zeno，约公元前336—前264）的理论中得出了自己的观点，芝诺相信物质有两种基本类型：被动和主动，即被作用的物质和作用的物质。人类灵魂通过智力发挥作用的能力导致了这样的结论，即人类理性与物质宇宙紧密地联系在一起。人类自由可以简要描述为与宇宙因果律合作的能力。这种自由观是斯多亚学派信仰的关键。宇宙决定生命。命运源于自然法则或神灵的奇想，这是斯多亚学派的重要论点。罗马人发展出一种复杂的宗教，用以适应命运，并与命运合作。因此，在摆脱亚里士多德灵魂观念的同时，斯多亚学派将重心从内在决定论转向由命运力量支配的普遍决定论。从这个角度来看，人类再次被视为环境秩序的一部分。

斯多亚学派导致了个人对命运力量的依从。在实践中，这种态度主张放弃个人责任和主动性。尽管斯多亚学派的悲观论调阻止了个体行为退化为轻浮，但作为一种哲学，斯多亚学派表达了这样一种观点，即人类是一种反应性的生物，不具有主动性。人在本质上是主动还是被动的？这一主题始终贯穿着整个心理学的发展过程。斯多亚学派的答案是让人成为环境的一部分，并受制于环境的决定因素。

伊壁鸠鲁学派

伊壁鸠鲁学派出现的时间比斯多亚学派晚（约公元前 50 — 100）。与保守的斯多亚学派不同，希腊哲学家伊壁鸠鲁（Epicurus，约公元前 342 —前 270）的罗马信徒们坚持的唯一原则是，生命的终极目标就是幸福。这种价值观体现在罗马的节日、比赛以及最终神化皇帝的宗教中。伊壁鸠鲁学派否认了斯多亚学派对灵魂消极性的看法，认为灵魂是身体物质的一部分。灵魂具有丰富的感觉和预期功能，以及活跃的激情功能。但是，灵魂的运作必须通过身体的生理机能。感觉对伊壁鸠鲁学派心理学至关重要，因为他们认为，思维过程是通过环境原子撞击灵魂原子而形成的。理性和自由的概念尽管得到了承认，但仅作为一种个体化的表达，与任何普遍的形而上学原理无关。相反，人类主动性的指导原则是寻求快乐和避免痛苦。因此，我们可以看到，罗马的伊壁鸠鲁学派与希腊的智者学派有一些相似之处。伊壁鸠鲁学派将灵魂概念简化为对感觉的强调。

此外，这种对生命的**简约（parsimonious）**解释表明了这样一种观点，即身体机能的机制是理解生命的核心。这种观点的社会和道德含义是，个人行为的导向是世俗、自私自利的**享乐主义**。

巅峰期过去之后，斯多亚学派和伊壁鸠鲁学派仍然发挥着影响力。由于希腊和罗马哲学体系的要素被基督教神学吸收，在基督教信仰和学说建立的最初几个世纪，文化环境中依然能看到这些观点的影子。

新柏拉图学派

最后一位伟大的异教徒哲学家普罗提诺（Plotinus，约203—270年）出生于埃及，在亚历山大港学习，师从试图调和基督教与**柏拉图主义**的著名学者阿摩尼奥斯·萨卡斯（Ammonius Saccas）。萨卡斯的另一位学生奥利金（Origen，185—254）成为基督教哲学基础的核心人物（见下文）。在亚历山大港呆了十年后，普罗提诺前往东方学习波斯和印度思想，并最终前往罗马。在罗马，他一直在努力唤起人们对古希腊哲学家的兴趣，尤其是柏拉图。普罗提诺认为，物质仅作为寻求获取形式的无形式潜能而存在，而灵魂所具有的能量和方向使物质所假定的每种形式成为可能。自然本身就是全部能量和普遍灵魂，被表达为生命的各种形式。每个形式的生命都有一个决定成长方向的灵魂。对人类来说，灵魂的重要原则是塑造个人成长并走向成熟。通过源自感觉、知觉和思考的理念，灵魂提供了我们对环境的认识。理念本身超越了物质，并提供了与自然的普遍灵魂进行交流的独特人类体验。理性是我们运用理念的能力。它提供了最高级的生命形式，使个人最终意识或觉察到灵魂的创造方向。

普罗提诺认为，身体既是灵魂的动因，也是灵魂的监狱。灵魂能够进行最高形式的活动——理性，它依赖于感官信息，但能通过创造性地运用理念而超越感官层面。神是普遍的统一、理性和灵魂。人类灵魂渴望寻找神，但这种吸引力是我们关于神唯一能确定的事情。因此，生命是一个过程，在这个过程中，灵魂通过拒斥物质世界来寻求对身体的支配，并在自然和神明中寻找普遍真理。

罗马新柏拉图学派的重要性在于，在基督教诞生的最初几个世纪里，它被罗马帝国各种宗教运动所接受。柏拉图关于身心二元论的理论被纳入诺斯替主义（Gnosticism），尤其是在被称为摩尼教（Manichaeans）的诺斯替派（Gnostic sect）中，后者认为精神灵魂是善，物质身体则是恶。尽管普罗提诺和他的学生波菲利（Porphyry，约 234 —约 305）的理论融入了早期基督教哲学家和神学家圣奥古斯丁（St. Augustine，354 — 430）的思想之中，但奥古斯丁思想显然更为成熟，提供了对人性的理解。这种理解具有独特的基督教风格，与摩尼教有所差别。罗马秩序消亡后，基督教开始统治西欧。

基督教

耶稣的信徒提出，耶稣的人生起到了榜样和激励作用，极大地改变了人们的生活。耶稣的宣言除了具有宗教意义（宣称自己是希伯来预言的弥赛亚），也对灵魂在心理学史上日益重要的地位产生了巨大影响。他出身贫寒、一生困苦，告诫人们摒弃尘世之物，重视精神财富。此外，他对爱和永恒救赎的诺言使普罗大众充满了希望，相信自己终能摆脱孤独、贫困和饥饿等世俗问题。他的死亡和复活使宇宙的自然秩序由内转向外，从而增强了精神生活的突出地位，也强调了身体的尊严。耶稣的故事中蕴含的思想拥有普遍的感染力。罗马和平时期政局相当稳定，从而让这一思想有机会传播给罗马疆域内的数百万人。

耶稣的信徒们打算将他的思想和教义扩展到原本的犹太背景之外。同他的前任施洗约翰（John the Baptist）[1]一样，耶稣也宣扬宗教承诺（religious commitment）的复兴。此外，耶稣宣称自己就是希伯来预言里的弥赛亚。他的一些听众认为，弥赛亚应该帮助犹太信徒们在政治上摆脱罗马的统治。但耶稣明确表示，他不想挑战罗马或其他任何世俗权威。他的国不属于这个世界，而属于上帝，是精神生活中真理、和平与爱的领域。耶稣的教义与犹太人的整体传统一致，那就是全心全意地爱戴上帝。他的思想也可以在希腊身心二元论中得到理解，因为它彰显了精神的尊严和最终价值，那就是不朽的灵魂。此外，耶稣宣称人类与自然界其他存在不同，因为上帝偏爱人类，为人类提供了永生和救赎的机会。

十二门徒（Apostles）[2]及他们的追随者利用了罗马提供的传播渠道。如果基督教的教义要涵盖犹太教的多个派别，就有必要吸收希伯来《律法书》之外的其他文化传统。公元 70 年，罗马将军提图斯（Titus）摧毁耶路撒冷，犹太人从罗马治下的巴勒斯坦地区（Roman Palestine）的散布开来，导致基督教的犹太基础丧失，从而使吸收其他文化传统显得尤为必要。在基督教诞生后的最初几个世

---

[1] 比耶稣更早的传道者，曾在约旦河为众人施洗，也为耶稣施洗，故得此别名。——译者注

[2] 最初由耶稣基督挑选并赋予传教使命的 12 个门徒。——译者注

纪，传教士在整个帝国中秘密活动。尽管基督教领袖也在其他地方——尤其是安提阿（Antioch）和亚历山大港——活动，基督教的中心还是转移到了罗马。

圣保罗（St. Paul，约 10—约 64）

圣保罗是一位对非犹太世界狂热的传教士，可以被称为第一位基督教神学家。作为一名出生于塔尔苏斯（Tarsus）的犹太人，他小时候被禁止学习古希腊和罗马文学，但他还是学到了一些希腊语，足够用来交流。他与当时的希腊人、罗马人保持接触，并且拥有罗马公民身份，这都为传教活动提供了基础。尽管保罗写给早期教会团体的著名信件鼓励禁欲主义和严格的道德戒律，但他的主张超越了斯多亚学派被动服从命运的观点，而是倾向于与既掌控又亲身参与基督教团体成员生活的神建立积极的关系。他主张新的宗教与犹太教分离，并成功地反抗了犹太教一项严格的基本要求：施行割礼。

保罗将耶稣的要旨与建立在希腊哲学基础上的文化相结合。他的教义中似乎包含了一部分柏拉图式的自律和新柏拉图式的身心二元论，例如肉体与精神之间的张力和冲突，以及需要通过圣灵（Spirit of God）才能使精神战胜肉体。与此同时，还有一些元素暗示着人类的犹太式（Semitic）统一，从而使整个人可以在身体、灵魂和精神上成长，并相信身体可以在来世最终复活。保罗提出，耶稣不仅仅是实现犹太预言的弥赛亚，还是来到世上救赎全人类的上帝。也就是说，耶稣是全世界的救世主。耶稣牺牲自己，让所有人得以获得完美的智慧和知识。因此，保罗用一种罗马帝国绝大多数人都可以理解的形式，宣讲了耶稣充满希望的教义，从根本上改变了早期的基督教。

教父（The Church Fathers）[1]

如前所述，正是由于学术中心在亚历山大港蓬勃发展，基督教与希腊哲学之间的关系得以牢固确立。克莱门特（Clement，约150—220）和奥利金（Origen，185—254）将基督教的希伯来起源与属于异教的希腊哲学相调和。多产的奥利金用希腊语翻译了希伯来文的《旧约》，并撰写了方便希腊人理解的评论和解释。他努力的最终结果是宣称希伯来人的上帝是生命的第一原因或第一原理。希伯来的一神教学说和希腊的多神教传统之间的矛盾，奥利金通过三位一体（Trinity）[2]这一概念得以解决。通过使用亚里士多德式的本质与存在的区分，他提出上帝拥有纯净本质，能够呈现为三种存在：有创造力的圣父、救赎的圣子和提供知识的圣灵。对于奥利金而言，三位一体很容易适应基督教的基本宗旨，即上帝派他的儿子来管理和拯救世界，作为至高无上的理性的具现。

与之类似，对个体的看法在基本的二元论背景下被基督教化了。每个人的本质是灵魂，而灵魂通过身体呈现出存在。与早期基督教教义的共识不同，奥利金认为，不朽的灵魂经过一系列阶段最终依附于身体。死亡之后，灵魂会分阶段继续存在，直到最终与上帝的完美智慧结合在一起。所有生命及灵魂发展的顺序都来自上帝

---

[1] 早期基督教会历史上的宗教作家及宣教师的统称，他们的著作被认定具备权威，可以作为教会的教义指引与先例。在他们之中包括了许多著名的教会神学家、主教与护教者。——译者注

[2] 即圣父、圣子和圣灵三位一体，都是神的不同形态。——译者注

的宏伟设计。因此，来自亚历山大港的先贤们通过吸收柏拉图和亚里士多德的思想，成功地为基督教找到了希腊思想根基，并将斯多亚学派的决定论补充到了这一基础之上。

早期的神学家为基督教的扩张打下了基础，但基督教必须得应对来自内部和外部的负面压力。在内部，基督教徒之间的分歧以各种异端邪说的形式扩散。对正统基督教最出名的背离或许是诺斯替教派（Gnostics），他们的著作充满神秘氛围，对耶稣神性与复活的基本信仰提出质疑。早期的大公会议（Church councils）[1]解决了这些争端，教会教义得以逐渐形成。从外部来看，基督教徒遭受了一波又一波的迫害，直到公元 313 年康斯坦丁大帝（Constantine）颁布米兰敕令（Edict of Milan），基督教才在整个帝国得到承认。

早期基督教解决的最后一个问题涉及西方帝国和教会内部权威的逐渐解体。这两件事情为教皇至高地位的出现铺平了道路，从而对随后几个世纪欧洲的学术氛围产生了深远的影响。因为圣经传统认为使徒彼得（apostle Peter）被耶稣本人指定为继任者——基督教徒的首领，而彼得以罗马主教的身份殉道，早期教会便将在彼得之后继任的罗马主教作为所有主教中的首位[2]。罗马主教被冠以最高祭司（Pontifex Maximus）的头衔，这一名称以前曾被古代罗马宗教和罗马皇帝使用过。由于一系列皇帝的软弱无能，帝国统治中心最终迁向东方，罗马人民开始呼吁由主教承担行政责任。教皇权威的

[1] 基督教中有普遍代表意义的世界性主教会议，咨审表决重要教务和教理争端。——译者注

[2] 原文是 the first among equals，指的是与其他主教平等但排名第一。——译者注

演变是渐进式的，1054 年，东西方基督教分裂后，这种权威在教会内部达到巅峰。权威的集中化及其与罗马主教（即教皇）的紧密联系产生了巨大的影响，关于这一点我们稍后再讨论。

《米兰敕令》停止了国家对基督教的迫害，再加上此时西罗马帝国的公民权力日益弱小，西方社会开始沿着基督教的方向重组价值观。这一神学流行起来，一开始包含了早期异教的许多仪式。熏香、蜡烛和游行元素，以及对圣人的崇拜，都依照基督教的礼拜仪式进行了改良，让普罗大众更容易理解。随着城市的衰落，社会越来越农业化，礼仪年 （liturgical year）[1] 按照农业周期做了调整。官方的教会政策容忍了一些原始的基督教实践，因为这种习俗和仪式能加强教会的道德教义。换句话说，教会成为个人和社会行为的秩序和组织的源泉。在公民政府（civil government）崩溃造成的真空中，教会成为唯一的社会组织机构，但它所领导的社会却正在走向腐朽，思想水平不断下降。因此，基督教的习俗和传统被用来维护人们的道德秩序。在我们看来，心理学被纳入了教会掌握社会的权威之中。因此，教会的教义成为合适的、可接受的心理与行为标准。

有一位宗教领袖值得我们注意，在基督教建立其基础期间，他通过融入主流知识环境而捍卫了基督教教义。圣艾雷尼厄斯（Saint Irenaeus，约 130 — 202）被认为是出生于小亚细亚士麦那（Smyrna，今土耳其伊兹密尔）的希腊人，是主要的、反对早期异端（尤其是诺斯替教派）的信仰捍卫者。他主要的著作《反异端论》（*Adversus Haereses*）被列为基督教正统书目，旨在警告早期基督教徒不要相信

[1] 基督教会对一年何时开始何时结束的规定。——译者注

某些相互打压的异端邪说。他使用圣经资料作为证据，支持自己关于基督教真正核心的看法。在晚年，作为高卢地区卢格杜努姆（Lugdunum，今法国里昂）的主教，他被公认为真正基督教信仰的庇护者。

第四、五世纪的教士群体让基督教成为如今盛行的基本模式。圣哲罗姆（Saint Jerome，340 — 420）严厉谴责了罗马民众和神职人员的世俗行为，退休后来到巴勒斯坦沙漠。在这里，他经常给其他教会领袖写批判信件。尽管如此，他还是完成了将圣经翻译成拉丁文（在当时普及率很高）的艰巨任务。米兰主教圣安布罗斯（Saint Ambrose，340 — 397）为教会的基本教义辩护，并成为乐善好施的典范。埃及的圣安东尼（Saint Anthony，约 251 — 356）和巴勒斯坦的圣巴西勒（St. Basil，330 — 379）发起了东罗马的隐修运动（monastic movement）[1]，该运动强调了隐士独处对于实现人类完满的价值。当隐修运动传播到帝国西部地区时，逐渐获得了更多群体组织的支持，成为封建欧洲保护知识的重要运动。

在一系列规范基督教教义的大公会议中，教会学者的教义与圣经内容得以整合。第一次尼西亚公会议[2]（325）和第一次君士坦丁堡公会议[3]（381）产生了一个被所有基督教徒接受的共同信条《尼西亚信经》（*Nicene Creed*），偏离该信条即被视为异端。信条中意义最为重大的教义是“三位一体”的提出，意思是一神三面。在这一过程中，某些希腊哲学术语（如“实体”“关系”）的含义发生

---

[1] 反对基督教的世俗化，提倡禁欲和隐修。—— 译者注

[2] 公元 325 年在尼西亚城召开的第一次基督教世界性公会议。—— 译者注

[3] 公元 381 年在君士坦丁堡召开的第二次基督教世界性公会议。—— 译者注

了变化，促成了“人”（person）这一概念的出现，而这个概念在古代异教徒哲学中不为人所知。主教们被要求确保宗教活动符合既定的教义，并且罗马主教的地位逐渐超越他人。皇帝瓦伦提尼安三世（Valentinian III）发布了一项法令，宣布教皇利奥一世（Leo I，约 400 — 461）及其继任者作为罗马主教，统管所有基督教教堂。尽管君士坦丁堡、亚历山大、耶路撒冷和安提阿的主教们不接受他的法令，但教皇之位越来越被认可为基督教社会权威的主要体现。

▲ 圣奥古斯丁（354 — 430）

由于圣奥古斯丁对柏拉图思想的依赖，他的著作对心理学史至关重要。接受了希腊古典哲学的良好教育后，他从故乡北非游历到意大利，担任各种教职。他倡导一种颇具伊壁鸠鲁学派精神的生活方式，这在他不太诚心的祈祷中反映出来：“主啊，请让我纯洁吧，但现在不行！”在米兰的时候，他迷上了新柏拉图学派和普罗提诺的作品。最后，在 33 岁时，他感受到了基督的启示，并接受了圣安布罗斯（St. Ambrose）的洗礼。回到北非后，他建立了一个隐修团体，过着清心寡欲的生活。396 年，他被选为希波城（Hippo，今阿尔及利亚）的主教，生命的最后 34 年一直在此传教和写作。

奥古斯丁的两部著作对心理学的历史发展具有重要意义。他写于公元 400 年左右的《忏悔录》（*Confessions*）或许是历史上最著名的心灵自传。他以敏锐的内省和巧妙的细节，描述了一个人如何通过信仰上帝找到安宁，并通过上帝恩典解决激情和理性之间的冲突。对奥古斯丁来说，心灵是神圣智慧的接受者，能分享上帝的荣耀。通过它，我们可以获得无法经由身体感官得到的知识。此外，这种灵魂或心灵的内在感觉，允许我们有一种超越现实但又能完全解释物理现实的意识水平。因此，奥古斯丁淡化了心灵的理性，认为它依赖于不可靠的感官信息。相反，他提出了一种更接近心理学的心灵观，认为被恩赐了神圣智慧的意识或自我决定了活动的方向。奥古斯丁认为，只有抛弃感官知识的错误印象，我们才能达到这种意识水平。

413 年至 426 年间，奥古斯丁分卷撰写了《论上帝之城》（*City of God*），作为对人们强烈抗议阿拉里克一世（Alaric）率领军队洗劫罗马的回应。许多人将这一令人震惊的事件归咎于基督教，认为它破坏了罗马帝国的荣耀和力量。奥古斯丁反驳说，罗马沦陷是因为异教社会固有的腐朽，而这种腐朽早在基督教时代之前就存在了。奥古斯丁借用柏拉图理想国的概念和基督教善、恶的教义，认为人类群体可以分为两个城市，或者说两类社会。世俗之城关注世俗，被物质主义的邪恶所支配。上帝之城与上帝同在，由教会为我们显现，纯粹属于精神，代表了善良。历史上，人们可能会在两个城市间摇摆不定，只有在最后的审判（Last Judgment）中，每个城市的成员才会被最终确定，有些人堕入地狱，遭受恐怖和灾祸；另一些人则进入天堂，与上帝共同享有幸福和完美。

就心理学史的角度而言，奥古斯丁的两大成就值得铭记。首先，他超越了柏拉图式的身心关系，完成了希腊哲学的“基督教化”。通过将感官信息降到原始的水平，设定一种超越感官的意识，奥古斯丁阐述了能反映自身的心灵的理想状态，认为它是获得上帝终极的美与爱的关键。直到中世纪末，这一观点始终在基督教思想中占据主导，所以所有研究生命的智力活动，包括心理学，都保留了柏拉图式思想的痕迹。其次，他为教会和国家之间的特殊关系找到了合理解释。奥古斯丁把教会和上帝之城联系起来。尘世间的政府总是有缺陷的，统治弱于教会。奥古斯丁在西罗马帝国的影响力远大于他在东罗马帝国的影响。在帝国力量更强大的东方，教会隶属于国家。然而在西方，随着罗马政府的不断衰落，奥古斯丁的论点给予了教会正当理由，去填补国家行政管理和精神建设方面的空白。

波伊提乌（Boethius, 480 — 524）

波伊提乌生活在基督教走向稳定的过渡期。作为一名受过良好教育的罗马人，他因努力延续古代经典著作中的思想而闻名。他总结了欧几里得、阿基米德（Archimedes）、托勒密（Ptolemy）和亚里士多德等许多人的著作，或许阻止了这些思想的彻底毁灭与消失。他的著名论断将人定义为“一个独立的本体，有理性的性质”。不幸的是，他触怒了哥特国王狄奥多里克（Theodoric），年老的狄奥多里克对周围的一切都心存怀疑，最终处决了波伊提乌。然而，他在留存经典方面的工作影响深远，使得古典学者的作品（尤其是古希腊思想）在相对安全的隐修院的保护下得以生存，度过了中世纪的劫难。

基督教发展的早期，尤其是在基督教合法化并成为罗马帝国的官方宗教之后，基督教徒也多次发起了针对他人的紧张局面与暴力事件。一个特别悲惨的故事发生在亚历山大港的希帕蒂娅（Hypatia，约350 — 415）身上，她是一位杰出的数学家和天文学家。当她的兴趣转向哲学时，成为亚历山大新柏拉图学派的领袖，她的讲座吸引了来自各种信仰和民族的学生。据说她很喜欢古希腊思想，以至于只要有人提问，她就会停下来为对方解释柏拉图或亚里士多德思想中的难点。她是亚历山大的异教徒总督奥雷斯特斯（Orestes）的顾问和朋友，奥雷斯特斯反对主教西里尔（Cyril）及其手下的隐修士将犹太人赶出亚历山大港。奥雷斯特斯向皇帝狄奥多西二世（Theodosius II）提出上诉，隐修士和其他基督徒得知信息之后，袭击了他。最终，一群基督教徒袭击了他的盟友希帕蒂娅，并以最残酷的方式杀害了她。西里尔获得了胜利，狄奥多西二世发布禁令，禁止异教徒担任官职。这个故事的重点是，在《米兰赦令》颁布之前，许多基督徒受到他人迫害，然而，在他们掌握权势之后，有些基督徒也采用了从前别人迫害自己的方法，将许多无辜者卷入暴力之中。

西欧中世纪早期

一系列蛮族入侵最终导致罗马城在410年被洗劫一空，这是800年来罗马城第一次沦陷于外敌之手。此后，持续不断的侵略夺走了许多人的生命。476年，非罗马人担任的西罗马帝国皇帝被废黜，西罗马帝国覆灭。罗马城的人口从150万减少到30万。新的部族定居在西罗马帝国各地：日耳曼人迁入意大利，西哥特人迁入西班牙，法兰克人将高卢改为法兰西，盎格鲁-撒克逊人占领不列颠。这些部族无法维持大城市的商业中心系统，而它们以往都由罗马管理。结果，西欧变成了农村。罗马制度下的法律权威崩塌，取而代之的是暴力和个人侵略。学术生活遭到了巨大的伤害；西欧社会变得支离破碎，民众大部分是文盲。文艺复兴早期学者彼得拉克（Petrarch，1304—1374）将这一时期称为“黑暗时代”，但考虑到这一时期所取得的成就，后来人们认为这个名词有些过于极端。我们可以将这一时代称为“信仰时代”，因为当时的教会超越了地方统治，是权威和秩序的唯一来源。心理健康成为教会关于道德和精神理想的代名词。

封建主义与教皇制度

帝国首都从罗马迁至君士坦丁堡后，西欧局势持续恶化。受战争、饥荒和疾病的困扰，西方的社会结构和普遍知识水平都在倒退，以至于即使最精英的社会阶层中也基本都是无知者与文盲。因为入侵者最终皈依了基督教，所以教会这一机构得以在灾难中幸存下来。作为西欧唯一保存下来的国际性机构，教会仍在试图维持秩序和文化的假象。

封建时期的欧洲基本上是一个松散的集合体，社会等级制度建立在服务和忠诚的基础之上。等级制度的最底层是农民，他们为地主服务。地主效忠于一个地方或地区的贵族，而贵族又可能是国王、神圣罗马帝国皇帝或教皇的属臣。真正的全国性政权尚未出现，地方关注的事项极大地决定着日常生活。罗马的道路系统被荒废了，远距离的交通非常困难。教皇是唯一的权力代表，可以命令封建社会的各个阶层。教会与国家、教会与民法、宗教与科学之间的区别逐渐模糊。

在**中世纪早期**，教皇获得了巨大的权力。大格列高利（Gregory the Great，540—604）在590年被选为罗马教皇，当时正值黑死病席卷罗马城，并夺去了前任教皇的生命。他开始了一场改革运动，加强了神职人员和隐修院的纪律，改善了城市的民政管理。结果，西欧教会内部出现了一种集权化趋势，这导致教会仪式日益规范，也提高了教皇的权威。756年，法兰克国王丕平（Pepin）将意大利中部的土地献给教皇，进一步加强了教皇的权威。这些教皇领土使教皇成为正式的世俗统治者，并一直持续到了1870年。800年，教皇利奥三世（Leo III）将另一位法兰克国王查理曼（Charlemagne）加冕为神圣罗马帝国的皇帝，当时的神圣罗马帝国是一个由基督教贵族组成的松散联盟。这一举动开启了教皇赋予基督教统治者的权威以合法性的传统。

在整个中世纪，教皇的命运起起伏伏，在权力滥用与改革之间交替循环。然而，从整体上看，教皇的权威仍在精神上和世俗间稳步增长。通过实现圣奥古斯丁关于“上帝之城”的预言，教皇可以赋予或保留社会机构的合法性。等级制度中的其他成员也获得了世俗的权力，但最终拥有绝对权力的还是罗马主教。[1]

教皇权力增长带来的副产品之一是西方和东方基督教之间的分裂。由于拉丁语和希腊语版本的圣经与公会文件之间存在差异，再加上罗马和君士坦丁堡在势力范围上的政治竞争，敌意日渐增长。最终，在 1054 年，君士坦丁堡牧首和罗马教皇各自将对方及其追随者从教会中除名，从而切断了旧罗马帝国东西部之间最后的联系。与此同时，伊斯兰教的“圣战”威胁着整个欧洲。在西方，穆斯林征服了整个西班牙，直到 732 年才在法国图尔（Tours）被挡住。但是，直到 1492 年伊斯兰军队才被完全赶出西班牙。

---

[1] 教皇亦称“罗马教皇”“教宗”。天主教会内职位最高者的称谓。拉丁语为 papa，源出希腊语 páppas，是早期基督教会对高级教士的一般尊称。罗马主教为罗马教会创始人之一彼得的继承人，因彼得在使徒中有特殊地位，故自称其在教会内享有首席地位。公元 756 年教皇国建立后，罗马主教成为教皇国君主而拥有世俗权力。11 世纪中叶，东西教会大分裂后，papa 一词在天主教会中由罗马主教专称而成为教皇的称号，教皇制走向定型化。其职务由枢机组成的“枢机团”选举产生，任期终身，天主教会称其为“基督在世的代表”。——译者注

隐修运动

在西方，教会中最致力于保存学术遗产的是隐修士们。隐修士通常单身，聚集为社区团体，共同劳动，追求贫穷但有信仰的生活。正如我们所见，这种现象首先发生在帝国东部，一群隐修士遵循圣巴西勒的规范，松散地聚集为一个社区。同样，北非的圣奥古斯丁也依照他所写的治理规范建立了社区团体。这些奥古斯丁规范的追随者，或者说奥古斯丁的信徒，是西欧发展的先行者，而这种隐修运动对于保存知识至关重要。

西方的隐修运动的创始人通常被认为是圣本笃（St. Benedict，480 — 543）。529 年，圣本笃在意大利中部的卡西诺山（Monte Cassino）创建了中世纪早期最伟大的隐修院。不同于东方隐修制度对独处的强调，圣本笃将隐修制度订立为一群人生活在绝对清贫、忠贞和服从之中。著名的圣本笃会规（Rule of St. Benedict）统治着整个西欧的隐修生活，直到如今，修士和修女有关沉思的宗教规定仍然遵循着这一会规的变体。由遵守圣本笃会规的神职人员组成的一系列隐修院遍及欧洲和北非。事实上，拉丁文学在整个欧洲大陆遭到摧毁时，正是身处遥远、相对平静的爱尔兰的神职人员使得这一文学瑰宝免遭灭绝。

大部分情况下，本笃会隐修院的学术工作主要是抄写古人手稿。每个隐修院都有一个抄写室。很多负责抄写的修士也是艺术家，制作的卷轴和书籍装饰本身就是很美的艺术品。还有一些修士在抄写的卷轴、书籍的边缘，或是其他单独的地方，写下了对古代经文的评论。尽管内容往往粗略且有限，但这些评论仍对学术进步做出了贡献。虽然这些作品充满了作者的宗教热情，内容也以赎罪为主，但它们仍然使学术生活显得更有生命力。许多隐修院发展成为封建权力的中心，因忠诚而获得财富、地产和农民。较大的中心被命名为修道院（abbey），由一位院长（abbot，希腊语中“父亲”的意思）领导，他通常既拥有主教的教会权力，又拥有地方君主的世俗权力。为了教育神职人员完成抄写任务，大大小小的修道院都建立了内部学校，实际上成为这个时期的教育之源。这些隐修院虽然没有被视为知识中心，但却在实际上减缓了学术的衰败，使艺术、文学和哲学免于彻底毁灭。

东方的影响

拜占庭帝国（Byzantine Empire）

罗马帝国的首都迁到了君士坦丁堡，拜占庭帝国依靠自身的希腊语言和文化，在西方文明衰退的同时逐渐崛起。在查士丁尼大帝（Justinian，483—565）的领导下，东罗马帝国繁荣富强，《查士丁尼法典》明确地将东罗马的文化和社会与西罗马的混乱局面划分了界限。优秀的大学成为君士坦丁堡、亚历山大港、雅典和安提阿的精英中心，分别专攻文学、医学、哲学和修辞学。

拜占庭帝国逐渐形成了自己的特色。拉丁语让位给了希腊语，基督教在仪式和理论上都呈现出希腊特色。西欧一片混乱，南边伊斯兰部落带来的威胁日益增加，导致拜占庭与西方的接触变得困难。帝国开始衰落，变得孤立和腐败。然而，拜占庭人在巴尔干半岛和如今乌克兰境内建立了殖民地体系，将希腊字母、文化和宗教引入当地。989年，基辅大公弗拉基米尔（Vladimir，972—1015）成为基督徒，使得他治下的公国都受到了拜占庭文化的影响。1453年，君士坦丁堡被土耳其人攻陷，拜占庭帝国最终灭亡，而当时被称为莫斯科大公国（the duchy of Moscow）的俄罗斯成为保存拜占庭文化的宝库。

伊斯兰文明

穆罕默德（Muhammad，570 — 632）出生于阿拉伯贫瘠的沙漠地区，并开启了**中世纪**一种最不同凡响的现象。在一个世纪内，穆罕默德的追随者征服了拜占庭境内大部分亚洲领土，包括波斯、埃及、北非及西班牙。610年，穆罕默德经历了他关于天使加百利（Gabriel）的第一次幻觉，加百利告诉他，他被选为上帝或是安拉（Allah）的使者，并开始透露神圣的讯息，这些讯息最终形成伊斯兰教圣书《古兰经》（*Koran*）。穆罕默德在阿拉伯游牧部落获得了狂热追随者，并很快征服了圣城麦加（Mecca）和麦地那（Medina）。到他去世时，伊斯兰教的基本教义已经基本确立，他的继任者将这个神权国度变成不断扩张的帝国。

当穆斯林占领拜占庭帝国统治下的基督教区域时，同时也遇到了希腊哲学和科学的学术文化遗产。伊斯兰知识分子欣赏希腊文化，并自由地借用他们的构想。最重要的是，他们保存了古代著作，而当时西罗马的蛮族侵略正在摧毁学术著作。在以巴格达（Baghdad）为中心的阿拔斯哈里发王朝（Abbasid caliphs，750 — 1258）统治时期，大多数古希腊学者作品以及近期评述被翻译成叙利亚文（Syrian）。伊斯兰学者也研究了希腊人的数学论文，从而为算术和代数的发展做出了贡献。伊斯兰世界各地都建立了专门的医院，最著名的是在大马士革（Damascus），这为医生的教育提供了环境。伊斯兰医生发展了麻醉和外科手术，还出版了药理学专著。

中世纪时期，伊斯兰的主要学者之一是阿布·伊本·西纳（Abu ibn Sina），他还有一个为人熟知的名字是阿维森纳（Avicenna，980—1037）。他是一位著名的医生，在著作《医典》（*Canon of Medicine*）中记录了医疗的概要。作为一位哲学家，阿维森纳对亚里士多德的著作非常熟悉。**经院哲学（Scholasticism）**是亚里士多德思想在西方的复兴，而阿维森纳的哲学比它早了近两个世纪。从本质上说，阿维森纳接受了亚里士多德的形而上学和心理学，并试图将其与伊斯兰教信仰调和。他认为人类灵魂的本质是真主本质的延伸，并相信通过灵魂的理性力量，我们可以分享真主的完美知识。他对感官知识的获得作了较为详细的论述，认为人类特有的身心二元论反映了感官知识与理性知识的互动。他对亚里士多德思想和伊斯兰信仰的综合是对伊斯兰学术的杰出贡献。

伊斯兰教发展极为迅猛，对基督教造成了威胁。它在东地中海和北非地区极为成功，几乎消灭了这里的基督教。直到17世纪，伊斯兰势力横扫西欧的可能性才完全消除。不过，在后来的几个世纪里，西方教会学者都是在伊斯兰学者的帮助下，才得以将古代的经典著作重新引入西欧。正是伊斯兰的庞大帝国护佑下的图书馆，使这些经典作品不至于灰飞烟灭。

本章小结

罗马文化接受了古典希腊哲学，但在此基础上发展了独特的罗马视角，如斯多亚学派和伊壁鸠鲁学派。斯多亚学派持保守的人性观，认为自然决定了人的命运。人的调整包括与自然的宏大设计保持顺应、合作。相反，对于伊壁鸠鲁学派来说，幸福只是寻求快乐和避免痛苦。柏拉图的思想由普罗提诺复兴，在基督教出现早期占据了罗马哲学思想主流。基督教使徒的传教热情和罗马统治的安宁有序，促成了基督教的迅速传播。耶稣的教诲和对基督教教义的解释融入了希伯来人类学和希腊哲学的元素，反过来又得到了一系列基督教捍卫者的支持。这些学者共同赋予了基督教以形式和内容并一直延续至今。圣奥古斯丁在基督教神学体系下成功地重新诠释了柏拉图的思想，使得柏拉图的心理观点的影响一直延续到第二个千年。随着西罗马帝国的衰落，欧洲的学术几乎完全停滞，只有隐修运动保留了些许希腊和罗马文明的粗糙表象。教皇的统治权不再局限于精神方面，在政治管理上也起到了主导作用。随着古罗马秩序东移，拜占庭帝国呈现出鲜明的希腊特色。伊斯兰教的兴起及其随后在宗教和政治上的成功，威胁到基督教在中东和北非的生存。与此同时，古希腊的许多学术遗产正是在伊斯兰世界的伟大学术中心得以保存和发展，逃过中世纪的劫难。

讨论题

1. 对比伊壁鸠鲁学派与斯多亚学派。就灵魂的功能而言，这两个学派分别认为心理过程的基础和形式是什么？

2. 普罗提诺的观点和柏拉图的观点（特别是在身心二元论方面）存在哪些基本的共同点？为什么新柏拉图学派对基督教的引入很重要？

3. 耶稣的教导有什么心理上的含义？如何根据基督教的灵魂观来解释个人经验？

4. 圣保罗如何改变了早期基督教的犹太背景？柏拉图的观点对圣保罗有什么影响？

5. 描述柏拉图对圣奥古斯丁的影响。奥古斯丁的作品（尤其是《忏悔录》）中，这种影响是如何体现的？

6. 波伊提乌为保存学术成果做出了什么贡献？

7. 描述西方的隐修运动对保存学术思想的社会和实践益处。

8. 为什么说伊斯兰社会的学术和文化成就促进了西欧学术的复兴？

第 5 章

中世纪的学术复兴

章节内容

教皇和教会的权力

十字军东征和重新发现东方思想传统

大学

经院哲学

早期学者

· 皮埃尔·阿贝拉尔

· 罗杰·培根

· 大阿尔伯图斯

▲圣托马斯·阿奎那

哲学与科学：奥卡姆的威廉

本章小结

到了公元 1000 年，西欧的学术逐渐孤立，失去根基。大部分经典著作散失，教会删改了大量异教徒作者的作品。欧洲的文化生活主要体现用艺术进行宗教表达上。在这段时期，欧洲几乎完全被基督教徒占据。西到爱尔兰，东到波兰和立陶宛，北至斯堪的纳维亚半岛，南至地中海，人们都有着共同的宗教信仰，对教皇同样忠诚。尽管新兴国家之间的封建纠纷还将持续，有时甚至非常严重，但最黑暗的时代已经结束，学术活动也慢慢复苏。随着第二个千年的到来，西欧逐渐开始走出学术上的黑暗时期，重新夺回因无知而失去的东西。

教皇和教会的权力

教皇是这个时代的胜者。西欧大部分地区都处于教皇的控制之下，要么直接属于教皇，要么是通过封建制度对其效忠。教会这一机构在社会中占有特权地位。教皇制度从中世纪早期就出现了，它是宗教、政治和文化生活方方面面的主要权力来源。罗马的神权政府控制着封建等级制度。此外，由于教皇确认了世俗统治者的合法性，而且他本人也是意大利中部和北部大片领地的拥有者，教皇承担了其他欧洲政治机构无法比拟的政治角色。教皇的权力具有政治意味，这也导致了 14 世纪的灾难性事件，当时教皇不得已离开罗马居住到法国南部的阿维尼翁（Avignon）[1]。然而，在阿维尼翁时期（1309 — 1377）之前，教皇一直是欧洲最有权势的人。

我们对教会的一些发展趋势很感兴趣，因为它们直接对学术界产生了影响。首先，隐修运动的剧烈变革导致教会对学术产生了更直接的影响。来自克莱尔沃（Clairvaux）的圣伯纳德（Saint Bernard，1091 — 1153）按照最严格的本笃会规章建立了隐修院。这类被称为西笃会修士（Cistercians）的神职人员，终日忙于劳作和祈祷，不从事任

[1] 14 世纪初，法国国王腓力四世（Philippe IV）派人前往罗马囚禁教皇，并拥立波尔多大主教为新任教皇，教廷由意大利罗马迁往法国阿维尼翁。阿维尼翁的七位教皇均为法籍，从侧面表明了法国王室实际控制了欧洲天主教的大权，因此这段特殊的教廷迁都时期也被称为“阿维尼翁之囚”。——译者注

何学术活动。圣伯纳德的追随者创立了大量自给自足、不与社会接触的隐修院。在这段时间里，同样出现了一群杰出的宗教女性，来自宾根（Bingen）的圣希尔德加德（St. Hildegard，1098 — 1179）就是其中代表。八岁时她被父母送到本笃会隐修院，作为一个隐修者，她的作品极为鼓舞人心，并因创作了优美的诗歌与音乐而声名鹊起。她既虔诚信教，又精明强干，成为所在宗教社区的领袖，担任教皇和世俗统治者的顾问，同时还是医生和科学家。可以说，这一时期的男女隐修团体蓬勃发展，吸引了一些有才华的人，他们设法延续甚至提高了学术水平——尽管他们的主要目的是静心祈祷和冥想。

然而，在意大利，一项新的隐修制度改革正在发生。遵守教规的男女隐修团体开始生活在大众之中，试图满足人民的需要。对于那些寻求谦卑生活、愿为穷人付出物质财富的男男女女来说，亚西西（Assisi）的圣方济各（Saint Francis，1182 — 1226）是他们的精神之父。方济各本人过着极为清贫的苦行僧生活，欣喜于自然美、和谐以及人类与世界的爱。与此同时，在西班牙，圣多明我（St. Dominic Guzman，1170 — 1221）建立了宣道会（Order of Preachers），成员们致力于利用自己的智性能力来抵制异端思想。他们被称为多明我会（Dominicans），成员遍布欧洲，并最终在教会内形成了一个知识精英群体。随着西欧大学的兴起，多明我会和方济各会在神学体系中占据了一席之地，进而对整个大学结构产生了重大影响。两者共同带来了新的宗教秩序，使宗教不再只是一个个孤立的隐修院，而是以服务大众为使命。在这一过程中，与各自教区牧师相比，新宗教组织成员向人们展示了全新的形象。众所周知，大多数教区牧师的知识储备并不充足。因此，正是多明我会和方济各会的存在使教会的知识水平普遍提升。

教会的第二种变革，试图使人们的信仰不偏向歧路，始终保持在教会约束之下。多明我会承担了这项工作，最明显的表现便是声名狼藉的异端裁判所（Inquisition），负责调查被指控为异端或背离官方教义的人。这一发展包含了更为广泛的审查制度，从而对欧洲的学术复兴产生了巨大影响。从写作到教学，所有学术活动都必须经过详细检查，杜绝一切错误。在那些基本由教会直接控制的机构中（例如大学），这种审查有时非常严厉，将一切有想象力的探索全部扼杀。教会系统编制了禁止信徒阅读的书籍目录，审查人员有权将违反者判处死刑或监禁。各国之间对审查制度的运用程度并不均衡，这取决于教皇权力的范围，以及教皇与政权当局的合作程度。但是，它总体上是有效的，使得教会可以直接控制学术活动。出于恐惧，或者仅仅是为了避免潜在的风险，许多学者被迫秘密工作，或者至少不在教会控制的机构工作。

异端裁判所在不断沉浮、循环往复的历史之中持续了几个世纪。除了寻找异教徒之外，它的职能还扩展到了对恶魔附身、巫术和其他异常行为的调查。不幸的是，许多如今会被认定为精神疾病、发育或智力障碍，甚至是社交障碍的人，都被抓进了异端裁判所，因其异于常人而遭受酷刑和死亡。到了 1487 年，多明我会修士雅各布 · 施普伦格（Jacob Sprenger）和海因里希 · 克雷默（Heinrich Kraemer）出版了《女巫之锤》（*Malleus Maleficarum*），这是一部关于恶魔和巫术的百科全书，还附上了相应的处置方法和酷刑。这一虐待精神病患者的丑陋时代一直延续到了 17 — 18 世纪，类似科顿 · 马瑟（Cotton Mather）[1]这样富有争议的人物就是证明。他因为支

[1] 科顿 · 马瑟在美国波士顿出生和长大，是一位知识渊博的教士，致力于传道、治疗天花等，同时也支持猎巫活动。——译者注

持美国殖民地塞勒姆女巫审判活动[1]而遭到抨击。

残酷的异端裁判所是基督教以正统名义控制社会的手段，是一种迫使人类一切活动都服从于教会教义的社会发明。最终，教会以上帝旨意的名义捍卫自己的权威，而人们则出于信仰接受了教会的权威。因此，此时的心理学被等同于基督教，要解释个人行为和心理活动，就需要理解人对获得永恒救赎的渴望。在这个时代，教会毫无疑问地占据着至高无上的地位，没有考虑其他解释的余地。任何偏离教会教义的行为都被认为违背自然秩序，因此，人们用某些异常而强大的“替罪羊”（如恶魔）来解释这些行为。

十字军东征和重新发现东方思想传统

从某种意义上说，十字军东征代表了基督教的权力达到顶峰。十字军东征，指的是西欧封建主和天主教会在1095年到1291年间开展的八次侵略性远征，宣称要从“异教徒”（穆斯林）手中夺回“圣地”耶路撒冷。东征最后以失败告终，但该运动是基督教狂热信仰的体现，从另一个角度来看，也可以看作西欧复苏的开始。十字军东征带来了与其他文明的接触和商业往来。此外，由于伊斯兰学术水平远远胜过西欧，通过与之接触，西欧的学术也得到了促进。伊斯兰学者保存了古希腊大师的思想。在伊斯兰统治下，数学、建筑学和医学蓬勃发展。随着十字军东征，这些新思想以及更完整的古代经典著作被带回欧洲，动摇了封建欧洲的排外主义。十字军东征

[1] 最终导致20多名无辜女性被杀。——译者注

推动了欧洲的政治生活和民族国家[1]（national states）崛起，而这一运动以牺牲罗马教皇的地位为代价。

十字军东征是同质化的基督教全方位渗入西欧生活的产物。然而，与此同时，这也是西欧即将发生巨大变化的征兆。首先，不同于相对宽容的埃及法蒂玛王朝（Fatimids），巴勒斯坦新的土耳其统治者对基督徒实施了迫害，罗马教皇当时的力量足够强大，对此进行了谴责。第一次十字军东征以令人惊诧的军事力量支持了教皇的愤慨，但教皇失去了对随后战役的控制权，因此十字军对罗马教皇的权力和威望最终造成了负面影响。其次，十字军东征填补了拜占庭帝国的衰弱所造成的真空，这一真空已经不足以充当中东土耳其人与西欧基督徒之间的有效缓冲。拜占庭帝国在皇帝查士丁尼大帝治下达到权力和文化的顶峰，他对罗马法进行了修订和编纂，命名为《查士丁尼法典》。在他之后，拜占庭帝国陷入内部矛盾与纷争之中，统治效力逐步减弱。最后，意大利半岛的城邦（如热那亚和威尼斯）正在发展成为商业中心，需要扩大市场。因此，十字军东征成为催化剂，促使西欧开始摆脱封建主义和思想沉寂。

作为军事和宗教活动，十字军东征失败了，但却成功地推动了西欧进入更成熟的巩固与组织时期。首先，由于十字军东征要求组建国际规模的大型军队，促使一些群体从地方层面的敌对重组为国家层面的认同。其次，十字军东征为广阔的商业市场开辟了可能性，促进了商业经济的发展。最后，十字军东征带回了古代的经典知识。幸运的是，西欧已为放弃封建制度、开启学术复兴做好准备。

---

[1] 一种政治实体，成员认同的不是某个国王或教皇，而是共同的民族身份。——译者注

随着伊斯兰文化的繁荣和扩展，东非和北非的学术中心城市越来越多，摩尔人（Moorish）[1]对伊比利亚半岛的征服也扩大了这种影响力。在知识断续发展的进程中，同时代两位伟大学者的有趣故事既有着迷人的同步，也有着惊人的相似。阿威罗伊（Averroës，1126—1198）和迈蒙尼德（Maimonides，1135—1204）都出生于今西班牙的科尔多瓦（Córdova），虽然出生时间只差九年，但他们却从未见过面。两人都拥护亚里士多德的思想，将其作为理性的主要指导，认为能借此探究穆斯林和犹太传统中自然和精神领域的真相。阿威罗伊翻译了亚里士多德的著作，并将其广泛应用于哲学、神学、医学、音乐和政治领域的研究。在此过程中，他声名鹊起，被公认为睿智而博学的学术领袖。他坚持认为，理性和信仰并不矛盾，而是通往同一真理的互补之路。迈蒙尼德是一位著名的医生，写过一些医学著作，但他的主要贡献是对犹太律法的系统研究。受阿维森纳和阿威罗伊的影响，迈蒙尼德相信依靠逻辑和理性，可以扩展我们对自然界和上帝的认识。他的《密西拿律法》（*Mishna Torah*，1158）成为犹太宗教传统的核心作品，也是中世纪学术研究的里程碑。由于他是一个生活在穆斯林土地上的犹太人，他和他的追随者屡遭排挤，后来便途经摩洛哥去了埃及。在埃及，他成为萨拉丁（Saladin）[2]的医生，并一定程度上受到萨拉丁子侄的保护。

到了生命的尽头，这两位伟大的思想家都发现周围环境开始排

---

[1] 中世纪时期居住在伊比利亚半岛（今西班牙和葡萄牙）、西西里岛、马耳他、马格里布和西非的穆斯林。——译者注

[2] 当时埃及王朝统治者，中世纪穆斯林世界著名的军事家、政治家。——译者注

斥他们的作品。保守的反对者开始攻击他们作品中的理性基础，认为这会威胁到以古老的迷信为根基的宗教组织，并成功地压制了他们在当时的直接影响。但从长远来看，两位学者都提出了理性研究和真实哲学探究的起因。随着西欧打开大门，新的时代来临，他们的思想有助于伊斯兰世界的文化成就扩大影响力。

当西欧开始吸收这些思想时，我们很有必要回顾一下此时心理学在社会上的地位。在前一章中，我们讲述罗马人继承了古希腊的哲学和科学体系，并将其应用到具体实践中。然而，随着罗马统治在西方的衰落，包括心理学研究在内的学术活动停滞不前，甚至开始倒退了。封建社会的神权主义特征将宗教与心理学、科学混在一起，使正式意义上的心理学被基督教的实践所吸纳。这种心理学对宗教的依从发生在两个层面上。心理学成为教会的道德教义的一部分，融入了基督教的实践模式中。在第一个层面上，任何活动的心理解释都必须符合基督教的信条。在第二个层面上，也就是基督教在实践中，将心理学与神话迷信混为一谈。精神疾病和社交异常被视为邪恶诅咒或恶魔附身。治疗这些疾病的公认方法并不包含理解或研究，而是通过祈祷或接触圣物。中世纪的欧洲是一个信仰的时代，科学（包括心理学中的自然观察导向）全都处于沉睡之中。

大学

中世纪早期，交流和商业趋于崩溃的一大表现是，拉丁语不再是一门能被大众普遍理解的语言。公元 1000 年，罗马帝国灭亡后，拉丁语言的各种方言演变成了法语、西班牙语和葡萄牙语等罗曼语族。意大利语发展得相对较慢，不过在 1300 年，但丁（Dante）选择用意大利托斯卡纳（Tuscany）方言撰写了《神曲》（*Divine Comedy*）。与之类似，北欧部落的古德语（Old German）也演变成了一系列同源的语言，其中就包括英语的前身。1066年，诺曼人（Norman）进入英格兰，将法语带到了英格兰，促进了现代英语[1]这一混合语的发展。14世纪，乔叟（Chaucer）撰写的《坎特伯雷故事集》（*Canterbury Tales*）使用的是中古英语，其中能看到法语的巨大影响。到了1300年，各地语言的多样性在口语交流中得以建立，拉丁语被慢慢遗忘。手抄书籍这一艰巨任务主要还是用拉丁语完成的，但这种情况也很快就改变了。大体而言，拉丁语在某些学术领域（如医学、法律和宗教领域）仍然是常用的书面交流语言，但却不再通行于人们的日常生活，逐渐被当代欧洲的各种语言所取代。

中世纪的教育主要局限于由教堂、修道院和女修道院开设的学校进行的道德教育。教会提供基础教育，罗马举行的第四次拉特兰公会议（1215年）要求主教在每个教堂设立语法学、哲学和教会法学的教职。然而，这些教会学校很快被证明容量不足，无法应付越来越多的神职人员，以及对学习和学术感兴趣的非神职人员。人们对罗马法（Roman Law）兴趣的复苏，促使了欧洲最古老的大学于1088年在博洛尼亚（Bologna）建立。当时，博洛尼亚的两所法律学校——教授教会法和民法——被人们称为大学（universitas scholarium）[2]，并被教皇法令认可为综合性的研究中心。在富有的王公贵族和教会领袖的赞

---

[1] 英语的发展可以分为三个阶段：古英语、中古英语和现代英语。——译者注

[2] 英语中“大学”（university）源自拉丁语 universitas scholarium，即学者社区。——译者注

助下，大学很快就遍布整个意大利，包括摩德纳大学（Modena，1175）、维琴察大学（Vicenza，1204）、帕多瓦大学（Padua，1222）、那不勒斯大学（Naples，1224）、锡耶纳大学（Siena，1246）、罗马大学（Rome，1303）、比萨大学（Pisa，1343）、佛罗伦萨大学（Florence，1349）和费拉拉大学（Ferrara，1391）。尽管更偏向于法律和医学等专业，但这些学术中心也为 14、15 世纪兴起于意大利的文艺复兴提供了助力，这场文艺复兴几乎覆盖了所有研究领域。

巴黎大学或许是中世纪最伟大的哲学和神学中心，始建于 1160 年，学生数量多达 5 000 — 7 000 名。起初开设的课程包括了语法学、逻辑学、修辞学、算术、几何学、音乐和天文学七门。学生们随后学习哲学，最后学习神学。到了 14 世纪，巴黎大学包括了 40 个院系，其中索邦学院（Sorbonne）一直是最著名的。随着法国在中世纪到文艺复兴时期的崛起，民族认同感的增长也超过了欧洲其他地区。此外，法国成为欧洲人口最多的国家，这使法国君主能够筹集庞大的军队来支持自己的政治野心。作为欧洲顶尖国家中的顶尖大学，巴黎大学在整个欧洲享有盛誉，巴黎学者的观点被认为是整个欧洲大陆的权威性言论。尤其是巴黎大学的神学系，它主要由多明我会修士组成，代表了当时学术活动的巅峰。贵族、国王、皇帝，甚至教皇都遵从来自巴黎的神学解释。

在欧洲大陆的其他地方，仍在大量建设大学，将其作为学习中心。葡萄牙国王于 1290 年在里斯本（Lisbon）建立了一所大学，随后这所大学搬到了古罗马城镇科英布拉（Coimbra），依然欣欣向荣。许多讲西班牙语的城市都建立了很好的大学，包括萨拉曼卡大学（Salamanca，1227）、巴拉多利德（Valladolid，1250）和塞维利亚（Seville，1254）。在德语城市，维也纳（Vienna，1365）、海德堡

（Heidelberg，1386）和科隆（Cologne，1388）也建立了大学。中欧最古老的大学位于布拉格（Prague），由曾在巴黎大学学习过的国王查理四世（Charles IV）于 1348 年创建。杰格隆尼大学（Jagellonian University）于 1364 年在波兰首都克拉科夫（Kraków）建立，在人文研究和天文学方面享有盛誉，哥白尼正是在此接受教育。

在英国，早在 1167 年就有大量学生聚集在牛津，到了 1190 年，一所大学发展起来。1209 年，牛津镇发生骚乱，镇上的居民杀害了几名学生，一些学者和学生就此前往剑桥。1281 年，剑桥大学成立。这两所英国大学都设有四个院系：艺术、教会法学、医学和神学。到了 1300 年，牛津大学在声望和学术成就方面已经能与巴黎大学比肩。

大学的出现是欧洲学术思想复兴的关键阶段。此前，在希腊和罗马的学院之后，欧洲就失去了学术研究中心。然而，我们当然不能忘记，教会及其审查制度控制了中世纪的整个欧洲社会，当然也包括大学。当时，神学被视为最深奥的学科，神学院则主宰着大学的命脉。中世纪的大学有其不足之处。在内部，神学的主导地位往往限制了那些依赖理性而非信仰的独立研究。作为教会机构，大学首先必须遵守教会的纪律，然后才有资格追求知识。教会和君主都会通过控制财政支持来施加外部压力。这些压力往往是政治性的，明显侵犯了大学的完整性和独立性。尽管如此，早期的大学仍在西欧的文化复苏中扮演了非常重要的角色。有了图书馆和博学的教师，大学吸引着人们共同去追寻知识。

经院哲学

杰出的大学学者在复兴欧洲的过程中所取得的成就，证明了中世纪大学的学术水平不容小觑。此外，这些学者代表着一个群体对教会权威的持续质疑，证明了与“一切基于信仰”的方式相比，其他探索知识的途径更有效。这场运动促成了科学的出现，最终使得学术研究中的理性战胜了信仰。这场运动被称为“经院哲学”，认为人类的理性是真理的来源。然而，为了朝着这个方向前进，有必要使欧洲哲学摆脱柏拉图思想的主导，同时放弃他认为人类知识基于错误感官过程的悲观看法。相反，如果能被基督教权威接受的话，亚里士多德提供的哲学体系能为现代科学的最终出现提供关键要素。

早期学者

皮埃尔·阿贝拉尔（Pierre Abélard，1079 — 1142）。阿贝拉尔是一位杰出的哲学家，也是巴黎大学的先驱人物之一。他出生在布列塔尼（Brittany），最终来到巴黎，在圣母院（cathedral of Notre-Dame）跟随柏拉图主义哲学家尚波的威廉（William of Champeaux，1070 — 1121）学习。当时，一场关于共相存在的形而上学问题的哲学争论正在激烈进行。柏拉图认为，由于物理表象不断变化，共相比基于感官信息的特定事实更持久、更永恒、更真实。换句话说，人是会改变的，但人性不会。相反，亚里士多德认为，共相是一种精神理念，代表着对特定物理表现形式的分类；也就是说，我们用人性这一概念将人与其他动物区分开来。教会在这场争论中有既得利益，因为它认为自己是一个精神共相，大于信徒们的总和；也就是说，教会不仅仅是一种想象出的抽象概念。威廉坚持极端的柏拉图主义，认为共相是唯一的现实，个体只是共相的偶然表现形式。阿贝拉尔运用高超的修辞和逻辑技巧，理性地展示了威廉极端立场的荒谬性：把个人简单地贬为共相的个例，这违背了我们观察到的自然界的现实秩序。不久，作为大教堂的咏礼司铎（canon）[1]，阿贝拉尔开始在圣母院学校里教书。

然而，在继续他的出色工作之前，一场欧洲中世纪著名的爱情悲剧打断了阿贝拉尔的事业。他与一位聪明而美丽的女性陷入爱河，对方是大教堂首席教士的侄女埃卢伊斯（Héloïse）。接下来的一切顺其自然，埃卢伊斯怀孕了，阿贝拉尔偷偷带她去布列塔尼，在他姐姐家里生下了他们的儿子。埃卢伊斯拒绝与阿贝拉尔结婚，因为正式的婚姻会妨碍他的教士地位及高级神职人员的前途。因此，她宁愿做他的情妇。然而，把孩子留在布列塔尼之后，他们在巴黎秘密结了婚，尽管没有住在一起。埃卢伊斯与叔叔不断争吵，不得不再次离家出走，去了一所女修道院。埃卢伊斯的叔叔认为阿贝拉尔为了掩盖自己的罪过，强迫埃卢伊斯成为修女，所以带着一群帮手袭击了他，并（用阿伯拉的原话来说）切断了他那部分伤害过埃卢伊斯的人体组织。从此，阿贝拉尔成为修士，埃卢伊斯则当了修女，他们的交往被限制在一封封浪漫而略带辛辣的书信之上。

随后，阿贝拉尔又重新开始紧张的研究和教学工作。他试图将基督教思想置于理性层面上，处理信仰与理性之间的核心关系。他借助苏格拉底古老的问答法，穷尽问题的所有方面，从而勾勒出哲学和神学假设的逻辑结果。他指出，如果说真理来自上帝的赐予，那么信仰和理性就会以平行的方式，得出同样的结论。阿贝拉尔的工作为科学发展做出了重要贡献，因为他提倡观点要有逻辑，要用理性去验证。

---

[1] 天主教神职之一。——译者注

阿贝拉尔的著作局限在对认识上帝和自然的方式的逻辑论述，其结论十分重要，使得理性在学术探索中的地位合法化。他并没有放弃将信仰作为知识的源泉，但至少成功地确保了理性的重要性，使之在知识探索中与信仰保持同等地位——这已经是一项重大成就。阿贝拉尔的观点和讽刺性的讲授方式，让自己与上司都陷入了麻烦。1140 年，他被教皇英诺森二世（Innocent II）判决禁止教学和写作。不久后，他孤独而痛苦地死去。然而，他给中世纪哲学引入了一种系统的方法，这种方法坚定地依赖理性，独立于神学之外。后来的学者们对阿贝拉尔的理论展开了充分探究。

罗杰·培根（Roger Bacon，约 1214 —1292）。培根被许多学者称为中世纪最伟大的科学家，他出生在英格兰西南部的萨默塞特（Somerset），大部分的学习和教学生涯都在牛津大学度过。他在英国接受了犹太人的古希伯来语教学，后来进入巴黎大学，接受了古代和现代语言的进一步教育。然而，在巴黎，自然哲学或科学中所使用的形而上学法和逻辑法没能吸引他。在加入方济各会（Franciscan）之后，培根回到英国，在牛津大学教授自然哲学。他强调系统观察法的重要性，并利用他最爱的数学来描述观察结果。

培根在哲学和道德领域写了大量文章，但他最擅长的显然是论述科学问题。最初，他对科学的贡献很小，仅限于一些关于光学和儒略历改革的观点。尽管如此，他对科学研究的出现发挥了重大作用，是位当之无愧的伟大科学家。首先，他恢复了人们对古代学者的兴趣，特别是像欧几里得这样的数学家。其次，更重要的是，他强调，基于对物理世界细致观察的经验主义论证，会比逻辑论证产生更多的结果。换句话说，在数学的帮助下，通过观察者之间的感官一致性来验证真理，这是科学的关键。因此，经验主义被重新引入科学。培根强调科学中的归纳法，这不同于亚里士多德的主流解释，即强调物理世界研究中的定义和分类。中世纪对亚里士多德著作的研究，强调逻辑推理是论证的主要方法，而忽视了亚里士多德对观察的重视。下面这则轶事正说明了这一现象，中世纪时，一群饱学之士站在修道院的庭院里，没完没了地争论着一匹马有多少颗牙，后来一个鲁莽的年轻学徒走到马跟前，掰开马嘴，数了数牙齿的数目。培根的主要成就在于强调了亚里士多德传统理论中关于观察的重要性。他认为，知识既可以通过基于理性的逻辑推理获得，也可以通过基于感官的仔细而有控制的观察获得。

大阿尔伯特（Albertus Magnus，约 1193 — 1280）。大阿尔伯特是多明我会学者，在德国的学校和修道院工作，也曾两度前往巴黎大学。他是最早全面纵览亚里士多德所有已知著作的西欧学者之一，这对基督教知识分子而言是一项大胆的成就，因为亚里士多德的著作被当时的教会视为异端。大阿尔伯特全面论述了亚里士多德的逻辑，以此作为正确推理的基础，并提出了逻辑探究的六项原则。大阿尔伯特的形而上学论著包括了对亚里士多德思想注释的评价，这一注释来自穆斯林学者阿威罗伊，如前所述，他在西班牙和摩洛哥教授亚里士多德哲学与伊斯兰教教义之间的关系。此外，大阿尔伯特还出版了伦理学、政治学和神学的书籍。有趣的是，他的心理学思想相当全面，涉及感觉、智力和记忆等多个主题。尽管他在心理学方面没有太多原创内容，但他将亚里士多德思想作为权威，这本身就是一个重要进步。此外，他接受了亚里士多德的心身二元论，并将心灵潜能与基督教寻求永恒救赎的伦理观结合起来。

这一结合的最终结果是提出了一种动力心理学，内容涉及了人类在认识上帝的过程中对善良与智慧的追求，这一思想概括在他的文章《论灵魂的力量》（*De Potentiis Animae*）中。大阿尔伯特在心理学方面的观点具有创新性，因为他把人类的理性力量提升为信仰之外的又一救赎之源。

大阿尔伯特是一位才华横溢、著作等身的学者，他成功地躲过了教会令人生畏的审查制度，从基督教之外的学术来源中汲取灵感。他提倡精确的观察，曾经详细研究过植物，从而推动了植物学的发展。通过访问欧洲的其他地区，与其他观察者通信，他也对各种动物群进行了分类和描述。作为一个博物学家，他进一步巩固了培根的理论，即强调了仔细的经验主义观察的重要性和有效性。此外，作为最早信赖异教徒亚里士多德的基督教学者之一，大阿尔伯特提供了令人耳目一新的知识“强心剂”，对学术追求的觉醒产生了巨大影响。

▲圣托马斯 · 阿奎那（St. Thomas Aquinas, 1225 — 1274）

在 1150 年左右，阿贝拉尔的学生彼得 · 隆巴尔德（Peter Lombard，约 1096 — 1160）撰写了一本颇具影响力的著作《四部语录》（*Sententium Libri IV*），并在其中使用了问答法。他的书试图将《圣经》与人类理性相调和。这部著作促进了人们对推理的应用，将其作为信仰之外知识探寻的另一来源，该书也成为基督教神学的经典。与此同时，从阿拉伯语翻译过来的亚里士多德作品，在大学特别是巴黎大学赢得了更广泛的受众。大阿尔伯特开了先河，大量使用亚里士多德理论来解释自然与人类心理学。然而，那是一个属

图 5.1

圣托马斯·阿奎那，13 世纪中叶（© Science and Society Picture Library/Getty Images）

于基督教的时代，信仰仍然占据了主导地位。无论如何，亚里士多德关于形而上学和灵魂的理论必须系统地与基督教神学相调和。这项任务是由阿奎那完成的。他充分阐释了经院哲学，通过承认人类的理性和信仰都是寻求真理的工具，打开了心灵的大门。事实上，我们也可以说，承认理性，就意味着信仰不再占据人类知识来源的支配地位。

托马斯·阿奎那的父亲是德国人，母亲是西西里人，他是诺曼人的后裔，出生于阿奎诺镇（Aquino）附近父亲的城堡之中。阿奎诺镇离卡西诺山（Monte Cassino）本笃会大教堂不远，阿奎那正是在此接受了早期教育。他身材壮硕，沉默好学，因此被人戏称为“西西里哑牛”。外号通常都不会太离谱。1882 年，教皇利奥十三世（Pope Leo XIII）委任一批多明我会的神职人员汇编阿奎那的著作，该组织至今仍在运作。阿奎那于 1244 年加入多明我会，次年他在巴黎跟随大阿尔伯特一起学习。他余下的大部分时间都在巴黎教书，偶尔也在意大利。在这段时间里，他一直在为理性辩护，反对那些认为信仰是真理唯一来源的人。为了证明自己的论点，他试图调和亚里士多德哲学与基督教思想，这一目标类似于 800 年前奥古斯丁对柏拉图与基督教思想的调和。1272 年，那不勒斯的统治者安茹的查理（Charles of Anjou）请阿奎那重组那不勒斯的大学。据说，开始重组大学后不久，阿奎那获得了一个展现神性知识完整性的神启，使得他自己的调和工作看起来似乎没什么价值，于是他停止了写作。他以博学闻名于整个欧洲，同时，他也是个谦卑而温和的人，一直声称自己存在不足之处。阿奎那以其学术上的广度和深度，成为西方文化中最杰出的知识分子之一。

他最伟大的著作《神学大全》（*Summa Theologica*）以最详尽、最全面的形式体现了基督教思想。他理论体系的基础是亚里士多德的逻辑学。托马斯运用问答法，从逻辑上推出了上帝的本质。他采取了亚里士多德关于质料与形式的形而上学原则，描述了身体和灵魂之间的动态关系，并在此过程中对这一体系进行了基督教化。阿奎那提出的身心关系如图 5.2 所示，表达了亚里士多德二元论的基本特征。在他的描述中，人是根据本质和存在来定义的。人类个体的本质是能够概括所有人类本性的全称命题[1]。它是由物质世界（身体的来源）和灵魂组成的，灵魂是不朽的，具有智力和意志的主要

---

[1] 即对所有对象属性的描述，一般用词是“所有”或“任意一个”。——译者注

功能。从潜能到“实现之理”（principle of actualization）的过程中，人的存在便决定了自身的个性。因此，人由必要的身体和精神成分组成，它们的动态**互动**导致了共同的人性，而人性又有着因人而异的不同呈现。

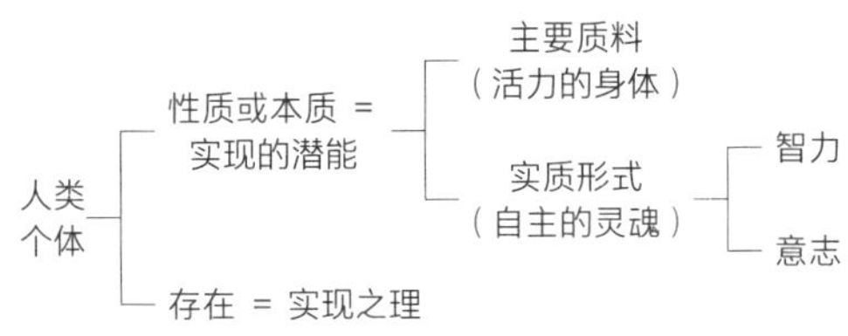

图 5.2 该图呈现了阿奎那关于身体与灵魂关系的二元论概念及关系，它们构成了人类的本性。

在阿奎那看来，人类不只是由外部刺激或环境压力推动的物理机器，也不像柏拉图和奥古斯丁所说的那样，只是被囚禁在身体里的灵魂。相反，人是一个能动的实体，由灵魂内在驱动。人类灵魂拥有五种机能：

1. 生长（Vegetative）：指身体的生长和繁殖功能。为了完成生长，有机体会寻求食物和营养。

2. 感觉（Sensitive）：指灵魂通过五种感觉接受外界信息的能力。

3. 欲求（Appetitive）：指有机体的欲望、目标以及意志力。

4. 移动（Locomotive）：指向理想目标努力或远离讨厌事物的能力。

5. 理性（Rational）：与思考、认知能力、意志或意愿有关。

阿奎那的心理学思想包含了人类学习的两个关键要素。首先是对环境的依赖，因为我们的知识基于感官的信息输入。然而，感觉输入并不意味着空洞的、被动的智力。相反，感官认识受到第二个元素的影响，即常识（sensus communis）或常识核心，这一元素积极组织、调节和协调感官的信息输入。因此，阿奎那主张，知识可以分为两种。感官知识是人类与动物共有的，负责提供有关物理现实的信息，而人类独有的理性则提供抽象的普遍性原则。因此，灵魂通过理性智力来完成人类活动中最高级、最强大的形式。正是理性这一能力使人类如此独特，也使人类能与上帝交流。此外，虽然自由能激发意志，但人的自由来源于智力。自由随着理性、智慧和知识的增长而增长。追求智慧是人的最高职责，而理解这一行为则是人类恰当状态的特征。

阿奎那心理学中的动机因素是意志，它构成了成长和运动的关键力量。智力服从于意志，因为意志决定了智力的方向。意志的正确终点或目标是寻求善。根据阿奎那的说法，上帝是终极的善，意志寻求的是中间的善，表现为世俗的美、和谐和协调，而这正是灵魂所喜悦的。自主的灵魂由智力和意志构成，是一个统一的、能动的实体，它依赖于感官的输入，同时又是感官知识的最高仲裁者。

阿奎那向着现代科学的出现迈出了重要的一步，他阐述了我们如何认识自己、环境甚至上帝。阿奎那驳斥了那些受柏拉图影响的哲学家（如奥古斯丁）的观点，后者强调感官信息的不可靠性。阿奎那认为，知识是身体感觉的自然产物。虽然受到自然规律的限制，但感官知识是值得信赖的。此外，通过我们自己的理性力量，可以通过对感官知识的类推来获得超感官知识（supersensory knowledge），例如非个人化的第一因（First Cause）或原动力（Prime Mover）的存在。

本书无法全面介绍托马斯·阿奎那对经院哲学的全部贡献，但至少可以得出一些概括性的结论。托马斯·阿奎那和经院哲学运动代表了科学即将出现的曙光。在经院哲学之前，即使不算完全的异端，亚里士多德的思想也很少被人接受。在阿奎那之后，亚里士多德的思想成为基督教大学的必修课。从这个角度来说，阿奎那成功地调和了亚里士多德思想和基督教。更重要的是，他陈述了学术研究的正当性，将理性提升到信仰的高度，认为二者都是真理和知识的源泉。这一贡献对科学的出现至关重要。通过接受阿奎那对理性的辩护，教会也接受了一套评估学术活动的新规则。就非常现实的意义而言，阿奎那研究神学的策略无意中让教会也需要受到一个新标准的审视，那就是理性。在经院哲学取得胜利之前，基于《圣经》和基督教传统的启示，教会始终保持了信仰的绝对权威。人们接受了阿奎那的思想后，教会也会被要求回应那些理性的争议。

哲学与科学：奥卡姆的威廉（William of Ockham, 1287—1347）

经院哲学的学术转型从根本上打开了探索的大门，特别是对于自然世界。奥卡姆的威廉是英国方济各会修士、经院哲学哲学家，作为逻辑论证和经验主义的早期支持者，他的贡献正是这种转型的典型体现。威廉继承了他的英国前辈罗杰·培根的工作，并从阿奎那带来的经院哲学全面发展中获益良多。

他出生于英国萨里郡（Surrey）的奥卡姆，在牛津大学学习，在神学研究方面表现突出。一些主教认为他对彼得·隆巴尔德的《四部语录》评论过于激进，将其传唤到阿维尼翁的教皇法庭为自己辩护。审判结果看起来极不乐观，于是威廉越狱从阿维尼翁逃到了巴伐利亚（Bavaria），在神圣罗马帝国皇帝的保护下度过余生。他的作品虽然没有正式宣布为非正统或异端，但直到他去世之后，才得到教会的赦免。

当时的哲学包括了对人类所有知识和行为的研究，而威廉的著作中有相当一部分是关于科学或自然哲学的。正是在这一领域，他寻求信仰和理性的和谐共存，而不是对立。他还曾提出著名的“奥卡姆剃刀”（Ockham's razor）原则，这是一种精简原则，可以用来指导所有的科学。“奥卡姆剃刀”提出：如无必要，勿增实在东西的数目。这意味着在两种或两种以上相互竞争的理论中，最简单的那个是可取的；而且，对未知现象的解释，应该从已知的内容开始。在充斥着宗教解释、迷信和神话的时代，这一原则开启了这样一个目标，在研究自然事件时应该摒弃多余的成见。显然，这正是经验主义的第一步。

本章小结

随着第二个千年的开始，教皇试图通过连续八次的十字军东征来“夺回”天主教在“圣地”的统治，但这些战役在军事上和政治上都失败了，尤其是对教皇本人而言。然而，十字军东征却成功地为伊斯兰世界的学术进入西欧开辟了道路。随着大学的建立，新一代学者逐一登场。彼得·阿贝拉尔、罗杰·培根和艾伯塔斯·马格努斯具有开创性的理论，重新燃起人们对古代学者的兴趣。这些古代学者重视理性思维对获得人类知识的重要性。这场运动被称为经院哲学，在圣托马斯·阿奎那的著作中达到了巅峰。阿奎那试图调和亚里士多德的理性主义和基督教神学，使其能够共存。阿奎那的成功带来了一个极为重要的影响，促使大学和教会的学者接受了理性和信仰都是人类知识的来源。通过提出科学解释的精简定律，奥卡姆的威廉扩展了经院哲学和罗杰·培根的工作，为经验主义科学的出现奠定了基础。

讨论题

1. 描述欧洲中世纪晚期，心理学被宗教信仰和实践完全吸收的状态和过程。除了教会对人类活动的规定之外，当时的心理学是否有成为独立学科的可能?

2. 大学对加强欧洲民族国家的学术氛围有何帮助? 这些机构的缺陷是什么?

3. 罗杰·培根观察法的正确性体现在哪里? 为什么说培根的经验主义方法是现代科学出现的重要一步?

4. 经院哲学和早期科学经验主义接受了哪些共同假设?

5. 简述阿奎那对亚里士多德人类活动观念的改良。在阿奎那的理论体系中，各种各样的心理功能如何体现?

6. 阿奎那心理学中的动机因素是什么? 它是如何影响个体活动的?

7. “奥卡姆剃刀”是什么意思? 为什么它对科学很重要?

8. 考虑到信仰和理性孰为知识来源的争议性问题，描述经院哲学和早期经验主义的发展如何挑战了教皇的权威。

第 6 章

文艺复兴

章节内容

欧洲的文艺复兴，或者说文艺重生，是历史上的关键时期之一。在这段时间，一切都发生了根本性的变化，朝着文明的方向迈进。当然，政治和社会力量创造了一种气氛，刺激着有野心的民族国家尝试扩大已知世界的版图，为扩大贸易寻找新的市场。十字军东征，将古代的经典思想和东方学术取得的惊人成就带回西欧，这突出了一个事实——处于严格的封建统治下的西欧确实是一个狭小而闭塞的地方。这样的时代精神促使西欧形成了社会和政治上的多元性，人们渴望变革，翘首期盼能够推动变革的关键人物。这象征着中世纪“信仰时代”行将结束，它将让位于人类对自己的承认与最终接受，而这种接受主要来自对人类理性力量的肯定。时代的变迁引起了极大的变化，也改善了人们的生活。从这个意义上说，文艺复兴时期是人们开始发挥自己的主动性和创造性来掌握个人和集体命运的时期。

准备时期：意大利的能量

从 14 世纪末到 16 世纪初，意大利发生了一件具有深远文化意义的重大事件。这场欧洲文化的复兴或重生运动，其特点是在文学、音乐及其他艺术方面转向了人本主义。它标志着这些领域从过去的歌颂传统基督教主题，转向了对人性的颂扬，绘画和雕塑风格则常常让人想起罗马的伊壁鸠鲁风格。人类的形体以及由此产生的体验本身开始变得重要，人们开始重视尘世生活，而不是仅仅将其看成通向死后永生的方式。也就是说，世俗存在本身成为人们的关注焦点。此外，一些使日常劳动更轻松的发明出现，使得人们有机会进一步探索工程、医学和教育领域。因此，科学受到了**功利主义**的激励。

本书第 4 章简要地提到了文艺复兴早期人本主义运动的领袖皮特拉克。由于涉嫌伪造法律文件且拒绝受审，皮特拉克被驱逐出佛罗伦萨，搬到托斯卡纳的另一个城镇阿雷佐（Arezzo），开始在此创作诗歌和书信体作品，这些作品后来为他赢得了“文艺复兴之父”的称号。皮特拉克提升了人类理性的重要性，将人体的物理形态作为研究对象，从而为文艺复兴定下了基调。文艺复兴把焦点从中世纪的天堂转移到人间，使人的存在变得高尚而有尊严，强调生命本身的重要性，不再只是为了过渡到来生。文艺复兴始于佛罗伦萨，在这座城市的统治者美第奇家族（Medici family）的慷慨赞助下，一股新的艺术浪潮席卷了整个意大利。布鲁内莱斯基（Brunelleschi）和韦罗基奥（Verrocchio）的建筑作品让佛罗伦萨变得更美丽，城市建筑、教堂和宫殿里布满了吉贝尔蒂（Ghiberti）和多那太罗（Donatello）的雕塑。弗拉·安吉利科（Fra Angelico）、基兰达约（Ghirlandaio）和波提切利（Botticelli）的人文和宗教题材绘画吸引了来自欧洲各地的学生。在洛伦佐·德·美第奇（Lorenzo de Medici）的开明统治下，佛罗伦萨成为意大利文艺复兴时期的艺术中心。

莱昂纳多·达·芬奇（Leonardo da Vinci，1452—1519）是伟大的画家、发明家和科学家，因其多方才能而成为文艺复兴的代表人物。在米兰留下了著名作品《最后的晚餐》（*Last Supper*）之后，文艺复兴与达·芬奇一同走过佛罗伦萨，最后抵达罗马。达·芬奇作为一名科学家和工程师，还将人本主义精神转化为解剖图和机器设计。他的天才赢得了整个欧洲的认可，将这个世界关于身体的物理现实提升到了新的能力视野。达·芬奇还是一位极为出色的发明家，创造了各种各样的发明，如机关枪、螺钉切割机和可调活动扳手。他喜欢物理学，于是也研究了运动和重量，设计了复杂的磁学和声学实验。此外，他还通过解剖学，对人和动物四肢的结构和机制进行了系统的比较。达·芬奇的想象力和完美主义与文艺复兴精神很好地结合在一起，展示了人类智力自由发挥的巨大潜力，从而成为激励人心的榜样人物。

在意大利全境，从曼托瓦（Mantua）、费拉拉、那不勒斯到威尼斯，整个半岛充满了文艺复兴的激情。在罗马，在尤利乌斯二世（Julius II，1503—1513年在位）和利奥十世（Leo X，1513—1521年在位）等强大教皇的支持下，古典艺术得以复原、引入，用于装饰建筑物和街道。为了确保恢复旧日的辉煌，新的建筑物修建起来，其中最有代表性的是圣彼得大教堂（St. Peter's Basilica）和梵蒂冈宫（palaces of the Vatican）。米开朗琪罗·博纳罗蒂（Michelangelo Buonarroti，1475 — 1564）设计的巨大穹顶让基督教之都的建筑熠熠生辉，雕像《哀悼基督》（*Pietaà*）至今仍矗立在其入口。在毗邻圣彼得大教堂的西斯廷教堂（Sistine Chapel）的天花板和墙壁上，他的壁画《创世记》（*Adam*）和《最后的审判》（*Last Judgment*）是文艺复兴时期最美轮美奂的经典作品。文艺复兴两百年，取得的成就令人敬畏，它表明，欧洲确实从中世纪的沉睡中苏醒，文化开明的时代即将来临。在如今这个文化繁荣的时代，意大利依然辉煌，每年都有大量游客慕名而来，对这里的艺术和建筑杰作惊叹不已。

意大利的文艺复兴蔓延到了整个欧洲。远在波兰的克拉科夫，瓦维尔大教堂（Wawel Cathedral）有许多华丽的陵墓，它们由意大利工匠设计和建造，反映了佛罗伦萨文艺复兴时期的特殊特征。印刷技术的进步促进了文艺复兴思想的传播。15 世纪初，威尼斯的印刷厂已经能生产出质量上乘的书籍。在德国城市美因茨（Mainz），约翰·谷登堡（Johann Gutenberg，1400 — 1468）完善了活字印刷术，这一工艺已经在中国出现了数百年。随着印刷机的出现，书籍数量成倍增加，结束了只有少数人才能接触到书面资源的时代。

其中与心理学有关的是胡安·路易斯·维韦斯（Juan Luis Vives，1493 — 1540）的作品，他出生在西班牙的瓦伦西亚（Valencia），但大部分时间都在荷兰度过。在荷兰，和斯宾诺莎（Spinoza）[1]一样，他们

---

[1] 荷兰著名哲学家，西方哲学史上公认的三大理性主义者之一，与笛卡儿、莱布尼茨齐名。——译者注

全家的信仰从犹太教转变为了天主教。维韦斯开创了医学和心理过程（如情绪、学习和记忆）研究的先河。作为伊拉斯谟（Erasmus）[1]的朋友，他在鲁汶大学（University of Leuven）和牛津大学为文艺复兴思想发声。同样传播了文艺复兴的是居住在西班牙阿尔卡拉斯（Alcaraz）的奥利维娅·萨布科（Olivia Sabuco，1562 —约 1622），她撰写了有关亚里士多德身心关系和道德哲学的重要哲学论文。学习医学的她，因对心理过程进行生理学解释而闻名。这些思想家的影响跨越国界，进一步补充了由经院哲学而兴起并在文艺复兴时期培育起来的理性精神。这些运动相互协同，为追求人类知识和价值的新方法奠定了基础，并最终带来了科学。然而，教会的权威仍然是一个难以逾越的阻碍。

经院哲学家对理性的强调，教会分裂造成的政治分歧，以及影响力最突出的文艺复兴，这些因素综合发展，彻底改变了欧洲社会。这些势力削弱了教会的权威，特别是教皇的权威。对教会权威的直接挑战同时发生在两个平行的领域——教会内部以及教会外部的知识进步。前者包括宗教改革运动（Protestant Reformation），质疑了教会的结构形式，威胁到罗马教会机构的生存。后者对教会的教义发动了强有力的直接挑战，用基于理性的知识反对基于信仰的知识。

教会内部对权威的挑战：宗教改革

新教徒（Protestant）对教皇权威的质疑导致了激烈的教义争论，

[1] 荷兰著名的人文主义思想家和神学家。——译者注

历史学家对此进行了广泛讨论。我们当然不能给这些分析添加太多内容，但也有必要做出一些评论。首先，当时的政局极大地促成了教皇和新兴民族国家之间的冲突，特别是在德国和英国。教皇慷慨地支持了意大利的文艺复兴，他们是真正的世俗领导者，控制着意大利中部大片领地，并拥有庞大的军队。强大的世俗权力，加上中世纪教会在基督教国家的特权，造成了这样一种对教皇的看法——教皇会威胁到正在形成的国家认同感，以及欧洲各个国家正逐步稳定的君主制度。随着这些国家从封建特色的地方政府转向中央集权，君主需要持续的资金来支撑政府和军事力量，从而巩固他们的权力基础。英国、法国、葡萄牙和西班牙的中央集权政府就是这种发展的例证。在不断寻找资源的过程中，君主们怀着嫉妒和贪婪的心情觊觎着教会的财富，这些财富最终属于教皇，但往往由当地的主教和修道院长控制。例如，尽管是因为想废除与阿拉贡的凯瑟琳（Catherine of Aragon）[1]的婚姻，亨利八世（Henry VIII）才挑起了与罗马教会的决裂，但决裂一开始，他立即就解散了英格兰的修道院，没收了修道院的财产。因此，对于基督教内部各种有损教皇权威的争端，当时的政治氛围起到了推波助澜的作用。

促进宗教改革的第二个因素是欧洲的学术氛围复苏。大学的兴起、经院哲学对理性地位的提升，以及文艺复兴时期的文化创新，这些事件带来的附属效应是产生了一个知识分子群体，他们能够接触并理解古代非基督教徒和早期基督教文献。这些学者关注了教会权力滥用的问题，例如出售赎罪券来建设圣彼得大教堂。这些做法

[1] 阿拉贡的凯瑟琳是当时的英国王后，因仅育有一女惹得国王亨利八世不满，亨利八世向教皇申请婚姻无效，但遭到当时教皇的否决。——译者注

的错误性——与早期基督教脱离物质生活的教义背道而驰——在早期改革者眼中极为显著。马丁·路德注意到了这些问题，以此构成了他反对教会的基础。路德的解决办法不是提倡理性；相反，他的观点依然依赖信仰，但不同于教会的教导，他强调个人与上帝的关系是信仰权威性的来源。尽管如此，正是那个时代追求知识与自由的精神，为路德的信念创造了条件。

支持宗教改革的第三股力量来自人本主义，这一思潮在意大利文艺复兴时期的艺术作品中得到了很好的体现。我们对德西迪里厄斯·伊拉斯谟（Desiderius Erasmus，1469 — 1536）很感兴趣，他在哲学观点中极为清晰地表达了人本主义立场。伊拉斯谟出生在鹿特丹（Rotterdam），早期的思想倾向于奥古斯丁主义，并在 1492 年宣誓成为奥古斯丁教派的神父。作为学者和教师，他的职业生涯使其足迹遍布整个西欧，接触到了当时许多重要人物。他曾在巴黎大学、牛津大学和比利时的鲁汶大学学习过。他是托马斯·莫尔（Thomas More）[1]的好朋友，后者后来成为英国的财政大臣。亨利七世的儿子们访问博洛尼亚时，伊拉斯谟曾担任他们的指导老师。他极具讽刺意味的作品《愚人颂》（*The Praise of Folly*）嘲笑了当时道德生活的虚伪，《基督君主的教育论》（*Education of a Christian Prince*）一书则对欧洲的君主们进行了教导。尽管他最大的贡献可能在于用希腊语与拉丁语修订和翻译了《新约全书》（*New Testament*），但正是在从事这项工作时写下的笔记，充分证明了他的人本主义立场。虽然也犯下了一些错误，伊拉斯谟还是基于理性的

[1] 欧洲早期空想社会主义学说的创始人，也是人文主义学者和阅历丰富的政治家，著有《乌托邦》这一伟大作品。——译者注

学术视野，对《圣经》中的信仰基础进行了批判性的研究。因此，伊拉斯谟揭示了学者所处背景对后续解释的影响。尽管旨在推动改革教会的特利腾大公会议（Council of Trent，1545—1563）批评了他对《新约全书》的翻译及对《圣经》中的信仰基础的批评，但伊拉斯谟的研究表明，即使是最神圣的信仰文献，将其置于作者的个人语境之下就可以得到更好的理解。

欧洲大陆宗教改革的领导人马丁·路德（1483—1546）、约翰·卡尔文（John Calvin，1509—1564）和乌尔里希·茨温利（Ulrich Zwingli，1484—1531），他们改革的动力都源自纠正教会权威滥用这一真诚的愿望。在这个过程中，他们和追随者共同对罗马教义及教会的结构提出质疑。从此，欧洲基督教变得支离破碎，社会随着宗教路线而分裂。在英国，亨利八世和教皇克雷芒七世（Clement VII）之间的政治分歧导致英国与罗马分道扬镳，尽管罗马仍然保留着天主教的基本教义。教会试图通过内部改革尽量减少损失，特利腾大公会议成功地恢复了神职人员的纪律和教会本身的福音精神，以1540年新成立的耶稣会（Society of Jesus）[1]为代表。尽管如此，宗教改革仍旧标志着教皇对中世纪社会统治的终结。

科学对权威的挑战：哥白尼革命

除了教会内部纷争外，其他时机也已成熟，理性逐渐被人们接

[1] 1534年由圣罗耀拉在巴黎大学创立，1540年经教皇保罗三世批准。该会不再奉行中世纪宗教生活的许多规矩，如必须苦修和斋戒、穿统一制服等，而主张军队式的灵活性和变通性。——译者注

受，并用来直接挑战教会的权威。自古以来，宇宙中的运动问题就一直困扰着学者们。文艺复兴时期盛行的解决方案是**托勒密定理**（**Ptolemaic**），也叫**地心说**，顾名思义，就是认为地球处于宇宙的中心。这种观点完全符合某些宗教和神学（包括基督教）的宗旨，因为宇宙以地球为中心，足以证明人类是上帝的特殊造物，处于独一无二的地位。

尼古拉 · 哥白尼（Nicolaus Copernicus, 1473 — 1543）

哥白尼出生在波兰西北部的商业小镇托伦（Torún），并被送到克拉科夫大学（今杰格隆尼大学）学习，为担任神职人员做准备。由于不满足于经院哲学，他开始学习数学和天文学。他的一些笔记

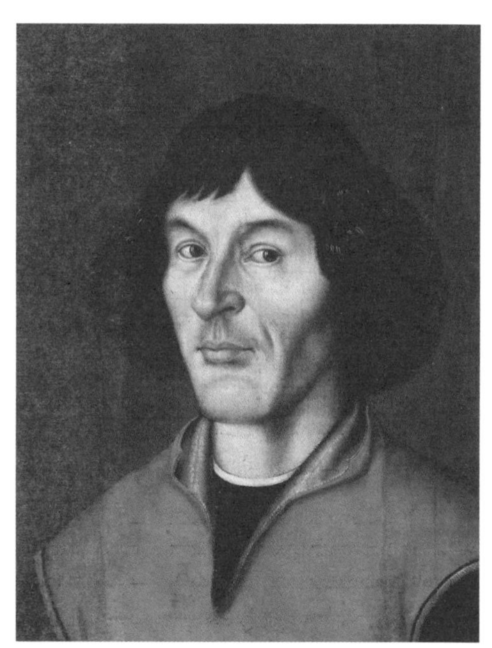

图 6.1

尼古拉 · 哥白尼（© Imagno/Getty Images）

和粗糙的工具至今仍保存在母校的博物馆里。后来，他前往博洛尼亚，在那里学习法律和医学，大约 1512 年，他在波罗的海（Baltic Sea）附近的波兰北部定居下来，成为大教堂的咏礼司铎。他在此行医，并就货币改革问题向波兰君主提供建议。在此期间，他一直通过古人提供的数据研究行星运动问题，最终得出了**日心说**的结论，认为日心说为行星运动提供了一个更简单、更简洁的解释。他与欧洲各地的学者通信，检验自己的理论。他的主要发现包含在《天体运行论》（*De Revolutionibus Orbium Coelestium*）一书中，但这本书直到他去世那一年才得以出版。

需要指出的是，哥白尼并没有提出令人信服的新证据。这一任务留给了后来的学者，如开普勒（Kepler）、伽利略和牛顿，他们拥有了更精密的仪器，能够拿出经验主义的观测证据支持日心说。但是，哥白尼使用了基本的逻辑方法，以数学论证的方式提出了对行星运动的更简单解释。经院哲学成功后，数学论证的方式获得了教会认可。

哥白尼受到了利奥十世（1513 — 1521 年在位）等一部分教会权威人士的鼓励，将《天体运行论》献给教皇保罗三世（Paul III，1534 —1549 年在位）。教皇格列高利十三世（Gregory XIII，1572 — 1585 年在位）对教会的科学研究给予了更大的支持，1582 年，他居然在梵蒂冈建造了一座名为风之塔（Tower of Winds）的天文台，以协助儒略历的改革和格列高利历 （Gregorian calendar）[1]的发展。这些观测由德国耶稣会数学家和天文学家克里斯托夫·克拉维尔（Christoph Clavier，1538 — 1612）负责。尽管教会一开始很欢迎天

[1] 即现在使用的公历。——译者注

文学，但很快就认识到哥白尼观点中隐藏的危险成分。1616 年，《天体运行论》被列入禁书目录。哥白尼观点的神学含义是，人类是茫茫宇宙中一个微小的行星上微不足道的一部分。这一认知对教会的历史产生了深远的影响，需要重新评估人类相对于宇宙其他部分和上帝的地位。事实上，哥白尼的观点确实是一场思想革命，这场革命一直延续到现代科学的兴起，并在达尔文的著作中到达顶峰。达尔文将人类牢牢地置于自然秩序之中，受到与其他物种相同的制约和影响。

哥白尼的观点挑战了教会的权威，他们支持托勒密的理论。托勒密定理强调信仰，日心说则重视理性论证，二者相互对立，最终后者获得了胜利。主流的教会教义继承了一部分基督教的犹太传统，源自《圣经》中的创世故事。根据原文，宗教领袖们在七天内经历了一系列与自然现实不符的神秘事件，是即使 16 世纪的人们也无法经历的。来自古亚历山大港的托勒密学者似乎提供了支持地心说的科学解释和数学支持，教会认可了这一理论，因为这样似乎可以突显教会自身的地位。哥白尼使用了与托勒密体系天文学家相同的数据，却得出了不同的结论，而且由于其简洁性，哥白尼对这些数据的解释令人信服并最终赢得了胜利。教会最终站在了错误的一边，这当然不是第一次，也不会是最后一次。后来的神学家将创世故事看作一个寓言，以解决表面上的冲突，他们的目的是表明不管使用了什么工具，创造世界的都是上帝。事实上，在 1859 年，达尔文发表基于自然选择的进化论时，教会领袖们已经相当平静，不再愤恨，因为那时他们已经接受了上帝可能对宇宙及其生物采取包括进化在内的多种再造。无论如何，哥白尼理论的影响是革命性的，因为它表明，在科学与宗教的辩论中，前者明显占据上风。因此，哥白尼革命可以被解释为一种开端，自此人们不再那么重视上帝，死后的灵魂也不再是对今生人类存在的检验。

随着科学的复兴，一个激动人心的时代来临了。通过检验新出现的日心说证据，我们可以给哥白尼革命这一故事画上句号。这一新证据的产生源自仪器设备的改进，以及复杂的数学解释的发展，这些解释描述了一个受数学关系预测的机械定律所支配的宇宙。两位居住在欧洲不同地区的同时期的天文学家，通过各自的观测数据证实了哥白尼的计算，完善了日心说。考虑到当时异端裁判所的权力和管辖范围，他们各自的研究都受到了不同程度的影响。

约翰内斯 · 开普勒（Johannes Kepler, 1571 — 1630）

约翰内斯 · 开普勒是用实验支持哥白尼观点的科学家之一，他出生在德国，但在布拉格度过了他最有成就的岁月。他极为聪慧，经常对宇宙感到好奇，产生了无数的假设。他的主要发现包括证明行星轨道是椭圆形，而不是哥白尼提出的圆形。他发现行星在离太阳较近的轨道时，要比离太阳较远的轨道速度更快，这为英国物理学家艾萨克 · 牛顿（Isaac Newton）在引力和磁力方面的发现打下了基础。开普勒始终如一地描绘着宇宙的和谐与秩序，它们让他如此着迷。此外，他还提供了哥白尼学说所要求的详细的数学证明，从而为哥白尼学说赢得了进一步认可。

开普勒相信宇宙具有基本的数学基础。他以经验为依据推导出行星运动的数学定律，这使他相信，物理世界的数学基础肯定也会对应地呈现在其他层面的现实中，例如人的心理世界。开普勒还研究了视觉，为我们理解双眼视觉和视觉调节做出了重要贡献。他提出了一些重要假设，这些假设最终被 19 世纪**心理物理学**研究者所验证，从而成为现代心理学的直接先驱。最后，开普勒提供了有力的证据来证明世界上存在第一性质（primary qualities）和第二性质（secondary qualities）——前者是绝对的、不变的和客观的；后者是相对的、变动的和主观的。在随后发展的心理学研究模式中，这一区别引发了争议。

伽利略（Galileo Galilei, 1564—1642）

伽利略断言，科学是测量的同义词。伽利略出生于比萨，他的父亲来自佛罗伦萨，为他提供了良好的古典语言和数学教育。在比萨大学期间，他接触到了欧几里得数学，从此打开了全新的世界。25 岁时，他被任命为比萨大学数学教授。1592 年，他前往帕多瓦大学任教，在那里建立了一个物理实验室。他对运动物体速度的研究后来得到了艾萨克 · 牛顿的证实和详细阐述，我们将在下一章具体介绍。

1609 年，伽利略建造了他的第一台望远镜，然后不断提高放大倍数。他对恒星星座、月球表面和太阳黑子进行了精确的观测。他在帕多瓦的同事们不接受这些发现，因此，在获得佛罗伦萨公爵提供的稳定津贴后，他离开了帕多瓦大学。在著作和演讲中，伽利略断言，只有日心说才能解释他观测到的天文数据，这说明哥白尼的理论是正确的。这一主张引起了耶稣会的注意，耶稣会是一个新成立的激进学者协会，他们决心捍卫教皇的权威。在被异端裁判所定罪后，伽利略被迫公开放弃对哥白尼体系的支持，这才被准许退隐并软禁在佛罗伦萨。尽管如此，他仍然继续研究，为力学和天文学做出了重大贡献。

尽管伽利略很不幸地处于异端裁判所的管辖范围之内，但对他的审判和定罪也提高了他在欧洲北部新教中的声望。他的作品受到广泛的阅读和好评，并获得了哥白尼学说一脉的支持。伽利略对科学和数学的综合探索，超越了哥白尼天文学的范畴。他的研究让他相信，这是一个机械世界，而人类也具有机械性。他的望远镜本质上是感官的机械延伸。这种对人类活动的解释对心理学产生了巨大的影响。首先，它意味着人类活动最终受制于机械定律。第二，对宇宙中数学关系的重视表明，应该将外部的、环境的力量作为人类活动的动因，而不是像经院哲学那样，将意志解释为人类的动机系统，只考虑了内部动因。伽利略把世界区分为第一性质和第二性质：前者是不可改变的、可量化的基本属性；后者是通过感官可知的、波动的、不稳定的属性。第一性质，如运动、位置和延伸，受数学关系和数学描述的制约；第二性质，如颜色、声音和味道，则难以捉摸，存在于感知者的意识中。最后，他认为科学发现可能会让第二性质像第一性质那样，得以用数学关系形式来呈现。伽利略的研究使得科学和宗教之间形成了尖锐对立，并强化了对生命的不同和对立的见解。

心理学的经典问题

到目前为止，我们的故事已经进展到了历史的关键时刻：在后文艺复兴时期的欧洲，科学即将出现，那些伟大的发现即将证明科学的作用。关于行星运动的巨大争议，是对信仰与理性之间二元对立的重要考验。随着天文学的进步和机器的出现，科学和技术的好处显而易见，而这些机器最终将推动随后几个世纪的工业革命。航海技术的改进，尤其是葡萄牙的航海技术飞速发展，打开了满是原材料的新世界，与此同时，它们也是庞大的新市场。然而，从知识的角度来看，对思想传播最重要的发明是印刷术。早在1041年，中国就开始使用活字印刷术，而在欧洲，活字印刷术通常认为来自约翰·谷登堡（约1400—1468），他在美因茨建立了第一家印刷厂，随后又在德国、法国和瑞士的几个城市建立了多家印刷厂。著名的谷登堡圣经印刷精美，是思想交流碰撞的重要里程碑。

心理学经典问题的两个基本领域，即心灵与知识的来源，经历了戏剧性的转变。在罗马对古希腊哲学的扩展和"基督化"的过程中，希腊的二元论概念基本上保持了完整。然而，关于心理二元论本质的构想在这一时期发生了变化，之前是圣奥古斯丁及其追随者所持的柏拉图主义占主导地位，后来让位于圣托马斯·阿奎那和经院哲学的亚里士多德主义。这一改变是渐进的，持续了约八九百年，但对于科学的出现起到了重要作用。柏拉图认为感官不可靠，身体感觉及其传达的信息是错误的，从而排斥以感官观察为基础的经验主义科学研究方法。经院哲学家——培根、艾伯塔斯·马格努斯和阿奎那——不仅为哥白尼铺平了道路，对于伽利略和开普勒来说也十分重要。正是伽利略和开普勒通过他们的视觉延伸（望远镜）收集了观测数据，展示了行星的运动。他们通过数学证明提出了令人信服的观点，再用自身观察彻底证实了它。

再次阅读第一章中列出的反复出现的主题，我们可以评估，在现代科学诞生之初，它们对于心理学的重要性。

自然主义—超自然主义。对于绝大多数文艺复兴时期的欧洲人来说，基督教仍然是解释生命的重要方式。对这些人来说，确实存在这么一个人格化的神（personal God），指引着他们的生活，并根据教会的规定审视他们的活动。而且，对许多无知群众而言，关于上帝的迷信根深蒂固，尽管信仰中的很大一部分根本不属于教会的官方教义。随着科学消除许多未知因素，并提出了合理的解释，宗教解释生命的主导地位得以慢慢改变。形而上学的构架直到近代才出现，这一点我们将在后面的章节阐述。

普遍主义—相对主义。在基督教社会，生活完全由绝对化的伦理原则支配。此外，在有些时候，这些绝对正确原则的监管职能会变得过于强烈——比如作为正式部门的异端裁判所，或是获得镇长许可去猎杀女巫和其他想象中的恶魔之代理。

经验主义—理性主义。当人类知识占主导地位，成为解释生命的根源时，先天精神内容被认为至关重要。显然，在一直盛行到上个世纪的欧洲阶级制度中，一个人的父母、先祖的情况，是支持优越性可遗传这一论断的重要依据。个人的发展很难超越出生环境的限制。因此，心灵被认为是主动的，充满了遗传和与生俱来的内容，从而个人经验的重要性则被降至极低。这一点也受到了质疑，并成为心理学的哲学前提中探讨的主要主题之一，我们将在第 8 至 10 章对此进行探讨。

整体主义—还原主义。现代科学出现之前，形而上学和神学的解释盛行，为了更好地解释世界，人们倾向于寻求普遍性的、比个人生活经历信息量更大的解释方式。

身—心。在理解人类经验方面，盛行的身心二元论无疑是一种强有力的假设，但其形式在文艺复兴末期有所改变，开始以极为主动的智力和意志为前提。心灵不再是记忆的被动储存器，而是个体作用于世界的个人性的中介，它非物质的、精神的特性将人从属性上与其他动物生命区分开来。

决定论—唯意志论。作为主动性心灵模式的延伸，人类拥有自由意志，这被赋予了具有基督教意义的诠释。也就是说，生命本身就是一个在对与错、善与恶之间选择的旅程。因此，另两个经典的研究主题（即非理性—理性、个体性—关系性）的解释也没有跳出基督教的框架之外。这些探索将成为整个17、18世纪哲学研究的主题。

本章小结

在文化层面上，源自意大利的文艺复兴使欧洲进入了全新的人本主义时代，它颂扬人类，并将关注点转移到了人们当前的需要和愿望上。伊拉斯谟将这种人本主义态度转向学术探究，揭示了《圣经》创作者的弱点和需求。以上种种因素都侵蚀了教会的权威，导致教会内外都出现了激烈矛盾。新教的宗教改革利用了君主和教皇之间的裂痕，成功地打破了西方基督教的统一。然而，正是由于哥白尼运用理性论证的策略和工具，日心说才得以诞生。这一大胆的观点成功地证明了一个由理性得出的真理，向教会权威所支持的结论发起挑战。最终，理性战胜了信仰，属于科学的时代来临。在这段时间里，心理学一直在哲学和宗教中处于模糊状态，而这些经典问题仍然困扰着学者们。在心理学正式成为一门科学之前的两百多年里，哲学家不断探索着这些问题，直到得出直接的解答。

讨论题

1. 文艺复兴精神如何促成了经验主义科学的最终出现？
2. 文艺复兴时期的人本主义对艺术、音乐和建筑的影响，如何完善了科学理性主义的正当性?

3. 宗教改革运动的主要力量是什么?

4. 哥白尼观点的革命性体现在哪些方面?

5. 接受了经院哲学的哲学和方法之后，教会为什么不能接受哥白尼体系?

6. 是什么样的特殊发现，使伽利略得出自己关于宇宙与个人的观点?

7. 描述伽利略和开普勒关于自然事件第一性质和第二性质的看法，两者的区别为什么对心理学来说很重要?

8. 现代科学诞生之初反复出现的主题如何反映了文艺复兴的影响?

第 7 章

现代科学的出现

章节内容

- **科学的进步**
  - 弗朗西斯·培根
  - 艾萨克·牛顿
  - 其他科学家
- **学术团体**
- **哲学的进展**
  - 巴鲁赫·斯宾诺莎
  - ▲勒内·笛卡儿
- **本章小结**

19 世纪末，心理学被认可为一门独立的科学。在此之前的两个世纪里，关于心理学应该研究什么以及如何研究的问题取得了一些进展。17、18 世纪，相互冲突的心理学模式彼此争夺着主流地位。从第 8 章到第 10 章，我们将介绍推进哲学和科学发展的民族运动，进一步帮助大家了解这个非常重要的时期。本章为阐明各种心理研究模式奠定了学术背景，特别是在自然科学和哲学方面。在探讨科学的学术背景时，我们首先考虑的是待解决的特定主题和问题，然后再回溯到另一个主题。这种方法对于处理大量资料很有必要，但容易给人造成错觉；请大家记住，尽管我们介绍的顺序有先有后，但这些事件其实是同时发生的。

在生物学、化学和物理学等自然科学方面，经验主义科学的价值在 17、18 世纪得到了成功的验证。这些基于经验主义的学科战胜了思辨的路径，特别是形而上学。回顾第 3 章孔德关于学术发展阶段的假设，我们可以认为 17 世纪和 18 世纪是后文艺复兴时期经验主义发展的过渡阶段。说起来有点矛盾，但我们可以认为，亚里士多德形而上学的衰落源自经验主义的兴起，而经验主义始于经院哲学将理性作为知识来源，经院哲学又是基于亚里士多德的理论才得以产生的。换言之，经院哲学将理性提高到知识来源的地位，使得人们开始认可观察的作用，而观察正是经验主义的基础。因此，受到经院哲学支持的亚里士多德哲学是一个综合的体系，既包含了形而上学的方法，也包含了经验主义的方法。

科学的进步

后哥白尼时代，科学和数学的进步对科学的最终成功至关重要。随着以信仰为基础的教会权威走向衰落，“理性的时代”开始了，这一时代有时也被称为启蒙运动时期。人类智力得到重视并用来产生知识，这种趋势一步步带来了科学的胜利。在这一阶段，基于理性的科学确实取代了基于信仰的宗教。科学和科学方法被看成是研究任何领域的最佳方法。这一导向在 19 世纪达到顶峰，当时物理学被视为科学界的女王，人们认为，一个学科越接近物理学，就越有价值。因此，尼可罗 · 马基雅弗利（Niccolò Machiavelli，1469—1527）在《君主论》（*The Prince*）中运用常识和令人信服的逻辑，分析了卓越领导力的原则。结果，马基雅弗利被视为艺术家。心理学研究中也发生了类似的改变，因此，19 世纪的心理学体系中至少会有一个走上仿效物理学的道路。接下来，我们将回顾一些主要的人物和事件，是他（它）们为科学的通用假设与方法打下了基础。

弗朗西斯 · 培根（Francis Bacon, 1561 — 1626）

弗朗西斯 · 培根是英国伊丽莎白时代最具影响力、生活最丰富多彩、最出类拔萃的人物之一，他出生在伦敦，父亲是女王伊丽莎白一世（Queen Elizabeth I）的掌玺大臣[1]（Lord Keeper of the Great Seal）。培根喜欢学者的孤独生活，但发现父亲去世后几乎没有留下什么遗产，不得不依靠自身资源来维持生活。鉴于培根的出身和家世，以及在法律、文学和外交方面接受的卓越教育，他渴望能够得到理想的官职，但直到 1603 年詹姆斯一世（James I）登基之后，又过了十年，他才得偿所愿，被任命为副检察长。他从此开始平步青云，于 1618 年成为英国财政大臣。然而，培根被卷入一场污蔑国王的争端之中，职位在 1621 年受到威胁，并因腐败和滥用职权而被弹劾。免除了牢狱之灾和巨额罚款后，培根带着大笔财产退休，开始着手哲学和科学研究。

培根的基本目标是重新组织科学研究的方法。尽管亚里士多德和经院哲学家都承认演绎法和归纳法，但培根指出，人们非常重视演绎法，却牺牲了归纳法。换言之，传统的科学方法创造了一种僵化的思维定式，将对环境之中的人的探查局限于一个充满了先验假设的过程中，从假定的人性（即身体与灵魂的关系）出发，演绎人

---

[1] 负责保管英国国玺和起草、颁发各种政府文件的官员。——译者注

图 7.1

弗朗西斯·培根爵士

（© Getty Images）

的生命或物质世界的具体细节，这一过程相对缺乏实际价值。培根认为，这种方法的有效性仅限于基本假设是正确的或有意义的。

在其著作《新工具论》（*Novum Organum*，1620）中，培根呼吁用更好的环境来直接研究世界——建设更多实验室、植物园、图书馆和博物馆。科学家应该消除先入为主的观念，通过详细而有控制的观察来研究人类和环境。在这种观察的基础上，再加上量化的表达方式，就可以做出更适当的归纳。因此，培根宣扬了这样一种科学方法，强调实践观察，并将其作为科学研究的首要基础。

在《新工具论》中，培根警告说要防范科学中错误思维的危害，他将之称为“心灵的幻象”（idols of the mind）。他认为，科学家必须摆脱四种幻象，因为它们是先入为主的偏见，遮蔽了客观的观察和思考。培根列举出以下四种，即“种族幻象”（idols of the tribe）、“洞穴幻象”（idols of the cave）、“市场幻象”（idols of the marketplace）和“剧场幻象”（idols of the theater），分别指代流传多年的古老的人性谬论、我们可能持有的个人偏见、话语诡计或文字表达出的错误含义以及学者一厢情愿提出的错误想法。与之相反，培根认为，科学方法应该以归纳法为主，从具体到一般，而且必须建立在仔细观察的基础上。此外，他通过构建科学研究的几个关键要素来进一步阐明其观点。第一，科学家对具体问题的研究必须通过观察来完成。对定量观察的验证成为科学家之间共识的重要来源。换言之，如果一位科学家通过观察数据来描述一个具体事件，那么另一位科学家也可以重复这种观察，并得到同样的结论。如果有足够多的科学家对某一观察结果达成一致，那么这种一致本身就代表了令人信服的论据，证明了这项发现的有效性。培根法的第二层内容是，科学家们的研究必须摆脱观察之外的任何影响。因此，科学家必须持怀疑态度，不接受那些无法通过观察来检验的观点。更准确地说，科学家必须以批判性的眼光看待世界，仔细地研究可观察的事物。培根强烈要求将经验主义作为科学的基础。科学家必须通过感官观察来体验具体事件。此外，培根指出，如果你漫不经心、粗心大意，观察就没有任何价值。更准确地说，他主张有严格控制的观察。因此，培根的经验主义提倡使用系统的归纳法。

作为一名科学家，培根关心的是在新知识诞生的过程中，知识的发现及其证明过程。培根的经验主义科学是一种全新的、别具一格的方法，有助于解决宇宙中永恒的难题。在培根看来，科学的方法需要依赖对环境事件的感觉信息。这一观点在英国科学界成为主流，并形成了后来英国心理学经验主义传统的基础，这一点我们会在第 9 章中详细介绍。

艾萨克 · 牛顿（Isaac Newton, 1642 — 1727）

牛顿是一位数学天才，他系统阐述了现代物理学的基本原理，代表了哥白尼开创的科学发展的顶峰。牛顿出生于英国中部，1661 年进入剑桥三一学院（Trinity College），开始学习数学、天文学和光学。1669 年，他被任命为剑桥大学数学教授，任职了三十四年。遵循弗朗西斯 · 培根的精神，牛顿设计了一套系统的方法，试图尽可能维持观察的真实性。因此，他在解决问题时会思考每一种可能的方法，然后检验每个假设在数学和实验上的含义。

图 7.2

艾萨克 · 牛顿爵士

（© Hulton Archive / Stringer / Getty Images）

牛顿被认为是除德国哲学家莱布尼茨（Leibniz）之外，另一位独立创建微积分的人——后者我们将在第 10 章介绍。作为物理学家，牛顿使用数学工具来研究光。1666 年，他在观察通过棱镜投射的光时发现，白光实际上是有色光谱的混合。然而，牛顿最重要的贡献包含在《自然哲学的数学原理》（*Principia Mathematica*，1687）一书中，这是科学史上的经典著作。他将自己的力学观点总结为三条运动定律：

1. 任何物体都保持静止或匀速直线运动的状态，直到受到其他物体的作用力迫使它改变这种状态为止。

2. 物体受到合外力的作用会产生加速度，加速度的方向和合外力的方向相同，加速度的大小正比于合外力的大小，与物体的惯性质量成反比。

3. 两个物体之间的作用力和反作用力，在同一条直线上，大小相等，方向相反。

随后牛顿提出了引力原理，将其应用到行星系统中。他详细阐述了开普勒的研究，并提出了宇宙的机械模型。至此，哥白尼体系完成。

牛顿对宇宙的机械概念化，体现了极端的决定论思想。他提供证据并推导出描述物质有序性质的公式。他的物理学为研究物质变化提供了一个框架，从而引领了人们对气体和化学元素的进一步探索。物质守恒定律为研究质量与重量的关系奠定了基础，并最终导致分子理论的发展和力的转化研究。牛顿的研究成功支持了生物学的物理基础，并最终吸引着了更多的人去关注生命体的机械定律。

牛顿的方法牢牢地建立在观察的基础之上，体现了指导经验主义研究的三种推理规则：

1. 对观察到的事件的因果解释仅限于该事件，不应随意推导到其他事件。

2. 同样的原因导致同样的观察结果。

3. 经验主义研究的指导逻辑是归纳性的，它提供了可接受的解释，除非新的观察导致必须修改解释或提出新假设。

和弗朗西斯·培根一样，牛顿也主张密切观察和小心归纳。随意概括和猜测应该避免。科学探索的第一个阶段是保持怀疑精神，接下来的所有阶段都以观察为指导。

牛顿的观点并没有得到普遍接受。许多宗教领袖抨击他的宇宙观过于机械，因为这一观点没给人格化的上帝留下余地。事实上，他们的看法有一定道理，牛顿的科学确实为评估知识与学术成果提供了新的标准。然而，牛顿却享有广泛的声誉，并在暮年时被誉为当世最伟大的科学家。从心理学史的角度来看，牛顿的研究具有重要的启示意义。通过仔细的观察和精密的量化，他研究了整个物理世界中最宏大的问题——天体之间的关系。他提出，这些天体都遵循同样的规则。既然宇宙如此有序，许多学者认为，精神活动一定也会受某种规律体系的支配。牛顿物理学乃至所有自然科学学科，完全主宰了科学思维，直到 20 世纪，爱因斯坦通过相对论提出了另一种全新的可能性。在牛顿的观念中，世界是机械的，自然事件遵循着普遍规律，科学的目标是发现这些规律。这种世界观为心理学作为一门科学的呈现方式定下了基调。

其他科学家

15 — 16 世纪是令人兴奋的时代，在这段时间里，对世界的探索带来了几乎无限广阔的冒险和发现。在亨利王子（Prince Henry the

Navigator，1394 — 1460）的支持下，一所航海学校在葡萄牙大陆南端的萨格里什角（Ponta de Sagres）建立起来，并开发出了利用经纬度在公海导航的航海星盘。不久之后，由葡萄牙航海家引领的“大航海时代”（age of discovery）来临。著名的葡萄牙航海家包括瓦斯科 · 达 · 伽马（Vasco da Gama，1460 — 1524）和斐迪南 · 麦哲伦（Ferdinand Magellan，1480 — 1521），他们借助航海仪器和牛顿的地圆说发现了远方的新陆地，极大地扩展了商业版图。葡萄牙人和西班牙人统治了 16 世纪，但英国人在 17 世纪取得了海洋的霸主地位，并开始大肆扩张。1600 年，伊丽莎白一世的御医威廉 · 吉尔伯特（William Gilbert）在一篇著作中介绍了磁罗盘，这是一种阿拉伯学者熟知的装置，为英国航海提供了便利。随着对以前未知的社会和动植物物种的发现，欧洲科学得到了发展的动力。

17 世纪的医学和生理学对生理过程的理解有了很大的进步。威廉 · 哈维（William Harvey，1578 — 1657）是一位医生，通过研究病人、动物和尸体，在 1628 年发表了一篇阐释血液循环的著作。1662 年，罗伯特 · 玻意耳（Robert Boyle，1627 — 1691）发表了研究结果，指出任何气体的压力都与体积成反比。玻意耳和同事罗伯特 · 胡克（Robert Hooke，1635 — 1703）共同将这一定律与体温联系起来，对呼吸提出了合理解释。到了 1690 年，安东尼 · 范 · 列文虎克（Anton van Leeuwenhoek，1632 — 1723）发明了显微镜，这种视野的扩展为研究开辟了一个新天地。在博洛尼亚，马尔切洛 · 马尔比基（Marcello Malpighi，1628 — 1694）在 1661 年解剖青蛙的肺时，发现了血液从动脉流向静脉的方式；他将这些微小的纤维管道称为毛细血管。17 世纪末，细致的经验主义研究成果终于开始破除围绕人体机制的迷信。

并非所有的科学进步都会自动伴随着对理性的完全依赖和对信仰的拒绝。例如，杰出的法国学者、作家布莱兹·帕斯卡（Blaise Pascal，1623—1662）研究了大气压力对水银柱的影响，并发明了第一个气压计。在数学研究方面，他对概率分布颇有贡献（尤其是“帕斯卡三角”），并提出了二项式定理的公式。然而，在他研究最有成果的时候，帕斯卡卷入了宗教问题。帕斯卡和他的妹妹杰奎琳（Jacqueline）是17世纪法国天主教中詹森主义运动[1]（Jansenist movement）的追随者。詹森主义主张对信仰的完全忠诚，结果受到了梵蒂冈的谴责，认为它本质上等同于路德主义和加尔文主义（Calvinistic beliefs）[2]。尽管帕斯卡在科学上取得了许多成就，但他的宗教信仰却使他认为科学不过是一种不精确的探索，因为科学是建立在理性和感官基础上的，而帕斯卡认为二者都是错误的。与此相反，帕斯卡认可了围绕上帝和个人的神秘存在，相信只有宗教才能处理这一层次的知识。大多数科学家都信仰科学，而帕斯卡是个例外。然而，他的经历表明，接受理性未必导致拒绝信仰。很多学者试图兼顾这两种观点，理性和科学的胜利是一个循序渐进的过程。

伽利略、开普勒、培根、牛顿等科学家提出的理论和科学策略，以及具有实用价值的具体科学发现，清楚地证明了经验主义科学的价值。事实上，生物学、化学和物理学等自然科学的出现，都

[1] 该主义强调原罪、人类的全然败坏、恩典的必要和宿命论，一直被当时的教皇们排斥。——译者注

[2] 该主义强调人因信仰得救，《圣经》是信仰的唯一来源。主张上帝预定说，认为人的得救与否，皆由上帝预定，与个人本身是否努力无关。——译者注

建立在将科学发现与数学联系起来的观察方法之上，从而为成功的研究提供了能够经得起检验的模式。此外，行星系统的定义以物质和运动为特征。随着心理学从思辨研究向经验主义研究的转变，描述物质的物理基础的机械模型为心理学研究提供了一个有吸引力的方向。

学术团体

17 世纪的科学进步带来了一种新的组织结构——致力于促进自然科学进步的学术团体。在不同的国家，这些团体的形式和影响力有所差异。在南欧，他们倾向于保持隐秘，避免与教会发生冲突。在其他地方，它们得到了官方承认，往往还能得到政府支持。这些团体有两个共同特征。首先，他们试图成为致力于提升科学知识的独立协会，脱离教会或政府的控制。其次，它们的诞生是为了弥补大学内部科学研究的滞后。如前所述，大学受到政府和教会的控制，科学不可能在这种行政管辖下得到真正的繁荣发展。此外，神学院在大学里仍然占主导地位，很难让位于科学研究。这并不是说大学里没有科学。正如我们所看到的，许多杰出的科学家正是大学教授。然而，学术自由是 20 世纪才出现的概念，无论阻力是来自神学家的敌意还是一直困扰学术界的些微嫉妒，科学研究都是一项与大学的保守主义背道而驰的新事业。因此，学术团体发挥着大学没能完全达到的重要作用。

意大利最早的学术团体是地下性质的，一方面要保护科学家的安全，同时也试图促进科学交流。1560 年，那不勒斯成立了自然奥秘协会（Academia Secretorum Naturae）；1603 年，罗马成立了林切学院（Accademia dei Lencei）。在伽利略实验研究的激励下，1657 年在佛罗伦萨建立了西芒托学院（Accademia del Cimento）。在北欧，学术团体在柏林（1700）、乌普萨拉（Uppsala，1710）和圣彼得堡（1724）等地开始兴起。法兰西科学院（Academie des Sciences）由路易十四（Louis XIV）的财政助手让·巴普蒂斯特·科尔贝特（Jean Baptiste Colbert，1618 — 1683）在巴黎创建，并在 1666 年获得皇家特许。然而，法兰西科学院与国王及教会关系都很密切，因此时常受到限制。1793 年，法兰西科学院在法国大革命[1]中被解散，后来又在政府的大力支持下得以复兴并延续至今。最有影响力的学术团体大概是英国皇家学会（Royal Society），它在 1662 年得到查理二世（Charles II）的正式认可，官方名称为“伦敦自然知识拓展皇家学会”（the Royal Society of London for Improving Natural Knowledge）。皇家学会一直由私人资助并试图保持独立。随着时间的推移，皇家学会的成员资格成为对杰出科学家的表彰，而由学会赞助或认证的项目也受到重视。

学术团体的传统一直延续至今。在一些国家，如俄罗斯和一些东欧国家，他们成为政府的官方代理人，负责制定科学政策；在其他国家，如美国，它们的性质基本上属于私人基金会，政府的支持有限。在 20 世纪，出现了许多学科协会（如美国心理学会、心理科学协会和心理学科协会等）以及跨学科协会（如美国科学促进会和美国神经科学学会）。这些组织既是科学研究的倡导者，也是科学家之间交流的渠道，发挥着至关重要的作用。在 17 世纪学术团体诞生

[1] 指 1789 年 7 月 14 日在法国爆发的革命，统治法国多个世纪的波旁王朝及其统治下的君主制在三年内土崩瓦解。——译者注

之初，它们在推动科学发展方面发挥了关键作用。这些组织由科学家组成，根据学者共同制定的标准来指导、支持、认证和评估科学研究。从总体上看，学术团体取得了成功，远离了国家和教会施加的政治和宗教压力。

哲学的进展

16、17 世纪的科学进步为解决科学问题带来了方法论上的进展，并确立了测量的重要性。此外，这一时期的经验主义研究逐渐开始形成连贯的物理世界的知识体系。尽管取得了这些进展，心理学还远未准备好对人类活动进行科学研究。其主要障碍仍然是界定人性的问题。科学家如何进行心理学研究完全取决于他们如何看待人类活动。心理学应该研究心理活动吗？应该研究行为吗？或是意识？此外，准确地说，应该如何定义这些术语，以便可以应用各种经验主义方法？这些问题基本上属于哲学范畴，答案必然基于对人性的前提假设。在这几个世纪里出现了两种平行的思想趋势，最终促成了心理学的产生。第一个趋势与对经验主义的长期依赖相一致，随着自然科学和物理科学在成果积累方面取得巨大进展，方法论也发展起来了。第二种思想趋势则更加哲学化，包括人们对于身与心（或灵魂）之间关系的观点，以及对被称为人类活动的每个组成部分的功能的看法。

巴鲁赫 · 斯宾诺莎（Baruch Spinoza, 1632 — 1677）

巴鲁赫 · 斯宾诺莎的哲学体系从自然主义角度对个人、社会和政府进行了评论，从而为经院哲学有神论体系下的道德提供了另一种选择。斯宾诺莎出生在阿姆斯特丹，父母是流亡葡萄牙的犹太人。他在犹太教堂学校接受犹太传统教育，1654 年父亲去世后，他靠打磨、抛光眼镜和显微镜镜片来养活自己。他的希伯来语名字翻译成拉丁语后大致相当于“祝福”，因此他也常被称为贝内迪克特·斯宾诺莎（Benedict Spinoza）[1]。他在一所开明的拉丁学校获得了教职，接触了一些经院哲学家。1670 年，斯宾诺莎出版了《神学政治论》（*Tractatus Theologico-Politicus*）。在这部作品中，他阐述了他的上帝观，认为上帝并不是传统的犹太和基督教教义描述的指引世界的人格化领袖。相反，他假定上帝是使物质和精神统一的基本原

图 7.3

巴鲁赫·斯宾诺莎（© Culture Club / Getty Images）

[1] Benedict，拉丁语意为“被祝福的”。——译者注

则；上帝是自然的同义词。由此，斯宾诺莎认定自己是泛神论者。斯宾诺莎提出，尽管缺少人格化上帝的评价和判断，人们基于自然规律也会成为追求高尚的道德个体。自然界本身既有运动的力量，这可以从自然界所有物体的运动中看到，因此，所有生物本身就具有产生、生长和感觉的力量。斯宾诺莎试图通过对哥白尼最初揭示的宇宙中的上帝进行重新定义，以调和科学和宗教之间的冲突。

斯宾诺莎把身心看作同一物质的不同方面。心灵是个体统一的内在表现，身体是个体统一的外在表现。在后文艺复兴时期，斯宾诺莎是第一批提出不同于亚里士多德的心身二元论解释的哲学家之一。更确切地说，斯宾诺莎强调人类存在的完整性和统一性，这就是对心身关系的另一种解释。在这方面，不同的学者发现了不同的方式，描述着人类共同经验的不同功能。从心理学的角度来看，斯宾诺莎将感觉、记忆和知觉的心理功能描述为一种机械的过程，它由物理感觉控制并通过物体的物理刺激产生。这一关于物理环境刺激、感觉过程和心理活动之间关系的结论，将经验的全部三个要素放在单一的连续体上，从而强调通过这三个要素的输入来实现统一。感知、理性以及斯宾诺莎所谓的直觉知识（intuitive knowledge）等更高层次的心理过程，并不是源自外部世界，而是源自心灵自身的作用。因此，心灵不是一个实体，也不是什么动因，而是一种抽象的存在：心灵等同于心灵的活动。斯宾诺莎写道，人的本质状态是行动，而行动的最终动力是自我保存（self-preservation），引导者则是欲望。斯宾诺莎认为，智者可以解决欲望的冲突，但对我们大多数人来说，相互冲突的欲望导致了情绪。绝对的自由对于个人来说是不存在的，人们最终被保护自我保存的欲望所支配。

斯宾诺莎的自我保存概念对他的心理学思想至关重要，因为它构成了人类活动的主要动机因素。对斯宾诺莎而言，生存是一种生物学倾向，这一假设在 19 世纪被达尔文所证明。个人为了生存的努力被视为所有动机和欲望的源泉，尽管个人未必总能意识到或觉察到正在进行的奋斗。与伊壁鸠鲁学派的主旨相对应，斯宾诺莎断言，所有的欲望最终都包括寻求快乐和避免痛苦。欲望产生情绪，而情绪又分为生理和心理两方面，从而再度强调了经验的统一性。实际上，斯宾诺莎对情绪状态下生理和心理关系的描述，非常类似于 19 世纪威廉 · 詹姆斯（William James）和卡尔 · 兰格（Carl Lange）提出的情绪理论（见第 14 章）。最后，如果我们要实现行为的相对自由，就必须用理性战胜情绪。

我们可以总结一下斯宾诺莎思想中的重点。第一，斯宾诺莎提出了一种动态的、以行动为导向的身心关系。心灵和身体是一样的，通过用理性这一最高级的力量来调解相互冲突的欲望，完全可以实现个人的和谐。第二，斯宾诺莎的体系基于决定论，不是来自上帝的旨意，而是通过自然法则实现。在对自然规律的强调中，斯宾诺莎提出了一种决定论的哲学观点，可以与牛顿物理学的机械决定论相媲美。因此，尽管他没有否认上帝的存在，但斯宾诺莎将上帝贬低为一个远离人类活动的角色，而人类完全处于自然世界之中，与其他生命受制于同样的自然规律。第三，斯宾诺莎认为，尽管人类与其他物种受制于同样的自然规律，但人类活动的独特动力性使人类在智力上独一无二。具体来说，斯宾诺莎承认理性活动在调节情绪状态中的核心作用。斯宾诺莎回顾了柏拉图对情绪的消极评价，认为情绪是人类经验的必要组成部分，产生于自我保存的欲望。然而，理性必须控制情绪，理性行为构成了人类独特的能力，使个体能够按照自然规律正确引导自己的生活。

斯宾诺莎的观点在英国不受欢迎并遭到曲解，在法国的影响也微乎其微——因为笛卡儿统治着法国哲学界。然而，正如第 10 章将要写到的，斯宾诺莎的理论对德国哲学家很有吸引力，他们接受了他的观点，并发展了心灵的本质能动性这一概念。

▲勒内 · 笛卡儿（René Descartes，1596 — 1650）

我们没有按时间顺序排列，而是选择将勒内 · 笛卡儿放在最后，是因为他的观点代表了哲学发展迈向 19 世纪的启程点。笛卡儿哲学是自经院哲学之后的第一个综合体系，他也被誉为第一位现代哲学家。他出生在法国中部的拉哈（La Haye），父亲是一位富有的律师，留下的遗产足够他维持生活。在耶稣会接受早期教育后，他进入了普瓦提埃大学（University of Poitiers），获得民法和教会法学位。他非常热爱数学，喜欢用数学推理的方法来研究哲学问题。从 1628 年起，他定居荷兰，只是偶尔回到法国。尽管一生都坚守基督教信仰，但他仍然饱受争议。也许他觉得荷兰的生活十分平静，能摆脱法国学术氛围的影响，从而拥有更大的个人自由。

他在 1637 年出版的《方法论》（*Discours de la Mé thode*）中描述了自己思想的演变。笛卡儿从普遍怀疑与怀疑主义出发，进而探讨了关于确定性和有效性的第一原理："我思故我在。"（Cogito，ergo sum；Je pense，donc Je suis.）这句名言体现了笛卡儿对经验认知的重视。他说，我们唯一有绝对把握的事实是我们自己的经验和对自己知识的认识。笛卡儿以对经验观念的主观知识为第一原理来界定自我，这从根本上背离了以往的观点。以往的观点总是从外部世界出发，将自我总结为认识外部世界所必需的心灵。笛卡儿否定了传统观点，认为我们对自己的认识是最确定的原理，外部世界的真实性

图 7.4

勒内・笛卡儿（© Getty Images）

反而可能值得怀疑。

然而，在面对外部世界时，笛卡儿使用了上帝的概念——因为我们知道完美的理念，必须有些实体拥有绝对完美，而这一实体就是上帝。笛卡儿反对柏拉图主义，认为完美的上帝不会创造出感官不可靠的人；因此，感官信息可以精确描述环境，再接受完美实体上帝的支配。笛卡儿思想中的关键因素是他对自我意识（self-awareness）的依赖，这种自我意识允许我们认识上帝，并最终认识外部环境。因此，对笛卡儿来说，关于自我、上帝的观念，以及空间、时间和运动的维度，都是灵魂或心灵所固有的；也就是说，它们不是源自经验，而是源自心灵本质的理性。

在后来的著作《第一哲学沉思集》（*Meditationes de Prima Philosophia*，1641）、《哲学原理》（*Principia Philosophiae*，1644）、

《论灵魂的激情》（*Traité des Passions de l'Âme*，1650）和《论人》（*Traité de l'Homme*，1662）中，笛卡儿发展了他对身心关系、以及个人、环境和上帝之间关系的观点。笛卡儿的思想体系承认自然科学的进步，而当时的自然科学认为物理世界完全受机械定律支配。除了上帝和人类理性的灵魂之外，所有的现实都是物理的，可以通过机械的关系来解释。笛卡儿认为，随着科学不断发展，逐渐揭开生命活动错综复杂的机制，人类活动将和其他生命一样，受到相同原理的支配，而只有人类的理性可以超越这些机械原理。也就是说，笛卡儿认为宇宙存在两个层次的活动：其一是物质构成的物理世界，遵循机械法则；其二是仅以人类理性为代表的精神世界。

著名的笛卡儿二元论是他对宇宙机械和精神层面的总体划分在人类活动中的应用。在笛卡儿的心理学思想中，心灵是一个精神的、非物质的实体，鉴于自我反思的第一原理，它不同于身体，也比身体更容易被认识。身体是一个物理实体，与所有动物一样，通过生理机制对外部世界做出反应。情绪源自身体，代表着对环境刺激导致的感官冲动的运动或反应。心灵和身体之间的关系实际上是一种心身相互作用。人体及其机械的运作方式与其他动物的区别仅仅在于它听命于心灵。这种相互作用的确切方式尚不清楚，但笛卡儿认为可能是中脑的松果体（pineal gland）主管，因为这一腺体只有一个，而且处于大脑两半球之间。尽管笛卡儿关于松果体的假设相对较为原始，但重要的是，他始终强调脑是心灵的精神能量和身体的物理力量之间的过渡载体。笛卡儿认为，对身体过程的研究属于生理学范畴，对心灵的研究属于心理学范畴；因此，他是第一位将心理学的研究内容明确界定为心灵活动的现代哲学家。

笛卡儿致力于经验观察，他对实验室研究的兴趣似乎随着年龄的增长而日益增加。他通过解剖推测出神经系统是由空心管道组成的，生物的灵魂可以在神经系统中流动，从而解释了自主运动的成因。在分析视力时，他研究了眼睛的晶状体，并描述了眼睛的反射机制。在数学方面，他创立解析几何，并对微积分的雏形进行了研究。这些范围广泛的研究共同证实了他的理念，即机械法则支配着整个宇宙，除了上帝和人类灵魂。笛卡儿认为，如果我们的知识足够，我们就能把所有的科学——天文学、化学、物理学以及所有的身体运作形式（呼吸、消化和感觉）——都简化为机械的解释。这个结论的唯一例外就是人类的理性。

在生命的尽头，笛卡儿的理论体系广为人知，毁誉参半。加尔文主义神学家尤其强烈地反对他对自由意志的支持，因为这与他们对宿命的严肃信仰背道而驰。然而，欧洲的王公贵族保护了笛卡儿，使他免受新教或天主教的伤害。笛卡儿接受了瑞典女王克里斯蒂娜（Christina）的邀请，前往斯德哥尔摩担任她的哲学老师。不幸的是，寒冷的气候影响了他的健康，1650 年 2 月 11 日，这位虔诚的天主教徒去世了。他与伽利略遭遇了同样的命运，其作品在 1663 年被教会列入禁书目录，再次让编制目录的作者声名狼藉。笛卡儿对理性主义的尊崇，以及从自我中汲取一切知识的观点，在整个欧洲赢得了广泛的接受，挑战了经院哲学的统治地位。

心理学的三大取向都可以追溯到笛卡儿。首先，如果将心理学看作一门研究人类意识的内省科学，可以追溯到笛卡儿所信奉的心灵第一原理。其次，如果将心理学看作纯粹研究行为的学科，也可以追溯到笛卡儿的二元论（虽然二者的关系不太直接）；也就是说，身心之间的相互作用表明，公开的、可观察的行为是有意义的。这种活动是心灵的反映，因为心灵作用于身体，最终产生行为。最后，谈到心理学的生理主义取向，同样有笛卡儿论断的支持：除了思维和感觉之外，所有人类活动都与身体的生理机制有关，可以将其理解为真正的心理生理学。笛卡儿的后继者在探索心理学研究模式时，有选择地强调了笛卡儿思想的某些方面，从而能够为不同的取向找到一些支持。因此，笛卡儿的重要性就在于他直接推动了心理学的诞生。

在本章的最后，我们可以断言，16 至 17 世纪取得了一些进步，对经验主义的科学心理学最终出现十分重要。第一个进步是科学发展带来的成就，它们清楚地表明了经验主义研究的价值。从科学家们对物理宇宙的研究来看，他们通过为行星运动理论提供经验主义支持，最终完成了哥白尼革命，同时，还展示了物理世界在特定法则关系运作下的惊人吻合程度。自然的规律性表明，包括生命运行在内的一切现实都可能符合科学研究揭示的法则关系。

第二个进步则以斯宾诺莎和笛卡儿的哲学观点为代表，在忠于基督教神学的经院哲学之外提供了另一种选择。两位哲学家都认同理性的至高地位。斯宾诺莎的哲学更为激进，摒弃了人格化上帝指导众生的信仰，主张身心关系一元论。斯宾诺莎对身心统一的描述导致他极为强调人类独一无二的理性能力。斯宾诺莎之后，许多人接受了他的一元论观点，但把重点转移到基于身体的唯物主义或基于心灵的唯心主义。从对身心互动的解释来看，笛卡儿显然是一个二元论者。然而，他关于身体动作机制令人印象深刻的论述，为后来的哲学家们开辟了一条道路，将经验的精神层面简化为身体的物理机制。斯宾诺莎和笛卡儿都提供了异于经院哲学的哲学模式，并对人类经验本质提出了各种假设，后来的哲学家分别将这些假设作为心理学各种研究模式的基础。

本章小结

两个并行发展的趋势为学者们研究身心关系打下了基础，最终促使心理学的研究模式得以逐步形成。第一个趋势是方法论上的，以经验主义的胜利为特征。弗朗西斯·培根和牛顿的科学新思想建立在仔细观察和量化观察的基础之上。经验主义运用归纳法，从观察到的个例中谨慎地得出一般性概括，这与经院哲学家的演绎法形成了鲜明对比。第二种趋势是关于人性观的发展，这更多表现在哲学层面上。斯宾诺莎告诉我们，身心是人的统一性的表现。尽管人类活动因拥有更高智力而独一无二，但仍然受到自然规律支配。笛卡儿提出，生命的第一原理是对思想的自我意识，我们能知道的一切都来自自省。他关于身心互动的二元论将心理学从生理学中区分出来。笛卡儿的观点是在法国和英国的哲学传统中发展起来的；斯宾诺莎则影响了德国心理学的发展倾向。

讨论题

1. 为什么说后文艺复兴时期经验主义科学的成功为心理学提供了可效仿的模式？

2. 弗朗西斯·培根是如何发展科学方法的？

3. 牛顿的经验主义科学方法的基本特征是什么？

4. 什么是“学术团体”？为什么说它们的存在是必要的？它们如何推动了科学发展？

5. 后文艺复兴时期经验主义的兴起，对哲学中关于个人的前提或假设产生了巨大的影响。哲学的哪两种趋势反映了经验主义的影响?

6. 描述斯宾诺莎对身心关系的看法。身与心分别承担了哪些心理功能?

7. 笛卡儿的“第一原理”是什么?为什么该论断与以往的方法有很大的不同?

8. 描述笛卡儿对身心关系的看法。身与心分别承担了哪些心理功能?

第 8 章

法国传统：感觉主义和实证主义

章节内容

科学的进步

哲学的进步

感觉主义

· 艾蒂安·博诺·德·孔狄亚克

· 查尔斯·博内

· 朱利安·奥弗鲁瓦·德·拉美特利

· 克劳德·阿德里安·爱尔维修

· 皮埃尔·卡巴尼斯

法国唯意志论：▲迈内·德·比朗

法国实证主义：奥古斯特·孔德

本章小结

从本章到第 10 章将回顾 17 — 19 世纪科学和哲学上的进步，这些进步为现代心理学的出现提供了背景。这些章节分别讲述法国、英国和德国的情况，因为这些国家在科学和哲学上的不同发展倾向为心理学提供了不同的模式。尽管这些思想传统有所重叠，各个国家对笛卡儿、培根和斯宾诺莎理论的诠释却各具特色。在法国，笛卡儿的心身二元论被还原为唯物主义，着重于探究能解释所有心理活动的感觉过程机制。培根之后的英国学术界继承了笛卡儿对心灵的观念，但强调用外部环境输入来解释心灵的内容。在德国，相比笛卡儿，学者们更加认同斯宾诺莎，他们强调心理活动的自我激发和动力特性，认为二者的重要性超过了环境刺激和感官生理机制。

1650 年，笛卡儿去世之后，在路易十四（Louis XIV，1643 — 1715 年在位）和路易十五（Louis XV，1715 — 1774 年在位）的长期统治下，法国进入了政治和文化崛起的黄金时期。虽然在政治上并非完全平静，但盛行的思想启蒙运动带来了文学、科学和哲学的繁荣。在此期间，法国成为欧洲大陆国家中的佼佼者。剧作家让 · 巴蒂斯特 · 波克兰（Jean Baptiste Poquelin，1622 — 1673）[1]、让 · 巴蒂斯特 · 拉辛（Jean Baptiste Racine，1639 — 1699）以及皮埃尔 · 高乃依（Pierre Corneille，1606 — 1684）和让 · 德 · 拉 · 方丹（Jean de La Fontaine，1621 — 1695）的作品尤其重要。总的来说，他们使法语成为文学世界中极为重要的语言。

人们越来越相信，教育是社会的责任。这个时代对理性的憧憬，反映了人们对人类知识无限前景的坚信，也使得教育机会不再专属于贵族。通过教育获得知识被视为获得成功的关键步骤，也是阶层流动的重要渠道。教会仍在为大多数人提供早期教育机会，法国伟大的哲学家德尼 · 狄德罗（Denis Diderot，1713 — 1784）和让-雅克 · 卢梭（Jean-Jacques Rousseau，1712 — 1778）为普及教育奠定了知识基础（见第 11 章）。弗朗索瓦-马利 · 阿鲁埃（François-Marie

[1] 更为人熟知的名字是莫里哀（Molieère）。

Arouet, 1694—1778)[1]更是被誉为“理性时代”的化身，他关于生命各个方面的丰富著述，为西方政府从贵族义务到现代社会责任的执政理念转变提供了基础。

科学的进步

数学和经验主义学科的进步，促使科学研究在17—18世纪飞速发展。这些发展对心理学很重要，因为它们促成了19世纪科学的至高无上地位，而心理学正是依托于此建立起来。在法国、英国和德国，数学和物理科学开始呈现出现代形式。

法国数学家约瑟夫·路易斯·拉格朗日（Joseph Louis Lagrange, 1736—1813）出生于意大利都灵，父母都是法国人。在都灵接受初步教育后，他来到柏林，在数学家莱昂哈德·欧拉（Leonhard Euler）的指导下学习微积分（另见第10章）。在柏林生活的20年里，拉格朗日撰写了著作《分析力学》(*Mecanique Analytique*)，为物理学提供了一系列基于代数证明和微积分的力学关系公式。1786年，在他的资助人腓特烈大帝（Frederick the Great）去世后，他接受邀请加入法兰西科学院。这一受人尊敬的职位使他免受法国大革命殃及。大革命后，他在重建法国教育机构方面起了重要作用，并在设计和引进公制方面发挥了主导作用。在漫长的研究和教学生涯中，拉格朗日培养了一批杰出的学生，他们为19世纪的数学、物理学和工程学做出了贡献。与拉格朗日同时代的让·勒朗·达朗伯（Jean le Rond d'Alembert, 1717—1783）出版了有关应用数学问题

[1] 更为人熟知的名字是伏尔泰（Voltaire）。

（如光的折射和流体力学）的经典著作。

氧气的发现是国际科学界真正取得进步的一个例证。瑞典科学家卡尔·威廉·舒尔（Karl Wilhelm Schule，1742 — 1786）的先驱性研究促成了氧气的发现，而英国研究者约瑟夫·普里斯特利（Joseph Priestley，1733 — 1804）在 1775 年正式公开了氧气的发现。然而，为这一元素命名的是一个由安托万·拉瓦锡（Antoine Lavoisier，1743 — 1794）领导的法国研究小组，他们建立了现代化学的科学方法论。和大多数人一样，普里斯特利相信燃烧会释放出物质，与大气成分结合后会形成“脱燃素空气”（phlogisticated air）。拉瓦锡摆脱了这个过时的概念，认为燃烧过程会耗费氧气。在提交给法兰西科学院的论文中，拉瓦锡将燃烧过程与动物呼吸联系起来。通过从化学角度观察生理学，他开启了一场根本性的变革。他和同事们分离出了 32 种“单纯物质”（simple substances），构成了现代元素周期表的基础。不幸的是，拉瓦锡的政治立场和他对科学院的认同，导致了他被认定为所谓“反革命者”，于是在法国“恐怖统治”时期（reign of terror，1793 — 1794）被送上断头台——这是法国大革命中一段特别血腥的时期。

1671 年，巴黎天文台成立，以其经验探索为中心，法国天文学也取得了巨大的进步。1799 — 1825 年间，数学家皮埃尔·西蒙·拉普拉斯（Pierre Simon Laplace，1749 — 1827）出版了他的多卷《天体力学》（*Mécanique Céleste*），总结了天文观测和理论的进展。他认为，关于宇宙基本秩序的科学发现表明，对生命的所有解释最终都可能通过科学研究找到。拉普拉斯建立了决定能量强度和运动速度的经典公式。他还因为对概率论的贡献被铭记，这奠定了现代统计学的基础。

显而易见，自然科学在法国得以蓬勃发展。基于坚实的数学基础，精密的观察法为探索物理世界提供了系统的方法。尽管被法国大革命所阻挠，但事实证明，法国科学具有足够的韧性，能够在整个 19 世纪取得更辉煌的成就。

哲学的进步

在路易十四、路易十五时期，即大革命发生之前的法国，政府保持着无孔不入的审查制度。为了确保拿到“国王的出版许可”，书籍必须先进行审查以判断是否符合宗教协议、公序良俗和道德正义。截至 1741 年，虽然政府雇用了 76 名官方审查员，但 18 世纪上半叶的审查还算相对宽松，甚至对一些有争议的材料也给予了非正式的出版许可。这种宽容结束于 1757 年，当时发生了一起对国王路易十五的刺杀案，虽然未能成功，却导致了对批评国家或教会的书籍的严格限制。这种严酷的镇压成功地将所有持有反教会、反政府观点的学者团结在了一起。他们被统称为启蒙哲士（philosophes），他们相互协作，在法国境内秘密出版作品，并将境外印刷的书籍走私回法国。最终，在学术团体的帮助下，一种对受审作品的分配体系得以建立，保证了启蒙哲士著作的成功传播。

启蒙哲士的观点千差万别，但都反对政府和教会的镇压。启蒙哲士的反政府著作影响到了美国独立战争（American Revolution）的部分领导者，同时也激发了法国民众对政府的反感，最终导致了法国大革命的发生。启蒙哲士的反教会著作对心理学产生了重要影响，最显著的影响的是发展出一种观点：试图在心理学范畴中清除基督教（即经院哲学）的灵魂观念。

感 觉 主 义

笛卡儿之后，法国的心理学思想集中在人类经验的感官方面。具体来说，法国思想界的一个连贯主题就涉及基于感觉和知觉的人性研究。一批启蒙哲士研究了感觉的机制，并逐渐将心理活动还原为感觉机制。因此，笛卡儿曾细致地提出身心区别，如今在法国思想界中又变得模糊不清了。

艾蒂安·博诺·德·孔狄亚克（Étienne Bonnot de Condillac，1715 — 1780）。感觉主义思潮的第一个重要人物是艾蒂安·博诺·德·孔狄亚克，他出生在格勒诺布尔（Grenoble），在巴黎的耶稣会神学院接受教育。被任命为罗马天主教神父后不久，他加入了巴黎的文学和哲学沙龙，逐渐对宗教生涯失去兴趣。孔狄亚克早期的著作展示了他对早期哲学心理学观点的欣赏，特别是笛卡儿和英国哲学家约翰·洛克（John Locke）的哲学观点（见第 9 章）。在其代表作《感觉论》（*Treatise on Sensation*，1754）中，孔狄亚克从根本上抛弃了前人的观点，只基于感官经验来解释心理活动。

孔狄亚克一开始就否定了笛卡儿的观念，不认为心灵天生就具有某些内在观念。相反，他认为心灵的复杂性源自单一的感觉能力。为了说明这一论点，孔狄亚克给出了一个比喻，假设有这么一尊雕像，它被赋予了像人一样的内在组织和心灵，但没有任何思想。这尊雕像只有嗅觉，并且能意识到喜悦和痛苦的区别。孔狄亚克试图证明，随着这座相对简单的雕像逐渐发展出额外的感官能力，完整的心理活动得以从中衍生。当它只拥有第一种感觉时，注意力是通过感官输入的强烈刺激获得的。当第二种感觉出现，判断就出现了，因为雕像现在可以比较两种感觉模式的输入。记忆是一种过去的感觉，会被当前感觉刺激唤醒；而想象是一种增强的记忆或者过去感觉的新组合。接近和回避行为是对愉快或不愉快感觉的主动回忆，意志则基于对可达成目标强烈接近的欲望。孔狄亚克提出，自我反省的能力是记忆和意志对象交替的结果。人格的各个方面，如自我的概念，只是随着经验的积累，通过记忆和欲望逐渐发展起来的。因此，通过逐步加入其他四种感觉，孔狄亚克模拟了从一种感觉发展出心理功能的过程。这样一来，心灵就被还原为感官体验的受体和记忆的容器，并且没有任何开创性的功能。

孔狄亚克的观点非常简洁，因此很有吸引力，在法国学术界引起了不小的轰动。不过，他的理论只依靠演绎法，缺乏来自经验证据的归纳法支持，于是也受到不少批评。然而，与笛卡儿等哲学家所假设的需要某种精神（或者至少非物质）实体的主动性心灵不同，孔狄亚克认为心灵完全依赖于生理上的感觉。此外，孔狄亚克还将唯物主义的概念引入现代心理学思想。如果心灵的内容被还原为它们的感觉基础，就不必再进一步探索心灵和感觉的关联。因此，“心灵”的概念本身就变得多余了。孔狄亚克的唯物主义心理学在法国大革命时期的学校制度改革中被采纳，直到拿破仑（Napoleon）时代以及随之出现的反唯物主义运动中才被摒弃。

查尔斯·博内（Charles Bonnet，1720 — 1793）。查尔斯·博内出生于瑞士法语区最著名的城市日内瓦，他从 17 世纪 40 年代开始对植物和昆虫进行了深入的研究，并向法兰西科学院提交了几项实验成果。他研究了树虱的繁殖，并报告说雌性可以在没有雄性的情况下繁殖后代，而且提出性不只是为了繁殖，还是为了让后代拥有父母的不同特质。他是 18 世纪最早使用“进化”一词的科学家之一，尽管他对该词的理解是从简单原子到人类的生命链。他通过对植物的调查得出结论，植物具有感觉、辨别甚至判断能力，博内认为这些能力是智力存在的证据。也就是说，博内对生命世界的解释侧重于以机械因素为中介的生命统一。

通过研究感觉过程的生理机制，博内扩展了孔狄亚克的观点。为延续孔狄亚克对雕像的比喻，博内给了雕像一个神经系统来完成感觉过程。他认为，对神经纤维的探究不仅可以解释感觉过程，还可以解释注意力、记忆和识别等心理功能。在此过程中，博内是最早提到特定神经能量的学者之一，其中特定的功能由特定的神经纤维系统调节。他通过某些维度的共性，如时间、地点或意义，从感觉或记忆相关联的角度来看待更高级的心理过程。例如，感觉事件 A 可以与感觉事件 B 相关联，因为它们同时发生。博内通过神经系统为心理唯物主义建立了更合理的基础，从而补充了孔狄亚克的观点，而专门的心理结构的必要性被进一步降低。

朱利安·奥弗鲁瓦·德·拉美特利（Julien Offroy de La Mettrie，1709 — 1751）。朱利安·奥弗鲁瓦·德·拉美特利最著名的著作是《人是机器》（*L'Homme Machine*，1748），该书以其简单而清晰的唯物主义论述震惊了欧洲学术界。拉美特利的父亲是一位富裕的商人，给这个早熟的儿子提供了极好的教育。获得医学博士学位后，拉美特利进入荷兰的莱顿大学学习解剖学，并发表了几篇强调大脑在人类病理学中作用的文章。后来，他成为法国军队中的一名外科医生，但仍继续研究和写作。

拉美特利的唯物主义认为物质中有一种活跃元素，那就是运动。他在最低等的动植物中发现了感觉现象，据此得出这个结论。

这一发现使他提出了物质运动的一种进化层次。在更高等的动物中，物质的运动使心脏得以跳动，大脑能够思考。拉美特利认为，心理学归根结底还是生理学。在这种动物机械论的观点中，笛卡儿的二元论完全被抛弃了。

拉美特利的观点给自己和上司带来了麻烦，为了安全着想，他不得不逃回莱顿。到了 1748 年，他得到腓特烈大帝的邀请，加入柏林科学院并享受津贴。在柏林，拉美特利提出了人类活动的动机原则，进一步发展了自己的心理学观点。这个原则属于享乐主义，因为他认为追求快乐是推动个人的终极力量。在三篇出版的文章中，他公开反对基督教教义，并论证了感官愉悦的重要性。他建立了一种伦理观，认为人们的行为是由他们对感官满足的渴望程度来决定的。尽管拉美特利的观点受到了相当多的批判，但他仍然将法国心理学置于生理学机械定律之下。在他短暂而疯狂的一生中，拉美特利成功地驳斥了心理学成为一门独立学科的必要性。此时，距离笛卡儿第一次将心理学从生理学中区分出来，已经过去了 100 年，对唯物主义科学的信仰再度将心理学推出了人们的视野。

克劳德·阿德里安·爱尔维修（Claude Adrien Helvétius，1715—1771）。不同于法国思想传统中的极端唯物主义立场，克劳德·阿德里安·爱尔维修仍然会使用心灵这一概念。爱尔维修的父亲是一位宫廷御医，他出生在巴黎，并在耶稣会接受教育。担任包税人（tax collector）[1]后，他变得富有，娶了一位美丽的女伯爵，退休后归隐乡村，过着绅士哲学家的安逸生活。他的思想很有魅力，吸引了许多优秀的思想家。1758 年，爱尔维修出版了令人印象

---

[1] 法国封建时代受王室委托承包征收间接税的人。——译者注

深刻的著作《论精神》(*De l'Esprit*)。

在这部作品中，爱尔维修为法国的感觉主义传统增添了一个批判性的、可作补充的维度。他非常重视个体的外部环境决定因素。尽管他同意拉美特利的观点，认为人的行为动力源自寻求快乐的欲望，但他将这一原则与环境影响联系起来。根据爱尔维修的说法，所有人天生都有同等能力，但环境对个体产生了不同的影响，让一些人身上强化了注意力、扩展了知觉，另一些人却没有。这种处理环境的能力上的差异就是爱尔维修所定义的智力。爱尔维修相信，在环境中取得成功的关键是获得丰富经验的机会，因此，他提倡更优质的教育和更开放的社会结构。尽管他不反对法国的感觉主义学者，但爱尔维修对环境的强调为心理学的存在保留了一席之地：生理学可以解释心理功能的机制，但这些机制仍然依赖于环境背景。

皮埃尔·卡巴尼斯（Pierre Cabanis，1757—1808）。法国感觉主义传统的最后一个代表人物是皮埃尔·卡巴尼斯。和爱尔维修一样，卡巴尼斯也修正了孔狄亚克、博内和拉美特利的极端观点。作为一位杰出的医生，他见到了聚集在巴黎文艺沙龙的许多伟大学者。尽管接受了机械感觉的唯物主义，但卡巴尼斯仍然反对完全的还原论。完全还原论将心理活动等同于感官输入，在逻辑上导致心灵没有存在的必要。卡巴尼斯不同意这种观点，提出作为中心自我（central ego）的大脑是感觉输入的整合者和合成者。因此，卡巴尼斯的观点保留了心灵概念的必要性，即使它被描述为物质的大脑。此外，他还认识到意识的不同层次，包括无意识（unconscious）和半意识（semi-conscious）。在卡巴尼斯看来，感觉不能作为纯粹的形式存在，而是整个系统的一部分，由中央自我或自我进行调节，并且只有通过整个系统的整合才能被感知到。

卡巴尼斯对孔狄亚克心理学的补充挽救了心灵的地位，但却将其牢牢地与脑生理学绑定在一起。与英国的思想家（将在下一章中介绍）不同，卡巴尼斯不认为心灵是被动的、反应性的，只会接受不断积累的经验。与德国哲学家特别是康德（见第 10 章）不同，卡巴尼斯并没有将心灵视为一个与生理学分离的、具有完整性和独立过程的实体。卡巴尼斯的观点保留了对心灵的需要，得到了英国和德国学者的认可。然而，在本质上，他依然忠于法国传统，将心理过程嵌入到神经系统的唯物主义中。

简而言之，尽管法国感觉主义传统的主要人物持有不同的观点，但他们都将心理过程局限于感觉输入的层面。他们强调感觉经验的关键作用，却不承认心灵的内在中心结构。因此，他们对笛卡儿心理学思想的选择是片面的，忽略了笛卡儿界定的心理学领域——心灵。

法国唯意志论：▲迈内 · 德 · 比朗（Maine de Biran, 1766 — 1824）

19 世纪末美国著名哲学家、心理学家威廉 · 詹姆斯认为，迈内 · 德 · 比朗是 18 世纪最伟大的心理学家。比朗最初的思想符合法国感觉主义传统，后来则逐渐摆脱了这种约束，提倡构建更完整、更动态的心理学。尽管他的作品体现了感觉主义，但他不能被归入这一派别，因为他集中体现了 18 世纪形形色色的心理学观点。

比朗是路易十六侍卫队中的一名士兵，曾目睹了 1789 年的凡尔赛妇女大游行（Women's March on Versailles）[1]。大革命期间，他明智地退居乡间，后因反对拿破仑的统治再度出山。路易十八复辟后，他在下议院司库的位置上退休，结束了政治生涯。在这段政治气氛相当紧张的时期，他投身学术写作，其思想体系经历了四个完全不同阶段的转变。

在第一个阶段（1790 — 1800），比朗加入了一个叫作“思想家”（Ideologists）的团体，这个团体由卡巴尼斯创立，目的是推广孔狄亚克的理论。这一阶段的比朗认同人类的理解力包括大脑各种联系的总和，这些联系由神经纤维的刺激引发，而这些刺激又是由环境中的运动产生。比朗相信由感觉过程解释的生理心理学。1805 年，他退出了“思想家”组织，出版了《思想分解论》（*Mémoire sur la Décomposition de la Pensée*）。在这一著作中，他反对“思想家”的“神经纤维”心理学，认为这是一种机械原子论，将人类活动归结为感官元素。比朗提出，思想是由不同的过程组成的完整实体，并不仅仅是这些过程的集合。他把意志看作是一种界定了自我的本质特征的有意识的活动。因此，意志使个体不仅仅是被动的感受容器；它界定了一种解释生命本身的精神力量。

1810 年，比朗进入了思想的第三个阶段，他的心理学理念在《心理学的基本原理》（*Essai sur les fondements de la Psychologie*，1812）一书中最终形成。他得出结论，心理学是研究意识的直接信息的科学。对于笛卡儿的“我思故我在”，比朗回应说“我意故我在”。心理学的领域是研究意识所代表的自我意向性。在方法论上，

[1] 法国大革命早期最重大的事件之一，游行由巴黎妇女所发起，经过对峙、暴力对抗和谈判之后，以法国王室屈服告终。——译者注

比朗坚持通过个体经验对自我进行客观观察。因此，主动的自我是心理学的核心事实，有了它，个体才能有足够的能力，在某种程度上进行自由的选择。他思想的第四阶段开始于 1820 年，比朗转向了宗教体验，试图将生活中的宗教愿望融入心理学的整体概念中。

从生理学到神秘主义，比朗的心理学观点不断变化，也因此受到批评。然而，他观点的多样性本身就很吸引人。事实上，比朗似乎是在不断扩展自己的理论，因为他认为基于感觉生理学的基本解释存在局限性，并对此感到不满，才尝试其他的解决方式。他对个人独特性的强调决定了他在思想上的不断转变。比朗对生理构成乃至心理过程的共性并不感兴趣。相反，他的兴趣一直集中在人性之中能带来创造性的、不可预测活动的各个方面，这些方面是个人特质的完全呈现。在心理学史上，好几位著名人物都存在同样的倾向，试图将心理学扩展成更全面的学科，用以解释个体多样性。虽然比朗终年不过 58 岁，但也足够他完成思想上的整个转变过程。其他寿命更长的人，比如我们将在第 13 章中介绍的冯特（Wundt），虽然他们与比朗的目标一致，却没能成功地完成这种转变。不管怎样，我们完全能够理解詹姆斯对比朗的欣赏，这源自比朗的心理学视野之宽广，以及他对可能应用于心理学的各种模式的预见。

法国实证主义：奥古斯特·孔德（Auguste Comte, 1798—1857）

在这里介绍奥古斯特·孔德多少有点跳跃性，我们并没有在严格意义上依照心理学的时间顺序来逐一书写人物。事实上，孔德的历史地位有些模棱两可。他阐述了科学精神，这也是心理学作为一

图 8.1
法国哲学家奥古斯特 · 孔德
（© Apic / Getty Images）

门正式学科成立时所采用的宗旨。与此同时，孔德又将自身观点应用于一种乌托邦式的尝试，这让那些试图认真接受他观点的人颇感为难。

奥古斯特 · 孔德颇具争议的一生始于蒙彼利埃（Montpellier），他在天主教的资助下接受了早期教育。随后，他进入了巴黎综合理工大学（École Polytechnique）学习，师从一些法国顶尖的科学家。因为拥护共和主义而被退学后，孔德仍然留在巴黎，继续与“思想家”团体一同学习。他担任了社会哲学家圣西门（Saint-Simon，1760—1825）的秘书，后者主张在新兴社会科学的指导下重组社会。孔德把圣西门的许多思想融入了自己的观点中。在一场激烈的争吵之后，他与圣西门分道扬镳，主要靠担任家庭教师及讲座来养活自己。这些演讲构成了他的代表作《实证哲学教程》（*Cours de Philose Positive*）的基础，该书在 1830 — 1842 年间出版了六卷。这项研究具有革命性的里程碑意义，旨在彻底重组关于知识的理论构想，并将这一理论应用于社会结构的最终改革。

尽管孔德从未获得过教授职位，但却有一批忠诚而热忱的学生，观点也广为传播。1858 年，英国哲学家、女权主义者哈丽雅特 · 马蒂诺（Harriet Martineau，1802 — 1876）将《实证哲学教程》翻译成英语，此后，孔德与当时英国心理学最重要的代表人物约翰 · 斯图尔特 · 穆勒（John Stuart Mill）进行了大量的信件交流。他的生活朝不保夕，充满了近乎鲁莽的冒险，这让使他的许多早期仰慕者都感到厌恶，包括穆勒在内。到了 19 世纪 40 年代末，孔德将自己的理论呈现为宗教的形式。他所提议的社会结构与罗马天主教会的等级组织非常相似，只不过用人道取代上帝，自己则取代教皇。这种基于重组社会关系的乌托邦空想玷污了孔德的整个思想体系。

尽管如此，孔德在《实证哲学教程》中的早期论述仍然很重要，因为它与法国思想中的感觉主义模式相一致，同时试图阐明一种客观的心理学科学方法。我们已经在第 3 章中谈到了孔德的历史发展观。简而言之，他认为随着人类学术的不断发展，对生命进行解释的焦点从神学转向了形而上学。从形而上学最终转变到实证主义。在孔德看来，实证主义意味着科学走向成熟。形而上学阶段寻求抽象的或普适的因果解释，而实证主义阶段则努力寻找可观察的事实，并从中发现自然事件的描述性规律。尽管强调描述，孔德也没有排除实证主义中的因果关系，但他确实反对人们对寻找因果关系的过度执着，而这正是以前许多哲学家所关注的。孔德认为，这种关注导致了人为偏差，因为哲学家们容易受到先入为主的普适观念影响，从而忽视了可观察性，而后者才是科学研究的真正重心。

在这些不同的学术发展阶段，各种学科的进步速度也不相同。因此，孔德认为，科学是相对的知识，因为实证主义只承认有限的、不断变化的自然观。孔德列出了六门基础科学：数学、天文学、物理学、化学、生理学或生物学、社会物理学或社会学。有趣的是，他忽略了心理学，把对个体的研究置于生理学之下，从而与孔狄亚克和拉美特利所倡导的心理学的感官生理观相一致。孔德认为，群体背景下的个体行为是社会学的研究主题。在阐述这一“社会心理学”时，孔德后来又加入了伦理科学的内容。他认为伦理学不是研究道德，而是研究可观察的社会行为，目的是为社会规划寻找预测性的规律。

可以这样说，在心理学正式出现之前，孔德就开始了学术写作，他无法预见之后心理学作为一门独立学科的统一性。然而，他似乎认可了法国的感觉主义思潮，从中看到了差异而不是统一。因此，他与感觉主义一样，简单地给出了逻辑结论，即将心理学（界定为感觉）还原为生理学。孔德关于心理学的结论并没有直接推动心理学成为一门学科。然而，他的实证主义立场起到了间接作用，他提出的方法论有助于心理学最终被公认为一门独立科学学科。英国学者对客观观察的强调更为明确，我们接下来将会介绍他们。此外，孔德的实证主义在 20 世纪初以全新的形式复兴，成功地确立了**行为主义**在心理学中的主导地位。

上文回顾了法国这两个世纪的思想发展，我们可以看出它对心理学的几大影响：第一，自然科学的发展创造了让心理学能够效仿的理想模式。第二，笛卡儿的心身二元论受到严重挑战。法国思想的主旋律是抛弃**唯心主义**（mentalism），强调唯物主义，把心理活动局限于感觉机制，从而导致比朗和孔德对心理学存在之必要性的质疑。

本章小结

17、18 世纪是法国的政治力量、文艺成果和科学成就的崛起时期。在自然科学领域，拉格朗日、拉普拉斯和拉瓦锡等研究者为化学、物理学和生物学的现代基础提供了数学和经验支持。在与之平行的领域，关于心理学的哲学论述引发了对笛卡儿理论的重新解释，从而将关注点放在了感觉。孔狄亚克、博内和拉美特利逐步论证了心理过程与感觉输入的等同性，并致力于阐明感觉的生理机制。通过这种方式，他们在逻辑上把心理学简化为感觉。尽管爱尔维修和卡巴尼斯也认可感觉生理学，但二人都试图通过强调中心自我的调节作用来摆脱这种极端主义。比朗和孔德都认识到将心理学简化为感觉生理学的后果，提出了各自不同的解决方案。比朗反对感觉主义，认为它不够合理，他提出了一种基于意识的直接信息的个人总体观，体现了意志的动力性。与他相反，孔德最终接受了感觉主义的结论，否定了心理学。对他来说，个体的人类活动应该用生理学来研究；个体在群体中的行为则是社会学的范畴。然而，孔德提倡一种客观观察的精神，这最终对心理学有所裨益。因此，在法国，笛卡儿的后继者将心理学置于颇为危险的位置，不承认心理学的正式学科地位。

讨论题

1. 描述法国路易十四和路易十五执政时期的政治氛围。这一时期如何成就了法国在学术领域的优势地位?

2. 启蒙哲士包括了哪些人？他们对法国的学术氛围有何影响?

3. 在孔狄亚克看来，从单一的感觉能力发展到心理活动的过程是什么样的?

4. 拉美特利的极端唯物主义立场是什么？他的著作如何代表了笛卡儿、孔狄亚克和博内这一脉思想的最终成就?

5. 根据爱尔维修和卡巴尼斯的观点，描述心理学独立于生理学成为一门学科的必要性。

6. 比朗把心理学定义为意向性研究是什么意思?

7. 通过与神学、形而上学的学术探索阶段对比，孔德所说的实证主义是什么意思?

8. 根据对笛卡儿二元论的态度来对法国思想传统进行总结。

第 9 章

英国传统：心理的被动性

章节内容

科学的进步

哲学的进步

早期经验主义者

· 托马斯·霍布斯

· 约翰·洛克

· 乔治·贝克莱

· 大卫·休谟

· 大卫·哈特莱

苏格兰常识学派

· 托马斯·里德

· 托马斯·布朗

后期经验主义者

· 詹姆斯·穆勒

· 约翰·斯图尔特·穆勒

· 亚历山大·贝恩

本章小结

从殖民地时期开始，经过数十年共同语言的使用和文化传承，美国和英国学术思想之间的密切关系已经维持了四个世纪。与欧洲其他任何国家相比，英国的思想影响才是美国心理学发展的主要决定因素。从 20 世纪初以来，在美国心理学的整个发展过程中，无论是内容还是方法上，英国的影响都显而易见。因此，学习英国对现代心理学的最初陈述具有特殊意义。

17 — 18 世纪的英国充满了活力，在政治和经济上都取得了极大进步，稳步朝着成为 19 世纪世界主导的地位迈进。17 世纪的英国处于君主和英格兰教会（Church of England）[1] 的统治下，但二者都由议会控制，不列颠诸岛日渐趋向统一。18 世纪，英国的影响力扩展到了全世界，而美国独立战争是他们殖民扩张中遭遇的唯一挫折。史诗诗人约翰 · 弥尔顿（John Milton，1608 — 1674）的作品成功地挑战了英国审查许可条例，该条例在 1694 年被威廉三世（William III）废除，出版自由在英国成为现实。随后，约翰 · 德莱顿（John Dryden，1631 — 1700）、丹尼尔 · 笛福（Daniel Defoe，1659 — 1731）和乔纳森 · 斯威夫特（Jonathan Swift，1667 — 1745）使得英国文学也进入了硕果累累的丰收期。英国的学术自由也推动了科学事业的发展，即使是复辟的斯图亚特王朝国王查理二世（Charles II，1660 — 1685）也十分青睐科学家，给予了认可和支持。正如前文叙述艾萨克 · 牛顿时提到的那样，英国政府和社会的政策奖励科学成就，鼓励科学探索，将其视为国家资产。

科学的进步

在数学方面，随着微积分的全面发展，牛顿的精神在英国得以延

[1] 基督教新教的宗派及教会之一，16 世纪从罗马教廷及天主教会独立。——译者注

续。英国在将数学应用到物理学方面也取得了长足的进步。约瑟夫·布莱克（Joseph Black，1728—1799）在格拉斯哥大学（University of Glasgow）工作，在氧化作用方面进行了开创性实验，发现了物质从液体到气体、从气体到液体的热交换。后来的科学家詹姆斯·瓦特（James Watt，1736—1819）将这一原理应用于蒸汽机的改进。

尽管从古希腊时代起，人们就已经知道了摩擦能产生电，但对电的传导做出精确实验研究的是英国科学家斯蒂芬·格雷（Stephen Gray，1666—1736）。在1750年写给英国皇家学会的一封信中，美国科学家、政治家本杰明·富兰克林（Benjamin Franklin，1706—1790）描述了电火花和闪电的同一性。富兰克林的著名实验利用风筝在暴风雨中发电，这使他在1754年获得了英国皇家学会的会员资格和相应奖项。

英国的天文学家为本国发展海军优势做出了贡献。埃德蒙·哈雷（Edmund Halley，1656—1742）在20岁时发表了他第一篇关于行星轨道的论文，并对格林尼治（Greenwich）天文台的建立起到了推动作用。格林尼治天文台确立了计算经度的确切方法，从而帮助了英国航运的发展。哈雷最被人铭记的贡献或许是他对以他名字命名的彗星的成功预测。詹姆斯·布拉得雷（James Bradley，1693—1762）接替哈雷成为格林尼治的皇家天文学家，研究了恒星的周年视差[1]。1750年，也就是英国抵制教皇改革的170年之后，英国采用了格列高利历，布拉得雷也在这一过程中发挥了作用。英国天文学在威廉·赫舍尔（William Herschel，1738—1822）这里达到了顶峰，他不仅发现了天王星，还建立了太阳系在宇宙中运动的模型。

---

[1] 天文术语，指的是地球绕太阳周年运动所产生的视差。——译者注

在这一时期，生物学领域值得关注的学者是伊拉斯谟·达尔文（Erasmus Darwin，1731 — 1802），他是19世纪进化论倡导者查尔斯·达尔文的祖父。伊拉斯谟在剑桥大学和爱丁堡大学接受医学教育，并开始从事医学实践，还加入了伯明翰（Birmingham）的月光社（Lunar Society）[1]。包括普里斯特利在内的这群科学家为伊拉斯谟·达尔文在生物学方面的见解提供了一个讨论平台。伊拉斯谟提出了一种基于有机体需要的动植物进化理论。他的孙子采纳了这一理念，引入了自然选择的法则，极大地改变了学术界物种多样性研究的形态。

英国医学发展缓慢。威廉·亨特（William Hunter，1718 — 1783）的解剖学思想和他的兄弟约翰·亨特（John Hunter，1728 — 1793）的动物实验提高了英国医学教育的质量。周期性流行的传染病则导致人们开始重视清理城市的污秽，也推动了尝试控制疫情的开创性工作。1718年，查尔斯·马特兰（Charles Martland）在英国尝试接种天花疫苗；1721年，扎布迪尔·博伊尔斯顿（Zabdiel Boylston）在波士顿进行了同样的尝试。然而，庸医骗术仍然盛行，放血还是治疗各种疾病的标准方法。对精神病人的治疗更是迷信、残酷得令人发指。游客只需付很少的费用，就可以进入伦敦的伯利恒疯人院（精神病院），瞠目结舌地观赏脚踝和头颈被束缚的病人表演滑稽动作。病人接受的“治疗手段”包括放血、灌肠或往头上涂芥子膏等。首次尝试人道治疗精神病患者的是宾夕法尼亚（Pennsylvania）

---

[1] 月光社是由十几位生活在英格兰中部的科学家、工程师、仪器制造商、枪炮制造商在1756年组成的社团。——译者注

的贵格会教徒（Quakers）[1]，他们将其视为一种正式疾病，并建立了收容所来照顾这些人。

哲学的进步

英国哲学家所追求的心理学主题主要集中在经验主义。经验主义通常指的是，经验是知识的唯一来源。因此，这一贯穿英国思想传统的主题强调通过经验的积累，发展个人的心理框架。作为该观点的一个重要结果，英国的心理研究探讨了经验的感官输入与心理活动之间的关系。

早期经验主义者

英国心理学观点的最早陈述来自笛卡儿最初提出的一些主题。笛卡儿的二元论促进了法国思想，促使其发展为感觉主义。同样，英国的经验主义也可以从笛卡儿的作品中找到一些观点基础。

托马斯·霍布斯（Thomas Hobbes，1588—1679）。托马斯·霍布斯被公认为所处时代最杰出的哲学家，他发表的著作涉及广泛的主题，但都拥护了君主专制制度，认为只有这样的有序统治才能获得民众与教会的顺从。他的心理学观点同样激进，开创了英国经验主义传统。

一位富有的叔叔资助霍布斯在牛津大学接受教育，随后他受雇

---

[1] 贵格会是基督教新教的一个派别，成立于17世纪。该派反对任何形式的战争和暴力，不尊敬任何人也不要求别人尊敬自己，不起誓，主张任何人之间要像兄弟一样，主张和平主义和宗教自由。——译者注

于一个贵族家庭，这使他的反议会和反教会观点得到包容，还拥有了一定的经济保障。他结识了当时一些伟大学者（包括伽利略和笛卡儿），还曾短暂地担任过弗朗西斯·培根的秘书。在克伦威尔（Cromwell）担任护国公时期，他流亡到法国，辅导贵族子弟，其中包括了未来的查理二世。不久后，由于他坚持教会应该隶属于君主，而被自己的同胞——虔诚的圣公会教徒（Anglicans）[1]疏远。1660年查理二世复辟后，霍布斯得以每年领取养老金。余生的时光，他一直在捍卫自己的观点。

他的代表作《利维坦，或教会国家和市民国家的实质、形式和权力》(*the Leviathan*, *or Matter*, *Form*, *and Power of a Commonwealth*, *Ecclesiastical and Civil*, 1651）主要讨论了政治问题，但也阐述了心理学的基本观点。他的心理学的第一原理认为所有的知识都源自感觉。霍布斯提出，除了物质和运动之外，我们的内在或外在都没有任何事物存在。这样一来，他的心理学思想牢牢建构在唯物主义上，感觉以变化的形式被还原为运动。例如，我们通过明与暗的对比来了解两者的感觉特性；我们既不能单独也无法绝对地了解明与暗。霍布斯不同意培根对归纳法的依赖，认为从经验中推理是唯一有效的认识方法。

霍布斯认为物质客体在环境中的运动会产生感觉，并利用机械联想的规则来解释理念和记忆的获得。对于霍布斯及其后继者而言，心灵通过联想获得知识。联想具有一些一般性原则，这些原则通常是机械性质的，用来描述感觉之间的关系是如何形成观念。霍布斯认为，事件在时间或地点上的**接近性**产生了感觉的联想，形成

[1] 即英国国教。——译者注

了观念单位，然后由心灵储存在记忆中。联想机制决定了观念的顺序，它被定义为思维。霍布斯心理学中的动机原理是欲望，这是一种寻求快乐、避免痛苦的生理过程。霍布斯提出，思维序列由欲望引导，其基础则是外部感觉。他认为梦是不受感觉控制的思维序列。在他看来，联想机制的决定因素建立在思维序列中，从而排除了自由意志这一概念的存在。相反，他把意志看作一种方便的标签，用以表明个人对环境中某一特定物体所产生的交替不定的欲望或厌恶。

霍布斯把宇宙描述为一种环境机器，充满了运动着的物质。他的心理学思想把个人描绘成在这个机械化世界中运作的机器。感觉产生于运动，导致了观念，并遵循联想的法则。神经系统完成从感觉运动向肌肉运动的转换，使心灵成为一个以脑为中心的物理过程。霍布斯观点的主要矛盾在于意识。他的思维序列暗示了对认知内容的觉察，但他不清楚从基于物理的感觉到非物理的思维之间的运作方式。尽管存在这个问题，通过理解经验的积累，霍布斯还是确立了联想的重要性。在英国，他的后继者进一步提升了经验主义的地位。

▲约翰·洛克（John Locke，1632—1704）。约翰·洛克不仅是英国经验主义传统的主要领导者，也是后文艺复兴时期欧洲最有影响力的政治哲学家之一。洛克出生在英格兰布里斯托尔（Bristol）附近，在牛津大学接受古典文学和医学教育。他留在牛津大学担任教师，研究笛卡儿的著作，并协助罗伯特·波意耳进行实验室中的实验。1667 年，他成为沙夫茨伯里伯爵（Earl of Shaftesbury）的医生，并通过他接触到 17 世纪 80 年代的动荡政局。由于他支持沙夫茨伯里的政见，最终不得不逃到荷兰，一直待到 1688 年的英国革命将詹

姆斯二世（James II）推翻，威廉和玛丽应议会邀请走上王位。洛克的政治观点认为，个人能力不是由遗传决定的，而是由环境或经验左右，而唯一正当的政府是由被统治者授权的政府。这些观点为议会邀请新君主提供了理论支撑。洛克的政治观点也影响了美国的一些开国元勋，如托马斯·杰斐逊（Thomas Jefferson）、约翰·亚当斯（John Adams）和詹姆斯·麦迪逊（James Madison）。

洛克的心理学观点在著作《人类理解论》（*Essay Concerning Human Understanding*, 1690）中有所表达。洛克扩展了霍布斯的第一原理，他提出：心灵中的一切都来自最初的感觉。（Nihilest in intellectu nisi quod prius fuerit in sensu）。洛克用白板或塔布拉罗莎（tabula rasa）[1]来形容刚出生时的心灵，从而重申了以上原理。人类刚出生时相当于一张白板，随着生命经验的积累，逐渐形成了心灵的全部内容。洛克拒绝承认其他知识来源，他不认为知识是先天固有的，也不认为是被上帝赋予或在出生时就建立在我们的心理结构之中。更进一步说，所有的知识，包括我们对上帝或道德的看法，都来自经验。他对感觉进行了区分，包括物理的、知觉和感觉的反映产物。心灵的单位被称为观念，通过自我反思从感觉中衍生。此外，他还认为，物质对象具有固有的第一性的质以及可感知的第二性的质。第一性的质是物体存在时本身具有的属性——体积、长度、数量、运动。而第二性的质源自我们，是我们在感知过程中发现的物体属性——声音、颜色、气味、味道。这种区别导致洛克陷入了物体是否以实体形态存在的困境。他最后得出结论，认为实体（substance）分为两种。物质实体存在于物理世界，只能通过

[1] 拉丁文“白板”，原指一种洁白无瑕的状态。——译者注

图 9.1
约翰·洛克（© Universal History Archive/Getty Images）

它们的第一性的质来了解。心理实体作为精神元素存在，是我们对物体的感知。

法国的感觉主义者通过把心灵等同于感觉而消除了心灵存在的必要性，与他们不同，洛克的经验主义明确地需要心灵这一概念。然而，这种心灵以被动性为主；对先天观念的否定加上对感官的依赖，将心灵牢牢限制在只能反馈环境这一范围内。不过，洛克为心灵保留了两个重要的作用。首先是联想。虽然不是像霍布斯那样的联想主义者，但洛克认为心灵通过逻辑位置（logical position）或机会（chance）这两个原则，能将感觉联系在一起形成知觉。他的逻辑位置概念比霍布斯的接近性原则更宽泛，包括了接近性关系、关联

性关系，或者是两个及以上事件的意义导致的事件间的关联。由机会导致的联想是指没有明显逻辑位置的自发性关联。这种关联构成了如今常说的迷信**强化**。第二种心理活动是反思（reflection）。通过反思，在源自感觉的简单观念的基础上，心灵自身的活动会产生一种新的或复合的观念。洛克的观点与霍布斯不同，因为洛克认为，反思可以被视为一种心灵活动，与感官层面相去甚远。

正如上文所述，洛克的观点极具影响力，在下面的章节我们还会提到他。他的心理学思想可以被描述为理性经验主义，因为他成功地保留了心灵的概念，同时抛弃了灵魂的神学含义。孔狄亚克等人接受了洛克的基本理论，他们放弃了心灵的反思功能，利用它来质疑心灵概念的必要性。无论如何，洛克的环境决定论都为英国经验主义运动打下了基础。

乔治·贝克莱（George Berkeley，1685 — 1753）。乔治·贝克莱是个极具吸引力的人，他对洛克的心理感知概念很感兴趣。贝克莱出生于爱尔兰的基尔肯尼郡（Kilkenny），15岁进入都柏林的三一学院学习。29岁时，他已经完成了三部重要著作，包括《视觉新论》（*An Essay Towards a New Theory of Vision*，1709），里面包含了重要的心理学观点。贝克莱担任了英国圣公会牧师，并于1728年抵达新世界[1]，准备建立一所学院，在“美国野蛮人”中传播福音。他到达罗得岛州（Rhode Island）的纽波特（Newport），并与新英格兰（New England）[2]的主要知识分子们共度了三年，其中包括乔纳森·爱德华兹（Jonathan Edwards）。“白厅”

[1] 即当时的美国。——译者注

[2] 位于美国本土的东北部地区，包括了罗得岛州在内的六个州。——译者注

（Whitehall）[1]是他在纽波特附近的家，现在成为一个博物馆，里面收藏着贝克莱在美国殖民地时期的文物。然而，他一直没能收到英国用来建立学院的资金，最后不得不打道回府。1734年，他被任命为爱尔兰克洛因（Cloyne）的主教。

根据贝克莱的观点，如果所有知识都源自感觉，那么现实就只存在于心灵能感知到的层面。通过物体本身所具有的第一性的质这一概念，洛克试图挽救现实的存在。然而，贝克莱断言，我们无法证明独立于感官的第一性的质的存在（也就是说，必须通过第二性的质），所以他摒弃了这个观念，并提出感觉和知觉是我们可以确定的唯一现实。贝克莱用联想原则来解释知识的积累。源自感官的简单观念被合并或构建成复杂观念。这种机械性结合在联想的过程中没有添加任何东西，因此复杂观念可以直接还原为简单观念。贝克莱的联想原则在知觉过程具有主动性，它使我们能够获得关于环境的知识。贝克莱通过联想解释深度知觉。也就是说，二维知觉很容易通过视网膜生理机制进行调节。然而，深度这一第三维度来自我们对不同距离物体的体验，以及我们朝向或远离它们的运动。眼睛的感觉和我们的经验之间形成了联合，产生了对深度的感知。

贝克莱解决“现实”这一问题的方法是，上帝（而不是物质）是我们感觉的来源，上帝为我们的感觉提供了必要的秩序。一部分评论家认为贝克莱的立场非常荒谬。关于独立于心灵感知之外的物质客体是否存在，人们常常用这样一种形式提出问题：在一片无人造访的森林中倒下了一棵树，会产生声音吗？贝克莱会回答，如果

---

[1] 这栋房子是由贝克莱亲自设计和监造，后取名“白厅”，而真正的白厅是伦敦市内的一条街道。——译者注

没有人去聆听，树就不会发出任何声音。事实上，对贝克莱而言，没有心灵的见证，就没有倒下的树，也不存在森林。尽管如此，贝克莱的观点仍然是对笛卡儿思想的延展，他强化了经验主义的立场，反对像感觉主义者那样抛弃心灵。正如笛卡儿所说的“我思故我在”，贝克莱认为“存在就是被感知”（Esse est percipi）。借用波林对笛卡儿、洛克和贝克莱之间思想传承关系的总结：贝克莱认为问题不在于心灵如何与物质相关（笛卡儿），也不在于物质如何产生心灵（洛克），而在于心灵如何产生物质。

大卫·休谟（David Hume，1711 — 1776）。大卫·休谟同意贝克莱的结论，独立于感知之外的物质便不能证明其存在，但他却将同样的思路运用于心灵，否认它的存在。他出生在爱丁堡一个中产家庭，从小接受苏格兰长老会（Scottish Presbyterianism）的加尔文主义熏陶。他很年轻就进入了爱丁堡大学学习，但在三年后离开，抛弃了童年的宗教信仰，全身心地投入到哲学领域。为增加收入，他担任过各种各样的秘书和家庭教师。他最初撰写的一些关于心理学、政治学和宗教的著作没能引起关注，但逐渐地，对基督教信仰的攻击为他赢得了无神论政治理论家的名声，即便这充满了争议。最后，在 1752 年，他担任了爱丁堡法学院的图书馆馆长。通过接触大量文献，他撰写了《英格兰史》（*History of England*，1754 — 1761），因其学术价值而广受赞誉。

休谟的心理学思想包含在《人性论》（*A Treatise of Human Nature*，1739）中，后又在《人类理解研究》（*An Enquiry Concerning the Human Understanding*，1748）一书中进行详细阐述。他接受了所有观念最终都来源于感觉这个基本的经验主义前提，承认洛克提出的第一性的质和第二性的质之间存在区别。然而，他仅仅根据一个人在某一特定时刻的感觉、知觉、观念、情绪或欲望来定义心灵。就像贝克莱一样，这使休谟否认了物质，因为我们只能认识自己的精神世界。此外，因为将“心灵”限制为正发生着的感觉和知觉过程，心灵的任何其他精神特性都失去了存在的必要性。因此，休谟的“心灵”是印象的短暂集合。洛克提出的“反思”概念被抛弃了。联想指的是感觉之间强烈的联系，是由事件的接近性和相似性而形成的联系。休谟的怀疑主义对联想过程采取了非常被动的看法，这与洛克的反思概念相去甚远。即使是因果这样的基本关系对休谟来说也是虚幻的。休谟举了一个例子，我们在感知到火焰之后再感知到热。虽然我们可能把热归因于火焰的作用，但休谟坚持认为，我们所观察到的只是一连串的事件，人们只是按照习惯给这些事件简单地加上了因果关系。因此，休谟扩展了贝克莱对物质的怀疑主义，否定了传统笛卡儿思想中的心灵。他提倡用观念来解释心理活动。

在休谟看来，个人自由也是幻觉。因为我们受到瞬间涌入的感官事件左右，任何主观的自由都只是一些理想主义的概念，是由习俗或宗教灌输给我们的。休谟的首要动机结构是建立在寻求快乐和避免痛苦的情绪或激情的基础之上的。的确，对休谟来说，是情绪之间的对立或紧张导致了对情绪的控制，或者说道德约束，而不是假称有这么一种高层次的心理过程（即理性）来控制情绪。休谟认为，理性是情绪的奴隶。情绪的相互作用产生的动机状态是由生理机制整合和调节的。

总之，休谟还是认同了还原主义。继贝克莱无意间得出有关物质的结论后，休谟提出了一种最被动的经验主义心理学观点。他认为人类活动完全是反应性的，对影响生物体的环境事件几乎没有主动性或控制力。休谟认为心灵只与功能有关，从而质疑了心灵构造的必要性。

大卫 · 哈特莱（David Hartley，1705 — 1757）。大卫 · 哈特莱最初接受的是神学教育，但他发现自己更喜欢生物学，于是成为一名医生。在花费大量时间收集数据之后，他发表了《人的观察》（*Observations on Man*，1749），其中包含了他对心理学的观点。从本质上讲，哈特莱为休谟的经验主义心理学奠定了生理基础。哈特莱扩展了霍布斯和洛克的联想原则，认为联想原则负责观念的形成和记忆的储存，他主张用联想机制来解释人类的所有活动，包括情绪和理性。对哈特莱来说，联想是由事件的接近性形成的，能通过重复加强。此外，他还指出，大脑的纤维连接构成了所有心理活动的关联。他相信是大脑纤维的振动构成了观念的基础。哈特莱认为神经是一种固体的管线，外部刺激引起神经振动，神经再将刺激传递到身体的各个部位。神经的振动反过来引发了大脑中较轻微的振动，哈特莱称之为“微振”（vibratiuncles）。他认为，这一系列微振是观念的生理基础，并据此提出了一种物理机制，作为所谓心理活动的基础。

哈特莱在英国经验主义运动中的重要性主要在于起到了集大成者的作用。根据霍布斯提出并由洛克充分阐述的经验主义模型，他界定了自己的心理学思想。哈特莱接受了贝克莱的物质怀疑主义和休谟的心理怀疑主义，认可后者对观念联想的依赖，为其构建了生理基础。在哈特莱看来，每一种心理活动都伴随着生理活动；观念的联想是对一系列同时间同地点发生的事件的感觉联想的心理层面。哈特莱的生理心理学也汇集了孔狄亚克等人及其追随者的心理学取向。然而，与他们明显不同的是，哈特莱保留了心理活动中部分概念的必要性。

简而言之，早期的英国经验主义者提出了一种基于经验的心理学。感觉输入构成了心灵的第一种状态。将感觉水平与高级心理过程关联的关键机制是联想。因此，我们可以认为，学习在早期英国心理学中占据了重要的地位。从休谟和哈特莱的思想中，可以很容易看出把这种心理活动还原为简单的观念或感觉的倾向。在法国的思想中，这种还原主义对心理学而言是一个问题，因为从逻辑上看，还原意味着不再需要心理学。后继者试图修改极端的经验主义，从而改进这种状况。

苏格兰常识学派（Scottish Common Sense）

18 世纪的苏格兰，学术活动主要集中在爱丁堡和格拉斯哥的大学。前文已经介绍了休谟，他是经验主义发展过程中的重要人物。然而，更确切地讲，休谟是一位非典型的苏格兰启蒙学者，因为他更符合英国思想传统。在苏格兰启蒙运动中，大部分哲学家和文学家都与英国思想关系不深，这也许是对英国政治统治的抗拒，也可能反映了苏格兰和法国之间的思想渊源。无论如何，对于心理学来说，苏格兰学者对怀疑物质和心灵存在的英国思想传统提出了质疑，成功地动摇了英国经验主义的基础。

托马斯·里德（Thomas Reid，1710 — 1796）。在格拉斯哥教书期间，托马斯·里德撰写了《根据常识原理探究人类心灵》（*Inquiry into the Human Mind on the Principles of Common Sense*，1764）。在苏格兰，该书为后来者的研究打下了基础。对于导致贝克莱和休谟走向了极端怀疑和还原论的怀疑主义，里德持有异议。更确切地说，里德承认洛克对物质客体第一性的质和第二性的质的区分，但他认为，第一性的质证明，应该相信物质客体的现实存在。也就是说，他认为我们可以直接感知到物体，而不是感知由物体产生的感觉。他认为第二性的质不是心灵的投射，而是对物体刺激的心理判断。因此，第二性的质使感觉成为物质客体和心理活动之间真正相互作用的产物。

里德提出，这些常识原则是个人结构的本能部分，它们在日常生活中被视为理所当然，其价值不断得到确认。他把贝克莱和休谟的形而上学论述看作是智力游戏。事实上，不仅客体存在于现实，而且观念也需要心灵的存在。因此，里德用常识把经验主义从休谟所遵循的贫瘠道路中拯救了出来。

托马斯·布朗（Thomas Brown，1778 — 1820）。苏格兰启蒙运动的另一个重要人物是里德的学生托马斯·布朗。从本质上讲，布朗强调了联想在心理活动中的作用，恢复了联想过程在经验主义中的重要性。然而，他对联想过程的看法并不像哈特莱和休谟那样机械。他认为联想可能是一种“提示”（suggestion），并用联想对心理意识进行了解释。他引入了心理化学的概念，从而与早期经验主义者提出的关于心理结合的还原主义概念形成对比。布朗描述了两种提示：单一的和相关的。单一提示会产生完整的想法；例如，音乐作品的标题可以唤起整个旋律的思想序列。相关提示涉及非感官输入，只导致心理活动。例如，数学中的多维空间是**拓扑学**的研究内容，无法通过感觉经验来呈现。因此，布朗用提示来解释心理活动的复杂性，试图拓展联想的基本内涵。

苏格兰常识学派为经验主义思潮带来了一股新鲜空气。通过吸收苏格兰学术界的精神和内容，英国后期的经验主义者得以拓宽了他们对心灵的思考范围，并奠定了现代心理学的基础。如果没有常识学派的贡献，经验主义可能会在怀疑论的桎梏中停滞不前，最终走向消亡。

后期经验主义者

后期经验主义者的主要关注点是联想原则。他们认识到早期经验主义者的环境决定论倾向，并在里德和布朗的常识学派支持下，从个体获得经验的视角来看待心灵的内容。联想是一种习得机制，英国心理学开始逐渐重视学习和记忆。

詹姆斯·穆勒（James Mill，1773 — 1836）。詹姆斯·穆勒是早期经验主义者的翻版，他在爱丁堡大学接受教育，并在伦敦成为一名记者。他于 1806 年开始撰写《英属印度史》（*History of British India*），并于 1818 年完成，该书谴责了英国的殖民统治。1808 年，穆勒结识了杰里米·边沁（Jeremy Bentham，1748 — 1832），后者被称为英国政治哲学中功利主义的代表人物。边沁的功利主义观点对穆勒的心理学产生了重大影响。简单来讲，边沁驳斥了社会制度背后的神学和形而上学假设，如神权法、自然法和人民的“权利”。相反，他认为行为对个人的有用性决定了它的道德性和合法性。因此，对任何行为或法律的最终衡量标准在于它是否能增加人们的利益和幸福。边沁把幸福定义为寻求快乐和避免痛苦。他的理论对英国的法律和社会制度产生了极大的影响，并导致了许多改革，詹姆斯·穆勒也被其深深吸引，成为边沁心理学观点的拥护者。

穆勒对心理学的主要贡献包含在《人类心理现象的分析》一书中（*Analysis of the Phenomena of the Human Mind*，1829）。他持有极端的联想主义立场，认为当物理刺激对象从环境中被移除时，观念是感觉的残余。他对联想的看法是基于彻底的**心理被动性**假设，认为是事件之间的接近性导致了联想。穆勒认为，思维序列是一系列连续或同步的观念，它们模仿感觉的顺序。此外，复杂观念只是简单观念的集合，可以还原为简单观念。就此，穆勒步入了一种相当荒谬的境地，认为可以把复杂的心理结构（如自我）还原为各个组成部分相加之和。正因如此，他的理论系统中几乎没有能动的综合体，认为心灵似乎只对感觉作反应。

穆勒的学术背景偏向人文主义，对感觉过程的生理基础缺乏了解，这可能阻碍了他对感觉机制的概念化，而这原本可以为他的心理学增加一些灵活性。他认为心理过程是可以简单相加的，这种看法导致了其心理学思想走向荒谬。穆勒还把联想的作用看作是解释环境决定论的一种手段。他的儿子，约翰 · 斯图尔特 · 穆勒成功地减轻了这种观点的极端性。

约翰 · 斯图尔特 · 穆勒（1806 — 1873 年）。约翰 · 斯图尔特 · 穆勒小时候接受了极为严格的教育，在父亲的眼皮底下怯生生地生活了 30 年。直到父亲去世后，他才开始发表自己独立的见解。我们已经注意到，约翰 · 斯图尔特 · 穆勒的经验主义思想与孔德的实证主义有相同之处，事实上，这些共同点很大程度上源于边沁的影响。穆勒在心理学方面的主要思想包含在《逻辑体系》（*System of Logic*, 1843）一书中，这本书一经出版便大受欢迎，在穆勒去世之前已经出版了八个版本。在很长一段时间里，这本著作都是标准的科学参考书籍。

穆勒的经验主义心理学建立在归纳法的基础上。他认为人类的思想、情感和行为属于心理学的范畴。心理学的目标是找出人类认知和情感活动中潜在的因果关系。约翰 · 斯图尔特 · 穆勒并不像父亲那样将联想视为心理组合，而是认为联想有三个法则：

图 9.2

约翰·斯图尔特·穆勒（© Rischgitz / Stringer / Getty Images）

1. 每一经验都有相应的观念。

2. 接近性和相似性产生联想。

3. 联想的强度由其呈现的频率决定。

此外，在关于习惯形成的观点中，穆勒承认了对事件之间关系的主观感知，并同意布朗提出的心理提示的概念。也就是说，穆勒认为，心灵可以从简单中产生复杂。

穆勒也注意到了脑神经生理学的进步，但他不准备接受哈特莱和自己父亲提出的唯物主义思想基础。他认为，由于人类社会环境的变化和随之而来的个体差异，心理学无法形成能长久预测人类活动的规律。他倾向于寻找“经验法则”，认为这是系统性变异的表现。我们将在第 12 章看到，高尔顿等学者在追求经验法则的努力中，发展出了系统共变（systematic co-variation）或相关（correlation）等统计技术。

亚历山大·贝恩（Alexander Bain，1818 — 1903）。亚历山大·贝恩在阿伯丁大学（University of Aberdeen）接受教育，对哲学与自然科学之间的本质兼容性很感兴趣。他于 1855 年最初形成的心理学观点在方法上属于经验主义和归纳法，但后来他对自己的系统进行了修改，以符合达尔文的进化论。我们稍后将具体介绍达尔文的巨大影响，在这里要说的是，自然选择证实了贝恩对心理事件的生理相关性的强调。他主张**心身平行论**，认为任何事件都有心理和生理两方面。贝恩认为，心身互相平行而不互为因果，按照能量守恒或**反射学**的规律自行运动着。贝恩认为，心灵无法量化测量，但存在先天的能力或才能。

贝恩在心理学方面的主要著作是《感觉与理智》（*The Senses and the Intellect*，1855）和《情绪与意志》（*The Emotions and the Will*，1859），还创办了哲学期刊《心灵》（*Mind*），该杂志几乎只讨论心理学问题。贝恩的经验主义思想依赖于联想法则，即环境事件之间的接近性、**相似性**和一致性。最后一点的提出，是因为他认识到当前的经验是基于过去的事件。贝恩十分了解 19 世纪神经生理学的进展，通过断言神经系统具有自发活动的可能性，将这些研究发现纳入了自己的理论之中。因此，基于个人的生理结构，贝恩承认独立于经验之外的心理活动的存在。因此，他摆脱了哈特莱和詹姆斯·穆勒狭隘的唯物主义，使英国经验主义在 19 世纪末获得了更灵活的姿态。

英国经验主义包含了各种各样对心灵的解释和强调。然而，所有的经验主义者都接受了这样一种观点，心灵由个人经验决定。此外，他们一致认为，心灵的主要活动是联想的感觉和观念。作为科学探索的一种形式，在英国哲学中，心理学被视为一种正当的、可接受的知识活动。

本章小结

17 至 18 世纪，英国政局稳定，学术氛围相对自由，造就了适宜自然科学和哲学发展的背景环境。英国心理学思想的主题是经验主义，强调通过感觉获得知识。这种获得过程的机制是联想。英国经验主义由霍布斯创立，洛克进行了充分阐述，在强调感觉重要性的同时，保留了心灵概念的必要性。贝克莱、休谟和哈特莱对物质和心灵的存在持怀疑态度，这可能导致英国经验主义与法国感觉主义一样走上缺乏活力的道路。此外，虽然詹姆斯·穆勒在某种程度上被功利主义的影响所挽救，但他仍然将联想简化为心理相加之和。然而，苏格兰常识学派成功地将经验主义恢复到一种更为灵活和开放的立场，认可复杂和综合的心理现象。后期经验主义者约翰·斯图尔特·穆勒在坚持科学归纳法的同时，采用了一种基础广泛的心理学模式，将心理活动和生理过程视为心理研究中互补的维度，二者都有存在的必要。到了 19 世纪，英国哲学为心理学的发展提供了强有力的支持。

讨论题

1. 英国的自然科学研究（如天文学、生物学和物理学）如何为经验主义打下了基础?

2. 一般来说，英国哲学家是如何定义经验主义的？请对比这种倾向在演绎法和归纳法上的差异。

3. 为什么霍布斯的心理学观点属于唯物主义？

4. 洛克所说的塔布拉罗莎（*tabula rasa*）是什么意思？

5. 对比笛卡儿、洛克和贝克莱在心灵功能上的观点。

6. 里德和布朗的“常识”心理学如何修正了早期经验主义者的立场？

7. 詹姆斯·穆勒关于心理联想的观点为什么会成为极端还原主义？

8. 贝恩的心身平行论是什么意思？

第 10 章

德国传统：心理的主动性

章节内容

科学的进步

哲学的进步

奠基者

· 戈特弗里德·威廉·冯·莱布尼茨

· 克里斯蒂安·冯·沃尔夫

· ▲伊曼纽尔·康德

自我意识的心理学

· 约翰·弗里德里希·赫巴特

· 弗里德里希·爱德华·贝内克

· 鲁道夫·赫尔曼·洛采

本章小结

德国心理学的哲学基础主要来自斯宾诺莎，而不是笛卡儿。后者的心身二元论引发了生理层面和心理层面研究的区别，提供了能对比两个研究领域的概念框架。法国感觉主义者通过还原主义模糊了这一区别；英国学者保留了这一区别，但允许一些心理功能（如联想）有生理基础。斯宾诺莎认为生理和心理过程是对同一个实体的描述，从而强调人类功能性活动的连续性。因此，他没有把生理学和心理学区分为不同的研究领域，而是把它们看作人类活动这一整体的不同方面。德国的心理学模式并没有受到感觉和观念之间差别的困扰，因为两者都被视为同一活动过程的不同方面。在详细介绍德国模式之前，我们先简要回顾一下德国独特的社会氛围。

德国历史的特点是政治上的分裂性。在中世纪和文艺复兴时期，德国是一个由小王国、公国和主教辖区组成的松散联邦，在神圣罗马皇帝名义上的领导之下步入了近代，而神圣罗马帝国是封建政治结构的最后残余之一。由于宗教改革运动，以及罗马天主教在反宗教改革中试图夺回失去的土地，德国彻底四分五裂。此外，德国北部的新教徒和南部的天主教徒为了各自的宗教信仰，发起了灾难性的“三十年战争”（Thirty Years War，1618 — 1648）[1]。

在这种政治和宗教的混乱局面中，德国东北部的普鲁士州得以崛起。现代普鲁士是在条顿骑士团（Teutonic Knights）的私人领地加上勃兰登堡（Brandenburg）的基础上逐渐发展起来的。1411 年，来自霍亨佐伦（Hohenzollern）的弗里德里希成为勃兰登堡的统治者，并将首府设在柏林。他的继任者继续稳定推行小规模吞并的政策，就这样到了 1619 年，霍亨佐伦家族统治了勃兰登堡和东普鲁士。19 世纪，在宰相奥托 · 冯 · 俾斯麦（Otto von Bismarck，1815 — 1898）的领导下，这个家族统一了德国所有的土地，德意志帝国一直延续到 1918 年最后一任霍亨佐伦皇帝退位。

---

[1] 中世纪后期神圣罗马帝国日趋没落，内部诸侯林立纷争不断，宗教改革运动之后又发展出天主教和新教的尖锐对立，加之周边国家纷纷崛起，于 1618 年到 1648 年爆发了由欧洲主要国家纷纷卷入德意志内战而造成的大规模国际战争，又称“宗教战争”。——译者注

17至18世纪，普鲁士在德国文化活动中处于领先地位，并在多才多艺的腓特烈大帝（Frederick the Great，1740—1786年在位）统治下进入巅峰期。在他的领导下，普鲁士的财富和权力与日俱增，随着教育的普及和宗教宽容的盛行，人口数量也不断增加。腓特烈大帝组建了一个高效的政府，在消灭官僚腐败方面毫不留情。他支持科学社团，邀请欧洲各地的学者来到柏林，甚至还与伏尔泰进行了学术交流。大学教授由政府任命并支付报酬，德语取代拉丁语成为教学语言。德国文学的魅力在约翰·沃尔夫冈·冯·歌德（Johann Wolfgang von Goeth，1749—1832）的作品中绽放并得到了最充分的表达。在约翰·塞巴斯蒂安·巴赫（Johann Sebastian Bach，1685—1750）的家族贡献之下，德国音乐经历了一段史无前例的创造高峰期，并在奥地利的沃尔夫冈·阿马多伊斯·莫扎特（Wolfgang Amadeus Mozart，1756—1791）和路德维希·范·贝多芬（Ludwig van Beethoven，1770—1827）的惊世才华中达到了巅峰。

科学的进步

17世纪，与法国和英国类似，德语国家的科学进步也主要表现为数学和物理学的成功。奥托·冯·居里克（Otto von Guericke，1602—1686）设计了气压计，并发明了一种抽气泵，用来检测真空的物理性质。加布里尔·华伦海特（Gabriel Fahrenheit，1686—1736）提出了一种利用水银柱的温度测量方式，这一研究成果用他的名字命名[1]。埃伦费里德·冯·契恩豪斯（Ehrenfried von Tchirnhaus，1651—1708）

[1] 即华氏温度。——译者注

发现了太阳辐射的基础，研究了吸热原理。

或许可以说，18 世纪最伟大的数学家是莱昂哈德 · 欧拉（Leonhard Euler，1707 — 1783），他出生在巴塞尔（Basle），26 岁时成为圣彼得堡科学院数学系主任。后来，他在柏林担任类似职务，但最终返回俄国。他将微积分应用于光振动，确定了密度和弹性之间的系统关系。此外，他为建立现代几何学、三角学和代数做出了很大贡献。他在绘制行星和月球位置图方面的工作为确定经度提供了基础。欧拉才华横溢，再加上旅居范围很广，便收下了许多学生，这些学生把他的理论传遍了整个欧洲。

德国在电学理论方面也取得了一些进展。乔治 · 博斯（George Bose）于 1742 年向柏林科学院提交了一篇论文，认为北极光来源于电，随后继续展示了电如何应用于炸药。1745 年，E. G. 冯 · 克莱斯特（E. G. von Kleist）发明了一种电池，能够维持数小时的电量。在这一发明的启发下，1746 年，来自莱顿的丹尼尔 · 格拉斯（Daniel Gralath）利用串联容器设计了一种能够储存强电量的方法。

追随现代植物学大师、瑞典科学家卡罗尔森 · 林奈（Carolus Linnaeus，1707 — 1778）的脚步，菲利普 · 米勒（Philip Miller）在 1721 年发现了蜜蜂对植物的授粉。1760 年，约瑟夫 · 克罗鲁特（Josef Krölreuter）在授粉方面进行了大量的生理化学实验。1793 年，康拉德 · 施普伦格尔（Konrad Sprengel）对异花受粉进行了研究，并奠定了植物解剖学的基础。1791 年约瑟夫 · 加特纳（Josef Gärtner）完成了对植物果实和种子的百科全书式研究，其著作成为 19 世纪植物学的经典。

在医学方面，把 18 世纪最著名的庸医弗朗兹 · 安东 · 梅斯梅尔（Franz Anton Mesmer，1734 — 1815）列入关于德国文化这一章或许不够公平。说他是德国人，只因他在讲德语的维也纳出生、受教育，后来的很长一段时间，他都在巴黎招摇撞骗，迎合那些游手好闲的富人，直到法国大革命爆发，他转而流亡瑞士。然而，我们将简要介绍一个主动的心理过程模型，同之前那些被动观点相比，梅斯梅尔的理论更符合心理主动性的动力观。

梅斯梅尔在维也纳大学（University of Vienna）的博士学位论文重新引发了关于占星术对人格影响的猜测，他认为这种影响以电磁波的形式表现出来。在开了一个“信仰疗法”[1]的诊所后，他被警方判定为骗子，给了他两天时间离开维也纳。到了巴黎后，他出版了《动物磁性说》（*Mémoire sur la Découverte du Magnetisme*, 1779）。富裕的病人很快就被“催眠”了，在这个过程中，他用魔杖触摸他们或盯着他们的眼睛，直到他们一动不动，处于易被暗示的状态。他甚至设计了装满硫化氢溶液的磁性管来辅助治疗。梅斯梅尔去世后，很多人在整个欧洲大陆和英国使用类似的治疗技术。从本质上来说，这些江湖庸医通过落后的医学和野蛮的疗法来治疗行为异常，这在广大群众中引起了共鸣。直到 19 世纪晚期，法国一批更睿智的学者才对催眠术给予认可，促使年轻的西格蒙德·弗洛伊德（Sigmund Freud）开始研究这一方法（见第 16 章）。

除了梅斯梅尔，德国的科学取得了与法国和英国相匹敌的成功。此外，普鲁士政府的高效率，以及对科学的支持，为 19 世纪德国大学体系的崛起提供了良好氛围。在这个体系内，心理学得以正式诞生。

---

[1] 用改变患者信仰来治疗疾病。——译者注

哲学的进步

德国哲学中的心理学思想不同于法国的感觉主义和英国的经验主义。德国心理学模式的共同点是承认心灵本质上的主动性。当法国和英国的模式着眼于外部环境对心灵的最初输入之时，德国学者则关注心理决定环境的先在动力。

奠　基　者

笛卡儿的著作在德国哲学界享有盛誉，产生了巨大影响。与法国和英国学者不同，德国哲学家重视笛卡儿对心灵主动性的看法，特别是先天观念。然而，比笛卡儿更重要的是斯宾诺莎，他是德国哲学的思想先驱。斯宾诺莎试图让哲学摆脱神学的决定论，同时维持心灵的动态主动性，这一导向在德国思想家中找到了忠实的追随者。

戈特弗里德·威廉·冯·莱布尼茨（Gottfried Wilhelm von Leibniz, 1646 — 1716）。作为一位政治家、数学家和哲学家，戈特弗里德·威廉·冯·莱布尼茨度过了充实的一生，他致力于减少不和谐，弘扬乐观主义，所以同时在天主教和新教中任职。戈特弗里德的父亲是莱比锡大学（University of Leipzig）的道德哲学教授，他在 15 岁时进入莱比锡大学，但后来因只有 20 岁而被拒绝授予博士学位。他去了纽伦堡大学，其论文给那里的老师留下了深刻的印象，从而被授予了教授职位。在拒绝更有前途的职位之后，他担任了美因茨大主教的外交顾问，这一职位使他得以周游法国和德国，结识了一些知识分子领袖。牛顿在 1666 年完成了他的微积分模型，而莱布尼茨通过独立的研究，在牛顿之前发表了关于微分（1684）

和积分（1686）的论文。

莱布尼茨的心理学观点最初包含在对洛克《人类理解论》的部分评论中。他以对话的形式将这些评论扩展为一本新书，即《人类理解新论》（*New artists on Human Understanding*），这本书于洛克去世的1704年完成，但直到1765年才出版。莱布尼茨认为心灵不是经验的被动接受者，而是一个复杂的实体，通过其结构和功能来转换感觉输入。莱布尼茨撰写过一段经验主义格言："理智中的一切都来自感觉，除了理智本身。"（Nouveaux Essais sur l'Entendement Humain.）莱布尼茨承认洛克提出的反思，认为反思对感觉信息的最终依赖性并不那么理想。他提出，心灵本身具有某些原则或范畴，例如统一、实体、存在、原因、同一性、理性和知觉。这些范畴是理解力的关键，是心灵中先天存在的；它们既不在感觉中，也不在物质中。如果没有这些范畴，我们只会觉察到一系列动作或感觉，因此对莱布尼茨来说，所有的观念都是先天的。莱布尼茨在描述心灵的主动性时也加入了连续性的概念。因此，思维被视为一种持续不断的活动，思维过程拥有有意识和无意识两个维度。

在这一点上，莱布尼茨阐述了斯宾诺莎的观点，以回应洛克的心灵被动观。莱布尼茨对心理学的独创性贡献在于他用来描述主动性的概念："单子"（monad）。"单子"一词本来指的是上帝创造的所有物质和生命赖以生长的小种子，莱布尼茨借用这一概念提出了"**单子论**"（monadology），用以描述心灵本质上的主动性。考虑到生命在各种植物和动物身上表现出的多样性，试图去定义生命会导致荒谬的划分方式。一片粮田是由生命实体组成，每株植物个体又由种子成长而来。每个种子本身可以分为胚胎、胚乳和种皮等生命结构。借助显微镜，我们可以将这些种子结构划分成若干部分，如此这般就可以进行无穷划分。正如德谟克利特所认为的，生命可能存在于最小的原子中，但如果我们把对生命的看法局限在物质层面，就会陷入生命结构可无穷划分的困惑之中。莱布尼茨驳斥了这种为了寻找基本原子去进行无尽划分的生命观。相反，他提出了单子的概念，把单子定义为力量或能量的未扩展的单位。每一个单子都是单独的、独立的力量，它具有唯一性，独立于其他力量中心之外。所有生物都是由单子组成，它既能定义个体，又能反映宇宙。人类个体的单子是心灵，在某种程度上具有敏感性和反应性。单子在一生中不断生长和发展；变化由内在的、个体的努力而发生。个人生命的元素是各种单子集合的结果，每个单子都有特定的目的和方向，有不同程度的意识。在支配灵魂的单子有组织的指导下，这一群体组合成和谐的有机体——人。笛卡儿主张人的身心互动，而斯宾诺莎否认这种互动，认为心灵和身体是同一个实体的两个方面。与他们不同，莱布尼茨主张心灵和身体过程的独立性。作为互动的替代，人格“预先建立的和谐”是通过单子的目的和方向来实现的，这正是上帝的精心安排。

从莱布尼茨的心理学思想中可以推断出一些重要观点。首先，个人不受环境决定因素的支配。相反，个人心灵是为了作用于环境。其次，单子论的概念虽然有些模糊、深奥，但确实为心理的主动性和动力性提供了解释。在这种观点下，注意、选择性记忆和无意识等过程很容易就可以解释，这是在以往经验主义或感觉主义的理论体系中做不到的。在莱布尼茨的帮助下，德国心理学致力于构建心灵，充分探索了心理能量的含义。

克里斯蒂安·冯·沃尔夫（Christian von Wolff，1679—1754）。作为一位硝皮匠的儿子，克里斯蒂安·冯·沃尔夫后来成为哈雷大学（University of Halle）教授，出版了 67 本书，试图在理性的指导原则下审视所有知识。与莱布尼茨和德国思想主流一样，沃尔夫反对洛克“知识依赖于感觉输入”的主张，但他也不同意莱布尼茨的单子论。作为莱布尼茨和康德之间的过渡人物，沃尔夫强调心理和身体活动是两个独立的、并不相互作用的过程。沃尔夫是当时最受赞誉的学者之一，受到过法国和普鲁士的学术表彰。由于害怕他的作品可能会助长叛乱，他被驱逐出普鲁士，直到腓特烈大帝继位之后，才被邀请回国担任哈雷大学的校长。

他的主要心理学著作是《经验心理学》（*Psychologia Empirica*，1732）和《理性心理学》（*Psychologia Rationalis*，1734）。正如书名所示，他为心理学提供了两种方法。第一种方法与感觉过程有关，但它对感觉过程有所限制，不像英国哲学传统那样无限放大。然而，在理性心理学中，他主张在莱布尼茨的体系内对心理活动进行充分的阐述，即主张心灵在观念形成中的主动作用。和莱布尼茨一样，沃尔夫也认为，身体和心灵分别通过行动和观念来认识。行动和观念是两个平行、独立的过程。身体和感觉水平在有目的的设计下机械地运作。心灵则受因果关系支配，它通过范畴来控制环境。从这种观点来看，沃尔夫的**理性心理学**也可以被描述为**“官能心理学”（faculty psychology）**，在这种心理学中，心理活动的能力或官能构成了研究人类理解力的适当领域。因此，心理学被界定为对心理能力的研究，人类心理的独特性超越了其他一切形式的生命。

▲伊曼纽尔·康德（1724 — 1804）。康德是欧洲后文艺复兴时期最具影响力的哲学家之一，因为他的著作，德国心理学刻下了理性主义的永久印记。他从未离开他的出生地，东普鲁士的哥尼斯堡（现为俄罗斯城市加里宁格勒）。1740 年，他开始在哥尼斯堡大学

图 10.1
伊曼纽尔・康德
（© Bettmann / Getty Images）

（University of Königsberg）学习，尽管主要专注于自然科学，但也接触到了沃尔夫的著作。康德于 1755 年获得博士学位，直到 1770 年，康德才在两次被拒后终于获得了逻辑学和形而上学的教授职位。在此期间，康德一直靠着担任指导老师或私人教师的微薄收入养活自己，这种私人教学工作的工资是由学生决定的。

按照当时的传统，所有新教授都要在全体师生面前用拉丁文发表就职演说。康德选择了描述感觉世界（sensible world）和理智世界（intelligible world）。康德的感觉世界是指感觉信息或表象世界，而理智世界则是由理智或理性所孕育的。康德在这一区别上增加了一个基本立场，即时间和空间的维度不是客观环境的属性，而是内在于心灵的感知形式。因此，心灵不像经验主义者所说，只是由感觉产生的被动因素。心灵是一个受内在规律和结构支配的主动实体，它将感觉转化为观念。康德的立场意味着一种心理活动不仅仅依赖于感官经验的心理学。

经过12年的深思熟虑，康德在其伟大著作《纯粹理性批判》（*Critik der Reinen Vernunft*，1781）中正式确立了他的心理学观点。康德所说的纯粹理性是指不需要经验证明的知识，他称之为先验知识（*a priori* knowledge）。康德承认，他是在读了休谟的著作后才想到这一点的，休谟曾写道，所有的理性都是建立在因果概念的基础上，而因果概念实际上是对顺序的观察，并没有实体，这种关系是人类理智的产物。康德试图通过证明因果关系是独立于经验的先验知识，是心灵的先天结构，从而重塑因果关系的内涵。他首先着手把所有知识分为经验知识和先验知识，前者依赖于感觉经验，后者则独立于经验。康德承认所有的知识都是从感觉开始的，因为它们提供了刺激来激活心灵的运作。然而，一旦这种刺激发生了，经验就会被心灵先天的知觉和概念所塑造。然后，知觉形式将经验转化为外部空间感和内部时间感。康德的概念化形式则独立于经验，通过几种心理范畴来塑造经验，这让人想起亚里士多德关于心理范畴的理论，具体总结如下：

质的范畴：限制性、否定性与实在性

量的范畴：复多性、全体性与单一性

关系的范畴：本质与特性、原因与结果、主动性与被动性

形式的范畴：可能性与不可能性、存在与非存在、必然性与偶然性

每种知觉都至少属于其中一类范畴，因此，知觉是利用关于时间空间的先天形式对感觉进行解释。接下来，知觉被塑造成一种具备判断力的观念，这就是知识。个体的主观体验不再是对感觉印象的被动加工，而是心灵对感觉进行加工的产物。

1788 年，康德完成了另一部对德国心理学有重要意义的著作《实践理性批判》（*Kritik der Praktischen Vernunft*）。康德想把早期的研究扩展到对道德的考量，以表明价值不是后天的社会传统，而是先验的心灵状态。为此，他必须对意志进行探讨。康德断言每个人都有道德意识，这种意识不是由经验决定的，而是由心灵结构决定的。这种意识是绝对的，从根本上遵循黄金律（Golden Rule）。康德认为，在我们知觉和观念的主观世界里（这是我们唯一知道的世界），可以自由地做出符合我们道德意识的判断。通过提出超出人类理性的其他概念，而不是依赖于神学论证，康德意图赋予社会以社会责任。通过将先验的道德意识与意志相连，他将意志的概念提升到具有重要的心理学意义的水平。

康德的理论体系认为，客观世界是不可知的，感官信息由心灵进行组织。因此，所有知识都以观念的形式存在。唯物主义支配了法国思想界，对英国经验主义也产生了极大影响，对康德来说却是不可能的。与休谟相比，康德并没有摒弃客观世界，因为它的存在由感觉信息在观念形成过程中的激发和启动功能所证实。因此，康德的思想既有经验主义，也有理性主义，尽管他对心理学的影响主要在于后者。最后，康德对意志首要性的强调，以及他的理性主义，为德国心理学的未来提供了一个主导性的主题，并为心理活动的界定增加了一个关键维度。

简要总结来说，德国心理学传统的奠基者们提出了不同于法国和英国观点的新视角。他们选择了一种更主动、更动力性的心灵模式。心理主动性并不是全新的理论假设。然而，以康德为首的德国思想运动是在充分考虑和回应其他心理学模式的基础上发展起来的。因此，德国这种关于心理主动性的概述提供了大量的证据，去证明人性中先验观念的存在。这一运动决定了德国心理学的直接发展方向。此外，德国模式建立了心理活动的标准，此后所有心理学模式都不能逃避与它进行对比。

自我意识的心理学

在康德之后，德国的心理主动性传统对康德心理学的细节进行了阐述和修正，但保留了其理论系统中最根本的主动性。因此，正如英国哲学中的心理学问题假定心理具有被动性一样，到了 19 世纪，德国哲学中的心理学论述也被限定在心理主动性的假设之内。

约翰·弗里德里希·赫巴特（Johann Friedrich Herbart，1776 — 1841）。约翰·弗里德里希·赫巴特在心理学方面的主要著作名为《心理学作为一门建立在经验、形而上学和数学基础上的新科学》（*Psychology as a Science Newly Founded upon Experience, Metaphysics, and Mathematics*，1824 — 1825），从书名来看，其内容范围之广可算得上独一无二。赫巴特出生于奥尔登堡（Oldenburg），在哥廷根大学（University of Göttingen）获得博士学位，随后留校教授哲学和教育学。尽管在博士论文中，他在某些细节上与康德存在分歧，但还是陷入了莱布尼茨所开创的心理主动性的动力传统之中。1809 年，赫巴特被任命为哥尼斯堡大学的哲学教授，这正是康德曾担任过的职位。他在那里一直待到 1833 年，后来回到哥廷根大学担任类似职位。

对赫巴特来说，心理学是一门基于观察的科学。与康德相反，赫巴特的心理学是以经验为基础的。然而，心理学并不像物理学那样是一门实验科学，心理学研究的核心领域——心灵，并非分析的对象。联想到毕达哥拉斯，赫巴特认为心理学应该用数学来超越简单的描述，阐明心理活动之间的关系。心灵的基本单元是观念，具有时间、强度和质量的特性。观念是主动的，倾向于通过反对对立观念来自我保存。因此，自我保存和反对的动力性解释了意识和无意识层面的观念之间的流动。赫巴特把这些动力性看作一种类似于物理机制的心理机制。

赫巴特的心理学摒弃了生理学的视角和实验方法的使用。此外，他关于心理活动的形而上学形成了一种心理机制体系，这似乎与他否定分析的观点存在矛盾。然而，赫巴特成功地使德国思想摆脱了康德的纯粹理性主义，转向了更欣赏经验主义的导向。此外，他还试图建立一种独立于哲学和生理学的心理学。

弗里德里希·爱德华·贝内克（Friedrich Eduard Beneke，1798—1854）。作为赫巴特同时代的反对者，弗里德里希·爱德华·贝内克的代表作《心理学概述》（*Psychological Sketches*，1825—1827）被缩减后以《作为自然科学的心理学》（*Psychology as a Natural Science*，1833）的名字出版。贝内克对后一个书名的青睐出乎德国哲学传统的意料，被认为在某种程度上受到了当时对自然科学方法论的诠释的误导。与赫巴特相反，贝内克设想了一种包含生理学信息的心理学。此外，他还认为心理学并非源于哲学，而是哲学和其他所有学科的基础。对贝内克来说，心灵在本质上具有主动性，认知、情感和意志这些心理过程同时受到后天和先天的心理倾向调节。

贝内克受到英国经验主义者联想假说的影响。与赫巴特的数学方法相反，贝内克偏爱英国哲学家的内省法。虽然他对康德的心理官能说存在异议，但也断言了心理倾向的存在，认为它完成了大致相同的功能。然而，他的重要性在于他认可了心理活动中经验输入的生理成分。

鲁道夫·赫尔曼·洛采（Rudolf Hermann Lotze，1817—1881）。鲁道夫·赫尔曼·洛采是一名军医的儿子，在莱比锡大学接受教育。他是一名医学生，接受了韦伯（Weber）和费希纳（Fechner）的心理物理学方面的科学训练（详见第12章），但却被哲学所吸引。在短暂的行医尝试后，他决定从事学术研究，回到莱比锡大学从事教学工作。1844年，他接替了赫巴特在哥廷根大学的职位，并在那里待了37年。洛采并没有开创新颖的、有影响力的心理学运动，而是凭借他的教学和写作，成功地影响了一批致力于创建心理学学科的德国学者。

洛采对心理学的贡献是名为《医学心理学》（*Medical Psychology*，1852）或《灵魂生理学》（*Physiology of the Soul*，1852）的著作。他试图通过对科学和形而上学的综合，融合机械论和唯心论，尽管他最终似乎坚定地强调了后者。他提供了大量生理学方面的数据，以在经验上描述生理过程如何转变为心理过程。他认为，客观的环境事件刺激了内部感觉，这一过程由神经纤维传导到中枢。灵魂（他保留了这个名词）受到无意识的影响，有意识的反应可能发生，但反应的程度取决于注意因素。对洛采而言，神经系统只是运动的机械传导体。感觉本身是经验，以灵魂的中枢器官为中介。在描述心理活动时，洛采拒绝了赫巴特的数学推测。相反，他认为经验元素是定性的，需要一种定性而非定量的方法。例如，洛采认为空间知觉是一个由原始信息通过神经传导进入人体的过程，只具备强度和性质的维度。个体知觉到的空间是通过一种心理能力，从过去经验中意识层面的信息里推断出来的。整个过程被称为“空间的经验直觉”。

洛采反对唯物主义和完全机械的解释。他所指的生理信息，被界定为心理主动性整个过程的一部分，他并不提倡将心理过程还原为最初的生理阶段。对洛采来说，灵魂的中枢器官为心理过程和心理主动性提供了根本上的统一，从而保持了自我在心理学上的完整性。

正如人们所期望的，作为与被动性相对立的心理主动性的提出，为后续的各种解释开辟了道路。具体地说，这些对人类主动性的解释产生了关注人类生命独特性的心理学模式，个人自由、意识水平或道德态度等问题就是例证。此外，这些对人类主动性的解释拒绝了心理被动性中机械主义和还原主义的成分，这些模式的拥护者不得不在物理科学之外寻找方法论支撑。正是这些来自德国传统的思想财富，为 20 世纪的心理学发展提供了理论源泉。

本章小结

17 至 18 世纪，德国科学和文化蓬勃发展，得益于普鲁士国王腓特烈大帝的开明支持。此外，德国的大学欣欣向荣，成为西方的文化中心，尤其是在科学领域。德国哲学家在心理学上的进展主要集中在心理主动性方面。莱布尼茨摒弃了英国经验主义的环境决定论，他认为心灵具有主动性，能塑造感官信息以产生经验。他的单子论的主动性原则有助于形成独立的生理和心理过程之间达成和谐的动力观点。康德充分阐述了沃尔夫的理性主义，将纯粹理性描述为对时间和空间的先天感知形式，并且根据决定环境的范畴，认为心灵有着精致的结构。基于这些系统的阐述，赫巴特、贝内克和洛采提出的各种理论模式，进一步丰富了德国心理学。总的来说，德国的思想传统虽然多种多样，但还是在坚持心理主动性及其对环境影响的控制上达成了统一。

讨论题

1. 普鲁士政府对大学的支持如何提高了德国的科学和哲学水平?

2. 请比较笛卡儿和斯宾诺莎对德国哲学中心理学发展方向的影响。

3. 描述莱布尼茨的单子论，以及它如何适用于人类心灵。

4. 描述沃尔夫对经验心理学和理性心理学的区分。

5. 康德所谓的心灵先验知识是什么意思?

6. 康德的心理范畴是什么？它们是如何处理环境输入的?

7. 对比赫巴特和贝内克提出的心理主动性。

8. 从总体上对比德国心理主动性传统、英国经验主义传统和法国感觉主义传统，它们对心灵的看法有何不同?

第 11 章

浪漫主义和存在主义

章节内容

背景：科学和哲学的理性主义

约翰·戈特利布·费希特

弗里德里希·冯·谢林

乔治·威廉·弗里德里希·黑格尔

浪漫主义的对抗

▲让-雅克·卢梭

影响：政治剧变与文学

存在主义

▲索伦·克尔恺郭尔

威廉·狄尔泰

影响：无意识心理学

亚瑟·叔本华

爱德华·冯·哈特曼

本章小结

法国、英国和德国的哲学和科学进步作为一种国家浪潮，在很大程度上体现了后文艺复兴时期的启蒙运动精神。也就是说，所有的贡献者都在为心理学的正式成立作铺垫。随着自然科学内部的知识大爆炸，仔细观察和实验研究模式一再获得成功，得到普遍认可。三个国家的思潮所涵盖的哲学著作从很大程度上支持了这一成功。此外，这些运动的共同轨迹似乎证实，心理学如果作为一门独立的学科出现，最好是仿照自然科学的成功路线。

然而，这些启蒙运动的科学家和哲学家所提倡的理性主义，并没有那么容易解释心理学的其他主题。人类经验的复杂性在于可以通过各种主观感受表达，不一定符合理性，这使得一些学者认为，自然科学模式可能不完全或不足以揭示人类心理。情绪本身的力量，比如爱与恨的激情，梦的内容，以及我们对人对事的情感或“第六感”，都很难用理性过程来解释。

背景：科学和哲学的理性主义

再次把目光投向德国，18、19 世纪的知识井喷为德意志各邦国营造了良好的科学和文学氛围，这些邦国于 1871 年宣布合并为德意志帝国。康德为 19 世纪的德国哲学奠定了基础，强调观念的形成是理解心理学的关键。他的后继者中有三位接受了这个基础，并充分探索其含义，他们的深入研究后来也招致了反对的声音。

约翰·戈特利布·费希特（Johann Gottlieb Fichte, 1762 — 1814）

费希特最初在耶拿（Jena）大学接受神学教育，准备成为一名路德教会牧师，后来却发现，自己并不想成为一名宗教学者或牧师。在莱比锡工作时，他阅读了康德的《纯粹理性批判》，决心前往哥尼斯堡与康德见面。费希特给康德看了自己的文章《试评一切天启》

（*Essay Toward a Critique of All Revelation*），并最终在他的支持下于 1792 年发表。康德还帮助费希特在但泽（今波兰格但斯克）大学谋得了一个职位，他在但泽结婚并着手撰写论文，支持人民群众为维护政治尊严和权利彻底推翻欧洲封建体制的运动。法国大革命就是这种运动的直接例子。1793 年，他来到耶拿大学任教授，顾及统治者，费希特不得不谨慎行事，匿名撰写了一部分文章。

费希特的哲学区分了“现实主义者”（realists）和“理想主义者”（idealists）。前者如英国经验主义者，认为物体独立于心灵而存在；后者则认为所有对物体的观察都是心理感知，因此所有的现实都是心灵感知的一部分。依据康德的思想，费希特支持后一种观点，他提出了“自我”的第一原理，即有意识的自我。正是通过自我，外部现实存在于心灵中，也就是说，自我的功能是将物体从外部世界转换到心灵。他承认对象必须独立于自我存在，但它们必须通过自我才具备意义和价值。重要的是，自我的基础是人的欲望或意志。因此，自我是一个由意志驱动的系统，需要强调的是，意志是自由的。自由是人类经验的本质，使每个人都成为有责任感的道德人，能够自由地遵守道德规范。这种人类经验的概念相当激进，它表达了一种哲学基础，能够支持旨在推翻封建体制的政治运动，例如法国大革命。费希特认为个体的重要性高于整体，因为正是个人意识赋予现实以意义。正是如此，除了理性之外的所有人类经验（包括情绪、本能和个体经验）依然发挥着作用，充分表达了自身对于人类的意义。这个论述为**浪漫主义**（**Romanticism**）的兴起铺平了道路。

随着费希特将理论和著作扩展到当时的政治舞台，他不得不频繁地迁居，以避开政治麻烦，尤其是当拿破仑成功征服普鲁士和其他德意志邦国时。事实上，费希特最为人铭记的一点可能是作为一位爱国者，当普鲁士被拿破仑占领、处于低谷的时候，费希特对德意志历史倍加赞扬，激励了他的学生和柏林的其他市民。

弗里德里希·冯·谢林（Friedrich von Schelling, 1775—1854）

谢林的父亲是一位富有的路德教会牧师，他本打算子承父业，并进入了图宾根大学（Tübingen）学习神学。在那里，他遇见了黑格尔，并成为费希特的崇拜者。20 岁时，他写了一篇论文《作为哲学原则的自我》（*The I as Principle of Philosophy*），引起了费希特的关注，同时也带来了一份在耶拿大学教授哲学的工作。后来，他逐渐将自己的观点转向了对个人和主观灵感的重要性的强调，从而在浪漫主义运动中赢得了追随者。

对谢林来说，哲学的问题就是物质和心灵之间的问题，他接受了斯宾诺莎思想中蕴藏的答案——心灵与物质是一个统一的现实的两个方面。此外，他还提出了一种力或能量作为物质和精神的内在本质。他并没有具体说明这种力量是什么，而是满足于通过其影响来定义它——即个人意识中的经验的表面统一。

1803 年，他接受了维尔茨堡大学（University of Würzburg）的职位，继续他的哲学研究。但是，他越来越倾向于神秘主义，以及对上帝、自由意志和道德责任的先验解释。尽管他得到了许多追随者的认可，但名望却远不及同时代的黑格尔，后者及其追随者统治了 19 世纪的德国哲学界。

乔治·威廉·弗里德里希·黑格尔（Georg Wilhelm Friedrich Hegel, 1770—1831）

黑格尔本来也打算成为牧师，他先后在伯尔尼（Bern）和法兰克福为拥有优质藏书的富裕家庭担任家庭教师，以此谋生。一段时间后，在朋友谢林的帮助下，他设法在耶拿大学谋到了一个职位。人们一般认为，黑格尔是继康德之后，为哲学和历史提供了完整而系统方法的主要人物。在著作获得认可后，他于 1818 年就职于柏林大学哲学系，在此度过余生。

黑格尔初期的主要思想呈现在著作《逻辑学》（*Logic*）中，他提出的逻辑学不只是对推理法则的梳理，而是对一切事物的意义和操作的研究。通过继承和扩展康德关于心理主动性的概念，黑格尔把主动的心理定义为一种感知的心灵，它通过研究物体在时间和空间上的关系，以及在康德最初提出的十二个范畴基础上添加的一些范畴，而赋予物体意义。因此，现实源自我们的外部和内部感觉，分为知觉和观念，并受到记忆的影响和意志的驱使。于是，黑格尔提出了一种主动意识理论。他补充说，物体与相应的心灵都处于不断变化中，他还借鉴费希特的理论，提出了一种知识进步理论，称之为辩证法。特定的观念或事件包含了其对立面，发展这个对立面，与它斗争，然后与它结合形成另一种暂时的形式，这就是“正题”（thesis）、“反题”（antithesis）、“合题”（synthesis）的“正反合”过程。例如，黑格尔的信徒卡尔 · 马克思（Karl Marx，1818 — 1882）认为，资本主义包含了社会主义的原始元素，两种对立的经济体系相互斗争，最终社会主义将占上风。

黑格尔的心灵观影响了之后一代又一代的德国哲学家和心理学家。与费希特一样，黑格尔也继承了斯宾诺莎的思想，认为心灵不是人性的某个独立部分，而是一个由心灵活动定义的综合的实体，通过心灵，经验转化为思想和行动。在自由意志的驱动下，自我发展出欲望、知觉、观念、记忆和思考的集中、继承和结合，使人的生命成为一种主观的统一体和连贯体。他认为，知识的层次——艺术的、神学的和哲学的——都有价值，但正是牢牢基于心灵理性力量的哲学思维层次，才能导致最高级的自我理解。

据说黑格尔是个讲课相当枯燥的老师，而且随着年龄的增长日益暴躁。然而，他还是拥有一批忠诚的追随者。他的学生和信徒努力扩展他的研究，而且常常拓宽到了其他领域，这使得黑格尔的理论体系得以应用到学术研究以外的范围并占据主导，特别是在政治和经济领域。无论是从黑格尔理论体系的拥护者还是反对者的角度来看，只有理解了黑格尔的思想在 19 世纪德国学术界的地位，才能最充分地理解这一充满智慧活力的理论对心理学的影响。

浪漫主义的对抗

浪漫主义通常被认为是 19 世纪文学、音乐、绘画等艺术领域兴起的独特运动。在这些领域，各种作品的情感特征强烈，将个人面对冲突、困境和悲剧的情节描写得引人入胜。无论是拜伦（Byron）、苛勒律治（Coleridge）、济慈（Keats）和雪莱（Shelley）的诗歌，沃尔特·斯科特（Walter Scott）的历史剧，还是维克多·雨果（Victor Hugo）的大胆开拓，浪漫主义作家的作品都开始主宰欧洲文学，特别是在 19 世纪上半叶。亚当·密茨凯维支（Adam Mickiewicz，1798 — 1855）的波兰民族主义诗歌，甚至常被认为是反对普鲁士和俄罗斯帝国占领波兰的起义的导火索，这场起义最终以失败告终。浪漫主义运动的影响对心理学也很重要，因为该运动十分重视人类的情绪情感，这对我们至关重要。

▲让-雅克 · 卢梭（Jean-Jacques Rousseau, 1712 — 1778）

让-雅克 · 卢梭是历史上的关键人物之一，这类人似乎具有先见之明，能预测事情接下来的发展。考虑到英雄史观与时代史观对历史的不同解释，我们或许可以说卢梭是一个先驱人物，施加了足够的推动力，引领欧洲社会和政治生活发生根本变化；或许可以说他是一个敏锐的观察者，能够对各种趋势进行识别、标记和分类。无论如何，他都造成了极为深远的影响。

卢梭出生于加尔文主义当时的思想中心日内瓦，卢梭母亲的家庭思想相当自由，尤其是考虑到这个城市僵化而充满约束的社会背

图 11.1

让-雅克 · 卢梭（© Archiv Gersenberg / ullstein bild via Getty Images）

景，这种自由更为难得。母亲在让-雅克出生 9 天后就去世了，他和哥哥都是由收入微薄的父亲和姑妈抚养长大的。被父亲遗弃之后，他余下的童年和青少年时光相当凄苦，做过学徒，在这期间受到了相当残酷的对待。正如他在《忏悔录》（*Confessions*，1782）中所描述的，他是一个早熟的年轻人，竭尽全力汲取自己能读到的知识，但也不得不屈从于现实。

卢梭的一生颠沛流离。他贡献了影响深远的基础思想，让后人有机会进一步拓展和详细阐述。他使得欧洲思想彻底消除了封建主义的痕迹，并强调了人的潜能的前提是所有人都拥有决定自身命运的根本尊严。这一论断在我们看来或许理所当然，因为托马斯·杰斐逊在《独立宣言》（*Declaration of Independence*，1776）中表达了这一想法，但在卢梭的时代，这代表着个人在与他人、整个社会、上帝和宗教以及政治制度的关系方面的巨大转变。卢梭认为教育在塑造通晓的公民方面发挥着重要作用，这一观点影响了包括意大利的玛利亚·蒙台梭利（Maria Montessori，1870 — 1952）、美国的约翰·杜威（John Dewey）等许多教育工作者。他深入探讨了情绪、本能、主观合法性以及人类表达激情的各种方式，从而导致了艺术和文学领域的虚拟革命。卢梭没有放弃理性，而是认为启蒙思想家没有考虑和探索人类经验的其他维度，从而没能了解事物的全部面貌。

除了《忏悔录》之外，卢梭的其他主要著作还包括了《论人类不平等的起源与基础》（*Discourse on the Origin and Foundations of Inequality Among Men*，1754）和《社会契约论》（*The Social Contract*，1762）。前者是对人类尊严本质特征的全新描述，这是 17、18 世纪的政治思想和官方宗教都没有涉及过的领域。卢梭重新阐述了一个对社会有贡献的人应该充分发展个人尊严的意义，对此，他强调了个人在最基本或最原始的状态下先天的、自然的善良，这与基督教必须寻求个人救赎的有罪论形成了鲜明对比。卢梭为人民对自由和政治权利的渴求和向往赋予了合法性。《社会契约论》探讨了政治生活和社会的内涵，如今仍然是政治理论和论述方面的经典著作。

卢梭的作品显然充满了争议，在漫长岁月里，为了自身安全，他总在不断搬家。但也是在这段时间里，他的名气与日俱增，与当时许多文人建立了交情。他与伏尔泰的糟糕关系时常导致他与那个时代伟大的思想家们对立。然而，他与大卫 · 休谟、詹姆斯 · 鲍斯韦尔（James Boswell，1740 — 1795）[1]的密切关系，与腓特烈大帝的通信，与巴黎大主教、日内瓦加尔文委员会领导者的争论，都反映了他作为一代知识分子领袖的国际地位。

影响：政治剧变与文学

在卢梭生命的尾声，种种大事件纷至沓来，似乎证实了世界正向着他所提出的社会形态发展。美国独立战争、法国大革命等重大事件，与卢梭倡导的基本原则有着直接联系。事实上，作为美国宪法前十条修正案的《权利法案》（*Bill of Rights*），直接依托于卢梭关于人类尊严的著作，而宪法本身就是一种社会契约。这些重要的美国文档包含了大量的启蒙运动思想，特别是洛克和同时代者认为人生而平等的观点，个体间的差异与其说是因为遗传，不如说是环境机遇的影响。洛克的“白板”是依赖环境的输入来建立思想的内

[1] 英国家喻户晓的文学大师，传记作家，现代传记文学的开创者。——译者注

容，而不是依赖个人的生物和心理遗传。这一假定削弱了认为阶级差异会产生真正影响的决定论，威胁到贵族统治他人的所谓固有权利，彻底挑战了因出身而享有特权的观念。与此相反，由于环境机遇能更好地预测个人成长的路径，教育成为创造平等机会的关键工具。因此，美国社会和政府的根本性改革成为检验卢梭思想的一个实验。

法国大革命经历了数个阶段，其中部分阶段正是依托于卢梭的著作来表达其目标和思想。在法国，君主专制制度与宗教（特别是天主教）有着密切的联系，卢梭的“公民宗教”（civil religion）理念受到了考验。最基本的问题是，一个替代宗教的方案（即替代由教会认可的社会结构和组织）是否足以将整个社会紧密联系在一起。在法国大革命及结束后不久，人们提出了一些替代方案，这些方案看起来非常类似于宗教，即所谓的“人的宗教”，最终支持了卢梭的社会契约。基于个人和整体的集体利益，社会可以通过利他愿景而团结起来。这一理念不仅被证明可以成为一个有效的社会契约（虽然有些应用可能不完善），也能成为理想的社会愿景的载体，就像我们把历史人物塑造成神话和传说一样。在拿破仑时代之后，法国于1814 年恢复了波旁王朝的统治，并一直持续到 1830 年查尔斯十世（Charles X）被推翻。随后，路易·菲利普（Louis Philippe）被邀请担任“法兰西国王”，但他的统治权力受到限制，并于 1848 年被驱逐。同年，法兰西第二共和国成立，拿破仑的侄子当选总统。在这些变迁中，复辟的波旁王朝的君主统治受到了政府宪法的约束，政府更多是为人民负责。事实上，这些变化本身就是直接由人民或民选代表引发的动荡的产物。新的君主并不是革命之前那样的独裁者，相反，由于卢梭的影响，现代政府是由人民产生的。

在文学方面，自由表达被抑制和压抑的激情和情感的浪漫主义，在整个欧洲找到了出路。正如前面提到的密茨凯维支和波兰民族主义，这些作品可以激发人们的团结意识，并成为人们共同的规范，最终创造了奇迹。此外，英国诗人对个人抱负、激情和挫折的赞美支配了他们的作品，而这最终颂扬了感性而非理性。同样，正如我们之前所指出的，以歌德为代表的德国文学在浪漫主义运动中占有显赫地位。他在诗歌和散文中影响深远，建立了具有深刻民族主义色彩的文化高标准。

虽然心理学模仿了自然科学形成定义和方法的方式，在启蒙哲学家中找到了强调科学的理性与逻辑基础的有力支持，但浪漫主义代表了另一种截然不同的方向。当心理学正朝着指定的方向不断发展时，浪漫主义提出，应该重视人类情感的完整性并给予其合法性，而不是直接将情感与理性思维联系在一起。这两个发展相互重叠，绝非两分。它们共同解释了 19 世纪末心理学产生的方式和原因。另一种相关思潮在 19 世纪与心理学的距离更为遥远，但将在 20 世纪证明其重要性，这就是**存在主义**（existentialism）。

存在主义

在第 8 至 10 章中，我们根据不同国籍对启蒙运动哲学家进行了回顾，并依据现代心理学中关于心理主动性和被动性假设的最终出现，介绍了相互竞争的心理过程模型的发展。在 19 世纪心理学的发展过程中，作为浪漫主义运动的延伸，某些哲学思潮继续发展着关于心理活动的理念。这些哲学思潮统称为存在主义。

存在主义哲学的核心思想认为，个人可以通过一系列持续的选择来自由决定生活的方向，但这种自由也要求个人对自己决定的结果负责，因此，自由是痛苦和恐惧的根源。在我们探讨这一定义的详细阐述和意义之前，重要的是认识到存在主义主题隐含于许多哲学观点之中，可以追溯到古代。事实上，可以这样说，所有强调整体功能和个人自由意志的关于人类能动性的高级模型，都属于存在主义。苏格拉底、柏拉图、亚里士多德和阿奎那等哲学家告诉我们，人们可以自由决定自己的命运，也必须接受自己选择的后果。

19 世纪，现代存在主义通过费奥多尔 · 陀思妥耶夫斯基（Fyodor Dostoyevsky，1821 — 1881）和弗里德里希 · 尼采（Friedrich Nietzsche，1844 — 1900）等作家在文学中发展成长。陀思妥耶夫斯基在莫斯科出生并接受教育，但在 1849 年因进行革命活动被流放到西伯利亚。1859 年流放归来后，他重新开始写作，很快就显示了小说家的天赋。他在《罪与罚》（*Crime and Punishment*，1866）、《白痴》（*The Idiot*，1869）和《卡拉马佐夫兄弟》（*The Brothers Karamazov*，1880）中的角色都面临着艰难的抉择，这些抉择涉及如何定义自己以及对上帝、社会价值观和个人理想的感受。尼采的主要作品都是哲学主题，他出生在萨克森（Saxony），在波恩（Bonn）和莱比锡大学求学。24 岁时，他被任命为巴塞尔大学古典语言学教授。通过对生命深层次问题的思考，他得出了这样的结论：上帝已死，个人孤立无援，无法依靠上帝来获得安全。每个人都必须独自面对生命中的选择，正视这些决定的后果，而无法寻求神的安慰。

虽然存在主义的主要主题生动地体现在 19 世纪文学中，但现代存在主义原则的正式陈述是围绕着认识和体验上帝之方式的神学争论产生的。作为这场争论的背景，康德对知识结构中心理主动性的解释，成为德国知识界的主导力量。这种被称为理性主义的立场，美化了理性在寻找终极真理中的价值。德国的理性主义不仅为自然科学的成功提供了哲学基础，而且产生了黑格尔这样有说服力的代言人，他们最终影响了一大批学生，从而在 19 世纪促成了理性主义的主导地位。就心理学角度而言，重要的是黑格尔的观点强调了知识过程的中心地位，并提出了知识活动的层次划分。黑格尔的理性主义得到了 19 世纪德国神学家的共鸣，他们意识到了专制教会权威力量的衰退。黑格尔的理性主义为基于信仰的传统教义提供了一种选择，它将自然秩序化，并试图发展一门以逻辑论证为基础的神学科学。人类的智性活动可进行有序划分，从原始的艺术层级到一般的宗教层级，再到最高的理性和科学层级。宗教的地位被降到适合次等心灵的次等信仰。这种解释与 19 世纪盛行的学术氛围一致，这种氛围将实证主义科学提升到所有其他形式的学术活动之上。人们认为，所有学术探索都应效仿科学模式。

▲索伦 · 克尔恺郭尔（Søren Kierkegaard, 1813 — 1855）

丹麦路德教会牧师索伦 · 克尔恺郭尔强烈反对黑格尔的理性主义。西方文明曾经全民信奉基督教，克尔恺郭尔认为，当时的人们已经丧失了信仰。他认为自己有责任向基督徒传授真正的教义，并支持信仰高于理性的观点。克尔恺郭尔认为以黑格尔的理性主义为代表的理性的提升是对人类经验的扭曲。克尔恺郭尔不断质疑基督教徒的真实感受和信仰，并考验他们，让他们证明自身信仰并不肤浅。

克尔恺郭尔出生在哥本哈根（Copenhagen），父亲是一个勤劳致富的商人。他是家里最小的孩子，家庭中的宗教氛围十分浓厚，管教也很严格，在哥本哈根大学求学期间，他一直在反抗父亲和他的宗教观。在因健康原因被丹麦皇家卫队拒绝后，克尔恺郭尔开始寻找生活的出路。1835 年左右，他经历了一次宗教皈依，这改变了他的生活。1837 年，他邂逅并爱上了一位名叫雷吉娜 · 奥尔森（Regina Olsen）的女性。订婚之后，他开始质疑自己的爱是否真实。1841 年，他取消了婚约并逃到柏林，全身心地投入哲学研究，完成了他的第一部重要著作《非此即彼》（*Either/Or*）。后来，他回到丹麦，余生都在抨击祖国的主流宗教习俗，呼吁对基督教的重新皈依。

对于克尔恺郭尔来说，存在是通过对信仰的完全接受而变得真实的。存在不是去研究，而是去经历。他描述了三种递进的存在层次。第一种是审美层次，人根据暂时的快乐或痛苦来决定行动，对应于人生中的幼年阶段。虽然这个阶段很重要，但它相当原始，个体只是生活事件的独立观察者，根据当前的需要应对外部突发事件。比审美更高一级的是伦理层次，要求个人拥有担当，因为他必须对人生价值做出抉择，并为这些抉择承担责任。存在的最高水平是宗教层次。在这个阶段，个人超越了伦理层次的社会道德，选择了上帝，这是一种信仰行为。在著作《恐惧与战栗》（*Fear and Trembling*, 1843）中，克尔恺郭尔回忆了圣经中亚伯拉罕准备奉上帝之命献祭儿子以撒（Isaac）的故事。亚伯拉罕举刀杀了自己的儿子，这一幕坚定了克尔恺郭尔对信仰的感受。宗教是一种伴随着痛苦、恐惧和害怕纵身跃入黑暗的行为。对克尔恺郭尔而言，基督教信仰必须是一种完全主观的经验，由一个内心对基督全情投入的参与者进行，而不是旁观者来引导。因此，基督教是荒谬的。正如造物主化身为拿撒勒人耶稣毫无意义一样，基督教也是不合理的，因为信仰本身就与理性格格不入。基督教要求于不合理处有信仰。尽管克尔恺郭尔不同意尼采关于上帝已死的结论，但他认同尼采对于上帝已死的感受，因为信仰要求一个人放弃理性的安全，跳入未知的世界。

威廉·狄尔泰（Wilhelm Dilthey, 1833 — 1911）

现代存在主义的另一种早期表达来自威廉·狄尔泰，他反对将自然科学作为其他学科（特别是心理学）的模板。作为反**自然科学模式**的倡导者，他在存在主义原则中引入了心理学视角。1852 年，狄尔泰进入海德堡大学学习，他本来想学神学，但很快就转而专攻哲学。在学习了康德的理性主义、休谟的经验主义和孔德的实证主义之后，狄尔泰发展出一种观点，强调人类个体的历史性存在。他在几所德国大学教过书，最终来到柏林，一直待到 1906 年退休。

与自然科学不同，狄尔泰呼吁“精神科学”，倡导通过发现个体以及每个人的特殊之处来理解人的历史性。历史意识是每个人的本质特征。狄尔泰在《哲学的本质》（*Essence of Philosophy*, 1907）中写道，宗教、艺术、科学和哲学表达的都是生活于世界中的经验，这些经验不仅涉及理智功能，还涉及个人目标、价值观和激情。因此，狄尔泰对生活经验的强调，确立了意识的基本个体性，从而定义了存在。

以克尔恺郭尔和狄尔泰为代表的早期存在主义哲学，在 20 世纪得到了一批哲学家和作家的进一步探索，他们跳出了克尔恺郭尔的宗教视角，形成了对自我和个体心理更包容的观点。作为一个群体，虽然他们在两次世界大战期间获得了一些认可，但直到“二战”之后，存在主义学者才对西方学术界产生了影响（见第 18 章）。他们呼吁重塑人类价值观，尊重个人尊严，引起了民众的共鸣。而这些人都曾遭受过工业化战争带来的去人性化之苦。

影响：无意识心理学

德国的理性主义哲学家促进了19世纪一流研究型大学的成功和繁荣，心理学在这一背景下正式成为一门独立学科。然而，特别是在20世纪上半叶，心理学不得不关注一个庞大而重要的社会需求——对精神疾病的关怀和理解。特别是在精神分析运动（见第16章）中，我们完全看到了这一需求导致的心理学发展。如前所述，后文艺复兴时期，欧洲和美洲的精神疾病患者要么被视为邪恶的、被上帝放弃的人，要么被视为罪犯。为了创造出可行的精神疾病应对模式，德国心理学的另一个思潮也出现了，它是浪漫主义的延伸，在某种程度上也是存在主义的延伸，因为它同样基于康德的心灵主动性思想。具体地说，康德关于意志和无意识的观点，得到了这两位德国思想家的进一步阐述，他们最终在康德和弗洛伊德之间搭起了直接的思想桥梁。

亚瑟·叔本华（Arthur Schopenhauer, 1788—1860）

叔本华因其坚定的悲观主义哲学立场著称，他探索意志的概念，认为意志本身在功能上是自主的。叔本华出生于波兰的但泽（今波兰格但斯克），随后在哥廷根大学学习，在费希特的指导下，他开始学习康德的著作。作为一名学者，他并不成功，但由于家族遗产丰厚，他得以独立开展自己的写作生涯。他的著名作品《作为意志与表象的世界》（*The World as Will and Representation*, 1818）出版之后，又发表了一系列关于美学和东方神秘主义的文章。

叔本华反对康德对心理过程的唯心主义描述，他指出，许多形式的活动不是理智的，但仍能达到理性的结果。在动物层面上，活动的表现显然不是理智的。因此，叔本华把这种意志描绘成一种为了生存的非理性努力，其自身力量被从理智的理解甚至意识中移除。所以，意志是一种基本的冲动。因此，心理学必须将主题扩展到纯粹理性的层面之外，以包含人类意志活动的全部潜在动机。

爱德华 · 冯 · 哈特曼（Eduard von Hartmann, 1842 — 1906）

冯 · 哈特曼假定无意识是基本的普遍原理，从而创造性地将理智和意志综合起来。他生于柏林，因健康问题被迫放弃军旅生涯，在罗斯托克大学（University of Rostock）攻读哲学博士学位，于 1867 年完成论文。他的余生都待在柏林，一直独立工作，时常生病。

对冯 · 哈特曼来说，无意识被定义为在不知道结果的情况下有目的的本能行动。在这个意义上，冯 · 哈特曼将无意识视为有目的性的，或者说是自我的动机性原则。他提出了三种无意识水平。第一种是生理水平，例如反射。第二种是心理水平，包括不在个体意识范围内的心理事件。第三种称为绝对水平，它代表了所有生命潜在的主要力量。因此，冯 · 哈特曼阐述了理性问题的另一种可能，即个体并不是通过有意识的理性来行动，而是通过构建理性来解释自己的行为。弗洛伊德通过其“人格由无意识支配”的动机理论，充分发展了这一观点的内涵。

本章小结

浪漫主义和存在主义运动体现了 19 世纪德国的学术繁荣，不过，两者也都产生了国际性的影响。从某种程度上讲，两者都反对基于理性主义的唯心主义的主流地位，后者主要来自康德关于心灵主动建构现实的观点。费希特、冯·谢林和黑格尔对康德哲学的内涵进行了探索，而黑格尔思想更是主宰了整个时代。浪漫主义源自卢梭，对艺术、文学和哲学产生了巨大影响，特别是在 19 世纪上半叶。浪漫主义认识到人类经验的复杂性，特别是在情感、激情和欲望的维度，这些方面不容易被理性、理智的过程所解释。存在主义是对理性主义的直接对抗，两位早期倡导者是偏向神学的克尔恺郭尔和偏向心理学的狄尔泰。此外，叔本华和冯·哈特曼对康德关于意志和无意识的观点进行了更充分的探索。

讨论题

1. 在 19 世纪的政治和文学背景下，浪漫主义是什么意思？

2. 卢梭强调的个人先天的、自然的善是何含义？

3. 浪漫主义对心理学的内容和方法有何启示？

4. 存在主义作为一种哲学思想，更多是通过文学和戏剧来表达，而非直接论述。从存在主义的生命观来看，为什么会存在上述现象？

5. 克尔恺郭尔的教诲和写作目标是什么？他如何看待人类经验的层次？

6. 叔本华如何扩展了康德关于意志的思想？

7. 描述冯·哈特曼关于无意识过程的观点。

8. 为什么无意识这一概念会给以自然科学为模板的心理学带来冲击？

第 12 章

19 世纪的心理学基础

章节内容

本章介绍 19 世纪三场科学运动，这些运动既直接影响了心理学的创立，又影响了它在 20 世纪的表现形式。首先，在生理学中，对神经活动的研究为许多曾被认为是心灵功能的人类机能提供了经验基础。其次，德国出现了一种被称为心理物理学的运动，试图找到心身关系的量化基础，它通过经验主义方法超越了赫巴特的心理学观点。最后，英国学者查尔斯·达尔文基于自然选择的经验证据，提出了进化论的思想。这三大运动都直接促进了心理学独立为一门正式学科。

生理学的进步

生理学的经验主义研究在 19 世纪取得了重要进展。对神经活动、感觉和大脑生理机制的研究，证实了细致系统的经验主义策略的优势。对于心理学来说，这些优势表明，人们有可能揭示心理操作的生理基础。

神经系统生理学

查尔斯·贝尔（Charles Bell，1774 — 1842）和弗朗索瓦·马让迪（François Magendie，1783 — 1855）的实验各自独立地证明了感觉神经和运动神经之间的区别。贝尔出生于爱丁堡，以解剖学家身份闻名于伦敦，马让迪是一位广受尊敬的教授，法兰西科学院成员。他们两人的研究被共同概括为贝马定律（Bell-Magendie law），基于他们的发现，脊髓后根只含有感觉神经纤维，而前根只含有运动神经纤维。因此，神经纤维不再被认为是传递“精神”的“空心管道”，也不再被认为是通过感觉刺激产生的“振动”来传递感觉和运动功能的全能纤维。相反，神经纤维在功能上是专门化的，而神经传导似乎具有单向性。

贝尔和马让迪的研究在约翰内斯·米勒（Johannes Müller，1801 —1858）的著作中得到了系统的阐述，后者为 19 世纪的生理学奠定了基调。他详尽无遗的《人类生理学纲要》（*Handbuch der*

Physiologie des Menschen，1833 — 1840）是现代生理学的经典汇编。1822 年，米勒从波恩大学获得博士学位，并一直在该校担任教授，直到 1833 年，他被任命为柏林大学的生理学教授。19 世纪欧洲许多最杰出的生理学家都是他的学生，还有更多的生理学家虽然不是他的学生，却也受到了《人类生理学纲要》的影响。在贝尔和马让迪的研究基础上，米勒充分阐述了神经特殊能量学说。他描述了神经传递的特殊性质，并总结为十条定律。米勒学说的主要意义是明确地表明，我们意识到的不是物体，而是我们的神经本身。因此，神经系统在被感知的物体和心灵之间起着中介作用。米勒断言，五种不同的感觉神经把各自的性质施加于心灵。作为与康德心灵范畴这一哲学概念平行的生理机制，米勒的研究激发了对脑功能定位的研究，这将在下面的章节中讨论。

当人们发现，神经传导基本上是电传导过程时，感觉生理学的理解迈出了重要的一步，最终使神经纤维包含“动物精神”的传统观点偃旗息鼓。我们已经在第 10 章中提到，莱顿的格拉斯能够在串联罐中储存电荷。意大利生理学家路易吉 · 加尔瓦尼（Luigi Galvani，1737 — 1798）用莱顿罐当电源做了一个经典实验，在一只脊髓部分完整的青蛙腿上诱发了反射作用，从而正确地推断出神经能够导电。尽管为了迎合当时的理论，他认为自己分离出了一种独特的物质“动物电”，它通过液体从神经传递到肌肉。约翰内斯 · 米勒的学生埃米尔 · 杜 · 布瓦–雷蒙（Emil Du Bois-Reymond，1818 — 1896）打破了传统的“动物精神”的观点，通过描述神经冲动的电特性，建立了神经传导的现代基础。

米勒的另一个学生赫尔曼 · 冯 · 亥姆霍兹（Hermann von Helmholtz，1821 — 1894）测量了神经冲动的传导速度，我们将在本章稍后部分介绍他。在米勒的《人类生理学纲要》中，尽管多少有点怀疑，他还是承认了神经传递的“动物精神”观的一个主要含义，即神经冲动的速度太快，无法进行观察和经验研究。然而，亥姆霍兹设计了一种方法，可以测量青蛙从神经被施加电刺激到肌肉抽搐之间的时间间隔。在青蛙身上，他发现 60 毫米和 50 毫米神经纤维的反应时间分别为 0.001 4 秒和 0.002 0 秒，各自的速度分别为 42.9 米/秒和 25.0 米/秒。亥姆霍兹使用同样的方法来测量人类的反应时间，他刺激了一名被试者的脚趾和大腿，计算了反应时间的差异。他发现感觉神经冲动的传导速度在每秒 50 — 100 米之间。尽管其他人如杜·布瓦-雷蒙，之后报告了更精确的计算，但亥姆霍兹成功地在经验上证明了神经传递，增加了人们对经验科学效用的信心。此外，由于亥姆霍兹通过被试外显的行为反应（即反应时）可靠地测量了刺激的结果，反应时实验成为经验主义心理学的经典范式。

脑 生 理 学

在 20 世纪脑生理学取得的重大进展中，最令人印象深刻的事件也许发生在 1906 年，意大利神经学家卡米洛·戈尔吉（Camillo Golgi，1844 — 1926）和西班牙解剖学家圣地亚哥·拉蒙·伊·卡扎尔（Santiago Ramóny Cajal，1852 — 1934）共同获得诺贝尔奖。1873 年，戈尔吉发表了一篇论文，报道了他用硝酸银将神经细胞染色，并在显微镜下揭示了神经的结构细节。马德里大学（University of Madrid）神经解剖学教授拉蒙·伊·卡扎尔随后利用这种染色法发现了神经系统的基本单位——神经元。他们的研究显示了经验主义方法在研究神经活动方面的价值，终结了一个世纪以来流行的错误观点，即神经系统以类似于循环系统的工作方式运作。

19 世纪初，**颅相学**是解释大脑功能的主要理论，由弗朗兹·约瑟夫·加尔（Franz Joseph Gall，1758 — 1828）和他的学生约翰·加斯帕·施普尔茨海姆（Johann Gaspar Spurzheim，1776 — 1832）提出。从很大程度上讲，颅相学和脑生理学中的类似理论，是沃尔夫和康德倡导的“官能”心理学所体现的心理模式带来的逻辑结果。具体地说，颅相学试图找到心理官能的生理定位。加尔最初在维也纳担任讲师，但在 1800 年因受到奥地利政府的压力而被迫离开，并在巴黎度过了余生。加尔和施普尔茨海姆认为，人具有 37 种心理能力，对应着数量相同的大脑器官，这些器官的发育会导致颅骨的相应部分变大。因此，他们发展出一门伪科学，主张极端的脑功能定位说。颅相学认为，一个人拥有的心理能力或特质的程度，取决于控制该功能的大脑区域的大小，而这可以通过测量覆盖于其上的颅骨区域来评估。

加尔的颅相学使得脑定位研究的问题摆在了生理学研究前沿。另一位科学家路易吉·罗兰多（Luigi Rolando，1773 — 1831）的研究否定了颅相学，因为他找到了更好的脑机能定位证据。1809 年，罗兰多在意大利发表了研究成果，并于 1822 年在法国引起反响。通过病理学观察，罗兰多认为大脑两半球是睡眠、痴呆、忧郁和躁狂的主要调节器。感觉功能定位于延脑。尽管罗兰多的实验相当原始，但他发现，当电刺激点移到更高级的大脑中心时，会引起更剧烈的肌肉收缩。法国医生皮埃尔·保罗·布洛卡（Pierre Paul Broca，1824 — 1880）对一名患有运动失语症[1]的男子进行了尸检。布洛卡在额叶皮层的一个特定区域（现在称为布洛卡区）发现了损伤，他把这个区域描述为表达

---

[1] 这类人可以阅读、理解和书写文字，但说话发音有困难。——译者注

语言的生理基础，以此来支持机能定位的观点。德国医生卡尔·威尔尼克（Karl Wernicke，1848 — 1905）不久后发现，左侧颞叶皮层的某个区域（现在称为威尔尼克区）受到损伤，会导致语言接受或语言理解能力的缺陷，进一步支持了脑定位说。

通过皮埃尔·弗卢朗（Pierre Flourens，1794 — 1867）提出的精确方法和清晰解释，脑生理学的研究有了明确的形式。在巴黎学习了感觉生理学之后，弗卢朗获得了比较解剖学教授的职位，并因其对颅相学清晰而简明的反驳而入选法兰西科学院，其具体内容总结在《评颅相学》（*Examen de la Phrenologie*，1824）一书中。

弗卢朗没有依赖尸体解剖观察到的临床病理学证据，而是完善了更为可控的切除法。从本质上讲，这一方法是将活体动物脑中一个区域隔离，然后通过外科手术进行切除或破坏，而不损害脑的其余部分。休养好后，观察动物功能的丧失和恢复情况。弗卢朗认为脑存在 6 个独立的区域，并且利用他的外科手术技能识别了每个区域的重要功能：

1. 大脑两半球： 意志、判断、记忆、视觉和听觉
2. 小脑： 运动协调
3. 延脑： 感觉和运动功能的中介
4. 四叠体（含下丘和上丘）： 视觉
5. 脊髓： 传导
6. 神经： 兴奋

通过强调各部分在各自特定功能外的共同作用，弗卢朗指出了神经系统本质上的统一性。尽管他的解剖学方法反映了颅相学重视的机能定位说，但他强调整个神经系统的统一性，从而远离了加尔的极端主义。此外，他对可量化方法的创新，清晰地预示了神经生

理学研究的未来导向。

19 世纪的脑生理学发展，在查尔斯 · S. 谢灵顿（Charles S. Sherrington, 1857 — 1952）这里达到顶峰，他的研究奠定了现代神经生理学、电生理学和组织学的基础。他漫长的学术生涯可以分为两部分。早期阶段持续到 1906 年，谢灵顿延续了米勒、贝尔、马让迪和弗卢朗等 19 世纪科学家的研究，并给出了最终结论，从而导致了现代神经生理学的诞生。谢灵顿的研究建立了反射学的神经解剖学基础，即环境刺激和外显行为反应构成了生理学上的因果关系。谢灵顿的研究体现在经典著作《神经系统的整合作用》（*The Integrative Action of the Nervous System*, 1906）中，为 20 世纪的行为主义心理学铺平了道路。行为主义心理学运动的发起者是苏联生理学家伊万 · 巴甫洛夫（Ivan Pavlov）和美国心理学家 J. B. 华生（J. B. Watson），我们将在第 17 章对此进行具体回顾。在谢灵顿研究生涯的后半段（巅峰成就是 1932 年获得诺贝尔奖），他继续做了大量实验，并在牛津大学培养了未来一代的神经生理学家。因此，他不仅建立了神经生理学的基础，还在这一基础上继续探究，为理解心理事件的生理基础带来了巨大的进步。

谢灵顿早期对反射的研究主要集中在对脊髓水平活动和拮抗肌交互作用的分析上。为了描述他的发现，他发展了一套专门的术语，现在已经成为神经科学的基础。这些术语包括伤害感受器（nociceptive）、本体觉（proprioceptive）、分级（fractionation）、募集（recruitment）、闭塞（occlusion）、肌伸张（myotatic）、神经元库（neuron pool）和运动神经元（motoneuron）等。他对神经解剖学的贡献发表于 19 世纪 90 年代，包括绘制了运动神经通路的路径，识别肌肉中的感觉神经，以及追踪脊髓后根在皮肤上的分布。这些研究揭示了神经协调活动的动力机制，他把这种动力机制描述为反射的“复合”，是由共同路径周围的反射弧相互作用而形成的。谢灵顿得出结论，这种反射活动的基础是神经细胞之间区域的抑制和兴奋作用这一关键过程，他将神经细胞之间的连接命名为“突触”。

谢灵顿在他的研究中使用了切除法，他 1906 年的研究充分探索了基于神经系统综合特性的神经生理学的潜能。在这项研究中，他用连接通路的突触链来描述复合反射。这正是同时期心理学所困扰的难题。谢灵顿关于兴奋和抑制过程的概念，对于我们理解大脑与行为的关系有着重要作用，并构成了条件反射理论的基石。在此期间，他的观点被其他学者（特别是他的杰出弟子）大大扩展，并基本上得到了证实。其中，约翰 · C. 埃克尔斯（John C. Eccles，1903 —1997）[1]的贡献尤为显著，他开启了心理学进行全新解释的可能性。

感觉生理学

19 世纪，一场与心理学相关的运动试图从物理学和解剖学的角度来研究感觉。在这门学科中，接受器官（如眼睛）的解剖特性通过刺激（光）的物理特性进行探究，由此产生的心理体验（感觉）则根据物理和生理过程的结合来分析。

英国科学家托马斯 · 杨（Thomas Young，1773 — 1829）使用了

[1] 澳大利亚神经生理学家，因在 1953 至 1955 年间对突触传递的生物物理特性的研究，发现了神经元之间抑制突触活动的离子机制，确认了由阿兰 · 霍奇金和安德鲁 · 赫胥黎提出的细胞膜活动的离子机制假说，与后二者一起共享了 1963 年诺贝尔奖。——译者注

这种方法，他也是埃及象形文字最早的翻译家之一。杨试图扩展牛顿在光学方面的研究，并成功地发展了色觉理论。在 1801 年和 1807 年发表的论文中，杨认为有三种原色：红色、黄色和蓝色，它们具有独特的波长，并对视网膜的特定区域产生不同的刺激。这种三原色理论后来得到了德国心理物理学家亥姆霍兹（稍后将再次介绍）的更有力的证据支持，故而该理论现在被称为“杨–亥姆霍兹色觉理论”。生理学家米勒也对感觉生理学有所贡献，他描述了神经活动的直接主观体验，而不是去描述我们只能间接认识的环境。此外，米勒还打算发展听觉理论，但不太成功。

19 世纪，感觉生理学领域最有趣的研究者也许是捷克科学家扬 · 普尔基涅（Jan Purkinje，1787 — 1869）。他开展了形式多样的研究，这使他成为著名的生理学家。在他将物理和生理成分与感觉联系起来的方法论中，他承认主观经验的存在。小时候，他的父母打算让他当神职人员，但他对同时代哲学家进行了深入研究后，拒绝了这一职业方向。他靠当家庭教师养活自己，最终在布拉格接受了科学教育。从 1823 年到 1850 年，他担任布雷斯劳（今波兰弗罗茨瓦夫）大学的生理学教授，在此创立了欧洲大学中的第一所生理学研究所。1850 年，他回到布拉格，成功地使捷克语与德语一样成为当地教学语言。在生命的最后几年，他在捷克政治生活和斯拉夫文化复兴方面发挥了积极作用。

由于缺乏资金，普尔基涅在早期的感官生理学研究中将自己作为研究对象。研究视觉反应时，通过细致的自我观察，他对某些过程（例如知觉错觉、刺激强度和知觉强度之间的差异、自发的感觉经验）印象深刻，发现它们并不是随机的。相反，它们是由眼睛的结构和与脑的神经连接之间的系统关系决定的。1825 年，他发表了研究结果：普尔基涅效应（Purkinje effect），即弱光下颜色的相对明度与强光下不同。暗视觉和明视觉之间的这种差异随后被解释为视网膜的视杆和视锥细胞的单独调节作用。普尔基涅还指出，视网膜边缘无法区分颜色。

其他学者，例如著名的德国浪漫主义诗人、戏剧家约翰·沃尔夫冈·冯·歌德，对错觉也进行了类似的自我观察。作为一名科学家，普尔基涅从生理价值的角度看待这些现象。他为所有主观感觉现象提出了相应的客观生理基础，并展示了如何将这些主观现象用作探索客观基础的合适工具。因此，普尔基涅认为，自我观察法或自我描述法是有效的调查方法。此外，他还建议了几种可使用的操作程序。普尔基涅的实际贡献以及方法论得到后来心理学家的认可，并被纳入了最早的正式心理学模式中。

普尔基涅在神经生理学方面也有广泛的研究，这体现在他对小脑某些细胞（普尔基涅细胞）以及心脏结构（普尔基涅纤维）的识别。他认识到生理学研究中实验和自我观察的重要性，这对心理学的方法论导向产生了重大影响。他认为，为了理解感觉过程，除了研究更客观的物理和生理成分，他还要研究主观经验。接下来我们要回顾的心理物理学运动，就是现代心理学的直接先驱，而普尔基涅对此功不可没。

心理物理学

心理物理学指的是一种感觉生理学，在研究物理刺激与感觉之间的关系时，主要强调主观经验。心理物理学家从多个角度研究了感觉。他们认为感觉是身心关系的一种反映，不应单独进行解剖和物理研究。但同时，要注意的是，这些心理物理学家不是心理学家，因为他们没有试图建立一门新的综合学科。相反，他们接受的训练仍然属于传统学科范畴——生理学、物理学或自然哲学。实际上，只有在对随后出现的心理学有了后见之明的情况下，才会将心理物理学与心理学连贯起来。尽管如此，心理物理学仍然是对感觉的生理和物理组成部分的研究与心理学本身出现之间的关键过渡。因此，心理物理学家是现代心理学的直接先驱。

恩斯特 · 海因里希 · 韦伯（Ernst Heinrich Weber, 1795 — 1878）

最早可以被归类为心理物理学家的人是恩斯特 · 海因里希 · 韦伯，从 1818 年到去世，他一直担任莱比锡大学的解剖学和生理学教授。莱比锡大学是心理物理学和自然科学模式心理学诞生的主要机构。韦伯的贡献包括对触觉的详尽研究。他建立了一种方法论导向，似乎证明了将心理活动或心理操作量化的可能性。

他在心理学方面的主要著作《论触觉：解剖学和生理学笔记》（*De Tactu: Annotationes Anatomicae et Physiologiae*）1834 年出版，其中包含大量实验研究。他区分了触觉的三种表现形式：温度觉、触压觉和方位觉。温度觉被分为关于暖的正感觉与关于冷的负感觉，韦伯认为这类似于视觉中的明和暗。在他对触压觉的调查中，韦伯发展了一种被称为“两点阈”的新方法。简言之，他使用了一个两只脚的圆规，通过受试者能感觉到的两点之间最小可觉距离差，来测量皮肤的敏感度。韦伯发现，两点间可觉差的阈限随刺激部位的不同而不同，他通过假设皮肤表面下的神经纤维密度不同来解释这一差异。这种方法使他对刺激强度差异进行了研究，并最终制定了

“韦伯定律”。这一定律的名字是其同事古斯塔夫·费希纳以他的名字命名的，下一节我们将介绍费希纳。韦伯发现，两种刺激之间的最小可觉差可以用刺激新增量与标准刺激的比率来表示，而且这个比率与标准刺激无关。他将他的研究扩展到其他感觉领域，并发现了两种刺激之间的最小可觉差比率是普遍有效的。韦伯认为，最后一种触觉，即方位觉，不只是一种感觉维度。相反，他认为方位觉更依赖于知觉，他把知觉解释为更高级的心理活动。

韦伯成功地运用了量化的方法来研究感觉，这种方法被他的后继者所沿用。然而，在对基于这些感觉的心理活动的解释中，他依赖于德国的主流哲学体系（即康德的心灵观）。换言之，韦伯认为知觉受到时间和空间的心理范畴所支配，并没有做出进一步深究。

古斯塔夫·西奥多·费希纳（Gustav Theodor Fechner, 1801—1887）

作为心理物理学的主要倡导者，古斯塔夫·西奥多·费希纳试图更全面地探讨感觉和知觉之间的关系。他在《心理物理学纲要》（*Elemente der Psycholphysik*, 1860）中为这一运动赋予了名称，认为这是一门关于身心功能关系的精密科学。此外，费希纳的心理物理学是被构思用来反击唯物主义的。这个目标之所以重要，是因为他的心理物理学背后隐含的假设。具体地说，他不认为科学和心灵的概念必然是相互排斥的，为了科学地研究心理活动而将心灵还原为唯物主义（如生理学），这一主张并没有令人信服的理由。相反，根据德国哲学的传统，他承认了心灵在本质上的主动性，并提出了一种经验主义的心灵科学，允许将身体刺激、感觉刺激的相对增加用来衡量经验的心理强度。

费希纳出生在德国东南部的一个小村庄，是当地教会牧师的儿子。16 岁时，他开始在莱比锡大学学习医学，并于 1822 年获得学位。费希纳的兴趣转移到物理学上，留在莱比锡学习，靠翻译、家教和偶尔讲课来维持生计。1831 年，他发表了一篇关于直流电测量的论文，使用了 1826 年格奥尔格·欧姆（Georg Ohm）[1]发表的关系式。费希纳于 1834 年被任命为莱比锡的物理学教授，未来似乎一片光明。他的兴趣又开始转向感觉问题，到 1840 年，他发表了关于色觉和主观后像的研究。就在这段时间，费希纳出现了今天被称为神经衰弱的疾病。他工作过度，筋疲力尽，在研究后像时，还因凝视太阳损坏了眼睛。费希纳似乎彻底崩溃了，他辞去了大学职务，隐居三年。

费希纳康复了，但疾病和离群索居对他产生了深远的影响。他从危机中走出来，致力于研究生命的精神层面，并重新树立了宗教信仰。他相信心灵和物质皆存在，并认为以流行的感觉生理学为代表的唯物主义科学是一种扭曲。在他的余生中，其作品涉及的研究主题非常广泛。除了心理物理学，他还试图构建一种实验美学，甚至为确定天使的形象问题提出了解决方案。

心理物理学研究是他最重要的学术贡献。在发表了两篇相关短文之后，他的《心理物理学纲要》于 1860 年问世。这本著作一开始并没有得到广泛认可，但确实引起了德国心理学界两位重要领袖亥姆霍兹和冯特的关注。任何对费希纳心理物理学的概述都必须从阈限这一概念开始，它源自赫巴特，由韦伯进行了发展。阈限这一概念有两种用法，对应着两种不同的量化公式。第一种用法是指刺激物能引起观察对象感受所需的最小物理量，这被称为绝对阈限。第

[1] 德国物理学家，欧姆定律的发现者。——译者注

二种用法是指能引起感觉所需的物理能量的最小变化量[1]。

费希纳从韦伯定律的表述公式开始：

$$\frac{\Delta R}{R} = K$$

在这里，通过使用德国符号（$R = Reiz$，即刺激），费希纳呈现了韦伯的发现，即刺激的变化值（ΔR）与刺激的绝对值（R）之比等于一个常数。这个常数是对阈值第二种用法的度量，费希纳称之为被试觉察到的刺激强度的最小可觉差（JND 或 k）。随后，费希纳用 JND（k）将感觉经验的大小（S）与刺激大小（JND 或 k）通过以下公式联系起来：

$$S = k \log R$$

表 12.1 的象限 B 显示了费希纳关于**刺激值大小**（纵坐标轴）与感觉强度（横坐标轴）之间关系的经验推导函数。费希纳的推理可以扩展到他的经验论证之外，图 12.1 的象限 A、C 和 D 试图呈现费希纳方法中的一些假设关系。例如，在象限 A 中，刺激值和感觉强度之间的关系被描述为有刺激存在但无法觉察，这与阈下注意有关。象限 C 描述了没有物理刺激却出现了感觉体验，象限 D 描述了无刺激也无感觉体验。前者（C）可以解释幻觉，后者（D）可以解释梦。尽管这种解释可能超越了费希纳原本的意图，但令人着迷的是，他对感觉和刺激之间关系的看法，包含了德国哲学盛行的心理主动性模式的完整框架。事实上，费希纳在很大程度上成为当时德国学术氛围的代表。

---

[1] 即差别阈限。——译者注

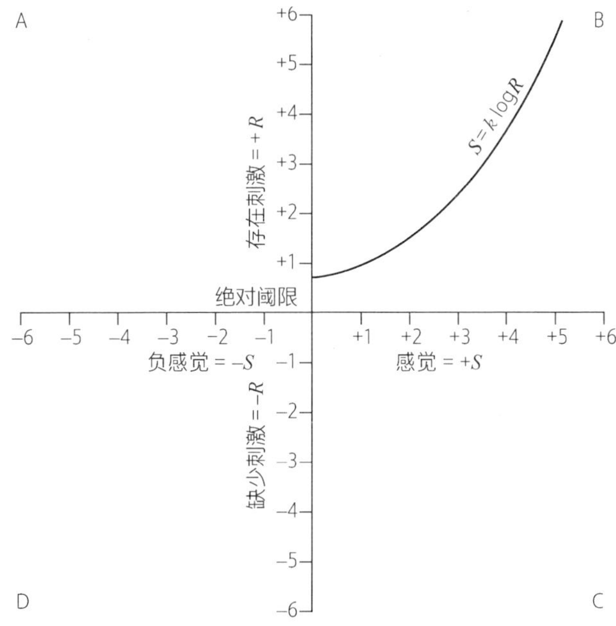

图 12.1　刺激强度与感觉强度之间的可能关系。横坐标轴和纵坐标轴以任意单位排列。象限 B 显示了由函数 $S = k \log R$ 描述的刺激强度与感觉强度之间的关系。象限 A 是指对刺激值的无觉察（负感觉）。象限 C 描述的是在无刺激情况下的感觉。象限 D 表示无刺激下的无感觉。

费希纳提出了确定阈值的三种基本方法。第一种被称为最小可觉差法，要求被试觉察或响应刺激值的最小变化。第二种被称为正误法，或恒定刺激法，在这种方法中，被试必须反复判断两种刺激中哪一种更强烈。第三种被称为平均误差法，要求被试不断调整刺激，直到它们相等。这些技术有效地估算了心理物理研究中的主要变量，类似的程序至今仍被用于心理学研究中。

从费希纳提出的反唯物主义的目标来看，他可能不会对自己对心理学的贡献感到满意，因为他的贡献主要体现在研究方法上。然而，在没有尝试创建一门新学科的情况下，他建立了一个不再完全适合感官生理学或物理学的系统研究领域。其他有意建立一门新的科学学科——心理学——的学者，很快认识到费希纳心理物理学的重要性，并欣然接受了它。

赫尔曼·冯·亥姆霍兹（Hermann von Helmholtz, 1821—1894）

赫尔曼·冯·亥姆霍兹是19世纪最杰出的科学家之一，在生理学、物理学以及心理学方面都取得了显著的成就。我们已经介绍过他对神经冲动速度的测量以及在光学方面的研究，他通过仔细的实验，肯定了杨的三原色视觉理论。亥姆霍兹出生在柏林郊外，是一名普鲁士军官的儿子，似乎是注定要从军的。1838 年至 1842 年间，他就读于柏林的一所医学院，该院为参军的外科医生免学费。他一直作为军医服役到 1849 年，在此期间，他结识了柏林大学的一些知识分子领袖，其中最著名的是约翰内斯·米勒。1849 年，亥姆霍兹收到了一份在哥尼斯堡大学担任生理学和病理学教授的邀请。后来，他先后在波恩、海德堡和柏林的大学任职，在柏林度过了生命中最后 23 年。除了卓越的科学研究，他还以其出色的讲课水平闻名，吸引了来自欧洲和美洲各地的学生。

亥姆霍兹具有心理学意义的代表作在 1856 年至 1866 年间出版的《生理光学手册》（*Handbuch der Physiologischen Optik*）。此外，他还出版了《论音调感觉》（*Tonempfindungen*，1863），其中包含了他的听觉共鸣说，该理论认为基底膜的横纤维起着音调分析器的作用，能对不同的音调频率做出选择性反应。与费希纳相比，亥姆霍兹更重视感觉活动中的环境或物质要素。在某种程度上，他对感觉

图 12.2
赫尔曼·冯·亥姆霍兹
（© Bettmann/ Getty Images）

生理学的研究更接近于英国的哲学传统，而不是德国，也就是说，亥姆霍兹认为是经验解释了知觉，而不是反过来。虽然不否认先天的知识，并确实承认本能的存在，但他认为知觉的发展可以从经验中得到充分的解释。

亥姆霍兹假设了一种强调无意识推理的知觉说，这似乎与他的经验主义观点不一致。然而，他指的是一种基于经验积累的知觉反应。亥姆霍兹认识到，在实际的刺激呈现中，某些知觉经验并不容易被已有因素解释。例如，深度知觉这个古老的问题，单凭感觉刺激无法完全解释。亥姆霍兹认为，我们是通过长时间重复的经验推断出知觉特征，这种推断是无意识的，以至于我们未经有意识的计算与解释就能瞬间做出推理。他把无意识的推断描述为“不可抗拒的”，因为一旦形成，它们就无法被有意识地修改。此外，他还将这一过程描述为归纳性的，因为大脑一旦获得了一种推理，就能够无意识地将其概括到环境里的其他类似刺激中。

在方法论上，亥姆霍兹更强调观察感觉的重要性，而不是被观察的物体——也就是说，观察的关键是经验者，而不是刺激对象的特征。因此，他高度重视普尔基涅的研究，后者运用创新性的观察法，获得了很有吸引力的数据。亥姆霍兹对知觉过程的概述清楚地强调了感觉模式对无意识推理和想象等中枢功能的依赖性。他用经验主义方法论来定义知觉，这超越了感觉生理学的范畴，从而推进了心理物理学的研究。

本节简要介绍了主要的心理物理学家，呈现了他们截然不同的研究方向。一方面，费希纳从德国传统中潜在的心理主动性视角出发，研究感觉和知觉事件。另一方面，亥姆霍兹研究了同样的现象，并提出了符合经验主义取向的解释，这更符合英国思想传统。然而，这两位科学家都成功地开拓出一个研究领域，这一领域不太容易被物理学、生理学或自然哲学所单独容纳，却是正在孕育着的心理学的研究对象。

进化论

查尔斯·达尔文（Charles Darwin，1809 — 1882）的《物种起源》（*On the Origin of Species*，1859）的出版，代表了始于哥白尼的科学进步的胜利。对基于神学的权威发出质疑始于哥白尼，在后文艺复兴时期的整个发展过程中，其他思想家仍在不断挑战神学领域。物理学、生理学和化学等科学以及早期的经验主义心理学为生命中令人困惑的问题提供了可靠的答案，而不需重回到涉及神灵的解释。达尔文的进化论虽然并非完全首创，但提供了令人信服的证据，震惊了广大神学家。首先，如果人类和猿类起源于共同的祖先，那么人类传统的特权地位，即人是按照上帝的形象创造出来，就变得站不住脚了。其次，如果所有生命都是按照自然选择的原则进化的，那么上帝作为创世的终极原因也就没有必要了。对于心理学来说，达尔文的进化论代表着 19 世纪的第三场运动（另外两次是生理学研究的成熟和心理物理学的发展），它不仅允许心理学的正式研究成为一门学科，而且使心理学的建立变得不可避免且令人信服。

▲查尔斯 · 达尔文

我们已经知道，伊拉斯谟 · 达尔文在 18 世纪的英格兰提出了进化的概念。他的孙子查尔斯 · 达尔文是罗伯特 · 达尔文（Robert Darwin）的第五个孩子，后者是英格兰西部什鲁斯伯里（Shrewsbury）一位成功的医生。1825 年，查尔斯被送到爱丁堡大学学习医学，但临床医学实践却并非他的兴趣所在。在爱丁堡学习期间，达尔文接触了法国博物学家让 · 巴蒂斯特 · 皮埃尔 · 拉马克（Jean Baptiste Pierre Lamarck，1744 — 1829）提出的进化学说。简单地讲，拉马克认为，动物的演变是通过物种努力适应环境而发生的，例如，长颈鹿通过让脖子变长来获得更好的食物来源。因此，适应环境所获得的特征代代相传。在爱丁堡期间，达尔文还学习到了自然主义的生物学和地质学研究方法。

图 12.3
查尔斯·达尔文（© Time Life Pictures / Getty Images）

为了给达尔文找到新职业，达尔文的父亲把他送到剑桥大学，为担任英国圣公会的神职人员做准备。达尔文于 1831 年获得学位，并通过剑桥大学的关系获得了参加英国海军部赞助的探险队的邀请。作为一名无报酬的博物学家，他将在巴塔哥尼亚（Patagonia）、火地岛（Tierra del Fuego）、智利、秘鲁和一些太平洋岛屿的海岸进行考察。达尔文不顾家人的反对，在 1831 年 12 月 27 日登上了罗伯特·菲茨罗伊（Robert Fitzroy）指挥的贝格尔号（HMS *Beagle*），向着大海驶去。

随着贝格尔号航行的五年时光对达尔文产生了深远的影响，期间收集到的观察结果和证据后来成为他写作的基础。从非洲西海岸附近的佛得角群岛（Cape Verde Islands）到南美洲附近太平洋上与世隔绝的加拉帕戈斯群岛（Galápagos Islands），贝格尔号造访的地方不仅为达尔文提供了一个活的实验室，而且留存了一段具有重大意义的历史。他得以在陆地上旅行，观察原始人类社会和数量巨大的动物物种。这五年中的工作，为他的自然选择理论提供了令人信服的植物学、地质学和解剖学证据。

达尔文的进化论与拉马克的理论在几个重要方面存在差异。首先，达尔文提出，随着时间的推移，物种的变异是偶然的，而不是动物努力适应的结果。其次，自然选择是物种生存的内在斗争，这一点与英国哲学家托马斯·马尔萨斯（Thomas Malthus，1766 — 1834）的经济学观点不谋而合。达尔文由自然选择而进化的观点，依赖于几条一致的证据线索。他假设物种的数量相对恒定，但也注意到花粉、种子、卵和幼虫的过量生产，这使他得出结论，自然界有很高的死亡率。此外，他收集了大量的证据来证明特定物种的所有成员并非完全相同，而是在解剖学、行为学和生理学维度表现出差异性。他总结说，在同一物种中，有些成员比其他成员更能适应环境，他们往往会有更多的后代，而这些后代反过来又会繁殖得更多。最后，他指出了父母和子女之间的相似之处，并得出结论：后代不仅能够继承先辈对环境条件的适应能力，而且还能有所提高。随着环境条件的变化，自然选择的标准也随之改变，随着时间的推移，共同的祖先逐渐产生了不同的后代。对达尔文来说，他进化理论中缺失的一部分是无法提供遗传传递的确切性质。一个默默无闻的捷克隐修士格雷戈尔·约翰·孟德尔（Gregor Johann Mendel，1822 — 1884）通过植物学实验完善了达尔文的理论，他的实验展示了特定特征的遗传方式，从而创立了遗传学研究。

达尔文后来的两部著作《人类起源》（*The Descent of Man*，1871）和《人类与动物的表情》（*The Expression of the Emotions in*

Man and Animals, 1872）论述了自然选择的进化对心理学的影响。达尔文认为，人类和最高级灵长类动物之间的根本区别在于等级，而不是性质。他指出，包括人类在内的所有动物都有各种各样的活动，包括自我保存到认知再到情感。此外，达尔文还将道德态度的进化纳入其框架，指出道德发展的生存价值。达尔文的崇拜者乔治·罗马尼斯（George Romanes，1848 — 1894）在著作《动物的智慧》（*Animal Intelligence*，1882）中探讨了跨物种研究的比较价值。罗马尼斯提出了证据，以确定人类和类人猿活动之间共同的进化维度，并提供了比较心理学的原始形式。罗马尼斯的研究方法本质上有些松散性和故事性，导致他的结论被人批评过于拟人化。另一位早期比较心理学家劳埃德·摩根（Lloyd Morgan，1852 — 1936）试图反对罗马尼斯的拟人主义，他在比较研究中提倡一种被称为"摩根法则"（Lloyd Morgan's canon）的精简原则：如果一种特定的动物行为可以用几种功能中的任何一种来解释，那么越简单的、种系发生[1]越低级的解释应该被优先选择。作为达尔文学说的直接副产品，比较心理学研究方法的合法性在英国得到了牢固的确立。

赫伯特·斯宾塞（Herbert Spencer，1820 — 1903）

赫伯特·斯宾塞的论述包含了更为全面的心理学研究视角，其社会含义源自进化论。斯宾塞曾被称为"进化论的联想主义者"，他在观念联想方面的论述提倡将联想作为主要的中介经验，这使他明显归属于英国的经验主义传统。此外，斯宾塞的观点几乎重回古希

[1] 也叫系统发生，指的是在地球历史进化过程中生物种系的发生和发展过程，经常用种系发生树的方式呈现。——译者注

腊伊奥尼亚物理学家的老路，他们在自然界中寻找导致变化的基本生命物质。与之类似，斯宾塞以进化论为基本原则，将这种对生命变化的解释应用于人类社会中的个体。

斯宾塞强调，情感之间的关系是基于相似性的联想原则。他的进化论观点使他认为，不断重复而建立起的联想能通过遗传传递。因此，斯宾塞对后天联想之继承性的看法使他得出结论，本能是我们种族和民族遗传中的先天部分。事实上，斯宾塞将进化论应用于人类社会层面，还创造了"适者生存"这个短语，这一思想不仅是对达尔文理论的扭曲，而且最终陷入多余的境地。斯宾塞的进化论联想主义，尽管通过联想主义这一概念体现出英国传统的经验主义特征，但由于主张心理倾向的可遗传性，显然更倾向于德国哲学传统立场。

弗朗西斯 · 高尔顿（Francis Galton, 1822 — 1911）

19 世纪英国进化论的最后一位代表人物是弗朗西斯 · 高尔顿。达尔文和高尔顿都是伊拉斯谟 · 达尔文的孙子，前者是伊拉斯谟第一任妻子的后代，后者是他第二任妻子的后代。高尔顿的主要兴趣是人类进化和特定特征的遗传。当然，他自己的家庭就是智力遗传的现成例子。他具有心理学意义的两部主要著作是《遗传的天才》（*Hereditary Genius*, 1869）和《人类的才能及其发展研究》（*Inquiries into Human Faculty and Its Development*, 1883）。这两部著作都以种族优化为目标，考察了心理能力的遗传性。事实上，由于高尔顿倡导通过进化论可以实现人类进步，而无须依赖宗教手段，他的后一本书展现出了强烈的热情。

高尔顿是一个多才多艺的人，他花在心理学研究上的时光如此意义重大，以至于许多心理学家认为他是英国实验心理学的奠基人。也许是由于19世纪的英国哲学容纳了心理学研究，独立于哲学的现代心理学被认为是在德国诞生的。也就是说，英国的“自然哲学”完全容纳了高尔顿的研究，因此将心理学作为一个单独学科并无必要。相比之下，尽管德国哲学内部存在着更为“敌对”的气氛，但心理学还是需要与德国哲学体系分离，以便继续向前发展。在这种背景下，高尔顿作为心理学早期倡导者的地位往往被忽视。然而，他严谨的方法论以及对物种改进方面长期适应的强调，都对早期美国机能心理学产生了影响。这点将在第14章谈到。

为了评估人类的能力，高尔顿开发了一种建立在对心理测量进行统计分析之上的方法策略。这些测验被用来检测个体在心理练习方面的成绩，由于很简单，所以能够对被试进行广泛抽样。高尔顿非常重视个体差异的测量，试图系统研究从运动行为到心理表象的各种心理活动。后来，他开发了多种设备来测量嗅觉辨别和空间知觉等特性。他开设了一间实验室，在那里人们可以支付少量费用接受一系列测试，这使得高尔顿在智力和运动表现等多个方面获得了超过9 000人的样本。

高尔顿开启了一场心理学运动，强调心理测验的价值，并用相关的统计方法来计算人口趋势。这一运动在20世纪初得到了推广，当时的心理学家（特别是法国和美国的心理学家）开始越来越广泛地使用心理测验。此外，高尔顿证明，将达尔文的进化论观点从生物学抽象概念转化为改善社会的机制时，它具有足够的实用性或效用性。

总之，19世纪的三大发展——神经生理学、心理物理学和进化论——共同营造了一种学术氛围，呼唤着心理学作为一门新学科的出现。这些运动是心理学的直接先驱，与现代心理学的早期发展相重叠。我们接下来会回到德国，在那里，19 世纪多变的学术氛围产生了现代心理学的基础，它将以两种对立的心理研究模式展现在世人面前。

本章小结

19 世纪的三场运动构成了一种学术背景，促使心理学得以成为一门独立于自然科学和哲学的学科。在生理学方面，对神经系统的认识有了很大进步。贝尔和马让迪描述了神经纤维的特定功能。米勒对神经传导的系统分析引领了杜・布瓦-雷蒙和亥姆霍兹等研究者去描述神经冲动的本质。为反对加尔的颅相学，学者们通过神经解剖学和组织学对脑功能的定位进行了研究，这一领域在弗卢朗和谢灵顿的研究中达到了巅峰。生理学研究的进步与物理学的知识进展相结合来考察感觉，杨、亥姆霍兹和米勒都对感觉加工的理论有所贡献。普尔基涅证明了主观感觉经验在方法论上的可靠性。

19 世纪，第二个孕育现代心理学的学术背景是心理物理学。不同于感觉生理学，这一运动提出感觉经验具有完整性，不能完全还原为物理学和生理学。尽管韦伯在方法上和实质上都对心理物理学做出了贡献，但心理物理学最清晰的阐释来自费希纳的研究。对感觉和知觉经验的定量分析需要一种新的方法，这是自然科学无法提供的。这一观点得到了亥姆霍兹实验的有力支持，特别是在他关于知觉显然是一种心理结构的无意识推理的理论中。

最后一场运动以达尔文的自然选择进化论为核心。达尔文的理论完成了科学上的哥白尼革命，确立了科学经验主义在我们寻求知识中的首要地位。基于达尔文的理论，斯宾塞提出了进化论的联想主义，高尔顿也受到达尔文的影响，通过心理测验对个体差异进行了深入研究。这三场运动都恰如其分地证明了经验科学在 19 世纪的决定性地位。科学的理念为从事心理学研究搭起了合适的框架。

讨论题

1. 约翰内斯 · 米勒对于感觉经验与神经系统之间关系的结论是什么？

2. 为什么说亥姆霍兹对神经冲动速度的测量是心理学作为一门经验主义学科出现的重要一步？

3. 什么是心理物理学？为什么说它是科学心理学的先驱？

4. 对于心理物理学，费希纳的目标是什么？对于科学，费希纳的目标又是什么？

5. 皮埃尔 · 拉马克和查尔斯 · 达尔文的进化论有什么不同？

6. 为什么斯宾塞被称为“进化论的联想主义者”？

7. 描述达尔文的观点对罗马尼斯和摩根的影响。

8. 描述达尔文的进化论对心理学理论、研究和实践的影响。

第 13 章

现代心理学的创立

章节内容

作为自然科学的心理学

构造心理学或内容心理学

· ▲威廉·冯特

· 爱德华·布雷福德·铁钦纳

· 构造心理学

自然科学模式的其他表现

· 埃瓦尔德·黑林

· 格奥尔格·埃利亚斯·缪勒

· 赫尔曼·艾宾浩斯

· 恩斯特·马赫与理查德·阿芬那留斯

作为人文科学的心理学

意动心理学

· ▲弗朗兹·布伦坦诺

· 卡尔·施通普夫

· 克里斯蒂安·冯·埃伦费尔斯

其他科学取向

· 威廉·狄尔泰

· 亨利·柏格森

符茨堡学派

本章小结

到了19世纪的最后25年，欧洲科学已经广受推崇，被视为思想活动的最佳形式。通过历代哲学家长达三百年的努力，哥白尼推崇的归纳法越来越受到信赖，在整个19世纪唤起了人们对科学方法的信心。事实上，生物学、化学和物理学的巨大进步，以及它们在改善社会方面的实际应用，为人们对科学方法的信任提供了充分的理由。

19世纪，科学探索开始占据了主导地位，从而推动心理学逐步脱离宗教和思辨哲学的范畴。具体地说，如果心理学要体现自己源自可靠的知识来源（而不是宗教信仰），科学就是最可靠的追求方向。英国自然哲学家和德国心理物理学家的发现已经证明，科学方法论十分适用于一部分心理问题。因此，19世纪末，欧洲知识界的主流开始接受结构化的心理学研究方式。当时的问题是，心理学究竟应该效仿哪种具体的科学模式。正如早期希腊哲学时代那样，关于人的本质及其相应心理过程的基本假设有很多种，从中衍生出了几种科学研究模式，都能用以表达现代心理学的定义和形式，它们之间形成了一定的竞争性。

本章主要探讨心理学在德国的诞生。从某种意义上说，令人好奇的是，既然英国的学术氛围更适宜接纳心理学，为什么心理学的独立却最早发生在德国？正如我们所见，相对同质的经验主义模式在英国被广泛接受，英国自然哲学家将心理联想作为认知和情感过程的中介过程。此外，达尔文的自然选择进化论产生了影响，使人们进一步认识到用心理学研究动物各种活动的可能性。然而，正是这种宽容的氛围阻止了心理学从自然哲学中分离，因为它根本不需要独立。换言之，英国的哲学传统对心理问题的研究是相当开放的，并巧妙地容纳了新的问题和方法。相比之下，德国学术界的主流氛围更具有多样性；德国哲学反映了这种多样性，没有着意于单一的心理研究模式。如前所述，德国哲学对心理学的不同观点之中，主要的共同点是强调心理主动性（mental activity）。在康德和沃尔夫提出的理性主义的逻辑和形而上学体系中，在叔本华和冯·哈特曼关于先天无意识动机力量的观点中，在赫巴特的机械论中，心理主动性都有不同的表现。这种多样性不利于科学心理学迅速得到德国哲学界的认可。事实上，通过心理物理学对感觉和知觉过程进行科学研究，初步尝试是生理学家和物理学家做的，而不是哲学家。

因此，正是德国为心理学的出现提供了适宜的环境。在整个欧洲，或许可以说，德国多样化的知识氛围最为充满活力。当时的德国刚在霍亨索伦王朝（Hohenzollern dynasty）的统治下得以统一，普鲁士支持大学教育这一强大传统在整个德国得到了推广。在科学、哲学和文学的各个领域，德国知识界都颇受国际好评。就在这段时间，出现了两种不同的心理学发展模式。尽管这两种方法都未能成功地建立这一门新科学的最终框架，但它们都将心理学推向了科学领域，并成为学科发展的锚点。

作为自然科学的心理学

作为自然科学的心理学，倾向于模仿生物学、化学和物理学的方法论和分析目标，据此设立自己的学科框架。这意味着心理学研究应该通过定义心理事件的可观察变量，并通过实验方法来分析、研究这些变量。也就是说，这种心理学模式与在德国哲学基础上建立的形而上学心理学、理性心理学有着根本的不同。这种自然科学的概念化，试图将心理学从德国主流哲学体系中剥离出来，将心理学的范围和方法论都限制在一定范围内，而这一限制同时也局限了心理学的发展，最终导致它受到抵制。

构造心理学或内容心理学

这一学派可以称为构造心理学（structural psychology）或内容心理学（content psychology），主张通过内省法对一般成人的心理进行分析探索。这种方法起源于威廉·冯特，然后被他的学生铁钦纳带到美国。冯特和铁钦纳对心理学的观点高度一致，下文将概述他们的著作及思想。他们认为，心理学研究的对象是思想的内容，所以这一学派有时被称为内容心理学。1873 年，冯特在著作中将自己的方法称为**“唯意志论”**（**voluntarism**），因为它强调意志的重要性，也可以说是选择性注意。1898 年，铁钦纳在著作中强调了心理结构，并将这一心理学派别命名为**构造心理学**。不管命名为何，它的目标都是由训练有素的科学家通过**内省**的实验方法来分析人类心理。从这个角度来说，这一体系旨在发展“意识的化学”。

在接下来有关构造心理学的描述中，重要的是要正确看待冯特和铁钦纳的贡献。应该强调的是，冯特是构造心理学的开创者，欧洲和美国心理学的许多代表人物都曾师从冯特。铁钦纳是他众多学生之一，而且还可能是其中不太重要的一个。然而，正是铁钦纳将冯特的心理学思想传播到了美国，虽然他的观念来自冯特，却比自己的老师更极端、僵化。冯特的其他美国追随者往往受到美国大环境的影响，发展出了独特的风格，而出生于英国的铁钦纳则丝毫不为所动。铁钦纳在美国心理学史上独树一帜，其中一个原因或许是因为冯特的其他美国学生都是土生土长的美国人，或者至少非常适应美国生活。在很大程度上，构造心理学是通过铁钦纳的教学和写作而影响到美国学者的，这可能使铁钦纳具有人为的重要性。我们应该给予冯特作为创始人应有的荣誉，同时也必须承认，铁钦纳是美国构造心理学的主要发言人。

▲威廉·冯特（Wilhelm Wundt, 1832—1920）。 威廉·冯特出生在德国西南部的巴登（Baden），父亲是路德教会牧师。在童年和青少年时期，父母对他管教严格，学习要求很高，几乎没时间玩耍。这种家庭教育造就了一个相当冷酷的人，完全沉溺于以系统化的方式投身学术，非常努力，产出丰饶。冯特在海德堡大学求

图13.1

威廉·冯特（© Mondadori Portfolio / Getty Images）

学时想成为一名生理学家，但考虑到谋生的实际要求，他又转向了医学。经过四年的研究，他发现自己对当医生毫无兴趣。1856 年，他前往柏林，进入了约翰内斯·米勒的生理学研究所，在此与杜·布瓦-雷蒙共事。在这段令人兴奋的短暂经历后，冯特回到海德堡，拿到了医学博士学位，同时成了本校的生理学辅修讲师。1858 年，亥姆霍兹来到海德堡，在接下来的 13 年里，他和冯特在同一个生理学实验室工作。1871 年，亥姆霍兹离开海德堡前往柏林，冯特接任了他的职位。1874 年，冯特离开海德堡，在苏黎世担任了一年的归纳哲学教授，次年来到莱比锡大学就任哲学教授，并在此度过了漫长的职业生涯。

打下了坚实的生理学基础后，冯特喜欢上了心理学研究。于是，他把对科学的热爱（特别是对实验方法的热爱）转移到了不断发展的新兴趣上。1873 年和 1874 年，他分两部出版了一书，对建立心理学这一新学科作了系统呼吁，即《生理心理学原理》（*Grundzüge der Physiologischen Psychologie*），这本书影响很大，在冯特有生之年印发了六个版本。在书中，冯特试图建立心理学的范式或框架，将心理学定位为一门研究心理过程的实验科学。此外，冯特还提出了民族心理学，这种对人性的科学研究可以通过人类学的方法揭示更高级的心理过程，与儿童心理学和动物心理学有所关联。事实上，民族心理学是冯特心理学的重要组成部分，在某种程度上突破了自然科学的研究模式。民族心理学在内容上更具扩展性，方法论上也更具有灵活性。然而，他的学生铁钦纳所推崇和强调的是他早期提出的实验心理学，这也是冯特被人铭记的主要贡献。

1879 年，冯特在莱比锡建立了一个实验室，被认为是第一个专门从事心理学研究的实验室。1881 年，他创办了《哲学研究》（*Philosophical Studies*）期刊，用以报道他实验室的研究。冯特桃李满天下，学生囊括了德国、欧洲和美国许多心理学派的创始人。然而，他的绝大多数学生都不同程度地偏离了冯特的心理学观念。

爱德华·布雷福德·铁钦纳（Edward Bradford Titchener, 1867 — 1927）。爱德华·布雷福德·铁钦纳是冯特的学生之一，在学习中，他对冯特思想有了一套固定的看法，并将这一学派引进了美国。虽然铁钦纳只跟着冯特学了两年，但这短短的时光给他留下了不可磨灭的印象，他在康奈尔大学（Cornell University）的职业生涯中严格遵循了自己对冯特思想的诠释。

铁钦纳出生于英格兰南部的望族，但当时早已贫困潦倒。1885 年，他靠奖学金进入了牛津大学哲学专业，学习期间，他对冯特的著作产生了兴趣，还翻译了《生理心理学原理》第三版。然而，冯特提出的新心理学在牛津大学并不受欢迎，所以铁钦纳决定去莱比锡，直接在冯特手下工作。1892 年，他完成了一篇关于单眼刺激的双眼效应的论文，顺利获得博士学位。在英国找工作失败后，铁钦纳接受了康奈尔大学的教授职位。这一职位正巧是冯特的另一名美国学生弗兰克·安格尔（Frank Angell）去了新成立的斯坦福大学后空缺出来的。铁钦纳在康奈尔大学主持心理学研究长达 35 年，建立了一套令人敬畏的制度，提倡严格的构造心理学，不允许任何异议。

随着德国心理学的创立，铁钦纳的观点在此更受重视，因为他从未融入美国早期心理学的主流。关于美国心理学的问题将在下一章中具体讨论。铁钦纳的主要著作包括《心理学大纲》（*Outline of*

Psychology，1896）、《心理学入门》（*A Primer of Psychology*，1898）、《实验心理学》（*Experimental Psychology*，1901 — 1905）、《感觉与注意心理学》（*Psychology of Feeling and Attention*，1908）、《思维过程的实验心理学》（*Experimental Psychology of the Thought Processes*，1909）和《心理学教科书》（*A Text-Book of Psychology*，1909 — 1910）。这些著作具有很强的学术性和系统性，几乎是相应领域内的百科全书。然而，由于铁钦纳不承认心理学的应用方面，他根本不去涉足美国心理学的主要研究主题，如儿童心理学、变态心理学和动物心理学等。铁钦纳只关心对正常成人大脑的实验分析，不在乎个体差异。此外，他还经常与美国同行争辩，曾经因为与刚成立的美国心理学会（American Psychological Association，APA）会员发生争执而成立了自己的组织与之对抗。20 世纪早期，铁钦纳培养了大量美国心理学学生，尽管如此，在他于 1927 年去世之后，他的学说（冯特的学派也不例外）也随之消亡。

构造心理学。冯特和铁钦纳的构造心理学有三个目标：将意识分析为基本元素；描述基本元素的组合规律；解释意识元素与神经系统的联系。意识被定义为直接经验，也就是正在经历的经验。与直接经验相区别，他们还提出了一种间接经验，间接经验会受到头脑中已有的内容影响，比如对先前联想的记忆以及一个人的情绪和动机状态。因此，构造心理学认为，直接经验不受间接经验的影响。构造心理学试图通过与物理学的对比来捍卫心理学的完整性：物理学通过严格控制的观察方法研究不涉及人的物理或物质世界；心理学则通过有控制的内省法研究意识的内容，从而研究与人相关的世界。构造心理学的真正主题是除联想之外的意识过程。冯特和铁钦纳认为，心理学必须摆脱形而上学、常识、实用主义或应用利益，这些事物会破坏心理学的完整性。

内省法是一种能对心理内容进行适当分析的实验方法。这种自我报告的方式是描述自我体验的永恒方法。在此之前，奥古斯丁在《忏悔录》中非常清楚地运用了内省法，卢梭也曾在同名作品中如此运用。上章曾提到普尔基涅的研究贡献，19 世纪德国科学中的内省法据此而得到了认可。然而，冯特和铁钦纳定义的内省法要严格得多，同时强调了控制性。此外，构造心理学的可信度取决于内省法的正确使用；也就是说，强调将直接经验（而不是间接经验）作为心理学的主题，决定了对评估这种纯粹经验的方法的依赖性。因此，内省法必须由经过特别训练的科学家来操作，而不是无知的观察者。内省取决于所观察到的意识性质、实验目的和实验者的指示。未经训练的内省者最常见的错误被称为“刺激错误”，也就是描述了观察到的物体，而不是意识内容。铁钦纳认为，刺激错误不能作为心理数据，只是生理上的描述。不足为奇的是，将自省作为唯一可接受的心理调查方法这一观点受到了严重的质疑，因为自省法无法推论出任何事实或原则。不幸的是，受过训练的内省者对感官体验的性质也无法得出一致的看法。

这一学派的大部分主要发现都受到了严重的挑战。就更高的心理过程而言，铁钦纳将“思维”称为一种心理元素，认为它可能是一种无法分解的复合物，主要涉及动觉和意象。此外，他认为“意志”也是一种元素，由在行动之前形成观念的意象复合体组成。因此，思维和意志通过心理意象联系在一起。根据这种分析，思维必须伴随着意象。这一观点引发了“无意象思维争议”，提出异议的人包括屈尔佩（Külpe）、比奈（Binet）和伍德沃思（Woodworth）（第

14 章会介绍伍德沃思）等，他们认为思维过程可以脱离离散的心理意象而存在。铁钦纳无法接受这种解释，因为它与他的思维分析观相矛盾，后者必须描述由意象组成的心理元素。无意象思维问题取代了对思维过程更为整体或现象化的观点，后者主张思维不能被拆分为组成元素。

19 世纪 90 年代，冯特提出了情感的三维理论。从本质上说，冯特认为情感由三个维度组成，铁钦纳只同意其中一个：

冯特的情感三维理论	铁钦纳
愉快—不愉快	赞同
兴奋—平静	反对
紧张—松弛	反对

铁钦纳只接受第一个维度，这导致他将情感降级为生理性的内脏反应。冯特的解释更具广度，超越了亥姆霍兹的无意识推理理论，将统觉（apperception）视为形成整体知觉成分的创造性过程。也就是说，在某一时间点，统觉是意识领域内的注意焦点。因此，统觉是一种认知活动，能够认识到心理内容之间的逻辑联系；情感则被视为感官内容的统觉产物。因此，冯特的情感理论是心理统觉的一种反映，接近于对高级心理过程的现象学解释。铁钦纳拒绝接受冯特思想中更具整体性的方向，而是坚持了更为还原主义的观点。铁钦纳提出了一种意义理论，认为感觉在意识中发生时的背景决定了它的意义。因此，简单的感觉本身没有意义，而是通过与其他感觉或意象的联系来获得意义。因此，铁钦纳把心理描述为具有自身属性的结构元素，通过联想机制连接和组合。冯特认为，联想组合是通过以下几种基本形

式：1. 融合（fusion），如同不同音调融入一段旋律；2. 同化（assimilation），如在视错觉中对比和相似的整合；3. 复合（complication），也就是由多种形式的感觉形成的联系。

在试图严格遵循自然科学模式的同时，构造心理学往往忽略了不易融入其方法论框架的心理过程和活动。此外，过分依赖有问题的、严格的内省方法导致构造心理学走向了死胡同。在某种意义上，构造心理学被夹在了英国传统的经验主义和德国传统的先天论（nativism）之间。换言之，冯特和铁钦纳提出了一种由感觉元素决定的心理观；同时，他们认识到了心理主动性，并试图通过统觉等概念来处理这种主动性。除了自省法的不足之外，构造心理学未能容纳关于心理本质的相互冲突的哲学假设。因此，要谈论构造心理学的贡献，多少有些复杂。最重要的是，这一学派推动了心理学进入科学领域。尽管存在种种缺点，冯特仍成功宣称心理学是一门以科学规范为基础的正式学科，从此以后，心理学被纳入了科学范畴。第二，构造心理学尝试将内省法作为心理学研究方法，在这一方面，它惨遭失败。最后，构造心理学充当了随后各个心理学流派的靶子。作为铁钦纳的学生，波林（Boring，1950）承认，在冯特学派的影响中，最显著的是一种负面力量，促使后来的科学家对这一学派的实质和方法提出质疑。也许，这只是对美国构造心理学的反应，实际上误解了冯特的思想，又或是过度依赖了铁钦纳转述版本的冯特思想。不论如何，到了 1930 年，也就是铁钦纳去世三年之后，构造心理学已经式微，不再是心理学领域中的重要力量。

自然科学模式的其他表现

构造心理学在德国心理学的自然科学模式的发展中占有独特的

地位。具体地说，冯特和铁钦纳的作品是一种系统化的尝试，将他们认为属于心理的所有问题全都纳入了这一科学范围。因此，构造心理学是一个心理学体系。不过，与冯特同时代的德国其他科学家也对同样的时代精神做出了回应，写下了不少与心理学有关的论著。然而，他们是以个体的身份写作，而不是以系统建设者的身份；在心理学的自然科学方法范围内，他们都拒绝了冯特和铁钦纳在内容和方法方面的极端观点。这些科学家是实验主义者，他们的进步不是像冯特和铁钦纳那样由先行构建的系统框架所引导，而是由实验研究的结果和意义引导。

埃瓦尔德·黑林（Ewald Hering，1834 — 1918）。1870 年，埃瓦尔德·黑林接替普尔基涅成为布拉格大学的生理学教授，在视觉和触觉方面做了大量研究。他提出了色觉的四色说，认为视网膜上有三对对立的感受器，即红—绿感受器、黄—蓝感受器、黑—白感受器，这些感受器能产生具有不同视网膜敏感度的色素。此外，他反对亥姆霍兹关于视空间知觉的经验主义观点，并引用证据支持与康德哲学的先天论更一致的解释。然而，不管是在布拉格大学期间，还是 1895 年进入莱比锡大学之后，黑林都没能为整个心理学领域做出理论化或系统化的宏大发展。

格奥尔格·埃利亚斯·缪勒（Georg Elias Müller，1850 — 1934）。在格奥尔格·埃利亚斯·缪勒的漫长职业生涯中也可以看到类似的情况。缪勒出生于莱比锡附近，一开始的专业是历史学，这也是他毕生的兴趣所在。后来，他开始为普法战争（1870 — 1871）服役，战争使他发现传统历史研究的视角过于狭隘，因此回到莱比锡学习自然科学。1872 年，他前往哥廷根大学跟随洛采学习，洛采的反机械、形而上学的心理学观念对缪勒产生了持续一生的影响。1881

年，洛采去了柏林，缪勒接替他成为哥廷根的哲学教授。缪勒在哥廷根工作了 40 年，持续不断地做了许多实验（主要是在心理物理学方面），许多学生从欧洲和美国来到他的实验室学习。他之所以成为德国心理学的代表人物，是因为他宁可牺牲确定性的概述，也要收集充分的数据。缪勒留下的不是一套心理学体系，而是丰富的实验结果。这种严谨的实验态度带来了一些意想不到的方向；例如，缪勒的学生大卫·卡茨（David Katz）在 1909 年发表了一篇论文，试图在没有使用常见的感觉分析方法的情况下描述颜色知觉，并预见了**格式塔心理学**的几个主要原则。

赫尔曼·艾宾浩斯（Hermann Ebbinghaus，1850 — 1909）。另一位著名的德国心理学代表人物是赫尔曼·艾宾浩斯，他以个人实验成就闻名，没有建立系统的理论。艾宾浩斯毕业于波恩大学，博士论文的主题是讨论冯·哈特曼对无意识的观点。获得博士学位后，艾宾浩斯在英国和法国待了七年，致力于独立研究。在巴黎的时候，他偶然发现了一本费希纳的《心理物理学纲要》，受到了智慧上的启发。从本质上讲，他研究记忆的方法套用了费希纳研究感觉的方法。熟悉了英国古典联想主义哲学之后，他把重复律看作记忆量化的关键。他用无意义音节来衡量联想的形成。一般来说，他会用一系列三字母（通常由两个辅音夹一个元音构成）组成的音节作为实验材料。艾宾浩斯会有意选择那些无意义的音节（例如 MEV，LUS，PAQ），以免混淆记忆。他用这种方法来衡量自己在一段时间内识记和保持所节省的时间。1885 年，他出版了著作《记忆》（*Ueber das Gedächtnis*），描述了他的研究方法和成果，其中就包括著名的艾宾浩斯记忆曲线，显示了习得和遗忘之间的时间历程。这项研究广受赞誉，不仅因为它的主题领域、数据的完整性和写作的清晰性，还因为艾宾浩斯进行了对更高层次心理过程的集中实验研究，而高级心理过程是被冯特的心理学体系排除在外的。

艾宾浩斯曾在柏林大学、弗罗茨瓦夫（又名布雷斯劳）大学和哈雷大学担任教授，吸引了许多学生。1890 年，他创办了一本全国性的心理学期刊《心理学与感觉生理学期刊》（*Zeitschrift für Psychologie und Physiologie der Sinnesorgane*），超越了冯特所办期刊的地域性。继记忆研究后，他开始研究颜色视觉，并开发了早期的智力测试，若干年后，法国心理学家比奈进一步完成了这项工作。

就像威廉·詹姆斯（William James）的《心理学原理》（*Principles of Psychology*，1890）成为美国大学的教科书，艾宾浩斯的《心理学概论》（*Grundzüge der Psychologie*，1897 — 1902）一书也被定为德国大学的标准教材，从而大大提高了声誉。艾宾浩斯闻名天下主要是因为记忆研究，但我们也应该记住，他是严谨实施心理学实验的倡导者。与本节所描述的其他人一样，艾宾浩斯并没有设立"学派"，而是推动了使心理学成为科学学科的学术氛围。

恩斯特·马赫（Ernst Mach，1838 — 1916）与理查德·阿芬那留斯（Richard Avenarius，1843 — 1896）。德国自然科学心理学模式的最后一次运动为心理学的科学基础提供了哲学上的理由，其主要人物是恩斯特·马赫和理查德·阿芬那留斯。他们的作品被贴上了激进经验主义的标签，或者更简单地称为马赫实证主义（Machian positivism）。在孔德试图依靠可观察事件来解释科学进步的过程中，我们已经看到，实证主义削弱了超越这种直接观察的形而上学解释。当行为主义出现时，我们还将再次讨论实证主义。行为主义是一种"逻辑实证主义"的现代表达，一种以产生科学事件的操作来定义该事件的科学态度。马赫和阿芬那留斯的实证主义与休谟的怀疑论是一致的，休谟的怀疑论认为因果关系只是事件可观察到的共变，并且只在这一程度上有效。此外，所有的事件都可以还原为由感觉过程界定的可观察到的心理和生理成分。因此，感觉和感觉数据构成了科学必不可少的要素，科学家的内省构成了所有方法论的基础。

马赫在布拉格当物理学教授时，科研极富成效。1886 年，他发表了心理学代表作《感觉的分析》（*Analyse der Empfindungen*）。马赫断言感觉是所有科学的材料，从而进一步将心理学推离了形而上学，并为心理学建立了可效仿的科学标准。马赫认为，唯一确定的现实是我们自己的经验。他对空间和时间的分析把这些过程看作是感觉的，而不是康德提出的心理范畴。苏黎世哲学教授阿芬那留斯与马赫的结论基本一致，但他在作品中给出的理由没有马赫那么清晰与令人信服。

马赫和阿芬那留斯都对科学（特别是心理学）提出了复杂的观点。这些观点的重要性在于对科学的感觉基础的实证观念，这促使心理学与物理学并驾齐驱，大大增强了心理学作为一门独立学科的完整性。1895 年，马赫移居维也纳，影响了新一代科学哲学家。行为主义者提出行为主义心理学之际，又重新提起了实证主义。这一问题我们将在后文详细探讨。

简而言之，心理学作为自然科学范畴内的学科得到了承认。其中，对心理学做出最连贯、最系统表达的是冯特，其他人也为促进心理学迈入自然科学阵营添砖加瓦。尽管这个“创立”有点像是个错误的开始，但这些德国心理学家确实成功地为心理学建立了科学的理想标杆。接下来，我们来看看与之相对的另一种心理学模式，这一模式虽然不像自然科学模式那样广为人知，但却为广义上的心理科学提供了另一种选择。

作为人文科学的心理学

19 世纪 70 年代，现代心理学创立之时，所谓科学，很大程度上就等于用生物学、化学和物理学等自然科学对物理事件进行的研究。构造心理学以感觉生理学（sensory physiology）和英国经验论关于心理的假设为基础，由心理物理学家在方法论上加以结合，最终由冯特系统地表达出来。然而，从实验研究的角度对科学方法的严格定义，限制了心理学的研究范围。

事实上，与冯特同时代的某些人（包括那些立即对他的观点做出批判的人），不同意冯特和铁钦纳对心理学施加的限制。反对冯特的这批心理学家没有提出共同的替代方案，也没有建立统一的学派，而是各自提出了不同于冯特的研究范围和方法。他们一致认为心理学不应局限于单一的科学方法，而科学本身也不是只有实验法。另外，他们的心理学结论比冯特更符合德国哲学的心理主动性假设，随后，更系统的心理学表达也从他们的思想中衍生出来。

意动心理学（Act Psychology）

尽管意动心理学在历史和当代心理学中有着不同的解释，但这一思潮的定义性特征集中在个体和环境不可分割的相互作用上。因此，意动心理学通常将心理事件定义为现象；也就是说，心理事件无法在不丧失特性的前提下简化为构成要素。当时的意动心理学与构造心理学的基本原理存在冲突。同样，当代的意动心理学与刺激—反应行为主义的原子还原论、某些神经心理学模式也存在冲突。

▲弗朗兹·布伦坦诺（Franz Brentano，1838 — 1917）。在19 世纪末的德国，无论是在影响力还是在时间因素上，最接近冯特的人都是弗朗兹·布伦坦诺。冯特的职业生涯极为漫长，周围的学术环境相当稳定，做出了系统化的学术贡献；而布伦坦诺的职业生涯则充满了争议和动荡。他的作品相对较少，意义却相当重大，提出了一种能够替代处于支配地位的冯特心理学观念。事实上，铁钦纳在1925 年撰文，将布伦坦诺的意动心理学称为对心理学完整性的主要威胁之一，无意中进一步抬高了布伦坦诺思想的地位。

图 13.2

弗朗兹·布伦坦诺（© Sigmund Freud copyrights / ullsteinbild via Getty Images）

布伦坦诺出生在莱茵河畔的玛利恩堡（Marienberg），祖父是一位移民到德国的意大利商人。布伦坦诺一家以文学成就闻名。弗朗兹·布伦坦诺的叔叔和姑姑都是德国浪漫主义作家，弟弟卢约（Lujo）因思想史研究于1927年获得诺贝尔奖。17岁时，弗朗兹开始在德国接受天主教神职教育。

和伟大的学者圣托马斯·阿奎那一样，他也加入了多明我会（Dominican），对经院哲学的研究可能影响了他对论文主题的选择——布伦坦诺的博士论文写的是《论亚里士多德关于存在的多重意义》（*On the Manifold Meaning of Being According to Aristotle*）。1862年，他获得了图宾根大学哲学博士学位。在接下来的两年里，他完成了神学的学习，并被任命为符茨堡（Würzburg）的神父。任神父期间，他继续从事哲学研究。1866年，布伦坦诺因对亚里士多德心理学思想的研究被聘任为符茨堡大学讲师。他对亚里士多德心理学思想的研究，被誉为符茨堡大学哲学系自19世纪初以来最具学术性的一部作品。在符茨堡大学期间，因其在哲学和数学方面的清晰陈述以及对科学研究的热爱，布伦坦诺成为一名相当优秀的教师。然而，布伦坦诺对学术逻辑的修正、对英国经验主义的欣赏，以及他于1869年出版了支持孔德哲学的作品，都让他遭遇了天主教会的尖锐批评。在洛采的大力推荐下（尽管奥地利皇帝和维也纳大主教都提出反对），布伦坦诺于1874年被任命为维也纳大学哲学教授。他在维也纳工作了20年，研究成果非常丰富，却仍然是一位大受欢迎但争议颇多的教师。他培养了许多学生，包括卡尔·施通普夫（Karl Stumpf）、现代现象学的奠基人埃德蒙德·胡塞尔（Edmund Husserl）和西格蒙德·弗洛伊德（Sigmund Freud）。1874年至1876年间，弗洛伊德在维也纳求学，选择的唯一一门非医学课程就是布伦坦诺所授。

从 1870 年开始，围绕布伦坦诺的争议往往与他对教会的批评有关。在这期间，教会也受到了意大利的学术自由主义和政治民族主义势力的威胁。布伦坦诺在符茨堡和维也纳都看到了这些发展，越来越反感教会的反智主义。1873 年 4 月，他终于放弃了神父教职，公开抨击教会等级制度，反对教会提出教皇永无谬误的教义（这一教义于 1870 年由梵蒂冈第一届大公会议宣布）。1880 年，他希望结婚，却被奥地利法律禁止[1]，于是布伦坦诺辞去了教授职位，放弃了奥地利公民身份，以便能在萨沃伊（Savoy）合法结婚。婚后他回到维也纳大学，降成了讲师职称，以至于无法指导博士生。即便如此，神学系中较为保守的势力仍在对他施加压力，1894 年，布伦坦诺断绝了与大学的一切关系，最终在佛罗伦萨定居。作为一个和平主义者，为了表示对意大利加入第一次世界大战的抗议，他搬到了苏黎世。1917 年，他在苏黎世去世。

布伦坦诺在心理学领域最重要的著作《从经验角度看心理学》（*Psychology from an Empirical Standpoint*）出版于 1874 年，对心理学的范围和方法进行了阐释。这本书本来应该有好几卷，但他最终也只完成了第一卷，所以我们只能看到他的心理学观点概要。尽管如此，布伦坦诺对心理学发展的建议与冯特的观点形成了鲜明的对比。布伦坦诺将心理学定义为一门研究心理现象（表现为意动和过程）的科学。这一定义与从物理还原论、意识或联想角度出发的心理学截然不同。布伦坦诺把意识看作是意动所表达的统一体。因此，构造心理学寻找意识元素的内在目标对布伦坦诺来说毫无意

[1] 奥地利的法律规定曾任神职的人不能结婚。——译者注

义，因为这样的研究破坏了意识本质上的统一性，而这些元素即使存在，也没有心理上的意义。相反，布伦坦诺认为，只有意识的产物——意动和过程——才是真正的心理。布伦坦诺认为意动存在生理或生物基础，它能提供有关意动的信息，但并不完全等同于意动。此外，布伦坦诺认识到心理学研究可以分为两个层次：纯粹的和应用的。纯粹心理学研究生理因素、个体差异、人格和社会水平。应用心理学则包含了心理学对其他科学的价值。因此，在布伦坦诺看来，心理学是科学的巅峰，通过探索人类的意向性，或人们超越自身达到某一目标的能力，它与其他科学得以区别开来。心理意动具有方向性：它是有目的的，这一点相当独特，很有意义。

布伦坦诺主张将心理现象划分等级。在表象层面上仅仅是察觉，对应于冯特视为心理学整个研究对象的非间接经验。然而，布伦坦诺认为，在表象层面之上还有认知层面，他将其描述为“判断的意动”。最后，还有一种“个人化水平”——个人以个性化的策略同化经验，他把一类别称为“爱憎的意动”。布伦坦诺认为，心理学作为一门经验主义科学，应该通过观察法来研究，而不是将其还原为基本的元素。他支持各种适合心理学研究对象的经验主义方法。也许最重要的方法是对正在进行的意动的观察，也可以称为内部知觉（inner perception）。这种方法不同于冯特式的自省法，而是一种对明显的心理现象的原始报告。布伦坦诺还提出了其他研究方法，包括：客观观察记忆中刚过去的意动，观察人们的外在行为，以及观察伴随心理意动的前情和生理过程。所以说，布伦坦诺的经验主义较为开放，只是坚定地主张观察法。

布伦坦诺后期的观点未能受益于稳定的学术环境带来的智力刺激和相互作用。尽管如此，他还是朝着心理学的现象学方法这一方向前进。具体而言，他认为现象学是一种描述性的方法，解释性很强，能够让人理解。这种方法一方面基于能检验我们的认识方式的先验科学，另一方面基于经验主义。布伦坦诺希望通过以自我为参照点的个人化取向，找到一种心理方法，使心理意动能由主观的经验主体来描述。因此，可以将环境中的对象描述为知觉过程的一部分。例如，在心理模式中，光刺激、视觉感官机制和知觉水平是相互关联的，可以称之为“看”（seeing）。布伦坦诺的学生，尤其是胡塞尔（见第 18 章）进一步发展了这种方法论。

布伦坦诺的心理学影响不像构造心理学那么广泛。事实上，相对过于简洁的大纲令读者较难理解，布伦坦诺的作品只搭建了大致框架，虽然很有趣，却相当模糊。布伦坦诺观点的各个部分对心理学的后续发展都有影响。格式塔运动、现象心理学的第三势力运动，甚至美国**机能主义**的折中取向都能溯源到布伦坦诺。

卡尔·施通普夫（1848 — 1936）。作为德国心理学界的重要人物，卡尔·施通普夫促进了欧洲学术界对心理学的接纳。此外，他与冯特展开了一场关于音乐内省的争论，二人观点针锋相对。然而，施通普夫并没有开创全新的心理学观点。相反，他的重要性在于他将布伦坦诺的影响力进一步扩大，同时培养了许多优秀的学生。

施通普夫出生在德国西南部的巴伐利亚州，父亲是一名宫廷医生。他从祖父那里得到了良好的早期教育，在古典文学和自然科学方面都极有造诣。他小时候表现出了优越的音乐天赋，10 岁就开始作曲。成年时，他已经掌握了五种乐器。1865 年，施通普夫进入符茨堡大学，遇到了布伦坦诺，被他对教学和学术的热情所吸引。布伦坦诺把他送往哥廷根大学，跟随洛采完成学业。施通普夫在哥廷根学习了生理学、物理学和数学。他在哥廷根大学担任讲师时，发表了第一部心理学论著，主题是关于空间知觉的先天论观点。这项研究为他赢得了符茨堡大学的教授职位。在接下来的 20 年里，他在德国和布拉格的多所大学工作，直到 1894 年被任命为柏林大学教授。去往柏林之前，施通普夫出版了《乐音心理学》（*Psychology of Tones*；1883，1890），在这本书中，他将自己对音乐和科学的热爱融为一体。同样在这段时期，冯特和施通普夫就旋律的恰当描述进行了公开辩论：一个认为应该通过内省法，另一个认为应该通过音乐家训练有素的耳朵。施通普夫显然赞成后者，但其论点的重要性在于他强调音乐经验的本质统一性。换言之，内省主义者声称旋律可以还原为组成它的感觉元素，即单个音符，施通普夫则认为旋律本身是一个整体，并指出音调的转变会改变音符，却不会改变对整段旋律的知觉。这一解释符合现象学的观点，既体现了布伦坦诺的影响，也预示着施通普夫的学生胡塞尔未来的发展方向。

将现象学引入心理学的过程中，施通普夫遵循了布伦坦诺提出的经验层次分类法。第一个层次是关于感觉现象和经验的表象材料。第二类包括知觉、需要和意志的心理机能，相当于布伦坦诺所说的意动。最后，还有一个层次是关系，有点类似于布伦坦诺所说的爱憎。施通普夫把他对意动心理学和现象学的观点传给了学生。格式塔心理学三位奠基人中的两位——苛勒（Köhler）和考夫卡（Koffka），都曾在柏林大学师从施通普夫。因此，施通普夫完成了布伦坦诺没能做到的任务。他提供了冯特的构造心理学之外的另一条心理学发展道路，随着心理学在德国的进一步发展，占据舞台中央的人正是施通普夫的学生。

克里斯蒂安·冯·埃伦费尔斯（Christian von Ehrenfels，1859—1932）。作为布伦坦诺的学生，克里斯蒂安·冯·埃伦费尔斯的观点实际上在自然科学和**人文科学**模式之间架起了桥梁。他接受了马赫在空间和时间上的形式概念，认为形式大于各部分的总和。在 1890 年发表的一篇论文中，埃伦费尔斯引入了形质（form quality，Gestaltqualität）的概念，认为它是一种新的存在，当元素结合在一起时出现。此外，埃伦费尔斯区分了时间的形质和非时间的形质。前者包括与时间相关的感觉，如音乐旋律。非时间的形质通常是空间的，包括对运动的知觉。在布伦坦诺的带领下，埃伦费尔斯追求形质的经验（但不一定是实验）证实。例如，他引用了一些研究对象的报告作为形质存在的证据，这些报告表明，尽管引起感觉的刺激元素发生了变化，但形式依然存在。

尽管埃伦费尔斯不赞成冯特的理论，但他也强调知觉元素的重要性。后来出现的符茨堡学派扩大了从马赫到埃伦费尔斯的成就与影响，并为格式塔心理学铺平了道路——正是格式塔心理学成功地挑战了冯特理论在欧洲的地位。

其他科学取向

在继续讨论作为人文科学的心理学之前，有必要简要地提到科学哲学中心理学的一些问题。心理学的**人文科学模式**从根本上质疑将自然科学方法等同于科学本身的观点。布伦坦诺和施通普夫从现象学的角度出发，提出了心理学方法论的其他可能性，其他研究者也从更普遍的角度对自然科学模式提出质疑。

威廉·狄尔泰（Wilhelm Dilthey，1833 — 1911）。第 11 章已讲过威廉·狄尔泰与 19 世纪存在主义的发展，但我们还应从心理学不同模式的角度考虑其贡献。作为德国著名哲学家，狄尔泰反对占据主导地位的自然科学方法，提出了一种强调人的历史偶然性和变化性的观点。在寻求对人类处境的理解时，狄尔泰认为，"理解"就是发现意义——它和知觉、推理同样属于心理操作。事实上，他用"人文科学"作为评估人类理解的恰当标准，而不是为了适应自然科学标准而人为扭曲事物。因此，他将历史评价视为一种基于人的时空意义的人文主义重要事业。而自然科学技术（无论是实验性还是内省性）过于狭隘，无法充分评估人类的意义。

亨利·柏格森（Henri Bergson，1859 — 1941）。柏格森的思想与狄尔泰有点相似。柏格森是著名的法国哲学家，详细论述了知识和时间的形而上学问题。他认为，自然科学的方法论将时间、运动和变化解释为静态的概念，这是一种扭曲。柏格森提出，生命的进步应该用适当的标准来评价，而这种标准在自然科学方法论中没有体现出来。他认为，"真正的经验主义"应该通过参与其中来发现生成（becoming）的动力。通过直觉的方法，形而上学可以提供适当的视角来揭示生命的意义。柏格森的结论是，理解生命的关键是把生命看作一个创造性进化的过程，这需要通过每个个体的主观意识来发现。

在这里，我们只对狄尔泰和柏格森的思想进行了简要的概述，并未触及它们的深度和复杂性。即便如此也足以看出，这两位哲学家都对主流的科学方法提出了质疑。当我们谈到 20 世纪的心理学时，会在其他人的研究中发现这些观点的影子。自然科学方法论的主导地位正在开始下降，布伦坦诺和施通普夫在许多方面推动了这一进程。

符茨堡学派

最后一种人文心理学模式来自符茨堡学派，代表人物是奥斯瓦尔德·屈尔佩（Oswald Külpe，1862 — 1915）。从本质上讲，符茨堡学派探索了两大领域，取得了引人注目的结果。第一个主要发现是，思维未必会伴随意象，这导致了与构造心理学基本原理的又一次冲突。第二，思维不能完全由联想来解释。符茨堡学派延续的时间不长，但也在相关领域对构造心理学发起了严重挑战。符茨堡学派不像布伦坦诺那么激进，他们接受了冯特构造心理学的许多观念。然而，正因为他们的框架与冯特相同，才更成功地冲击了人们对构造心理学的信念。

屈尔佩祖籍德国，出生于拉脱维亚，在那里接受早期教育，之后进入莱比锡大学学习历史。与冯特接触之后，他开始犹豫应该继续学习历史，还是转向心理学。在几所大学学习了这两门学科后，他于 1887 年回到冯特门下，并取得了博士学位。在被任命为符茨堡大学教授之前，他一直坚持冯特心理学。他对思维过程很感兴趣，从而主要研究这一方向。1901 年，屈尔佩的两名学生发表了一篇关于联想的论文，没有采用内省法，而是使用了自我报告思维过程的实证方法。在接下来的十年里，屈尔佩及其同事得到了一些数据，质疑了构造心理学对思维过程的内在解释。他们没有解决无意象思维的问题，但是问题的存在足以暗示意识中除了感官元素之外还有其他内容。此外，符茨堡的研究人员还发表了有关思维过程的成果，说明判断和意志等活动并不符合联想理论所提出的有序、有逻辑的结果。相反，他们发现思维过程中存在自主的、无关联的模式，这大大挑战了对心理结构的原有假设。

1909 年，屈尔佩离开符茨堡，前往波恩任职，符茨堡学派就此停滞。在波恩，屈尔佩转向研究心理学和医学之间的关系。符茨堡学派这一运动并不完全，尽管该学派的实验严重挑战了构造心理学的权威地位，但却没有为德国心理学提供可替代的新体系。与构造心理学的彻底决裂留给了另一场运动——格式塔心理学，我们将在第 15 章讨论这一学派。

总之，每种心理学模式的主导人物，不管是冯特还是布伦坦诺，都没能以一种确定的方式成功地建立起当代心理学。回顾历史，我们可以得出这样的结论：尽管布伦坦诺的知名度较低，但他更为成功，因为他的观点得到了接纳和传播，没有被完全否定。然而，从真正意义上说，在 20 世纪，心理学不得不经历了重建的一系列过程。

本章小结

19 世纪 70 年代的德国，心理学成为一门独立的科学学科。德国哲学中反复出现的心理主动性主题，为心理学的创立提供了底蕴深厚的知识背景和令人信服的理由，也产生了关于心理学本质和方法论的相互竞争的模式。其中一种模式是感觉生理学和心理物理学研究发展的结果，被称为构造心理学或内容心理学，代表人物是冯特和铁钦纳。在这种自然科学方法下，心理学被认为是通过严格训练的内省方法，对直接经验进行实验研究的科学；其目标是把意识内容还原为基本的心理元素。它的研究对象具有局限性，研究方法也相当模糊，这使构造心理学难以成为这门新兴学科的最终框架。然而，构造心理学使人们认识到心理学是一门新的科学。一部分学者（如缪勒、黑林和艾宾浩斯）试图修改构造心理学以适应更复杂的心理学问题。此外，马赫和阿芬那留斯等哲学家则加强了心理学的自然科学取向的正当性。

另一种则是人文科学模式，提出了更为开放的方法论，认为心理学研究方法可以基于观察，而不一定是实验。在这种背景下，布伦坦诺的意动心理学将其研究对象界定为心理事件的过程，而这种事件与环境和意识都不可分割。这种现象学观点拓宽了心理学的范围，也提出了几种广受认可的方法论。施通普夫和屈尔佩的研究都属于人文科学模式，得到了狄尔泰和柏格森在哲学上的支持（他们提出了对自然科学方法的哲学批判）。然而，这些学者的观点只停留在个体层面，没能提出一套足以与构造心理学相匹敌的统一、系统的理论。不过，他们为心理学的后续发展确立了可行的替代方案。在许多方面，现代心理学的“创立”是一种错误的开始。冯特和布伦坦诺提出的模式都未能成功地建立持久的心理学框架。心理学范围和方法的确定，都有待这些德国心理学家的继任者重新思考。

讨论题

1. “作为自然科学的心理学”模式是什么意思？

2. 试描述冯特和铁钦纳的构造心理学体系如何为心理学提供了自然科学模式。

3. 从内容和方法上看，构造心理学的定义是什么？

4. 作为一门新兴科学学科，总结构造心理学的初步表现所产生的影响。

5. “作为人文科学的心理学”是什么意思？

6. 试描述布伦坦诺的意动心理学如何为心理学提供了人文科学模式。

7. 从意动心理学的内容和方法来看，它的定义是什么？

8. 总结布伦坦诺及其意动心理学的影响。

9. 什么是符茨堡学派？为什么“无意象思维”的争论对构造心理学提出了严峻挑战？

10. 比较构造心理学和意动心理学在心理问题上统一的、连贯的立场。

第二部分

心理学的体系

HISTORY

AND

SYSTEMS

OF

PSYCHOLOGY

第 14 章

美国的机能心理学

章节内容

背景

19 世纪英国思想的影响

美国人的性格

美国早期心理学

道德哲学与医学

美国实用主义

· ▲威廉·詹姆斯

· 查尔斯·桑德斯·皮尔斯

过渡人物

· 雨果·闵斯特贝尔格

· 威廉·麦独孤

· 斯坦利·霍尔

机能心理学

芝加哥学派

· 约翰·杜威

· 詹姆斯·安吉尔

· 哈维·卡尔

哥伦比亚学派

· 詹姆斯·麦基恩·卡特尔

· 爱德华·李·桑代克

· 罗伯特·塞钦斯·伍德沃思

美国早期女性心理学家

玛丽·惠顿·柯尔金斯

克莉丝汀·拉德-富兰克林

玛格丽特·弗洛伊·沃什伯恩

机能心理学的影响

本章小结

冯特提出的德国新式心理学进入美国后，立即呈现出独特的美国个性。除了铁钦纳仍严格遵守冯特模式，在德国接受训练的美国心理学家回国后都对构造心理学进行了机能化的改造。简言之，机能主义是一种强调心理过程而非心理内容的心理学取向，更重视心理学的实用性。具有讽刺意味的是，正是铁钦纳在1898年创造了机能心理学这一名词，以便将这类观点与他自己“真正的”构造心理学区分开来。

与构造心理学或后来的格式塔心理学、行为主义、精神分析不同，机能心理学没有形成正式的心理学体系。机能心理学没有为心理活动提供全面的视角，没有背后的哲学假设，也缺乏既定的研究策略和目标。它与构造心理学的主要区别在于，机能主义强调心理学的应用性和有用性。正如波林（1950）所说，不能说机能心理学家做了不同于构造心理学家的实验，而是他们做实验的原因存在差异。机能主义者想知道心理的运作机制及其用途，而不是简单地了解心理的内容和结构。

机能心理学改变了这门来自德国的新科学，增加了德国学术界所没有的历史影响。具体地说，虽然接受了冯特体系中固有的洛克式假设，但美国人仍然保留了对其他英国主流思想的整体认可。最值得注意的是达尔文进化论的强大影响。机能心理学重视物种和个体适应环境影响的重要性。适应作为一种生存机制，符合美国作为开拓性全新国家的奋斗经验，在驯服这片充满野性的大陆的过程中，美国人认为自己对欧洲文明取其精华去其糟粕，有青出于蓝而胜于蓝之势。

美国机能主义是一场相对较为短暂的运动。它将冯特创立的新科学引入了美国，但在引进过程中，机能主义者抛弃了冯特体系的刻板性。作为心理学的思潮之一，机能主义为心理学的重新定义铺平了道路——真正的重新定义发生在 20 世纪上半叶，那时行为主义迅速席卷了整个美国心理学界。一方面，在美国，机能主义可以被看作构造主义和行为主义之间的一个过渡阶段；另一方面，机能主义者的共同努力成功地传达了心理学的学术价值和应用价值，从此，心理学在美国根深蒂固。因此，我们可以说，机能主义者是进步派，他们给心理学留下了传承至今的美国烙印。

背景

19 世纪英国思想的影响

由于英国和美国使用的语言相同，在过去的四百多年里，两国在经济、政治和社会领域都保持了根深蒂固的联系。这种关系同样反映在科学的哲学基础上，而对于心理学来说，这意味着对经验主义和洛克的心理过程模式的依赖。总的来说，洛克模式作为经验心理学发展的核心，在 18 世纪政治思想的培育中也发挥了重要作用，对美国的崛起产生了深远的影响。在美国的建国理想中，承认了洛克模式的社会意义及启蒙运动哲学家的道德观。杰斐逊的《独立宣言》为美国殖民地针对英国的行动辩护，声称社会是一个有机的整体，推动着自身的不断改善。根据杰斐逊的说法，社会本身是由生而平等的人组成的——这一思想源头来自洛克提出、卢梭加以肯定的“白板说”。

如第 12 章所述，19 世纪英国科学的繁荣发展证实了经验主义的正当性。达尔文的自然选择进化论的影响，可以在洛克模式的背景下得到最充分的理解：通过提出适者生存的理论，达尔文为物种的进化提供了经验支持。达尔文的理论在美国很容易被接受，因为他的发现提供了一种能够解释美国发展的机制。19 世纪的美国正在崛起，逐步发展为一个潜力无限的国家，欢迎来自世界各地的受压迫民众前来筑梦。因此，美国在很大程度上证实了斯宾塞对进化的解释。

进化论的影响远远超出了生物学的范畴。高尔顿对心理遗传的研究是达尔文主义的最初应用之一，最终导致测验成为心理学家手中颇具价值的研究工具。心理测验最初受到英国学者的推崇，后来在美国得以充分发展，成为机能心理学的重要组成部分。

高尔顿分析了心理特征的遗传性，进一步完善了回归分析与相关分析的基础（见第 12 章），卡尔·皮尔逊（Karl Pearson，1857—1936）为评估多种特质的协变提供了数学支持。皮尔逊在伦敦大学学院创办了统计学实验室，并于 1901 年与高尔顿一起创立了《生物统计学》（*Biometrika*）杂志，用以发表有关生物和心理变量的统计论文。同样在 1901 年，皮尔逊发表了一篇理论文章，根据对各种心理特征的多次测试，对预测能力倾向的数学可能性进行了研究。皮尔逊观点的统计含义被应用于查尔斯·斯皮尔曼（Charles Spearman，1863 — 1945）的智力测试，后者在 1904 年写了一篇论文，指出智力由一个单一的普通因素和一系列特殊因素组成。斯皮尔曼的智力二因素理论描述了智力的一个普通因素和一组与个体测试相关的特殊因素。后来，英国的研究者如戈弗雷·汤姆森（Godfrey Thomson，1881 — 1955）和西里尔·伯特（Cyril Burt，1883 — 1971）等，不同意斯皮尔曼的二因素理论并提出了替代模型，同时改进了统计技术，为多种能力的测试提供支持。最后，芝加哥大学的一位美国人瑟斯通（L.L.Thurstone，1887 — 1955）将因素分析作为解释多重检验的宝贵助力，因为它提供了一种根据因素占总变异性的程度来检测因素的方法。因素分析使综合预测个体能力之方法的发展成为可能。

皮尔逊及其追随者苦心钻研统计技术，希望能更好地预测心理能力，与此同时，阿尔弗雷德·比奈（Alfred Binet，1857 — 1911）在法国开发了第一个被广泛使用的标准化智力测验。当时的法国教育部长要求比奈设计一种评估小学生智力能力的方法，于是，他和同事发明了专门的项目来测量各种智力过程。就此，比奈等人提出了心理年龄的概念，这是与参照组相比儿童能力的个人指数。后来，德国心理学家威廉·斯特恩（William Stern，1871 — 1938）建议用心理年龄除以实际年龄来计算一个人的智商（IQ）。1916 年，斯坦福大学的一个研究组对美国使用的比奈量表进行了修订和重新标准化。1917 年，美国军队将智力测验作为“一战”征兵的选拔工具，智力测试在美国的重要性得以大大增强。

美国人的性格

在回顾机能心理学的发展历程之前，有必要先简单描述一下 20

世纪初的美国。20 世纪初，美国刚刚开始利用自己庞大的资源，在国际社会发挥力量。19 世纪的美国因内战而分裂，基于种族问题的社会不平等现象普遍存在。与此同时，美国与欧洲的动乱保持着相对安全的距离。到了 1900 年，美国成了一个殖民国家，将西班牙的势力驱除出西半球和亚太地区。然而，即使是殖民统治也被合理化为一种传教式的努力，目的是将美国生活的优点传播给被西班牙等欧洲帝国主义剥削的民众。因此，在当时的美国，人们满怀着令人兴奋而理想主义的使命感、正义感和例外论，美国人民对自己的信心与信仰都到达了登峰造极的程度。

这种道德和经济上的优越感，同样体现在美国的学术界。尽管美国大学的历史可以追溯到 17 世纪，但早期的大学多是培养神职人员和医生的小型机构。直到 19 世纪末，大多数美国人（特别是科研人员），都会去欧洲寻求高质量的教育。此后，美国大学开始改变自己的定位，从教派控制转向学术自由。1870 年，哈佛大学校长查尔斯·艾略特（Charles Eliot）开始对医学教育进行全面升级。约翰斯·霍普金斯大学和哥伦比亚政治学院分别在 1876 年和 1880 年建立了专业教育和研究生教育中心，使美国人能够在本国攻读博士学位。

1862 年的《莫里尔法案》（*Morrill Act*）出台后，政府对大学的支持急剧增加，该法案为开办州立农业学校提供了联邦土地和资金。在没有私立大学传统的地区（特别是美国中西部），这些得到了土地补助的学校得以扩张，能够囊括本科和研究生阶段的文理综合教育。

心理学引入美国的时候，正值美国的大学乃至整个国家都在扩张和振兴的大好契机。尽管欧洲的保守派学者对这门新科学持怀疑态度，美国的大学却更乐于接受这样的新鲜事物。作为一门独立学科的心理学，大大受益于美国当时的氛围，获得的认同和稳定是在欧洲时无法比拟的。

美国早期心理学

即使在美国大学发展到足以与欧洲大学一较高下的地步之后，早期对知识应用性的重视仍然是美国学界的一大特点。美国的价值观倾向于贬低抽象科学，抬高技术的地位。在哲学中，形而上学研究的本质问题和存在问题，屈服于人类行为具体标准的伦理问题。人们将心理学相关问题放在诸如医学和伦理学等应用领域进行考虑。

道德哲学与医学

在殖民地时期的美国，道德价值观、心理活动都与神学交织在一起。在美国历史上，福音派基督教（evangelical Christianity）周期性的激烈运动时有发生，其中一次是在 1734 年，由乔纳森 · 爱德华兹（Jonathan Edwards，1703 — 1758）在马萨诸塞州北安普敦布道引发。爱德华兹是美国第一位著名的本土哲学家，他推动了北美殖民地的"大觉醒运动"[1]，引导民众重新归向基督教的美与纯洁。爱德华兹在耶鲁读书时读过洛克的著作，他选择通过修订约翰 · 卡尔文（John Calvin）的决定论神学来研究上帝与人之间的关系。爱德华兹宣扬先定论和对上帝的信仰，敦促人们回归上帝的绝对统治，因

[1] 发生于 18 世纪 30 至 40 年代美国的一场思想启蒙运动，是反对宗教专制、争取信仰自由的思想解放运动。——译者注

为上帝把一切都给了人类。与之类似，新泽西贵格会教徒约翰·伍尔曼（John Woolman，1720 — 1772）在提出理想的行为标准时，将爱德华兹对上帝意志的认可与人道主义姿态进行了糅合。

本杰明·富兰克林（Benjamin Franklin，1706 — 1790）也许是美国最接近全才的学者，他既学识渊博，又极具创新天赋。他对实用科学的兴趣反映在对电的观察上（见第 9 章），但富兰克林也并未偏废理论研究。1744 年，他帮助创立了美国哲学学会，这是美国第一个学术团体。富兰克林是科学家、哲学家和发明家，后来又成为一位政治家，他体现了美国理想式的兼收并蓄和实用主义。

大多数殖民地时期的医生是在从业中积累经验、获得知识的，美国第一所医学院在宾夕法尼亚大学，直到 1765 年才成立。本杰明·拉什（Benjamin Rush，1745 — 1813）是宾夕法尼亚大学的医学教授，也是美国独立战争时期最著名的医生。拉什在英国爱丁堡获得医学学位，也将苏格兰经验主义的一些常识观点带回美国。然而，他更著名的事迹是作为美国军队的主治医师，敦促改善卫生和饮食以对抗士兵中猖獗的疾病。战后，他对心身疾病和精神疾病治疗进行了开创性的观察。他也是禁酒运动的坚定支持者，而且在美国的几个地区组织成立了禁酒协会。

在美国，没有直接实际应用的科学研究常被忽视。1793 年，费城十分之一的人口死于黄热病，拉什认为黄热病可能是城市肮脏环境所产生的“瘴气”所致。在这场灾难之后，才有人继续调查拉什的假设。原始的医学状态可能不经意间导致了美国首任总统乔治·华盛顿（George Washington）的死亡：他因喉咙感染而接受了放血疗法和腹泻疗法，导致了身体抵抗力的下降。后来，科学探究得到了越来越多的支持。1780 年，为了促进学术发展和社会进步，美国艺术与科学院（American Academy of Arts and Sciences）在波士顿成立。与基础科学相比，应用科学和技术得到的支持要热烈得多。事实上，美国的成功故事充满了创造性的发明、建筑奇迹和工程壮举。蒸汽船、轧棉机和伊利运河只是美国众多成就中的一小部分，只要能立即获得实际应用价值的项目，就能获得商业和政府的支持。

美国实用主义

实用主义这一哲学体系起源于美国。实用主义（pragmatism）一词源于希腊语词根，意为“行为或活动”。作为一种哲学，实用主义强调结果而不是方法。实用主义的科学观能够接受各种方法论，只要可以接近真理。在伦理学中，实用主义强调个体在欲望和理性之间做出权衡的方式。因此，实用主义哲学并不包含一整套学说或信仰，而是一种独特的哲学化方式。作为机能心理学的直接先驱，早期的实用主义哲学创造了一种学术氛围，认为与其研究一个人做了什么，不如研究他是如何做的。

▲威廉·詹姆斯（1842 — 1910）。作为美国心理学这门全新的经验科学的第一人，威廉·詹姆斯实际上应该被称为倡导者，而不是实践者。尽管他将实验心理学引入了美国学术界，还引进了冯特的一名学生[1]在哈佛大学开办实验室，但他仍是一位哲学家。他很欣赏将心理学建设为经验科学的努力，但自己并不是经验主义者；他激发了许多学生对心理学的兴趣，但自己并没有全身心地投入实验工作之中。他的天才并不局限于心理学这一学科，在漫长的职业

[1] 即雨果·闵斯特贝尔格。——译者注

图 14.1

威廉·詹姆斯（© Bettmann/Getty Images）

生涯中，他对许多领域都很有兴趣。

威廉·詹姆斯出生在一个显赫而富有的家庭，很有资源和动力来追求学术。他的弟弟亨利以小说家的身份在文学领域声名鹊起，威廉和他的四个兄弟姐妹在欧洲和美国接受了极好的教育。起初，威廉对绘画很有兴趣，但他在这方面的天赋并不出众，于是改变了方向，进入哈佛大学学习。在哈佛学习生物学和医学时，他受到了瑞士博物学家和动物学家路易斯·阿加西斯（Louis Agassiz，1807—1873）的影响。他的学业被一场病（其表现据描述是焦虑和情绪危机）打断了，于是前去欧洲休养。在德国和法国期间，詹姆斯广泛阅读哲学和心理学书籍，也听了一些著名思想家的讲座。回到美国后，他拿到了哈佛大学的医学学位，但决定转行做哲学。在哈佛的漫长职业生涯中，他成了一位传奇人物，受到学生和同事的钦佩和尊敬。他与同时代的奥利弗·温德尔·霍姆斯（Oliver Wendell

Holmes）、亨利 · 柏格森和斯坦利 · 霍尔（G. Stanley Hall）进行了大量的通信。他著作颇丰，对心理学的主要贡献包含在《心理学原理》（1890）中，共出版了两卷。该书对心理学做了综合陈述，很多年都被用作入门教科书。至今，它仍然是美国心理学的经典著作。

詹姆斯（1907）认为，心理学家之间的哲学差异可能归因于两种性格的个体差异："柔性"（tender-minded）和"刚性"（tough-minded）。他认为，柔性的心理学家更偏向理性主义（以原则为指导）、理智主义、理想主义、乐观主义、有宗教信仰、偏爱自由意志、一元论（强调整体）和独断论。刚性的心理学家则更偏向于经验主义（以事实为指导）、感觉主义、唯物主义、悲观主义、无宗教信仰、宿命论、多元论（强调部分）和怀疑论。他提出实用主义能够调和二者，在事实与原则、唯心主义与唯物主义、乐观主义与悲观主义、自由意志与决定论、整体与局部中进行平衡。实用主义既不是仅依靠逻辑（理性主义），也不是只依赖感觉（经验主义），而是同时接受逻辑与感觉的价值，而这些价值建立在对现实生活中最有效的实际结果之上。

威廉 · 詹姆斯的实用主义建立在对经验主义的深刻认识基础上，可归纳为以下几点：

1. 理论观点的结果就是判断立场差异的主要标准。不同的哲学理论可以提出不同的观点，但只有它们的结果才能将其真正区分开来。因此，詹姆斯接受了对理论效度的经验主义检验。

2. 如果一个理论声称自己能在组织经验方面发挥有用的、令人满意的效果，那么它至少应该得到初步的接受。这一点允许对个体经验采取一种主观的、功利主义的视角。例如，如果一个人信仰某一宗教，只有当这种信仰对他来说十分重要、极具价值时，才可以说是“真实的”。

3. 经验本身既不是意识的要素，也不是物质的机械法则。与冯特不同，詹姆斯不认为经验是一系列由联想联系在一起的离散感觉；相反，他认为经验是主观事件的连续流动。

詹姆斯认为，心理和生理、主观和客观方面的经验，不是相互作用的两个不同子系统。相反，与斯宾诺莎早期的观点相呼应，他提出心理和生理经验是同一经验的不同方面。例如，我们可以阅读一本书，也可以用这本书当镇纸——关于这本书，我们并没有两种经验，仅仅是以两种不同方式描述的同一经验。因此，詹姆斯模糊了身心之间的区别，因为他认为这种区别是一种用来描述经验过程的智力产物。经验本身是一个单一的实体。

通过将心理学定义为“心理生活的科学”，并提出经验是一种连续的意识流，詹姆斯接受了一种远比冯特广泛的心理学范畴。因为经验必须用生理和心理两方面来描述，詹姆斯强调了一种真正的生理心理学，重视大脑在处理心理经验或意识方面的功能。此外，詹姆斯认为，心理是个人的、不断变化的、持续而有选择性的过程。因此，他主张用经验主义方法来研究经验，把注意力集中在心理的功能上，也就是说，心理学家必须观察心理活动和心理过程。

詹姆斯认为，意识在生理和心理两个维度上都应得到恰当的描述，这种观念也影响到了他的情绪理论。1884 年，詹姆斯提出自己的情绪理论。1885 年，丹麦心理学家卡尔·兰格（Carl Lange，1834—1900）也提出了相当类似的解释。于是他们的理论被合称为詹姆斯-兰格情绪理论（James-Lange theory of emotions），认为在面对情绪刺激时，身体会做出某些自动反射动作，这些反应通常局限于骨骼和内脏层面。詹姆斯认为，在我们意识到这些反应后，就会体验到相应的情绪。例如，如果一辆超速的汽车朝你飞驰而来，差点撞到你，你的自主神经系统会立即做出自动反应，包括心率加快、呼吸急促、出汗等，这些反应都是为“逃跑或吓呆”的运动做的准备。詹姆斯断言，经历了这一系列的反应，恐惧的情绪也就出现了。因此，詹姆斯认为，我们先意识到的是经验的生理方面，然后才会重点关注到心理方面。因此，情绪是一系列自主反应的结果，而不是原因。詹姆斯的情绪理论关注的重点是整体经验的两个维度（生理和心理），并根据活动的可观察功能来描述情绪。

波林提出了詹姆斯在美国心理学史上占据重要地位的三个原因。首先，他精力充沛的个性、清晰的文字表达以及高效的教学方式，都激发了学生对心理学的兴趣。他创造了一种促进心理学在美国学术界发展的氛围。其次，詹姆斯提出了替代冯特模式（在美国以铁钦纳为代表）的新方案。詹姆斯对心理学的定义是基于经验的，将经验描述为意识流，而不是感觉元素的集合。最后，詹姆斯提出了一种独特的美国心理学，具有相当明显的机能主义特点。机能心理学对实践应用持开放态度，并承认可观察的行为资料。

查尔斯·桑德斯·皮尔斯（Charles Sanders Peirce，1839—1914）。查尔斯·桑德斯·皮尔斯的性格气质与詹姆斯几乎完全相反，他是实用主义的重要人物，因为他整合了多种哲学元素，提出了一种折中的意识理论。尽管皮尔斯对机能心理学的影响远不如詹姆斯，但他的实用主义为美国心理学奠定了基础，并得到了詹姆斯的认可。

皮尔斯的父亲是哈佛大学的数学家，他接受了数学和生物学方面的良好教育，同时也阅读了大量历史和哲学书籍。从哈佛大学毕业后，他一直在美国海岸和大地测量学会（United States Coast and

Geodetic Society）从事科研工作，直到 1879 年，他被任命为约翰斯 · 霍普金斯大学的逻辑学讲师。他的教师生涯不太成功，四年后离开了霍普金斯。尽管詹姆斯努力为他在哈佛谋了一个职位，皮尔斯却再也没有正式工作。他的后半生颇为清贫，靠偶尔的临时工作谋生，日益孤独，脾气也越来越暴躁。他的大部分作品都出版于去世之后。

和詹姆斯一样，皮尔斯也从实际效果的角度看待意识和心理过程。此外，他还将判断这一高级心理过程定义为人对相关观念的结果与意义的寻求。任何有意义的观念都存在三个心理范畴：特性（quality）、本质（essence）及其与其他观念的关系（its relationship to other ideas）。然而，与詹姆斯不同的是，皮尔斯更强调思想的逻辑结果，而不是心理结果。皮尔斯以这一方式提出了自己的信念，即心理与它强加于感觉信息上的组织结构紧密相连。

詹姆斯和皮尔斯都促成了一种学术氛围，使人们更容易接受心理学的新模式。他们的实用主义观念也预示着美国思想界的未来发展体系。例如，詹姆斯的经验主义倾向于接受可观察的行为作为心理学研究对象；皮尔斯对心理组织的强调与后来出现的格式塔心理学相一致。作为一种哲学思潮，实用主义定义了美国心理学的直接特征；而机能心理学则反过来提供了一种必要的过渡，有助于从冯特的僵化模式发展到 20 世纪 30 年代在美国兴起的各种心理学体系。

过渡人物

如前所述，机能心理学是一个松散的体系，其特点是对心理学研究的统一态度，没有形成清晰连贯的理论。尽管如此，机能心理学仍然存在中心人物，我们将在下一节中具体讨论。不过，在此之前，还应该介绍几位心理学家的观点。这些心理学家是机能主义者，为美国心理学方法论的形成做出了贡献。此外，他们是个人主义者，表达的心理学观点相当个人化，不符合机能心理学更为正式的要求。

雨果·闵斯特贝尔格（1863 — 1916）。雨果·闵斯特贝尔格是冯特的学生，由威廉·詹姆斯从德国招聘而来，负责扩展和管理哈佛大学的心理学实验室。他完成了这项任务，但与此同时，闵斯特贝尔格也很支持心理学成为一门有价值的应用学科。他因将心理学原理应用到社会、商业和教育等各种问题上而闻名。他在名义上仍然是一位构造心理学家。然而，他较为忽视理论，逐渐融入了美国的机能主义精神。

闵斯特贝尔格的一生提出了许多观点，这些观点先为他赢得了声望和钦佩，随后又带来了轻蔑和嘲笑。他出生在东普鲁士港口城市但泽（今波兰格但斯克）的书香世家。1885 年，他在莱比锡大学获得博士学位，导师是冯特。一年后，他又获得了医学学位。冯特早前曾否定过他对意志的一些初步研究，但闵斯特贝尔格仍然坚持独立完成这项工作，后来还将被否定的论文扩充成一本小书，于 1888 年付梓出版。此后，他与冯特进一步疏远了。1887 年，闵斯特贝尔格被任命为弗赖堡大学（University of Freiburg）的教员，建立了一个实验室，开始发表关于时间知觉、注意过程、学习和记忆的论文。这些论文引起了德国和美国心理学界的注意，威廉·詹姆斯在《心理学原理》中引用了其中的几篇。1889 年，詹姆斯在巴黎的第一届国际心理学大会上遇见了闵斯特贝尔格。相识之后，两人开始通信，詹姆斯派了一个学生前往弗赖堡与闵斯特贝尔格合作。1892

年，詹姆斯从哈佛获得了一份邀请，请闵斯特贝尔格担任心理学实验室主任，任期三年。在职期间，除了扩大实验室和指导学生外，闵斯特贝尔格还学习了英语，并编写了一本德语教科书。1895 年，他回到弗赖堡，开始考虑是否接受哈佛大学的终身教授职位。1897 年，他回到哈佛大学，在美国度过余生，其间只短暂地回过欧洲，还曾在柏林做了一年的交流教授。

除了大量心理学著作之外，闵斯特贝尔格还成了德美关系的发言人。他从未接受美国国籍，始终是一个激进的德国民族主义者。他在德国出版了一本畅销书，主题是探讨美国人的性格、文化和社会结构。20 世纪初，他受到两国政治领导人的尊敬，并主张加强美国和德国学者之间的联系。然而，第一次世界大战前夕，德国在美国公众中的形象恶化，政治风向改变，善意逐步消失。美国民众对德国政治和军事侵略满怀愤怒，将矛头对准了闵斯特贝尔格。他还曾提倡优生学以解决社会上的精神障碍问题。早年间，美国的报纸对他大加褒扬，描述他对德美合作的贡献，现在他却成了傲慢的德国象征。毫无疑问，这种诽谤使闵斯特贝尔格承受了相当大的压力，甚至可能导致了他在 1916 年突发心脏病身亡。那正是美国对德国宣战的前一年。

与詹姆斯及同时代的大多数心理学家一样，闵斯特贝尔格认为自己是一位哲学家。在《普通心理学与应用心理学》（*Psychology: General and Applied*, 1914）一书中，他提出了一套很有价值的心理学框架，即心理学可以分为因果心理学、目的心理学和应用心理学。有趣的是，闵斯特贝尔格谴责实用主义只是希腊智者学派的现代版。尽管他承认应用心理学的价值，但却认为如果心理学要与实用主义保持一致，就是对自己的一种约束。他认为，实用主义在范围上始终过于局限，太强调可操作性。在区分因果心理学和目的心理学时，他坚持德国心理主动性模式的理想主义基础。因果心理学以经验为基础，研究心理事件和心理过程之间的关系。目的心理学研究意志活动对目的的追求。闵斯特贝尔格最初认为目的心理学属于哲学的形而上学范畴，但后来又把它纳入了心理学体系中。闵斯特贝尔格的学生埃德温 · 霍尔特（Edwin Holt）对行为主义的概念化（见第 17 章），就是受到了目的心理学理论影响。而霍尔特又进一步影响了爱德华 · 托尔曼（Edward Tolman），后者将心理学的行为主义模式扩展成了目的行为主义（purposive behaviorism）。

几乎从一开始，闵斯特贝尔格的哈佛实验室研究主题就突破了冯特和铁钦纳的内省心理学限制。他组织了人类和次人类（infrahuman）研究的部门，这一实验室很快就成为实验心理学领域中更具成效的中心。他在心理学研究上的观点相当广泛，具有折中性，结合了德国传统的冯特构造心理学和布伦坦诺的意动心理学，从闵斯特贝尔格的理论来说，这种结合是可以接受的，因为它相当于整合了因果心理学和目的心理学。

闵斯特贝尔格对心理学的应用散见于他的各类著作。他既是心理学家，又曾当过医生，所以对心理治疗很感兴趣，并于 1903 年发表了一篇相关综述。他不同意弗洛伊德关于无意识动机本质的见解，但他很重视弗洛伊德理论所带来的精神病理学。闵斯特贝尔格的《论目击者的立场》（*On the Witness Stand*, 1908）是司法心理学的初步尝试，他还在实验室里开发出了“测谎仪”的前身。他的著作《心理学与教师》（*Psychology and the Teacher*, 1909）特别关注个体在学习上的差异，认为这种差异是由遗传倾向的变异性引起的，他建议通过一些测试来衡量学生的能力。在《职业与学习》（*Vocation and Learning*，1912）和《心理学与工业效率》（*Psychology and Industrial Efficiency*，1913）中，闵斯特贝尔格描述了关于人力资源和劳动管理方面的研究。他甚至在《电影：一项心理学研究》（*The Photoplay: A Psychological Study*，1916）中对电影技术进行了分析。

闵斯特贝尔格是一个非常杰出的人，学术涉猎极为广泛，很容易与美国功利主义伦理观相结合。尽管他在理论上反对实用主义，实践中却为机能心理学的形成做出了贡献。闵斯特贝尔格在美国心理学史上的地位并没有得到应有的重视，可能是因为他遭到了反德派的攻击，以及在人际关系方面存在一定缺陷。尽管如此，正如威廉·詹姆斯在学术界推广心理学立下了赫赫功勋，雨果·闵斯特贝尔格通过展示实用价值在大众中推广心理学，这同样值得我们推崇和铭记。

威廉·麦独孤（1871 — 1938）。人们经常将弗洛伊德和威廉·麦独孤进行类比，因为他们都认为心理活动依赖于遗传的本能模式。麦独孤有时也被归类为行为主义者，因为他强调公开的、可观察的行为能够反映心理活动。然而，麦独孤其实是一位个人主义者，执着于追求自己的心理学方向，这在很大程度上与当时的主流美国心理学格格不入。近年来，因其在比较行为分析中将本能与目的折中结合起来，麦独孤的心理学颇受好评。他的大部分重要观点都发表于英国，但在早期美国心理学的机能主义氛围中，这些观点得到了更好的接纳。

麦独孤曾在剑桥大学和牛津大学学习，打下了良好的人文和医学基础，随后在德国哥廷根大学学了一年生理学。在英国圣托马斯医院实习四年后，他加入了前往新几内亚和婆罗洲进行人类学考察的剑桥大学考察队。他对原始社会文化的研究发表在几卷书中，其中反映了他的早期研究倾向，那就是极为详尽的观察。他曾在伦敦大学学院短暂任教，之后在牛津大学工作了十六年。第一次世界大战期间，他担任了英国军队的医生，研究了许多精神障碍病例，这些病例将成为他提出变态心理学观点的基础。1920 年，他接受了哈佛大学的教授职位，这一职位在 1916 年闵斯特贝尔格去世后空缺了四年。他在哈佛待了七年，又去了杜克大学。他对哈佛大学心存不满，可能是因为他认为自己的观点没有得到应有的钦佩和追捧。他还认为，北卡罗来纳州较为温和的气候可能有利于他日益加重的耳聋。在杜克大学期间，他担任了心理学系主任，培养了对各种心理学模式乃至超心理学（parapsychology）都很包容的学术氛围。

麦独孤的科学背景与达尔文一致，都产生于 19 世纪的传统。在哲学上，他与苏格兰经验主义者以及约翰 · 斯图尔特 · 穆勒的联想观点一致。麦独孤也受到詹姆斯心理学的影响，并为他撰写了一本纪念著作。

麦独孤将自己的心理学称为目的心理学（Hormic Psychology），“目的”一词来源于希腊文 hormone，意为“活动冲动”。通过选择这一标签，他强调说，心理活动具有目的或目标，可以促使个体采取行动，尽管他或她可能对目标本身没有任何真正的理解或知识。活动的动力或推动力被称为本能（instinct）或冲动（urge）。与生理活动相反，心理活动被定义为行为，有 7 个关键特征：

1. 动作的自发性
2. 超越某些启动刺激的持续活动
3. 活动方向的变异性

4. 情境发生变化，运动随之终止
5. 为新情境做准备
6. 通过练习，行为能力会有所提高
7. 反映组织反应的整体性

这种有限制的行为定义不包括反射行为（reflexive actions），麦独孤认为这属于生理反应。麦独孤的行为观点被华生更广泛、更不严谨的定义所掩盖了。然而，对麦独孤来说，由遗传本能产生的行为提供了一种可以通过经验改变的行为机制，特别是在高等动物身上。

麦独孤的模式强调了遗传特征和行为的重要性，这些特征和行为可以通过环境影响来学习和改变。他强调，个体在追求目的时，可以自由改变其行为，因此，他的理论不属于决定论。麦独孤的观点与华生形成了鲜明的对比，后者认为行为完全由环境决定。麦独孤认为，心理具有组织性，可以与生理过程相互作用。与此同时，他认为个体能自由决定自己的目标，及实现目标的途径。

麦独孤的主要贡献之一是对人类和动物行为的社会背景的认识。他强调了影响物种间相互作用的关键社会变量，以及这些行为与本能、遗传的关系。多年以来，他的《社会心理学导论》（*Introduction to Social Psychology*，1908）一直是极为权威的学术著作。

麦独孤心理学与当时美国主流心理学存在些许差异。虽然他的观点具有一定的实用性，但并没有像华生那样激发美国心理学家的想象力。近年来，随着习性学（ethology）得到了更广泛的认可，我们也可以说，在概念化方面，麦独孤的行为主义比华生更为完善。当然，康拉德·劳伦兹（Konrad Lorenz）、尼科·廷伯根（Niko

Tinbergen）等动物行为学家的研究成果，都更符合麦独孤的观点，而不是美国行为主义的其他早期理论。

斯坦利·霍尔（1844 — 1924）。斯坦利·霍尔也许是美国早期心理学家中最独立的一位，他工作脚踏实地，立足实践，为美国心理学打下了牢固的根基。除了对儿童心理学和教育心理学的贡献之外，他还成功地使心理学成了一门职业，得到人们的广泛认可。

霍尔有一系列"第一"的称号，他是哈佛大学哲学系第一个毕业的博士（1878 年），也是第一个在莱比锡冯特心理学实验室工作的美国人（1879 年）。他在约翰斯·霍普金斯大学创办了美国第一个合法的心理学研究实验室（1883 年）。1887 年，他创办了第一本专门研究心理学的英文期刊《美国心理学杂志》（*American Journal of Psychology*）。第二年，他成为克拉克大学（Clark University）的第一任校长，并于 1892 年组织了美国心理学会，成为第一任主席。他还参与了其他期刊的创办包括：《教育学研究》（*Pedagogical Seminary*, 1891），1927 年改名为《发生心理学》（*Journal Genetic Psychology*）；《宗教心理学》（*Religious Psychology*, 1904 — 1914）；《种族发展》（*Journal of Race Development*, 1910），后来先后改名为《国际关系》（*Journal of International Relations*）和《外交事务》（*Foreign Affairs*）；最后，霍尔自己还投资了 8 000 美元创办《应用心理学》（*Journal of Applied Psychology*）。

霍尔出生于波士顿附近的一个农场，1867 年在马萨诸塞州西部的威廉姆斯学院获得学士学位。然后他去了纽约的联邦神学院，希望能成为一名牧师。波林讲述了霍尔在全体人员面前试行讲道的故事。讲道结束后，专门主管评论试讲的教师没有给出评价，而是跪倒为拯救霍尔的灵魂而祈祷。或许与此有关，霍尔去了德国学哲学，在德学习的三年中，他还听了杜·布瓦-雷蒙的生理学课程。1871 年，霍尔回到纽约完成了神学学位，并在一个乡村教堂工作了一段时间。随后，他在俄亥俄州的安提俄克学院（Antioch College）获得教职，教了一系列课程。霍尔对冯特的生理心理学印象深刻，打算再次前往德国，向冯特学习。然而，与此同时，哈佛大学的艾略特校长给了他一个英语教师的职位，这也使他有机会和威廉·詹姆斯一起工作。1878 年，他获得了博士学位，博士论文主题是肌肉知觉。此后，他去德国生活了两年，师从冯特，正好赶上了冯特在莱比锡大学开创心理学实验室的时机。

1881 年，霍尔加入了新成立的约翰斯·霍普金斯大学，致力于研究生教育。他在此与一批年轻人共事，这些年轻人后来在心理学领域取得了令人瞩目的成就，其中包括约翰·杜威（John Dewey）、詹姆斯·麦基恩·卡特尔（James McKeen Cattell）和埃德蒙德·克拉克·桑福德（Edmund Clark Sanford）。1888 年，霍尔被任命为克拉克大学校长。他与桑福德一起开办了心理学实验室，同时还成立了一个教育心理学系。克拉克大学心理学系很快就声名大噪。1909 年，霍尔还邀请了弗洛伊德前来克拉克大学心理学系做学术讲座。在去世的当年，霍尔第二次被选为美国心理学会主席；除他之外，能够获此殊荣的只有威廉·詹姆斯。

霍尔做出了许多成就，为美国心理学奠定了坚实的基础。然而，和詹姆斯一样，霍尔的性格也不适合实验室工作。因此，他自己从事的心理学实验工作并不算多，而是创造了一种学术氛围，支持那些更擅长实证研究的人。尽管如此，霍尔还是为心理学知识的涌现做出了极大贡献。具体来说，他深信遗传学和进化论对心理学的重要性，这反映在他的著作和对发展心理学研究的支持上。此外，霍尔开创了调查法，至今仍是社会科学研究的常用方法。

这三位早期的心理学家——闵斯特贝尔格、麦独孤和霍尔，都是独立的思想家。他们没有建立心理学体系，没有开创一致的理论框架，也没有留下忠实的追随者。然而，他们使心理学走向了实践，在美国真正扎下根来，逐渐根深叶茂。

机能心理学

现在，我们可以讨论机能心理学更正式的模式了。如前所述，与其说机能心理学是一个综合体系，不如说是一种对心理学探究结果的态度。机能心理学的中心分别在芝加哥大学和哥伦比亚大学发展起来，二者在思想上没有实质性的区别。事实上，伟大的美国哲学家、心理学家约翰·杜威与这两所大学都有联系。芝加哥大学和哥伦比亚大学都是新科学在美国传播的焦点区域，并且都促进了心理学的机能主义倾向。

芝加哥学派

在芝加哥，心理学很容易与其他学科建立联系。应用方向的教育心理学尤其重要，对心理学和生物学重要性问题的研究则是行为主义心理学的先驱。

约翰·杜威（1859 — 1952）。约翰·杜威在芝加哥大学开创了机能主义的先河，在漫长的职业生涯中，他始终坚持促进社会变革。他十分赞赏达尔文理论中隐含的民主意义，认为教育是个人进步和社会发展的关键。因此，杜威没有致力于为心理学本身添砖加瓦，而是尝试以心理学为手段推动社会进步。

1884 年，杜威在霍普金斯大学获得博士学位，毕业论文主题是康德的心理学思想。此后的 20 年，杜威都在美国中西部度过，先是在密歇根大学、芝加哥大学，1904 年又转入哥伦比亚大学。杜威还很年轻的时候就出版了第一本教科书——《心理学》（*Psychology*，1886），旨在将这门新科学介绍给美国人民。这部著作是从机能主义的角度定义心理学，但杜威在很大程度上是一位哲学家，比如说，他会将感觉描述为一种基本意识，因灵魂的反应而产生。杜威对心理学的主要贡献包含在他在芝加哥大学时发表的著名论文《心理学中的反射弧概念》（*The Reflex Arc Concept in Psychology*，1896）中。杜威反对对反射反应进行元素分析，这一观点与稍后出现的格式塔心理学对行为活动的解释一致，不同于巴甫洛夫和华生行为主义提出的反射学。杜威强调运动的整体性，认为协调不仅仅是反射的总和。有人认为反射是一系列离散的刺激行为，然后依次出现的是感觉和反应。杜威否定了上述观点，他认为，反射是一系列平滑有序的协调运动，不可分割。

杜威去哥伦比亚大学前后，思想逐渐向教育和社会哲学的方向发展。从芝加哥时期开始，他的主要贡献包括引领一批年轻的学者相信心理学的效用，并主张美国心理学就等同于机能心理学。

詹姆斯·安吉尔（James Angell，1869 — 1949）。作为芝加哥学派的组织者，詹姆斯·安吉尔于 1894 年来到芝加哥大学，一直待到 1920 年。安吉尔出生于佛蒙特州，爷爷是布朗大学的校长，父亲曾任佛蒙特大学、密歇根大学校长，他自己则于 1921 年成为耶鲁大学校长。他在密歇根大学读本科（当时杜威也在那里），1892 年获得了哈佛大学的硕士学位，师从威廉·詹姆斯。然后他去了德国的哈雷大学攻读博士学位，完成了所有学业，但就在修改论文时，他接到了明尼苏达大学的工作邀请，于是放弃了学位，回到美国就职。因此，他没有拿到博士学位，不过这一新职位却让他娶到了妻子。在漫长而卓越的职业生涯中，他获得了20多个荣誉学位，有效地弥补了没有博士学位的遗憾。

1906年，他就任美国心理学会主席时的演说，发表于次年的《心理学评论》(*Psychological Review*)，题目是《机能心理学的领域》(*The Province of Functional Psychology*)，对机能心理学做出了非常明确的阐述。从本质上说，安吉尔认为机能心理学属于自然科学中的生物科学，应研究心理如何运作，以及整个心—身功能和有机体—环境的关系。这个定义使机能心理学与英国自然科学、达尔文主义相一致。与冯特相反，安吉尔认为，意识能逐渐改善有机体的适应活动，注意过程是意识的中心。安吉尔详细描述了机能心理学的三个方面：第一，机能心理学研究心理操作，而不像构造心理学那样关注心理要素。第二，机能心理学强调心理的适应性活动，这意味着心理在人的需要和环境之间起着中介作用。安吉尔认为，由于意识在成功顺应后会习惯于环境事件，只有新的刺激才会引起意识的注意波动，从而进入意识的中心。第三，机能心理学假设心理—生理、心—身之间存在交互作用；因此，传统的心理物理学将继续占据研究的重要地位。

在安吉尔的领导下，芝加哥大学的机能心理学蓬勃发展，发表了许多与人类、次人类相关的研究论文。安吉尔最著名的学生是美国行为主义心理学的创始人约翰·华生(John B. Watson)，后者的学位论文题目是《动物教育：白鼠的心理发展》(*Animal*

Education: The Psychical Development of the White Rat, 1903）。尽管安吉尔后来否定了华生的行为主义，认为它在哲学上十分荒谬，对心理学很有害处，但其实，华生的观点在一定程度上继承了机能心理学的思想，是后者一部分基本目标推演出的逻辑结果。

哈维·卡尔（Harvey Carr，1873 — 1954）。继安吉尔之后，芝加哥机能主义的另一位代表人物是哈维·卡尔。他于 1905 年在芝加哥大学获得博士学位。1919 年，他开始担任系主任，在接下来的 19 年里主持了 150 个博士学位的授予。1925 年，卡尔撰写了影响深远的教科书《心理学》（*Psychology*），当时，机能心理学的发展已基本完成。此外，机能心理学存在的主要原因——对冯特和铁钦纳及其构造心理学的攻击——已经不再是心理学界中的有生力量。尽管机能心理学在名义上仍然存在，但在卡尔任职芝加哥期间，它逐渐被吸收进了美国的行为主义之中。

卡尔将心理学定义为研究心理过程的科学，强调运动反应、适应性活动和动机。卡尔既承认主观的、内省的方法，也接受客观的测量方法。然而，由于他在动物心理学方面的背景，他更倾向于客观的研究方法，对主观研究法的关注相对较少。在芝加哥大学所做的实验中，广泛使用了对心理活动的客观测量方法，强调外显的、可观察的行为是心理数据的主要来源，为随后的研究方法发展铺平了道路。因此，卡尔在机能心理学中的作用是总结了这一运动中共同的基本原则：首先，心理过程具有适应性和目的性；其次，心理活动是由环境刺激引起的；第三，动机会影响心理过程，并改变环境刺激的影响；第四，行为反应都有其后果；最后，所有的心理活动都是连续的、协调的。

哥伦比亚学派

哥伦比亚学派具有广泛的机能主义特点，应用范围也十分广泛。接下来介绍的三位心理学家说明了哥伦比亚学派机能心理学取向的多样性。

詹姆斯·麦基恩·卡特尔（1860 — 1944）。在所有心理学家里，詹姆斯·麦基恩·卡特尔在建立职业认识上的努力方面可能仅次于霍尔。卡特尔在宾夕法尼亚州的拉斐特学院（Lafayette College）读了本科，然后去了德国，跟随洛采和冯特学习。回到美国之后，卡特尔在霍普金斯大学学习了一年，决心要投入心理学研究领域。他回到德国，大胆地对冯特说“您需要一个助手”，然后在冯特门下卓有成效地工作了三年，于 1886 年获得博士学位。在冯特的实验室里，卡特尔迷上了反应时实验，研究了反应时的个体差异—— 对于冯特的学生来说，这是个很不寻常的主题。在美国任教一年后，卡特尔于 1888 年在剑桥大学作了演讲。他在英国遇到了弗朗西斯·高尔顿爵士，两人在个体差异方面问题上十分投机。从 1888 年到 1891 年，卡特尔在宾夕法尼亚大学担任心理学教授；从 1891 年到 1917 年，则在哥伦比亚大学当心理学教授。他在这两所学校都开办了心理学实验室。卡特尔与许多美国知名人士，包括国务卿威廉·詹宁斯·布赖恩（William Jennings Bryan）在内，都强烈反对美国加入第一次世界大战。因其和平主义立场，卡特尔被哥伦比亚大学开除，余生致力于心理测试和主编工作。1894 年，他与詹姆斯·鲍德温（James Baldwin，1861 — 1934）共同创办了《心理学评论》，1900 年创办了《大众科学》（后来的《科学月刊》）。卡特尔担任《美国科学家》（*American Men of Science*）的主编长达 32 年，曾多次担任《科学》《学校与社会》和《美国博物学家》（*American Naturalist*）的编辑。

到了19世纪90年代，卡特尔对个体差异的兴趣促使他致力于心理测验。1892年，他发表了专论《对微小差异的知觉》（*On the Perception of Small Differences*），对被试在传统心理物理实验中所作判断错误进行了详细的统计分析。高尔顿后来遵循了这一研究方向。1896年，卡特尔发表了一份关于哥伦比亚大学学生身心测量的报告，随后对著名科学家进行了评估性调查。他创办了心理学公司，向公众推销心理专业技术和测量工具。

从理论和应用两方面看，卡特尔毕生对个体差异的兴趣都很符合机能主义。和高尔顿一样，他关注对人类能力的测量，并从进化的角度看待这一点。作为美国著名的心理学家，卡特尔影响了许多学生。他提倡使用统计和测验方法，从而支持了心理学中应用的完全专业化。

爱德华·李·桑代克（Edward Lee Thorndike，1874—1949）。爱德华·李·桑代克是美国行为主义的先驱人物，生平简介见第17章。实际上，桑代克早期关于动物学习的研究，说明他完全可以被划分进行为主义阵营，而行为主义的思想正是源于美国心理学的机能主义精神。1898年，他在卡特尔门下获得博士学位，随后与哥伦比亚大学教师学院（Columbia Teachers College）的合作对他后来的研究兴趣（探索人类的智力和测验）有一定影响。

桑代克的两本著作概述了学习和测验原理的应用：《教育心理学》（*Educational Psychology*，1903）和《心理与社会测验学导论》（*Introduction to the Theory of Mental and Social Measurement*，1904）。这两本书都成为一代心理学和社会科学学生的必读书目。桑代克通过略带元素主义的方法来描述智力，强调智力是由许多能力组成的。尽管桑代克的联结过程观点（见本书第17章）为他在行为主义心理学领域赢得了更大的声誉，但他具有很强的将研究应用于实践的能力，这非常符合机能主义的主旨。

罗伯特 · 塞钦斯 · 伍德沃思（Robert S. Woodworth，1869 — 1962）。1899 年，伍德沃思在卡特尔门下获得博士学位，此后的整个职业生涯都留在了哥伦比亚大学，除了中途随英国神经生理学家查尔斯 · S. 谢灵顿做了一年博士后研究。伍德沃思的第一部重要著作《动力心理学》（*Dynamic Psychology*，1918），将多种主流心理学思想融入其中，观点较为折中。在他的其他作品中，《现代心理学流派》（*Contemporary Schools of Psychology*，1931）和《行为动力学》（*Dynamics of Behavior*，1958）提供了细致的心理学机能主义视角。他的《实验心理学》（*Experimental Psychology*，1938）多年来一直是大学中心理学实验课程的主导教材，1954 年，他与哈罗德 · 施洛斯伯格（Harold Schlosberg）一同修订了此书。

伍德沃思的“动力”心理学主要关注动机。从对洛克经验主义的模式任何实质性的偏离来看，他的观点不是动力的。对于心理过程的解释，伍德沃思遵循了广受公认的说法，与芝加哥学派和桑代克的观点一致，但强调个体动机和潜在的生理关联是适应的核心。他用“机制”一词来描述适应的心理行为，与卡尔类似。机制是由内驱力和外驱力引起的。伍德沃思认为，由于个人的目的感，心理活动获得了连贯性和统一性。

美国早期女性心理学家

关于美国早期心理学史，另一个值得特别提及的话题是女性的作用。尽管在心理学的漫长历史中，女性都做出了不容忽视的贡献，但由于心理学在美国的独特成就，很有必要强调女性在美国心理学创立过程中发挥的作用。同时，必须指出的是，心理学并未幸免于男权偏见，这些偏见在历史上一直困扰着所有学科，并限制了妇女参与各类智力活动的机会。尽管许多妇女被禁止投身心理学研究领域，但可以说，与其他学科相比，心理学接受的女性更多。也许这种相对开放性是因为心理学作为一门新兴学科兴起于20世纪，当时女性正大步迈向大学、政治舞台和市场。尽管如此，女性在各个领域（包括心理学领域）的成功，往往意味着巨大的个人牺牲，包括为了获得竞争性的教育而离开家庭的荫庇、放弃婚姻，在经济上自给自足，并不断在男性主导的制度下证明自己。

接下来要介绍的三位女性都是优秀的美国早期心理学家，她们都反映了美国心理学特有的机能主义精神，进行了促进心理学发展的重大研究，并且影响了许多学生。

玛丽 · 惠顿 · 柯尔金斯（Mary Whiton Calkins, 1863 — 1930）

玛丽 · 惠顿 · 柯尔金斯在史密斯学院（Smith College）毕业后，在欧洲游历了一年，其间曾前往莱比锡大学（University of Leipzig）学习，此后开始了在卫斯理女子大学（Wellesley College）长达40年的任教生涯。工作伊始，她担任的是古希腊语老师。学校领导发现了她对心理学的兴趣与才能，要求她开设一门实验心理学课程，并敦促她继续深入学习心理学。于是她跟着威廉 · 詹姆斯和雨果 · 闵斯特贝尔格学习，完成了哈佛大学的博士学位要求，但由于当时哈佛大学不是男女同校教育，哈佛的女子学院拉德克利夫（Radcliffe）也没有授予博士学位的资格，最终她没能获得博士学位。因此，尽管哲学和心理学系承认她的博士资格，哈佛大学却并未正式授予她学位。1896 年，柯尔金斯在《心理学评论》上发表论文，提出了一种方法，用于呈现没有现存关系的配对言语项目。她用这种方法来改变影响记忆的主要决定因素——首因、频率、近因和生动性。在扩展艾宾浩斯的研究时，柯尔金斯还提供了支持联想次律（secondary laws of association）的数据，该定律最初由苏格兰哲学家托马斯·里德（Thomas Reid）提出。

职业生涯的大部分时间里，柯尔金斯都是韦尔斯利学院的教员，并于 1891 年在那里建立了一个实验室。1909 年，她出版了一本很有影响力的心理学入门教科书《心理学初步》（*A First Book in Psychology*）。1905 年，她被选为美国心理学会的第一位女性主席，1918 年，她成为美国哲学学会的第一位女性主席。

柯尔金斯花了十年沉浸在实验室研究中，获得了相当丰富的成果，此后就转向了理论和哲学问题研究。她最大的贡献主要在于提出了自我心理学（Self-Psychology）。柯尔金斯的自我心理学强调意识在本质上的统一性和连贯性，认为意识非常依赖于人际和环境的互动。这个观点非常有趣，因为在她职业生涯的剩余时间里，行为主义心理学横空出世，一统心理学界，而柯尔金斯始终为心理学保留了另一条路。在某个非常真实的意义上，柯尔金斯的观点反映了她的两位哈佛导师雨果·闵斯特贝尔格和威廉·詹姆斯对心理学的广泛定义，即心理学可以容纳从心理元素到统一意识体验等多个层面的探究。她的职业生涯兼收并蓄，涵盖了充满美国心理学机能主义色彩的各个领域。

克莉丝汀·拉德-富兰克林（Christine Ladd-Franklin, 1847—1930）

克里斯汀·拉德出生、成长于新英格兰地区，1869 年毕业于纽约瓦萨学院（Vassar College），拥有深厚的物理学和数学背景。她曾在几所中学任教，其间在各种通俗和学术期刊发表方案和论文。1876年，约翰斯·霍普金斯大学成立时，拉德提出了入学申请，作为一名女性，她备受阻挠，直到1878年才被录取，跟随数学家詹姆斯·J.西尔维斯特（James J.Sylvester）学习。1879年，她开始与查尔斯·桑德斯·皮尔斯合作，并在霍普金斯大学兼职教学，拉德的兴趣转向了符号逻辑学和实验心理学。在完成了霍普金斯大学博士学位的所有要求后，她嫁给了研究生同学——教员费比安·富兰克林（Fabian Franklin）。由于霍普金斯大学没有授予女性学位的先例，直到1926年，才授予她博士学位。1891年至1892年，拉德-富兰克林休假前往欧洲，在哥廷根大学和柏林大学学习。1895年，她离开霍普金斯，先后在巴尔的摩和纽约当起了编辑。搬到纽约后，拉德-富兰克林在哥伦比亚大学兼职工作，这也为她的许多著作打下了学术基础。

拉德-富兰克林最著名的贡献是色觉理论，她试图调和亥姆霍兹的三色说与黑林、格奥尔格·埃利亚斯·缪勒的四色说。她提出，当视觉产生时，白色受体对视觉是首要的，特别是在很暗的光线下或在视网膜的边缘上。她发现黄—蓝受体的感受性比红—绿受体发育得早，据此指出，视觉对光线敏感性首先分化是区分黑、白两色，随时间推移白再分化为蓝、黄两色，随后黄又分化为红、绿两色。因此，色觉是这些阶段的产物。同时，她还将这些阶段与其他视觉过程（如后像）与病理学因素（如色盲）联系在一起。

拉德-富兰克林生前已经被公认为极为重要的心理学家。1887年，她在瓦萨学院获得荣誉法学博士学位。终其一生，她一直在努力争取妇女权利，积极参加妇女组织，其中一个是美国大学妇女联合会（American Association of University Women）的前身。

玛格丽特 · 弗洛伊 · 沃什伯恩（Margaret Floy Washburn, 1871 —1939）

和拉德-富兰克林一样，玛格丽特 · 弗洛伊 · 沃什伯恩也毕业于瓦萨学院。她是美国第一位获得心理学博士学位的女性。1894 年，她在康奈尔大学完成了学业，师从铁钦纳。1895 年，铁钦纳将她的论文成果寄给了冯特，发表在《哲学研究》杂志上。她还把冯特的一些作品翻译成了英语。1903 年，她进入了瓦萨学院任职，余生都在此度过。作为动物心理学的先驱，她在 1908 年写了《动物心理》（*The Animal Mind*），试图通过考察可观察的行为来研究意识状态。1916 年，她在作品《运动与心理意象》（*Movement and Mental Imagery*）中又回到了这个主题，试图调和行为主义与内省法之间的冲突。

在她的一生中，因作为学者和研究者的贡献而广受赞誉。1921 年，她被选为美国心理学会主席。1932 年，她成为被选入美国国家科学院（National Academy of Sciences）的第一位女心理学家，也是第二位女科学家。

这些心理学家为美国心理学的发展做出了重要贡献，为后世女性心理学家提供了令人钦佩的榜样。

机能心理学的影响

由于机能心理学的非系统性，如果不逐一关注单个的机能主义者，就很难理解这一运动。前文所述的心理学家很具代表性，但也有必要简要提及该运动的其他领导人物。乔治·特朗布尔·拉德（George Trumbull Ladd，1842 — 1921）强调了心理的适应性价值，并论证了积极自我概念的必要性。爱德华·惠勒·斯克里普丘（Edward Wheeler Scripture，1864 — 1945）是一位细致的方法论者，主要研究言语模式和语音学。我们已经在讲《心理学评论》创办的时候提到过詹姆斯·鲍德温，他在整合达尔文主义和机能心理学方面做了很多工作，并创建了普林斯顿大学的心理学实验室。约瑟夫·贾斯特罗（Joseph Jastrow，1863 — 1944）是皮尔斯的学生，继续了他的心理物理研究，并成为一位很受欢迎的心理学作家。埃德蒙德·克拉克·桑福德在克拉克大学建立了心理学实验室，并撰写了实验心理学的早期教材。最后，詹姆斯和闵斯特贝尔格的学生埃德蒙德·伯克·德拉巴尔（Edmund Burke Delabarre，1863 — 1945），担任了布朗大学心理学系主任，主要从事视知觉研究。在闵斯特贝尔格去欧洲旅行期间，他负责接管哈佛的实验室。总的来说，这些心理学家的观点各不相同，但每一位都才华横溢，非常重视心理学，将学术研究准则建立在美国精神的基础之上。

机能心理学纷繁复杂，缺乏系统性，这一特点也决定了它的最终解体。机能主义者反对以铁钦纳为代表的构造心理学，正如格式塔学派反对德国的冯特一样。我们有必要回顾一下这一学派的发展背景，因为在许多方面，机能心理学是根据构造心理学来定义的；也就是说，冯特的体系正是机能心理学的参照物——尽管是全面否定的参照物。然而，与格式塔学派不同的是，机能心理学并没有提出一套替代构造心理学的完整体系。随着构造心理学开始衰落，机能心理学也随之衰落。它的目的实际上是通过促使构造心理学往行为主义转变而达成的。

本章小结

与其说机能主义是一个系统，不如说是一种重视心理学研究效用的态度。机能心理学以威廉·詹姆斯和查尔斯·桑德斯·皮尔斯的实用主义为哲学基础，与美国的开拓精神非常契合。从一开始，机能心理学就明确强调，要将心理学应用于个人和社会的改善，这一点从闵斯特贝尔格、麦独孤和霍尔的著作中可以看出。杜威、安吉尔和卡尔等芝加哥学派倡导适应观，将英国自然科学和进化论的传统整合到心理学中。卡特尔、桑代克和伍德沃思为代表的哥伦比亚学派，则更着重于研究心理测验和能力。尽管机能心理学对构造心理学的全面否定导致其无法发展出一种系统的心理研究替代模式，这一阶段的美国心理学还是产生了两大关键的积极影响。首先，机能主义坚定地巩固了美国心理学这一新学科，并赋予它独特的、向应用心理学发展的美国取向。第二，机能心理学提供了一个必要的过渡，打破了构造心理学的严苛限定，让心理学有可能发展出百花齐放的模式。

讨论题

1. 什么是实用主义哲学？为什么它与美国看重应用性的精神一致？

2. 为什么说威廉·詹姆斯的实用主义以经验主义为基础？

3. 詹姆斯对心理和生理分别有什么看法？这些看法与斯宾诺莎的观点有哪些共同之处？如何表现在詹姆斯的情绪理论中？

4. 简要评价詹姆斯在美国现代心理学创立中的作用。

5. 描述闵斯特贝尔格理论中因果心理学和目的心理学的区别。

6. 在确保心理学在美国的地位方面，霍尔做了哪些贡献？

7. 杜威所说的运动行为中的反射弧是什么意思？

8. 机能主义在心理学时代精神中起到了什么样的作用？

9. 请描述玛丽·惠顿·柯尔金斯、克莉丝汀·拉德-富兰克林和玛格丽特·弗洛伊·沃什伯恩对女性进入心理学界的开创性贡献。

第 15 章

格式塔运动

章节内容

德国的背景

符茨堡学派的影响

德国的现象学

格式塔心理学的创立

▲马克斯·韦特海默

沃尔夫冈·苛勒

库尔特·考夫卡

格式塔心理学的基本原理

格式塔心理学的影响

欧洲

美国

场论

本章小结

格式塔（*Gestalt*）是一个德语单词，很难直接译成英语，主要是指完形，即一个统一的有机整体，不同于部分之和。任何试图通过分析完形的各个部分来解释完形的尝试，都会导致错误和缺漏。例如，正方形是一个整体，不能完全理解为四条通过直角连接的直线。因此，格式塔提出了心理学系统的基本前提，将心理事件概念化为有组织、统一和连贯的现象。这一观点强调了人类活动明确的心理层次的完整性，如果将其划分成先入为主的成分，就会失去其特性。格式塔心理学是典型的反还原论。例如，如果学习被认为是一种心理活动，那么根据格式塔心理学家的观点，它不能归结为条件联想的生理机制。格式塔心理学家认为，试图将心理事件还原成生理成分，就会导致心理事件的丢失。如果移除格式塔，学习就无法作为心理事件而得到解释，只能描述为生理机制。

格式塔心理学是一场直接挑战冯特构造心理学的德国运动。格式塔主义者继承了布伦坦诺和施通普夫的意动心理学传统，也继承了符茨堡学派的思想，试图设计出一种替代冯特还原论和自然科学分析论的心理学模型。格式塔运动比冯特的体系更符合德国哲学中强调心理主动性的主题，也更遵循康德的传统。也就是说，格式塔心理学的基础是先天论，即心理活动的组织使个体倾向于以独特的方式与环境互动。因此，格式塔心理学的目标是研究心理活动的组织，并确定人与环境相互作用的确切性质。

到了 1930 年，在德国心理学界，格式塔运动在很大程度上成功地取代了冯特模式。然而，纳粹政权带来了智力上的贫乏和肉体上的野蛮，这导致格式塔运动的成功未能持续下去。格式塔的领导者逃到了美国，但在美国，格式塔心理学没能获得它在德国取得的统治地位。从本质上说，格式塔心理学的最初观点与冯特心理学相对立。但这些争论与美国心理学脱节了，因为到了 20 世纪 30 年代，冯特体系在美国几乎无人问津。美国心理学已经经历了机能主义的冲击，到了 30 年代，行为主义占据了主导地位。因此，格式塔心理学的框架与美国的发展并不同步。然而，正如第 17 章所述，格式塔心理学的吸引力影响了许多行为主义者，这一运动对美国行为主义心理学模式的扩展以及认知心理学的出现发挥了重要作用。

德国的背景

在研究格式塔心理学家的具体观点之前，我们可以先讨论其两大直接来源。两者都有助于德国心理学的学术氛围，也促成了格式塔心理学的被接受及后来的成功。

符茨堡学派的影响

如第 13 章所述，我们可以说，19 世纪末的德国心理学界包括了两大心理学流派。其中一个是冯特的自然科学心理学体系，坚持用有控制的内省法来研究直接经验。冯特凭借其强烈的人格魅力和丰富的学术成果，创立了统一的构造心理学体系，将这门新科学严格限制为只研究完全依赖于感官输入的心理内容。另一个学派的组织则相当松散，囊括了一系列反对冯特模式的学者，但他们自己的观点也各不相同。正如前文所述，布伦坦诺和施通普夫是试图将心理学从冯特僵化模式中解放出来的主要人物。

作为德国反冯特运动的延续与发展，屈尔佩的符茨堡学派试图用非感官意识来界定心理活动。“无意象思维”的争议成为各种趋势的催化剂，这些趋势正朝着一种观点发展，这种观点涉及心理过程中更多的自发性活动。事实上，屈尔佩认为心理倾向于按照性质、强度、时间和空间的维度对环境事件进行排序，这就回到了德国心理学中康德的心理范畴传统。这些倾向，连同对具有非感觉起源的心理内容的存在的承认，从根本上挑战了心理过程的假设，例如冯特心理学的相关假设。符茨堡学派的心理学家断言，心理具有独特的定势或决定倾向，最终会导致知觉的不同模式。在一个既定的时间里，联想可能基于机体的定势，由一种模式或序列改变为另一种。因此，这种类型的心理活动依赖于心理的组织。

如第 13 章所述，符茨堡学派在一段相对短暂的时期内产出颇丰，但没有设计出全面的、可供选择的心理学模式来与冯特模式竞争。然而，他们通过细致观察提出的非感官意识是对冯特模式的严峻挑战。格式塔主义者继承了符茨堡学派的思想，形成了更系统的反对冯特的理论立场。

德国的现象学

顾名思义，现象学就是对现象的研究。从字面上看，所谓“现象”，就是“表现出来的情况”。因此，在现象学的背景下，现象被看作是研究事件本身，而不考虑潜在的因果关系或推论。对于心理学来说，现象学方法的特点是强调个体所感知的经验。它与任何形式的分析形成鲜明对比，因为分析旨在将一个心理事件分解成元素，或将一个事件还原为其他的解释水平。

我们已经看到过现象学方法的许多例子。许多 18 世纪和 19 世纪生理学家的经验策略往往就包含了敏锐的观察，而不是严密的实验控制。普尔基涅的感觉研究正是这种生理现象学研究的清晰例子。当然，布伦坦诺和施通普夫的意动心理学也更倾向于现象学的观察基础，而不是对心理变量施加控制的实验方法。此外，狄尔泰和柏格森的科学立场更有利于现象学的描述性数据，而不是实验法的因果推论。因此，现象学是经验主义的一种传统方法，但根据研究的主题所附加的特定假设（特别是在心理学方面），会出现多种不同变化。

现象学的现代表达来自布伦坦诺的学生埃德蒙德·胡塞尔（1859 — 1938）。心理学问题需要一门纯粹的意识科学，胡塞尔将现象学应用于此，主张对经验到的心理活动进行细致而精密的描述。胡塞尔发展了一种观察方法，用来阐述现象在意识中出现的各种模式。胡塞尔的方法不是分析性的，而是反对还原倾向。因此，胡塞尔的现象学留下了纯粹心理层面的调查方法。关于心理学的内容，胡塞尔和格式塔心理学家看法不同，彻底探索心理学中的胡塞尔现象学印记这一任务留给了后世的思想家（第 18 章将叙述这一问题）。然而，胡塞尔的现象学和格式塔运动都是 20 世纪初德国同一波学术思潮的产物。虽然追求的含义不同，但格式塔心理学家和胡塞尔都对严格控制的实验室方法的分析性质持怀疑态度，都致力于寻找心理学的替代模式，更好地识别心理内在组织和心理活动。

格式塔心理学的创立

如前所述，格式塔心理学家强调了数据资料的组织性和统一性，这些数据是根据现象定义的，经验的整体性和统一性则从形式的角度来考察。冯特心理学研究直接经验，与之相对，格式塔心理学家对现象的研究被定义为间接体验。格式塔心理学包括对物体及其意义的研究，重视对感觉事件的间接知觉的思维。格式塔学派认为，在一个动态的场或相互作用的系统中，个体与环境存在着积极的相互作用。格式塔心理学家虽然不像纯粹的现象学家那样完全拒绝分析方法论，但他们主张在不干扰现象完整性的前提下，自由选择方法论。

格式塔心理学的创始人包括马克斯·韦特海默（Max

Wertheimer）、沃尔夫冈·苛勒（Wolfgang Köhler）和库尔特·考夫卡（Kurt Koffka）。他们都在 20 世纪早期德国浓厚活跃的学术氛围中接受教育，后来都为了逃离纳粹迫害而移民美国。

▲马克斯·韦特海默（1880—1943）

马克斯·韦特海默出生于布拉格，在布拉格查理大学（Charles University）接受教育，然后在柏林大学跟随施通普夫学习了几年，随即前往符茨堡大学跟随屈尔佩攻读博士学位，并于 1904 年获得博士学位。1910 年暑假，韦特海默在旅途中想到了一个关于似动现象的实验。据波林所述，韦特海默在法兰克福下了火车，买了一个玩

图 15.1

马克斯·韦特海默

（© Bettmann/Getty Images）

具动景器，在旅馆房间里开始做知觉实验，尝试找到似动现象出现的最佳条件。我们每天都会遇到这种错觉，比如电影和某些特殊的灯光效果，都是通过适当的、连续的静态刺激来营造运动的错觉。韦特海默继续与法兰克福心理研究所建立联系，并在该大学获得了一台速示器，以便更彻底地研究似动错觉。在法兰克福大学，他遇到了考夫卡和苛勒，他们都是他的实验对象。他将这种错觉命名为“phi 现象”（phi phenomenon），并于 1912 年发表了论文《视见运动的实验研究》（*Experimental Studies on Seeing Movement*）。他的发现标志着格式塔心理学的正式创立。韦特海默研究的主要意义在于，phi 现象不能像冯特心理学所预测的那样还原为呈现给受试者的刺激元素。对运动的主观体验是观察者和刺激物之间动态交互作用的结果。

韦特海默为格式塔心理学早期创始人提供了学术上的指导。第一次世界大战期间，他进入了军队从事研究。此后，他在多所大学任教，并于 1929 年在法兰克福大学接受教授职位。1933 年，他逃离德国前往美国，获得了纽约社会研究新学院（现为新学院大学）的教职，在这里一直待到去世。通过教学和与美国心理学家的私人来往，他试图将格式塔心理学的范围从知觉问题扩展到思维过程。他在格式塔视角下对认知心理学的最终观点包含在《创造性思维》（*Productive Thinking*）一书中，这本书出版于 1945 年，当时韦特海默已经去世。在书中，他提出了一些指导方针，以促进在解决问题过程中创造性策略的发展。尽管移民和掌握全新外语都很有难度，他仍然成为美国格式塔运动中鼓舞人心的力量。

沃尔夫冈 · 苛勒（1887 — 1967）

沃尔夫冈 · 苛勒的著作或许是早期格式塔主义者中最系统的作

品，给出了格式塔心理学的明确形式。苛勒出生于东普鲁士波罗的海地区附近的雷瓦尔（今爱沙尼亚的塔林），1909 年于柏林大学跟随施通普夫获得博士学位，在此之前，他曾就读于多所大学。在法兰克福与韦特海默合作后，苛勒于 1913 年前往加那利群岛（Canary Islands）研究类人猿。“一战”爆发后，作为德国公民，他被困在了盟军防线另一边，只好在那儿一直待到战后。有人猜测，他可能在加那利群岛担任德国间谍。1917 年，他根据自己在困境中的研究出版了书籍，1925 年被翻译成英文版《类人猿的智力》（*The Mentality of Apes*）。在法兰克福大学与韦特海默和考夫卡合作之后，苛勒为辨别学习和解决问题的研究提供了一种创新的方法。他将格式塔的解释应用于获得刺激之间的关系，而不是学习刺激维度的绝对价值。此外，他还发现黑猩猩在解决谜题时使用了顿悟学习（insightful learning）策略，而不是仅仅依靠试错学习。为了获得食物奖励，苛勒最聪明的研究对象黑猩猩苏尔坦能够掌握各种任务，很容易在解决问题的各种策略之间切换。它解决方案的快速性给苛勒留下了深刻的印象，证明他能够顿悟学习。苛勒的书在这场运动的历史上很重要，因为他展示了格式塔心理学中许多心理组织原则的具体实例。

1920 年，苛勒回到德国，在哥廷根大学任职一年，于 1922 年被提名接替施通普夫在柏林大学的职位。这项享有盛誉的任命，主要是因为他在 1920 年发表了一篇兼具学术性和博学性的著作《静态和固定的物理格式塔》（*Static and Stationary Physical Gestalts*）的结果。1933 年，他在报纸上发表文章，公开批评纳粹政权。1934 年至 1935 年，苛勒在哈佛大学开课，1935 年终于彻底离开德国，加入斯沃斯莫尔学院（Swarthmore College）的教师队伍，在那里一直待到退休。他比韦特海默更好地适应了美国，成为格式塔运动的主要发言人，并且继续负责编辑格式塔心理学的重要期刊《心理学研究》（*Psychological Research*）。这本期刊由格式塔运动的创始人在德国创办，出版了 22 期后，曾在 1938 年暂停出版。1959 年，苛勒被选为美国心理学会主席，这证明了他在一生中在学术创造和写作方面的卓越贡献。

库尔特 · 考夫卡（1886 — 1941）

与苛勒一样，库尔特 · 考夫卡也于 1909 年在柏林大学施通普夫门下获得博士学位。在法兰克福大学与韦特海默、苛勒合作后，考夫卡加入了法兰克福附近的吉森大学（University of Giessen），在那里一直待到 1924 年。他曾在几所美国大学担任客座教授，并于 1927 年在史密斯学院（Smith College）获得正式教职，余生都在此工作。

1922 年，考夫卡在《心理学公报》（*Psychological Bulletin*）上发表了《知觉：格式塔理论导论》（*Perception: An Introduction to the Gestalt-Theorie*），将格式塔心理学介绍给了广大美国读者。此外，考夫卡还出版了一本关于发展儿童心理学的书《心灵的成长》（*The Growth of the Mind*, 1921），在美国和德国都广受好评。然而，他的主要目标，即写出格式塔运动的决定性著作，并没有被他的《格式塔心理学原理》（*Principles of Gestalt Psychology*, 1935）所实现，因为这本书实在过于艰涩。在格式塔心理学的三位创始人中，考夫卡也许是最多产的一位，但却缺乏韦特海默的感召力，也没有苛勒系统化的深思熟虑。然而，他确实成功地让许多心理学家了解了格式塔运动的原理，尤其是在美国。

格式塔心理学的基本原理

与韦特海默关于 phi 现象的研究一样，格式塔心理学的原理也是从对感觉和知觉过程的研究中产生的。许多术语和证明格式塔原理的例子都是从这些研究中衍生出来的，后来才扩展到其他心理活动中。格式塔运动的重心转移到美国后，这种扩展非常适用于格式塔原则在学习过程中的应用。随着行为主义模式的扩张，格式塔运动提供了一种不同于桑代克的试错学习的选择。

在格式塔心理学中，人与环境相互作用的焦点被称为知觉场（PerceptualField）。任何知觉场的主要特征都是组织性，它有一种按照图形和背景来构造的自然倾向。因此，在知觉场中，从背景上看到形状和形式的显著特征是一种自发的先天活动，而不是后天获得的技能；我们倾向于以这种方式进行知觉。美好的图形是完整的，趋向于对称、平衡和比例适当。例如，在完整性方面，我们可以说，一个圆就是完美的格式塔。不完整的图形往往会被知觉为闭合、完整的，这种组织特征被称为封闭原则（closure）。例如，由于封闭原则的存在，一段带有很小缺口的圆形曲线，也会被人们视为一个圆。图 15.2 中的两幅图对比了完整的格式塔和封闭原则的表现形式。同样，在图 15.3 中，说明了图形与背景相对关系的重要性；两幅图中的中心圆大小其

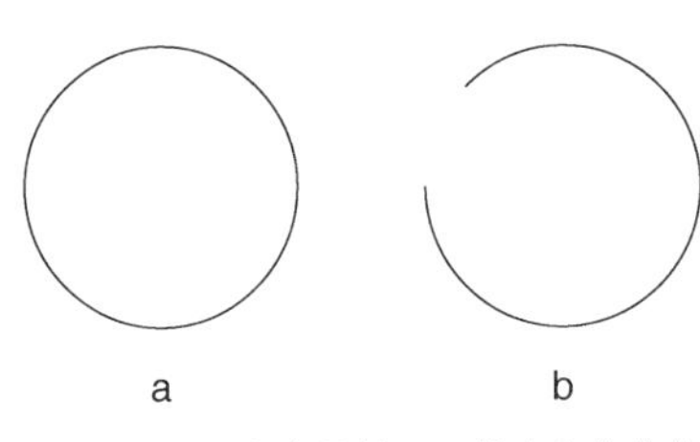

图 15.2　a 是个完整的圆，代表完美的格式塔；b 是不完整的，但由于封闭原则而被视为圆。

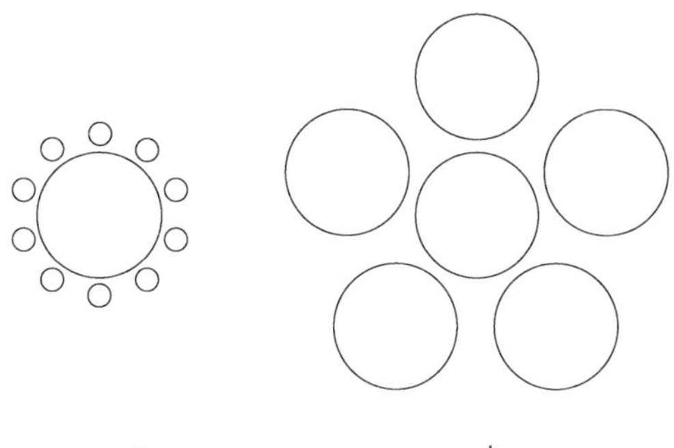

图 15.3　由于背景的影响，我们会感觉 a 图的中心圆比 b 图大。但其实两个中心圆的大小相同。

实是一样的，但周围的圆影响了我们的视觉，使左边的中心圆看起来大一些。

因此，根据格式塔心理学的观点，指向意义生成的组织是我们感知结构的关键。除了封闭原则之外，其他组织原则还包括接近原则（proximity）和相似原则（similarity）。有组织的图形是稳定的，哪怕刺激特征发生了变化，也会倾向于保持结构整体的稳定性；格式塔心理学称之为对象的恒常性（constancy）。例如，你在电视屏幕中看到了演员，仍然会认为对方是一个正常人类，而不是几英寸高的小人。

格式塔心理学认为，在比较环境中的图形或对象时，关键是图形各部分之间的关系，而不是各部分各自有什么特征。如果刺激的特定方面改变了，但关系没变，知觉就能保持不变。因此，格式塔心理学能够接受施通普夫反驳冯特时提出的观点，即如果一段旋律变了调，每个音符（元素）都改变了，但旋律本身却没变。这种相关性作为辨别的基础，在各种学习情境中都得到了证明。例如，训练大鼠在两个刺激对象中选择更亮、更大的一个，只要训练成功了，即使两个刺激对象全都换了，大鼠仍然能选出两个新刺激中更亮、更大的那个。对显著关系的认识和识别从一种学习情境转移到另一种，这种情况被称为迁移（transposition），已经在许多刺激参数下通过对不同物种的测试反复证明了这一点。

或许，格式塔理论中最弱、当然也是最难以捉摸的部分，是对调节知觉过程的潜在大脑活动的解释，格式塔学家称之为同形论（isomorphism）。我们将在第 17 章讨论俄国生理学家伊万·巴甫洛夫（Ivan Pavlov），他曾在 1935 年发表论文批评格式塔运动，指出格式塔心理学的思想基础是唯心主义，缺乏机械的、生理学的基础。格式塔对知觉过程的生理基础的界定，有意回避了皮质兴奋的机械概念，这种兴奋与刺激作用和相关感觉过程相对应。相反，格式塔心理学者们主张所谓的“脑经验”，其中包括这样一个论断：知觉场在其次序关系上与作为基础的大脑兴奋场相符合，但不一定在精确的形式上相对应。因此，他们选择了“同形”（*isomorphic*）一词，词源来自希腊语的“*iso*”（类似）和“*morphic*”（形状）。同形论表征是指知觉水平和生理水平之间的对应过程。知觉经验和脑经验并非一一对应，而是存在关系上的对应。因此，正如苛勒所描述的，同形论这一原理能将知觉场和大脑场联系起来。前者由刺激活动引起，后者由电化学活动引起。当格式塔原理形成时，同形论与巴甫洛夫和谢灵顿的神经生理学中的流行概念背道而驰。然而，尽管格式塔心理学中的同形论概念相当模糊，但后来出现的将皮层活动视为一种控制论系统的观点，使得同形论假说更为合理，这一问题我们将在第 17 章中详细讨论。

格式塔心理学的影响

欧　洲

格式塔运动在较短的时间内成为德国心理学的主导模式，取代了冯特的构造心理学。事实上，正是在这种背景下，作为对构造心理学的一种反应，格式塔的论点才是最有意义的。格式塔心理学尖锐地批评一切基于联想论和感觉因素的心理学模式。他们将心理学研究的对象从有限的直接经验领域，扩展到包括感觉和非感觉在内的意识的间接经验。从这个意义上说，格式塔心理学继承了布伦坦诺和施通普夫传统下的意动心理学。与冯特相反，格式塔心理学研究的是心理加工的方式，而不是心理加工的内容。

格式塔运动承认现象学是一种方法论路径，从而扩展了心理学的经验基础。格式塔的实践者证明了，心理学在关注间接经验等更高级的心理过程的同时，仍然可以保留其科学的经验框架。在超越最初对知觉过程的研究、转向更具综合性的心理学领域的过程中，格式塔心理学者强调意识和行为不应分开看待，而必须结合起来考虑。因此，通过考虑人类活动的所有复杂性，欧洲的格式塔运动体现了欧洲心理学积极发展的迹象。

不幸的是，这一发展趋势并没有真正实现，因为 20 世纪 30 年代，欧洲的学术生活几近土崩瓦解了。领导者逃往美国后，德国格式塔运动很快被纳粹的宣传所扭曲。“二战”之后，欧洲的学术界走向复苏，但时光一去不复返，其他心理学模式已经出现。在此期间，格式塔运动已经被美国新行为主义（neobehaviorism）吸收，不再被视为独立的心理学体系。

美　国

格式塔运动主导者离开德国来到美国时，美国盛行的体系不再是构造心理学了，早已被行为主义取代。此外，美国行为主义从早期美国心理学的机能主义时期演化而来，具有独特的功利主义色彩，与关注心理本身、较少关注其功能的欧洲取向形成鲜明对比。因此，格式塔运动与美国心理学界当时的发展并不协调。

格式塔运动虽然无法与行为主义相抗衡，但对行为主义的重新定义发挥了重要作用。行为主义的代表人物之一爱德华 · C. 托尔曼，就曾表现出对格式塔理论的倾向性，他的工作将在第 17 章详细论述。托尔曼研究的一部分领域是由格式塔心理学引出的。托尔曼对潜伏学习（latent learning）进行了重要的实验探索，结果表明，哪怕在可观察的现象中没有明显的表现，依然可以获得习得反应。这种学习与表现的差异很难用刺激—反应（S－R）的还原论解释，却可以用组织行为领域的格式塔观点或托尔曼所说的认知学习来预测。同样，在不同的物种中都发现了在连续辨别问题中的迁移学习，它们都很难被最初的 S－R 公式解释。

在学习过程领域，最重要的格式塔研究包括：首先是苛勒关于黑猩猩高等学习过程、问题解决和顿悟的报告。传统的 S－R 学习模型是基于逻辑推理（例如，通过试错来排除选项，从而改进反应）或联想（例如条件反射原理），而格式塔心理学对顿悟、快速解决方案和创造力的展示，为心理学中的学习过程提供了更广泛的可能性。格式塔心理学提出了整个研究领域，从检索遥远的记忆痕迹到理解学习。如前所述，韦特海默在《创造性思维》中为促进问题解决的潜在策略提供了全新的视角。

场　论

场论是格式塔理论中一个与社会活动和人格动力学相关的观点，在库尔特·勒温（Kurt Lewin，1890 — 1947）的著作中得到了清晰的表达。勒温的观点是德国哲学中普遍存在的心理主动性模式的产物，在某些方面，弗洛伊德和勒温的思想中可以看出在德国哲学上的相似之处。然而，勒温最直接的影响来自格式塔运动的具体原理，尽管他的大部分工作是独立完成的，但他为至今仍盛行的格式塔原理的应用做出了重大贡献。

1914 年，勒温在柏林大学获得博士学位，他在这里学习了数学、物理以及心理学。"一战"期间服完兵役后，他回到柏林，加入了苛勒领导的格式塔组织。他很快获得了国际声誉，并在斯坦福大学和康奈尔大学做了几年客座教授。1935 年，他永久移民美国，随后在艾奥瓦大学（University of Iowa）工作了九年，对儿童社会化问题进行了创新性的研究。1944 年，他到麻省理工学院主持了群体动力学研究中心的工作，在他去世之后，该中心仍然运行良好。

追随格式塔的传统，勒温认为人格应该放在个人与环境互动的动力场（dynamic field）中考察。勒温提出，如果将心理描述局限于群体平均数或统计摘要，就会忽略个体的情况。即使所有的一般行为规律都是已知的，心理学家仍然需要了解特定个体与环境的互动，才能做出有意义的预测。勒温关于个体互动场的模型是基于他的矢端空间（hodological space）概念，矢端空间被定义为一种几何系统，强调：1. 沿着心理导向的路径运动，2. 人与环境交互的动力学，3. 人在遇到环境障碍时的行为。此外，人被视为一个个体的生命空间，不仅包含了当前具有心理导向的运动路径的矢端空间，而且还涵盖了过去的经验和未来的期望。

生活空间的动力学由动机结构控制，而这一结构则由几个组成部分构成。个体的需要可能是通过生理条件、期望的环境目标或内在目标产生的。这种需要会产生紧张的关系或情绪状态，必须加以缓解。环境中与需要有关的客体具有吸引或排斥的值，勒温将这些值称为价（valence）。例如，苹果对饥饿的孩子来说可能是正价，但如果这个孩子刚吃完十个青苹果，苹果就可能是负价。勒温将朝向或远离物体的定向动作称为矢量（vector）；两个相反的矢量就会出现冲突。最后，环境中可能有来自其他客体、人或道德准则的障碍。如图 15.4 所示，将这些结构放在一起，假设 C 代表一个饥饿的孩子，他想要一个苹果（A），这个苹果已经存在于环境之中，但是父母告诉孩子不要在晚饭前吃，于是产生了障碍。苹果是正价的，而障碍则是负价的，会阻止孩子获得苹果。矢端空间产生了一个指向苹果的矢量（箭头），直到面对障碍并出现冲突。只有当一个物体的正价或负价超过另一个物体，导致接近苹果或远离苹果的运动时，冲突才会得到解决。因此，勒温的模型是一种在生活空间中寻求力量平衡的动机系统。

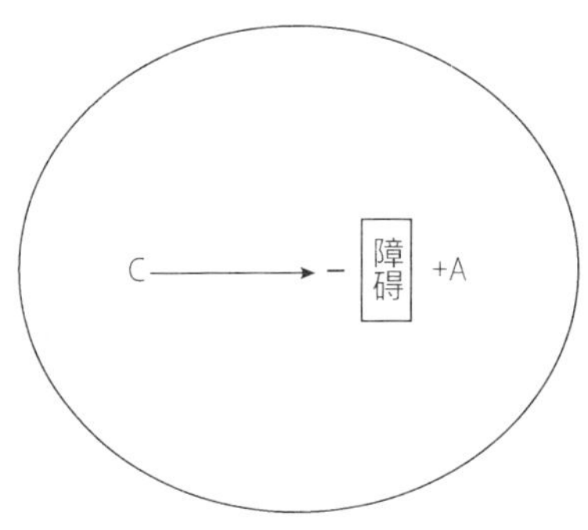

图 15.4　儿童（C）被正价苹果（A）吸引的生活空间图示。父母的禁令设置了一个负价障碍，阻碍了孩子接近苹果的运动。

这项对勒温的场论部分内容的调查，反映了格式塔理论在人格和社会行为中的有趣应用。勒温的观点吸引了许多心理学家，因为在生活空间中可以考虑相当复杂的行为类型。随着行为主义心理学逐步扩展，将认知变量也囊括在内，勒温的观点很容易就受到采纳，由此发展出一套更为全面的行为主义理论，并最终促成了心理活动的认知模式。

本章小结

格式塔心理学起源于德国，深受符茨堡学派和科学的现象学方法的影响。早期的格式塔心理学家直接挑战了冯特的构造心理学，并在很大程度上成功地保留了布伦坦诺和施通普夫的思想传统。格式塔的原理起源于韦特海默对似动现象或 phi 现象的研究，建立在人与环境相互作用的内在组织假设之上。苛勒和考夫卡的著作扩展了知觉基础，形成了一个全面的心理学体系，特别适合于更高层次的思维过程，包括顿悟、理解和创造性思维。在纳粹的暴政即将毁灭这场运动时，几位学者都逃到了美国。不幸的是，格式塔运动与当时美国心理学盛行的行为主义格格不入。然而，在拓宽行为主义的基础、构建完整的学习过程观念等方面，格式塔心理学者都发挥了重要作用。格式塔观点的追随者勒温提出了场论，成功地提供了一个关于人格和社会活动的经验模型。格式塔运动虽然没能将独立的学派保留下来，却对心理学的改革做出了巨大贡献。

讨论题

1. 描述“格式塔”一词的含义以及它在心理学研究中隐含的意义。

2. 为什么说格式塔理论遵循了布伦坦诺和施通普夫的意动心理学传统?

3. 屈尔佩的符茨堡学派是如何为格式塔心理学铺平道路的?

4. 现象学的一般意义是什么? 格式塔心理学是如何看待现象学的?

5. 什么是 phi 现象? 韦特海默是如何解释的? 为什么说这种解释与构造心理学的基本观点相悖?

6. 根据格式塔理论, 知觉过程的组织原则是什么?

7. 格式塔理论传入美国后的主要影响是什么?

8. 勒温提出场论的一般目的是什么? 个体处于场中时, 动机因素是如何运作的?

第 16 章

精神分析学派

章节内容

背景

心理主动性

精神疾病的治疗

精神分析学派的创立

▲西格蒙德·弗洛伊德

弗洛伊德思想概述

弗洛伊德的影响

追随者

阿尔弗雷德·阿德勒

卡尔·荣格

卡伦·霍妮

精神分析的社会学派

哈里·斯塔克·沙利文

艾瑞克·弗洛姆

当代影响

本章小结

精神分析运动在当代心理学中的地位十分独特而矛盾。一方面，精神分析可能是最广为人知的心理学体系，尽管也许没有得到普罗大众的理解。它的创始人西格蒙德·弗洛伊德无疑是 20 世纪最著名的人物之一。另一方面，精神分析运动与心理学其他流派几乎没有共性。精神分析学最明显的来源是德国的哲学传统，倾向于将心理看作一个活跃的、动态的、自我生成的实体。弗洛伊德受过科学训练，但他的体系却很少体现系统的经验主义。作为一名医生，弗洛伊德利用他敏锐的观察力，在**医学框架**内构建了自己的体系，他的理论建立在个案研究的基础上。为了将自己的观察组织化，他没有偏离对 19 世纪科学的理解。他没有试图通过独立验证来严格地检验自己的假设。弗洛伊德用行动证明，他就是精神分析，不能容忍他人提出与自己相异的观点。弗洛伊德对 20 世纪的心理学产生了巨大的影响。也许更重要的是，精神分析对西方思想（包括文学、哲学和艺术等方面）的影响远远超过任何其他心理学流派。

背景

心理主动性

考察德国现代心理学在 17 至 19 世纪的哲学先驱时，我们可以看到，莱布尼茨和康德都很强调心理主动性。与英国经验主义（将心灵视为被动的）或法国的感觉主义（将心灵视为一种不必要的结构）不同，德国传统认为，心灵本身以独特的方式产生和构建人类经验。无论是莱布尼茨的单子论还是康德的范畴说，只有通过考察心理的动态的、内在的活动，我们才能理解个体的心理。

19 世纪下半叶，在冯特的领导下，心理学成为一门独立的学科。英国的心理被动模式也成为指导力量。冯特的经验主义表述，与施通普夫和布伦坦诺认可的德国哲学传统相悖。意动心理学和以符茨堡学派为代表的非感觉意识心理学，更接近德国哲学的心理主动性假设，冯特的构造心理学则与之相去甚远。德国的格式塔运动提供了除冯特模式之外的心理学选择。最终，冯特体系被格式塔心理学所取代，使得“二战”前德国的主流心理学建立在承认先天组织活动的心理模式基础上。

然而，格式塔心理学中关于心理主动性的假设是相当局限的。格式塔对心理的建构是指知觉的组织，建立在同形论的基础上，往往导致个人与环境相互作用的模式。强调组织意味着心理过程的方式（而不是内容）是先天建构的。也就是说，人不是天生就具有特定的思想、能量或其他心理内容，而是遗传了组织结构，从而能以独特的方式获得心理内容。因此，格式塔运动虽然拒绝了冯特僵化的经验主义观点，却没有彻底否定经验主义。相反，格式塔心理学者主张在英国哲学的经验主义基础和德国的心理主动性之间达成折中。他们拓宽了心理学的研究范畴，将复杂问题解决和知觉过程纳入其中。

与格式塔的立场一致，精神分析学的基础也是心理过程的主动模式，但它不像格式塔那样信奉经验主义。弗洛伊德的人格观不仅与莱布尼茨和康德提出的心理过程主动性一致，而且也与 19 世纪关于意识和无意识水平上的心理主动性信念相一致。接受了冯 · 哈特曼和叔本华等哲学家的思想后，弗洛伊德发展了自己的动机理论，认为动机依赖于超自我意识水平的能量。此外，对弗洛伊德来说，人格的发展是由个体对这些力量的无意识适应所决定的。下文将概述弗洛伊德的人格发展理论的细节；不过，了解弗洛伊德思想的背景也很重要。精神分析比其他任何心理学系统都更能揭示心理主动性的意义。与当代心理学中的其他思潮不同，精神分析极度依赖心理主动性来解释人格。此外，精神分析不像其他体系一样从学术研究中产生，而是临床实践应用的产物。

精神疾病的治疗

弗洛伊德之所以能名垂青史，除了作为现代心理学中精神分析运动的奠基人，还因为他在推动心理和行为异常治疗方面做出了开创性的贡献。他促进了精神病学作为医学的一个分支而获得认可，专门处理精神病理学问题。在弗洛伊德尝试寻找治疗精神病患者的有效方法之前，那些偏离社会规范的人通常被当作罪犯，甚至被视为恶魔附体。哪怕在当代社会，处理精神异常人士的过程中仍时有耸人听闻的丑闻，但就在不久以前，这种虐待被人们视为理所当然的惯例，而不是例外。

在西方文明发展史上，对精神疾病患者的治疗绝非令人愉快的篇章。正如前文所述，不正常的行为往往与刑事问题、宗教异端和叛国混为一谈。即使在欧洲文艺复兴的启蒙时期，人们也常将精神疾病患者投入异端裁判所，以残忍的折磨作为治疗手段。用巫术解释这些异常行为的情况一直持续到近现代。许多监狱的建立就是为了收容罪犯、乞丐和精神病患者，三者不加区别。人们认为精神疾病是被某种神秘而邪恶的力量控制的结果，精神病患者则因受到某些奇异的影响（如月光）而疯狂。精神病患者，或者说疯子（moonstruck person），都被关进了疯人院（lunatic asylums）[1]。就在 19 世纪下半叶和 20

[1] moonstruck person，直译为“被月光击中的人”，指疯疯癫癫的人，因为欧洲古代认为月亮能够左右人的心智状态，精神失常是因为被月光袭击了。疯人院一词英文中的“lunatic”，词根是拉丁语“*Luna*”，也是月亮的意思。——译者注

世纪初，按当时的标准，纽约尤蒂卡（Utica）收容精神病患者的机构已经非常先进，但仍然被命名为尤蒂卡疯人院。这个名字正反映了人们对精神疾病的普遍态度。

19 世纪，精神疾病治疗机构的改革缓慢进行。1794 年，菲利普·皮内尔（Philippe Pinel，1745 — 1826）被任命为巴黎精神病医院院长，着手改善对精神病住院患者的态度和治疗。在美国，多罗西娅·迪克斯（Dorothea Dix，1802 — 1887）完成了精神疾病治疗方面最引人注目的改革。从 1841 年开始，迪克斯发起了一场运动，改善关押在监狱和贫民院的贫困精神病人的状况。然而，这些改革只成功地改善了精神病患者的生活环境和医疗条件；有效的治疗仍然十分匮乏。改善治疗手段的努力受到了许多庸医的干扰。梅斯梅尔创造了一门伪科学，研究精神疾病背后的“动物磁性”。加尔和施普尔茨海姆的颅相学则主张根据头骨轮廓和脑机能定位进行物理上的解释。

人们逐渐开始致力于开发合法、有效的技术来治疗情绪和行为异常。法国医生让-马丁·沙尔科（Jean-Martin Charcot，1825 — 1893）发明了其中一种颇具成效的治疗技术——催眠术。他在欧洲很有名气，弗洛伊德等许多医生、生理学家都曾跟随他学习。沙尔科会治疗癔症患者，症状包括过度情绪化到潜在情绪障碍的生理表现。他将催眠作为一种工具，用来探索患者在意识中无法面对的潜在情感问题。位于南锡（Nancy）的另一位法国医生伊波利特·伯恩海姆（Hippolyte Bernheim，1837 — 1919）对作为疗法的催眠作为进行了复杂的分析，利用潜在的暗示性来改变患者的意图。最后，沙尔科的学生皮埃尔·雅内（Pierre Janet，1859 — 1947）开始用催眠来解决情感冲突的动力，认为这是癔症症状的基础。然而，只有弗洛伊德超越了催眠的技术，建立起一套全面的精神病理学理论，衍生出系统的治疗方法。

精神分析学派的创立

▲西格蒙德 · 弗洛伊德（1856 — 1939）

在很大程度上，精神分析学几乎就等于弗洛伊德本人，所以很有必要概述弗洛伊德辉煌的一生。1856 年 5 月 6 日，西格蒙德 · 弗洛伊德出生于摩拉维亚（Moravia）的弗里堡（Freiberg），当时这里是奥匈帝国的北部省份，现在则属于捷克共和国。弗洛伊德是家里八个孩子中的长子，他的父亲是一个不太成功的羊毛商人。生意失败后，弗洛伊德的父亲带着妻子和孩子先搬到莱比锡，然后在西格蒙德 4 岁时搬到维也纳。弗洛伊德余生大部分时间都留在维也纳。

图 16.1

西格蒙德 · 弗洛伊德

（© HansCasparius / Hulton Archive/Getty Images）

他十分早熟，很小的时候就表现得聪明伶俐，于是家人很看重他，给他的资源和支持远远超过弟弟妹妹。比如说，为了让小弗洛伊德好好学习，家人给他提供了更好的照明，还要求其他孩子尽可能不要发出声响。

弗洛伊德爱好广泛，对许多事物都抱有强烈兴趣，很小的时候就表现出了对各种学术追求的喜好。不幸的是，他是 19 世纪反犹太主义的牺牲品，当时，这种反犹太主义在中欧和东欧公开实行，造成了极为严重的后果。具体来说，犹太身份导致他失去了某些职业机会，尤其是进入大学做科研的学术生涯无法实现。事实上，维也纳的犹太人只能从事法律和医学两大行业。弗洛伊德早就读过达尔文的著作，他对此很感兴趣，深受感染，因此非常想要从事科学研究。然而，想要从事科研工作，他最有可能靠近的途径就是学医。1873 年，17 岁的弗洛伊德进入了维也纳大学。由于他的兴趣过于广泛，涉猎过许多领域和具体研究项目，他花了八年时间才完成六年的医学课程。1881 年，他获得医学博士学位。在大学期间，弗洛伊德参与了对鳗鱼睾丸精确结构的研究，解剖了四百多条鳗鱼。后来，他又转向生理学和神经解剖学，对鱼的脊髓进行实验研究。在维也纳期间，弗洛伊德还上了弗朗兹 · 布伦坦诺的课程，这是他与 19 世纪心理学的唯一正式接触。

1886 年，弗洛伊德与玛尔塔 · 贝尔奈斯（Martha Bernays）结婚，此时他们已经订婚四年了。弗洛伊德发现，由于反犹太主义阻碍了犹太人在学术界的发展，从事科研工作并不能为他提供足够的经济支持，所以他不得不开办私人诊所。结婚初期，他们过了一段相当困窘的日子，但后来的弗洛伊德逐渐能够养活妻子和日益壮大的家庭——他们总共生了 6 个孩子。弗洛伊德早年的事业步履维艰，需要长时间的工作才能获得微薄的回报，而工作本身则没有什么挑战。

在医院培训期间，弗洛伊德曾接手过神经系统存在解剖学上和器质性的问题的患者。开始私人执业后不久，他就与约瑟夫·布鲁尔（Josef Breuer，1842 — 1925）成为朋友，后者是一名全科医生，因呼吸方面的研究而在当地颇具声誉。布鲁尔的友谊为弗洛伊德提供了必要的智力刺激，他们开始合作治疗几位神经障碍患者，其中最著名的病例是安娜·O（Anna O），这是一位聪明的年轻女子，却患有严重、弥漫性的癔症症状。用催眠治疗安娜·O时，布鲁尔发现她在催眠状态下显现了某些特定的经验，清醒后却无法回忆。通过谈论这些催眠经历，她的症状似乎有所缓解。在长达一年多的时间里，布鲁尔每天给安娜·O治疗，并深信"谈话疗法"或"宣泄法"（包括讨论在催眠状态下揭示的令人不快和厌恶的记忆）是减轻症状的有效手段。不幸的是，布鲁尔的妻子开始嫉妒这段关系——这种状态后来被称为在治疗的特定阶段，患者对治疗师的正移情，而这在她看来十分可疑。结果，布鲁尔终止了对安娜·O的治疗。

1885 年，弗洛伊德得到了一笔微薄的补助金，允许他去巴黎跟随沙尔科学习四个半月。在那段时间里，他不仅观察了沙尔科的催眠方法，还参加了他的讲座，学习沙尔科的学术观点，尤其是关于未解决的性问题在癔症潜在因果关系中的重要性的部分。回到维也纳后，弗洛伊德向医学会提交了一份报告，汇报了他与沙尔科的合作成果，但得到的回应相当冷淡，弗洛伊德对此相当不满，也影响了他后来与传统医学机构的关系。

弗洛伊德继续与布鲁尔一起研究催眠和宣泄法，但逐渐放弃前者，转而支持后者。具体来说，他拒绝将催眠作为一种普遍适用的疗法，原因如下：首先，并不是每个人都能被催眠；因此，它的作用仅限于特定的群体。其次，一些病人拒绝相信他们在催眠状态所暴露的东西，这促使弗洛伊德得出结论——病人必须一步一步地发现隐藏在可觉察意识中的记忆。第三，当一组症状在催眠暗示下得到缓解时，往往会出现新的症状。弗洛伊德和布鲁尔开始朝着不同的方向发展，弗洛伊德越来越强调性，认为性是精神疾病的关键，这也是他们分道扬镳的原因。不过，1895 年，他们共同发表了《癔症研究》（*Studies on Hysteria*），这本书经常被认为是精神分析运动的第一部著作，尽管在接下来的 13 年里只卖出了 626 本。

弗洛伊德开始依赖宣泄法。所谓宣泄法，就是鼓励病人说出任何浮现在脑海中的事情，不管它可能有多令人不安或尴尬。这种"自由联想"（free association）需要足够轻松的氛围，通常会让病人躺在沙发上进行。弗洛伊德认为，自由联想就像催眠一样，可以让隐藏的思想和记忆在意识中显现出来。然而，与催眠不同，病人能意识到自由联想过程中新出现的记忆。在自由联想的过程中，还会同时进行移情（transference）过程，包括情感上的体验，让患者能够重新体验发生过的、被压抑的事件。精神分析师是移情过程的一部分，通常是患者情感的对象，弗洛伊德认为，移情是帮助病人解决焦虑源头的有力工具。

1897 年，弗洛伊德开始分析自己的梦境，这一分析演变成了精神分析运动的另一项重要技术。在对梦的分析中，弗洛伊德区分了显性梦境（梦的实际内容）和隐性梦境，后者代表了病人心中的象征世界。1900 年，他出版了第一部主要著作《梦的解析》（*The Interpretation of Dreams*）。虽然出版后的 8 年内只卖了 600 本，但后来在他有生之年，这本书又重版了 8 次。1901 年，他出版了《日常生活的精神病理学》(*The Psychopathology of Everyday Life*),在这本书中,他的理论开始成形。弗洛伊德认为,所有人的心理(而不仅仅是神经症患者),都可以通过无意识的力量来理解。

这些著作开始为他赢得精神病学先驱的声誉,与此同时,弗洛伊德也吸引了众多追随者,其中包括阿尔弗雷德·阿德勒(Alfred Adler)和卡尔·荣格(Carl Jung)。1909 年,克拉克大学校长斯坦利·霍尔邀请他到美国做一系列演讲,作为该校 20 周年校庆的一部分。这些演讲发表在《美国心理学杂志》上,后来结集出版,将精神分析思想介绍给了美国读者。

医学界认为精神分析学过于激进,早期的支持者便自己成立了协会,并创办了期刊来传播观点。然而,弗洛伊德要求支持者对自己的精神分析理论保持绝对忠诚,这导致了学派内部的不和。阿德勒在 1911 年脱离精神分析学派,然后是 1914 年离开的荣格,因此,在接下来的一年里,精神分析运动中存在着三个相互对立的团体。尽管如此,弗洛伊德的观点仍在不断发展。弗洛伊德对第一次世界大战带来的破坏和悲剧印象深刻,他把侵略和性都看作一种原始的本能动机。20 世纪 20 年代,弗洛伊德将精神分析从一种治疗精神疾病或情绪障碍的方法扩展成了系统的理论框架,能够适用于所有人的动机和人格。

1923 年,弗洛伊德患上了口腔癌,在他生命的最后 16 年里几乎一直忍受着强烈的痛苦。他接受了 33 次手术,不得不戴着人造上颚假体。与病痛作斗争的同时,尽管尽量减少了公开露面,他仍在继续写作、看病。随着希特勒的上台和纳粹的反犹太人运动,弗洛伊德的作品被挑出来,在整个德国境内焚烧殆尽。然而,弗洛伊德拒绝逃离维也纳。1938 年,德国和奥地利在政治上达成统一,盖世太保开始骚扰弗洛伊德及其家人。罗斯福总统间接向德国政府转达，要求必须保护弗洛伊德。然而，就在1938年3月，一些纳粹暴徒入侵了弗洛伊德的家。最后，在朋友们的努力下，弗洛伊德获准离开奥地利，但前提是他承诺将未售出的书送往瑞士的仓库，以便销毁。在他签署了一份声明，证明自己在警方得到了良好待遇后，德国政府允许他前往英格兰，并于1939年9月23日在英国去世。

弗洛伊德思想概述

在漫长的职业生涯中，弗洛伊德的观点一直在不断演变。他大量著作汇集出的成果是一套精心设计的人格发展系统。弗洛伊德认为，人格是一种寻求平衡的能量系统。这种人格的自体调节模型（homeostatic model）通过不断尝试，找出适当的方式来释放本能能量，而这种本能能量来源于潜意识的深处。弗洛伊德认为，人格结构包括由人与生俱来的力量所激发的活动的动态交换。弗洛伊德的自体调节模型符合19世纪科学的主流观点，它建立在牛顿的机械论和有序宇宙的基础上，牛顿认为物理学所研究的物理事件的机械关系是科学探索的典范。弗洛伊德的精神分析模式将物理刺激转化为心理能量或力量，保留了对这些力量如何相互作用的基本机械描述。

弗洛伊德提出了三种特殊的人格结构：本我（id）、自我（ego）和超我（superego），他认为这三种结构基本上是在7岁时形成的。图解可以更清晰地表现出这三种结构对人的意识的可接近性或意识程度，如图16.2所示。本我是最原始、最不易接近的人格结构。正如弗洛伊德最初所描述的，本我是纯粹的力比多（libido），或者说是一种非理性本质和性特征的精神能量，它本能地决定着无意识的过程。本我不与外界接触，而是与其他人格结构相关，而这

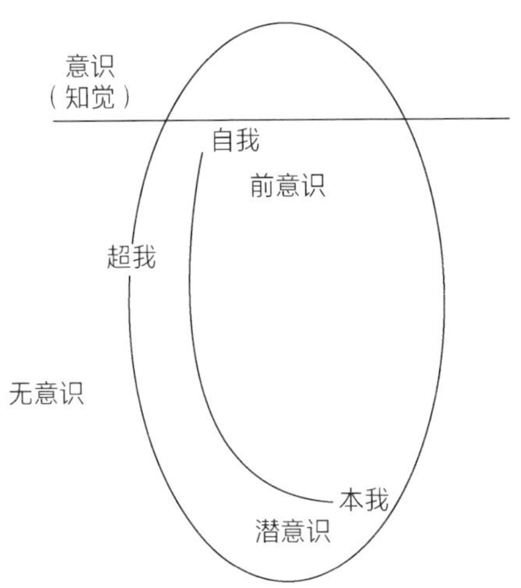

图 16.2 图中展示的是弗洛伊德提出的人格结构。水平线代表意识和无意识过程之间的边界，只有在梦、催眠或自由联想中才能穿过。

些人格结构又反过来调节本我和外部世界之间的关系。本我不受现实和社会习俗的影响，遵循快乐原则，寻求满足本能的性需求，可能直接通过性经验，也可能间接通过做梦或幻想。间接满足是更常见的过程。快乐原则中直接满足的确切对象由个体发展的性心理阶段决定，如下所述。

第二种人格结构是自我，通常被称为人格的“执行者”，因为它负责引导本我能量进入社会可接受的渠道。自我的发展发生在 1 到 2 岁之间，也就是孩子最初面对外界环境时。自我受现实原则的支配，它能意识到外界环境的要求并调整行为，从而以可接受的方式满足本我的本能需求。以适合社会的方式达到减少力比多能量的特定目标，这一过程被称为继发过程（the secondary process）。

人格结构的最终分化叫作超我，出现在 5 岁左右。本我和自我是人格的内在发展，而超我则是一种外在的强加。也就是说，超我是自我从环境中某个权威的代理人那里感知到的道德标准的结合，通常是父母观点的同化。这些道德标准的积极和消极方面都会表现在超我上。积极的道德准则是自我理想，代表了个体想要模仿的完美行为。良心（conscience）体现了超我的消极一面，决定了哪些活动是禁忌的。违背良心的行为会产生罪恶感。超我和本我存在直接冲突，自我则负责居中调解。因此，超我强加了一种行为模式，通过内化的奖惩系统，产生某种程度的自我控制。

弗洛伊德人格理论的主要动机结构来自本能，被定义为释放心理能量的生物驱力。人格的目标是通过某种可以接受超我约束的活动来减少能量驱力。弗洛伊德把本能分为生的本能（爱欲，*Eros*）和死的本能（桑纳托斯，*Thanatos*）两种驱动力。生的本能包括自我保护，以及饥饿、性欲和口渴。力比多是一种特殊的能量形式，生的本能通过它产生于本我。死的本能主要是攻击性，既可能是向内的攻击（如自杀或受虐狂），也可能是向外的攻击（如仇恨或虐待狂）。

只有以可接受的方式释放能量，才能维持人格平衡，在这一过程中，焦虑起到了重要作用。弗洛伊德认为，在本质上，焦虑是因对未满足欲望和未来灾难进行预期而产生的弥漫性恐惧。由于本我本能的原始特征，它的主要目标不可能是减少驱力的可接受手段，因此容易引起人格的持续焦虑。弗洛伊德将焦虑划分为三种普遍形式。第一种是现实性焦虑（reality anxiety）或客观性焦虑（objective anxiety），这种焦虑是对外界环境中真实的危险产生的恐惧，有明显的原因。这种恐惧有其合理性，有助于个体的生存。第二种是神经性焦虑（neurotic anxiety），源于个体惧怕自己的本能冲动会导致他受到惩罚。最后一种是道德性焦虑（moral anxiety），是对内疚或羞愧的恐惧。为了应对焦虑，自我发展出了防御机制，这一过程相当复杂，基本上是无意识完成的，能让个体逃避不愉快和带来焦虑情绪的事件。例如，一个人可以通过自我否认（self-denial）、转换（conversion）或投射（projection）来避免面对焦虑，或者可以将引起焦虑的思想、观念等压抑（repress）进无意识领域。精神分析的文献中描述了许多类型的防御机制。虽然防御机制是解决焦虑的典型方式，但个体必须识别、控制它们，才能达到心理健康。

弗洛伊德非常重视儿童的发展，因为他相信，成年患者所表现出的神经症障碍都源于童年经历。他描述了性心理发展的阶段，其特征是由快乐原则决定的主要满足来源各不相同。弗洛伊德提出，孩子本质上是自体性欲的（autoerotic）。孩子的性快感来自对身体各个性感区域的刺激，或是让母亲提供刺激。性心理发展的每一个阶段都倾向于将满足的主要来源定位于特定的性感区。在口唇期，孩子通过吮吸、咬和吞咽来寻求最初的满足感。在这个阶段，需求没有得到满足会导致过度的口唇习惯，弗洛伊德认为成年后的乐观主义、猜疑和愤世嫉俗都与这一阶段的情形有关。第二个阶段被称为肛门期，幼儿由于对排泄解除压力而感到快感。弗洛伊德认为，整洁、过度清洁、强迫性的成年人是因为没有成功解决肛门期的需要。根据弗洛伊德的说法，第三个阶段被称为性器期（3 到 7 岁），在这一阶段，无论男孩还是女孩，主要满足来源都在于性器官，无论象征性器的究竟是什么事物。在性器期之后，孩子会进入潜伏期，这一阶段会持续到青春期的开始。然而，在这些性心理阶段，孩子也在经历俄狄浦斯的循环（Oedipal cycle），最终走向成年（即弗洛伊德认为适当的）性行为。在俄狄浦斯的最初阶段，小男孩对母亲有强烈的性欲。渐渐地，这种欲望会被压抑，因为孩子开始害怕父亲，认为如果父亲知道了这种欲望，就会将男孩阉割——由此，孩子会产生神经性焦虑。然后，男孩从潜伏期进入青春期，逐渐完成男性认同，从而也认同了父亲。未解决的俄狄浦斯循环，会导致俄狄浦斯情结（Oedipus complex）——一种适应不良的性观点。因此，弗洛伊德认为同性恋行为是不成熟的性行为，反映了未解决的俄狄浦斯冲动。后来的学者试图用类似的方式描述女孩，称之为伊莱克特拉情结（Electra complex）。弗洛伊德认为，小女孩相应的复杂的性心理发展是由阴茎嫉妒带来的，所谓阴茎嫉妒，就是指想要拥有阳刚之气的压抑愿望。

弗洛伊德的理论纷繁复杂，一直在不断修改调整，过程中也遇到了许多困难。他对修改自己的观点没有什么顾虑，但往往不对词汇表做出相应调整，因此同一个术语经常以多种方式使用。尽管如此，因其复杂性和独特性，他的理论体系仍然达成了令人瞩目的成就。事实上，他经常不得不发明新的术语来表达思想，而这些术语都已经被接受为我们词汇中的一部分。

弗洛伊德的影响

作为一门经验主义学科，无论是强调用严格实验方法研究，还是接受不那么严格但仍然系统的方法（如现象学方法），心理学的发展都相当执着专一。与之相比，弗洛伊德的理论体系极为脆弱。原因很简单，弗洛伊德不是一个方法论者。他的数据收集并不系统，也不加控制，主要来自弗洛伊德记忆中的病人所述。他没有打算独立验证病人报告的准确性。弗洛伊德只给出结论，从不透露这些推论和结论是如何得出的。他的变量和结构并不清晰，它们的定义十分模糊，不可量化。他的理论强调童年的重要性，断言人格基本上是在 7 岁形成的。然而，在弗洛伊德的记录中，只研究过一个患有恐惧症的男孩，而且还是通过男孩的父亲进行的间接研究。如此看来，弗洛伊德对童年的强调完全是通过对成年人的观察推断出来的。

也许更严重的是，弗洛伊德的理论几乎没有预测价值。我们将在第 17 章探讨理论的作用，但在这一点上，必须承认，具有预测价值的理论才能改变正在进行的事件。例如，吸烟致癌的理论让我们自信地建议年轻人不要吸烟。弗洛伊德认为，人是被“过度决定”（overdetermined）的。一项需求可以通过许多目标中的任何一个来满足，因此很难通过观察孩子的行为来预测他长大后的适应性。我们能做的只是等着瞧。这种批评可能尤为适用于弗洛伊德，因为他既主张人格理论，又重视治疗人格障碍。

如前所述，精神分析在心理学史上有着独特的地位。弗洛伊德的理论没有可验证的假设，也缺乏经验上的启示。然而，在另一个层面上，弗洛伊德完成了其他理论家没能做到的事情：他彻底改变了人们的态度，创造了一套对人格的全新认识。可以说，弗洛伊德超凡脱俗的观察力使他能够从错的路径推出对的结论。其他更具经验性的人格障碍理论，时常证实了弗洛伊德的许多观察。如果说，他的观点不符合经验主义研究的标准，却也仍然标志着一个极具天赋和洞察力的人，将影响渗透在世人对自身的思考之中——这种影响是其他心理学家难以匹敌的。

追随者

在很大程度上，精神分析运动就是弗洛伊德的产物，他的影响远远超过了他的早期追随者。后来，这些追随者试图修改精神分析理论，重新界定和解释精神分析的基本原理，直到 1930 年，这场运动分裂成相互竞争的不同阵营。然而，那些背离弗洛伊德的学者仍然保留了精神分析基本的自体调节模型，即将人格构想为一种降低能量的系统。

阿尔弗雷德 · 阿德勒（1870 — 1937）

阿尔弗雷德 · 阿德勒出生在维也纳的一个富裕家庭，但童年非常不幸。他小时候经常生病，成绩也比不上哥哥们，因此达不到父母的期望。1895 年，他获得了医学博士学位。1902 年，他开始定期参加弗洛伊德的每周研讨会。他是弗洛伊德最早的追随者之一，

图 16.3

阿尔弗雷德 · 阿德勒（© Imagno / Getty Images）

1909 年还曾陪他同赴美国。然而，渐渐地，阿德勒开始公开批评弗洛伊德，特别是弗洛伊德对性的强调和字面解释。1911 年，他们最终分道扬镳，阿德勒也拥有了自己的追随者圈子。阿德勒是一位才华横溢的演说家，充满活力和魅力的个性吸引了许多学生。他时常到处讲学，1934 年成为美国永久居民，在长岛医学院（Long Island College of Medicine）任教。1937 年，他在欧洲巡回演讲，病逝于苏格兰的阿伯丁（Aberdeen）。

阿德勒拒绝接受严格、僵化的弗洛伊德体系。例如，阿德勒认为，不应从字面上理解女性的阴茎嫉妒，而应该看作女性对男性在社会中支配地位的象征性嫉妒。事实上，阿德勒不认为女性特质必然是神经质的。阿德勒逐渐发展出了替代弗洛伊德观点的思想，但仍停留在精神分析模式中。他的**“个体心理学”**（**individual psychology**）不像弗洛伊德理论那么丰富详细。相反，阿德勒提出了人类活动的一般观点，认为个体刚出生时处于自卑状态，导致每个人都会不断追求积极的情感和完美。通过定义个体的人格心理学，阿德勒的整体人格观强调了个体对自我统一、完善和特定目标的需要。在阿德勒的理论中，动机并不像弗洛伊德所说的那样是减少驱动力的消极“推动力”，而是个人努力自我提高和追求优越感的积极“拉动力”。阿德勒的定位与布伦坦诺提出的人格理念大体相似。人格的统一是个体努力的产物，因此，所有的心理现象实际上都来源于个体独特的创造力量。心理本身就表现出一定的追求优越、追求完美的倾向。因此，阿德勒的动机原理并没有被还原为生物本能，而是用心灵的、几乎是灵魂性的术语来描述心理。而对优越感的追求，又是对童年的自卑、不完美和不完整的直接反应。对阿德勒来说，一个人现在的状态是由他或她对未来的完美期望所引导的。这些被阿德勒称为“目的论”（finalism）的预期是虚构的，因为它们可能无法实现，却仍是终身目标的集中表达。因此，一个人的存在反映在一定的社会背景下的个体生命中，以及对个人和谐的追求之上，而后者是为了努力获得优越感。

阿德勒提供了适当的个人生活方式的案例研究，说明了对自卑的补偿和对优越的追求。然而，对于如何养育孩子的问题，他给出了极为具体、详细的指导。他认为，出生顺序和家庭位置会显著影响个人生活方式和创造性自我（creative self）的发展。阿德勒认为，家庭是个体社会化的主要影响因素，因为儿童长大后的关键行为模式取决于家庭教养是否成功。

阿德勒强调人类经验的社会性和创造性，并摆脱了弗洛伊德对能量降低的严格强调。阿德勒影响了精神分析运动中的其他重要理论家，尤其是霍妮和弗洛姆。然而，针对弗洛伊德的批评也同样适用于阿德勒——缺乏经验主义的参考，理论的预测价值也存在问题。此外，阿德勒的理论模棱两可，经常出现矛盾，缺乏详细的发展理论，都导致了他的难以捉摸，甚至可能比弗洛伊德更远离经验主义。尽管如此，阿德勒在精神分析中加入了一种常识性的方法，使弗洛伊德的精神动力学更具吸引力，同时也保持了本身的完整性。

卡尔 · 荣格（1875 — 1961）

荣格是 20 世纪最迷人、最复杂的学者之一，出生在瑞士北部村庄的一个贫穷家庭。他成功考入了巴塞尔大学（University of Basle），并在 1900 年获得了医学博士学位。荣格的余生大部分时间都在苏黎世，教学、写作和治疗病人。1900 年，荣格读了《梦的解析》，开始与弗洛伊德通信，最终在1907年与他会面。1909年，荣格与阿德勒一起陪同弗洛伊德来到美国，他也面向美国公众做了演讲，并介绍了自己的作品。然而，荣格开始将精神分析的观点应用到古代神话和传说中，以寻找打开人类心灵本质的钥匙。这样的独立思考并没有得到弗洛伊德的认可，还有一些猜测认为荣格对弗洛伊德的个人生活进行了批判性的分析，这可能导致了他们的关系变得紧张。1911年，弗洛伊德支持荣格当上了国际精神分析学会（International Psychoanalytic Association）第一任主席，但此时他们之间的裂痕已经无法愈合。最终，1914年，荣格退出了该学会，并切断了与弗洛伊德的所有联系。荣格继续他自己对精神分析的解释，并进行了几次考察，研究美国西部、非洲、澳大利亚和中美洲的“原始”社会。他的著作涉及人类学、宗教学等多个学科领域，从精神分析的角度为人类存在的许多古老问题提供了全新的见解。

荣格的**分析心理学**（**analytic psychology**）重新定义了许多弗洛伊德的概念；然而，他保留了弗洛伊德的术语，因此，在他们的著作中，相同的术语往往具有不同的含义。和弗洛伊德一样，荣格认为人格的核心目的是在人格内部的意识和无意识力量之间取得平衡。然而，不同的是，荣格描述了两种无意识力量的来源。一种是个体无意识（personal unconscious），由被压抑或遗忘的经历组成，类似于弗洛伊德所说的前意识水平。个体无意识的内容可以被意识所接近。荣格的个体无意识包含了情结，这些情结是有明确主题的一系列情绪，会导致扭曲的行为反应。例如，一个将自己对母亲负面情感压抑下来的男孩，可能会成长为有恋母情结的成年人，一旦遇到与母亲有关的意象或刺激，就会感受到强烈的情绪和焦虑。无意识力量的第二个来源是荣格理论独特的发现，被称为集体无意识

（collective unconscious），这是一种更强大的能量来源，包含着与一个民族或种族群体的其他成员共享的先天遗传内容。正如个体无意识包括了情结，集体无意识则具有原型（archetype），它是一种本原的意象，经过成百上千年的传承，从原始部落祖先的特定经验和态度进化而来。荣格列举了出生、死亡、统一、权力、神、魔鬼、魔法、古老的智者和大地母亲等原型。人格中的集体无意识概念为个体提供了行为模式，特别是在生命危机的时候，这与荣格对神话和象征的关注非常吻合。荣格认为，一个社会用象征表达原型意象的能力是文明进步的一大指标。

荣格最为关注的是人的中年时期，在这一阶段，性冲动的压力让位于对生命和死亡意义等更深刻的哲学、宗教问题的焦虑。荣格重新提出了精神性的灵魂这一概念，认为健康的人格能实现自我统一和完全整合的潜能。荣格认为，只有在从婴儿期到中年的人格发展过程中完全克服了障碍，这种统一和整合才有可能实现。无法在这一意义上成长，就会导致人格解体。因此，人必须将经验个性化，才能实现"超越功能"（transcendentfunction），通过这种功能，分化的人格结构得以统一，形成一个完全能觉知的自性（*self*）。

荣格将力比多能量重新定义为人格中内倾—外倾的对立，绕开了弗洛伊德对性的强调。外倾的力量是针对外部的人和环境，能够培养自信。内倾会引导人走向内在的沉思、内省和稳定。这两种相反的能量必须平衡，才能使感觉、思维、情感和直觉在心理上正常运作。外倾和内倾之间的不平衡能在梦中得到部分补偿。事实上，荣格认为，梦在帮助人保持平衡方面具有重要的调节价值。

随着荣格年龄的增长，他的作品越来越强调神秘主义和宗教经验，这些领域通常不被主流心理学关注。在所有早期精神分析学的奠基人中，荣格的观点与经验主义形成了鲜明的对比。然而，面对那些从未被心理学家系统研究过、仍然停留在思辨哲学领域的人类关键问题，他提供了独特的处理方法。也许荣格更像是一个哲学家而不是心理学家，他时常思考那些不被其他心理学体系接受的问题。

卡伦 · 霍妮（Karen Horney, 1885 — 1952）

卡伦 · 霍妮生于德国汉堡市，1913 年获得柏林大学医学学位。1918 年至 1932 年，她与柏林精神分析学院有所联系，接受了弗洛伊德精神分析思想的正统训练，也曾接受卡尔 · 亚伯拉罕（Karl Abraham，1877 — 1925）和汉斯 · 萨克斯（Hanns Sachs，1881 — 1947）的分析，后者因训练弗洛伊德学派精神分析学家而闻名于欧洲。1932 年，她被任命为芝加哥精神分析研究所副所长，开始在精神分析运动中寻找更独立的立场。两年后，她搬到了纽约市，一边私人执业，一边在纽约社会研究新学院（今新学院大学）任教。几年后，她被指控彻底背离正统精神分析学，并被逐出纽约精神分析学会。然后她创立了美国精神分析研究所，并担任所长直到去世。

霍妮对女性心理学的发展做出了重大贡献。从弗洛伊德理论的概述中可以清楚地看到，他强调人类发展需要达到性能量和攻击性能量的平衡，这反映他当时的时代性。和阿德勒一样，霍妮也反对将阴茎嫉妒作为社会标准的构想。此外，她还对妇女在工业化社会中迅速变化的作用提出了重要见解，认识到历史上遭受传统农业社会压迫的妇女进入城市工作环境之后，正经历着根本性的变化。

在弗洛伊德主义者严密统治下的精神分析组织不接受霍妮的观点。不过，尽管霍妮被驱逐出精神分析机构，她对弗洛伊德理论的修正仍然停留在精神分析模式之内。她赞同人类的活动是由无意识的动机引起的，也认可情绪动机的首要性。霍妮承认弗洛伊德对防御机制的描述，并沿用了弗洛伊德在治疗中对移情、自由联想和解梦的重视。尽管她认为自己更像一个治疗师而不是理论家，但她在人格结构的观点上与弗洛伊德存在重要分歧。她否认弗洛伊德对本我、自我和超我所作的严格区分。霍妮认为，如果俄狄浦斯情结存在，那也不是孩子和父母之间的性和侵略性的互动，而是拒绝、伤害和过度保护带来的不安全感导致孩子感到焦虑，这种焦虑的相互作用产生了俄狄浦斯情结。霍妮把力比多能量描述为情绪驱力，而不是弗洛伊德提出的主要由性和攻击性产生的能量。在霍妮看来，性问题是情感扭曲的结果，而不是原因。

霍妮强调了因童年的不安全感所引起的基本焦虑（basic anxiety），并认为它会持续一生。她认为，人类已经失去了中世纪社会的安全感，神经症是工业化的自然产物。因此，心理学与文化、社会价值密切相关。个人在生活中积累的全部经验被称为“性格结构”，是不断发展的产物。霍妮认为，个体具有强大的内在指向能力，可以通过自我分析来充分发掘，进而产生自我认识，这是心理成长的前提。正确的自我分析过程导致了强烈的自我概念的出现，这一结构与弗洛伊德所说的“自我”有点类似。统合良好的自我概念能够有效地抵制过分依赖防御机制的现象，这种防御机制通过拉远人们与自身的关系来减少自我认识。当这种疏离确实发生时，人们就需要专业分析的帮助来恢复判断力和自主性。

霍妮用三种模式来描述人类行为，本质上都属于保护和防御的方式。“顺从型”（moving toward）的特点是幼稚行为和无助感。例如，如果我认为某个人爱我，那他就不会伤害我。青春期的典型活动是“攻击型”(moving against)，充满敌意，并试图加以控制。例如，如果我有力量，就没有人会伤害我。最后，“退缩型”(moving away)是成年人孤立行为的特征；也就是说，如果我退缩，就没有人能伤害我。这些行为模式被用于追寻霍妮描述的10种神经质需求：

	神经症需求	行为模式
1	爱和称赞	顺从型
2	生活伴侣	顺从型
3	把自己的生活限制在狭窄范围之内	退缩型
4	自足自立	退缩型
5	完美	退缩型
6	力量	攻击型
7	剥削他人	攻击型
8	声望	攻击型
9	野心	攻击型
10	称赞自己	攻击型

这些神经症的需求只有通过自我分析才能克服。因此，霍妮对治疗的看法与弗洛伊德形成鲜明对比。弗洛伊德认为治疗的目的是恢复人格的平衡，而霍妮认为，治疗的最终目的是促进心理健康，也就是不断寻求更好的自我认识。

霍妮批评弗洛伊德，认为他的观察局限于儿童和女性癔症患者，然而她自己的视角也有其局限性，限制于城市环境——这种强调导致她的理论没有形成可接受的常态概念。霍妮认为，个人冲突不是源自内部，而是工业化带来的文化决定因素的产物。然而，这一弱点也是她的精神分析理论的一大优点。她认识到社会环境的根本变化，并强调它对个人心理的巨大影响。因此，她的观点并不是一成不变的，而是根据社会对男女角色不断变化的要求而做出了调整。

精神分析的社会学派

阿德勒和霍妮对弗洛伊德精神分析学的修正，导致了精神分析学出现了一个明显趋势，开始考察人类经验的社会背景。沙利文和弗洛姆这两位独特的理论学者是这一发展趋势的代表人物。

哈里 · 斯塔克 · 沙利文（Harry Stack Sullivan, 1892 — 1949）

哈里 · 斯塔克 · 沙利文生于纽约州的农村，1917 年在芝加哥内外科医学院（Chicago College of Medicine and Surgery）获得医学学位。从 1922 年开始，他在几家医院从事精神分裂症的研究。1933 年，他成为精神病学基金会会长，从 1936 年直到去世，一直负责管理华盛顿精神病学学校（Washington School of Psychiatry）的训练机构。他只出版了一本书《现代精神病学的概念》（*Conceptions of Modern Psychiatry*, 1947），但留下了大量研究笔记，在他去世后，这些材料由他的学生整理出版。这些著作构成了沙利文的精神病学人际理论（interpersonal theory of psychiatry）。

沙利文把人格或自我看作是一个与环境互动的开放系统，因此在任何给定的时间，个体都可以被界定为这些互动经验的总和。虽然这一理论与勒温的场论有些类似，但沙利文的思想仍然属于精神分析体系，因为他接受了焦虑降低的自体调节模型理论。紧张源于需要和焦虑，并且寻求降低。在发展观中，沙利文定义了几个以社会互动的性质为标志的阶段。他主张，各种“动力”（Dynamism）或驱动性的社会关系使个体成长为适当的社会化的成人，同时发展自尊。

沙利文的人际心理学建立在详细观察的基础上，他的观点由于其特殊性以及对临床背景的适用性而得到广泛接受。在许多方面，沙利文扩展了阿德勒的工作，对精神分析理论的社会潜在因素进行了更全面的研究。

艾瑞克 · 弗洛姆（Erich Fromm, 1900 — 1980）

艾瑞克 · 弗洛姆的理论是精神分析模式与存在主义哲学的有趣结合。他出生于法兰克福，1922 年在海德堡大学（University of Heidelberg）获得博士学位，之后在柏林精神分析研究所学习。1934 年，他去了美洲，在美国和墨西哥的几所大学任教。

弗洛姆始终强调，现代人的存在是孤独的，与真实自我和社会的关系日益疏远。霍妮认为，个体始终致力于寻求安全感，同样，弗洛姆认为现代世界让个体处于孤独无助的状态。为了应对这种情况，人可能会试图逃避。逃避的方法类似于弗洛伊德提出的防御机制，并不是真的有效。相反，弗洛姆认为，满足个人需要的关键是人的基本自由。弗洛姆认为，人类的进步导致了五种基本需求，它们超越了饥饿、性和口渴等生理需求。

1. 我们需要关联，通过爱和理解建立人际关系。

2. 我们需要超越，培养人类独特的理性和创造性思维能力。

3. 我们需要扎根、归属，成为环境的一部分。

4. 我们需要有自我同一感（identity），把自己和周围的环境区分开来。

5. 我们需要一个一致的方向和目标，以帮助了解自己和周围的环境。

弗洛姆提出，无论是资本主义还是共产主义，都没能成功地为人类真正的发展提供适当的社会结构。他提出了自己的乌托邦思想，认为它可以促进个人成长，满足五大需要。随着弗洛姆不断发展自己的观点，他超越了传统的心理学家角色，转而成为社会哲学家。然而，他也在不断尝试调整精神分析模式，以更好地应对社会变化的流动性，并认识到现代人生活在敌对环境中所需要面对的个人困境。

当代影响

如本章开头所述，精神分析是心理学中一场独特的运动。与意动心理学、格式塔运动一样，它也起源于德国强调心理主动性的哲学传统。然而，由于精神疾病患者的需要，精神分析的表达更为直接。这是临床上的发展，而不是学术上的。基于这个原因，精神分析，特别是弗洛伊德之后的学者提出的精神分析思想，给人的印象是随着特定问题的出现而发展的一种独特运动，而不是连贯统一的体系。跟其他由学术研究所产生的学派不同，精神分析学并没有特别坚持的方法论。因此，精神分析和那些拥有详尽方法（无论是经验主义还是现象学方法）的体系之间，几乎没有互动。简单来说，精神分析和其他心理学流派的表达方式南辕北辙。

本章没有全面叙述精神分析运动中所有“后弗洛伊德主义者”，只是选取了一批有代表性的人物。然而，形形色色的精神分析观点也反映了缺乏系统方法论的问题。精神分析学从来没有制定系统的标准，使新的解释可以比较。完全可以说，精神分析师有多少个，精神分析理论就有多少种。从弗洛伊德时代开始，直到现在，这个问题仍在困扰着精神分析运动。当代的精神分析流派正处于分崩离析的状态。

虽然一直没被主流心理学接受，精神分析仍在精神病学领域占据了主导地位。从精神分析对临床问题的关注来看，这是完全可以理解的。事实上，精神分析学派在精神病学和临床心理学中几乎一直担任主角，直到 20 世纪 60 年代，行为和认知矫正模式开始与之竞争。

精神分析仍对艺术、文学和哲学不断产生显著影响。这种影响反映了弗洛伊德的主要贡献：对无意识的全面分析。因此，文学和艺术的表达是根据艺术家的无意识活动和感知者的无意识印象来解释的。心理学家可能会选择忽略无意识的动机，或者仅仅关注潜意识或阈下活动。然而，任何真正全面的心理活动理论都不能再局限于行为的意识层面。虽然心理学家可能不同意弗洛伊德的解释，但他确实发现了一些影响个体活动的动力过程，这些过程是心理学不应忽视的。

本章小结

精神分析运动引入了影响人类活动的无意识过程的研究。这一运动完全符合德国的心理主动性模式，可以追溯到莱布尼茨和康德的哲学思想。尽管意动心理学和格式塔运动也是这一德国模式的现代表现，但精神分析学更强调人格中无意识能量的自体调节平衡。它的创始人西格蒙德·弗洛伊德利用他敏锐的观察力设计出了急需的治疗方法，后来又将他的理论扩展为一种心理动力学理论，认为人格成长主要依赖于减少紧张。其他学者修改了弗洛伊德的模式，将文化影响（荣格）和社会需求（阿德勒和霍妮）包括在内，也将精神分析模型与场论（沙利文）和存在主义假设（弗洛姆）进行了整合。精神分析作为一个当代的运动，虽然缺乏方法论上的一致性，仍对精神病学和临床心理学中发挥着巨大的影响。此外，弗洛伊德对无意识的论述也导致了对艺术表现的新诠释。然而，作为一种可行的心理学模式，精神分析学脱离了心理学的经验主义基础，与依赖方法论的其他心理学体系几乎没有什么联系。

讨论题

1. 简述精神分析学、格式塔心理学和构造心理学共同的哲学根源。

2. 描述弗洛伊德使用自由联想和解梦方法背后的理论基础。

3. 弗洛伊德的人格自体调节模型是什么意思？它与 19 世纪盛行的科学观点有何一致之处？

4. 简述弗洛伊德的人格发展理论。

5. 对比阿德勒和弗洛伊德在动机和人格发展方面的观点。尽管存在差异，阿德勒的“个体心理学”是如何与精神分析运动保持一致的？

6. 请对比荣格与弗洛伊德的无意识观点。

7. 霍妮描述的人类活动模式是什么？霍妮在人格决定论方面的

立场是什么？能不能说她更多地关注环境经验对人格的决定作用，而不是内部活动？

8. 描述精神分析对主流心理学及其他领域的影响和独特贡献。

| 第 17 章 |

行为主义

章节内容

行为主义的直接背景

俄国的反射学

· 伊万·米哈伊洛维奇·谢切诺夫

· 弗拉基米尔·米哈伊洛维奇·别赫捷列夫

· ▲伊万·彼得罗维奇·巴甫洛夫

美国的联结说：爱德华·李·桑代克

华生的行为主义

▲约翰·布罗德斯·华生

其他早期美国行为主义者

· 埃德温·B. 霍尔特

· 艾伯特·P. 韦斯

· 沃尔特·S. 亨特

· 卡尔·S. 拉什利

操作实证主义

拓展的行为主义

扩展的反射学

美国的行为主义

· 格思里的接近联结行为主义

· 赫尔的假设—演绎理论

在 20 世纪的心理学发展中，人们广泛接受将心理学定义为研究行为的体系，这种思潮主要发生在美国。人们相信可观察、可量化的行为本身是有意义的，而不仅仅是潜在心理事件的外在表现。这场运动由美国心理学家约翰·布罗德斯·华生（John Broadus Watson, 1878—1958）发起，标志是他在 1913 年发表的一篇著名论文《行为主义者眼中的心理学》（*Psychology as the Behaviorist Views It*）。华生激烈地背离了心理学的现有模式，主张心理学发展的正确方向不是对“内在”意识的研究。事实上，他驳斥了一些非生理的意识心理状态的概念，认为这都属于伪科学问题。华生提倡将外显的、可观察的行为作为心理学的唯一研究对象，认为这才是真正科学的心理学。

华生在开创心理学发展新方向方面取得了很大成功。在本章的后半部分，我们将探讨华生时代汇聚的各种学术力量，这些思想有助于促进人们接受他的观点。虽然可以说，华生是重新定义心理学范围的革命领导者，但我们也该认识到，行为主义心理学运动随后的成功，更应该理解为一种改革，而不是根本性的革命。行为主义，特别是美国的行为主义，逐渐从华生最初的定义，转变为以各种经验主义方法论来研究人类、次人类活动的概念。

华生行为主义的历史源头可以从古希腊时代一直追溯到 19 世纪。前苏格拉底时代的哲学家，如伊奥尼亚学派的物理学家和希波克拉底（见第 3 章），试图将人类活动解释为可还原为生物或物理原因引起的机械反应。后来，法国的感觉主义传统（见第 8 章）成为 20 世纪行为主义的重要来源，它拒绝笛卡儿所提出的“未广延的实体”，而赞同对环境刺激做出反应的机械系统。孔狄亚克的感觉还原论（sensory reductionism）和拉美特利的机械生理学都认为心理事件完全由感官输入决定，心理学探究的分界线也与感觉过程有关。也许英国哲学家（第 9 章）为行为主义提供了最清晰的学术基础。洛克的心理被动性概念意味着心理的内容依赖于环境，而英国哲学的两大主题——经验主义和联想主义，包含了行为主义的主要原则。行为主义心理学是 20 世纪出现的一门经验主义学科，它从适应环境刺激的角度研究行为。行为主义的核心是机体习得行为适应，这种学习受联结原则的支配。

行为主义心理学的联结原则与英国哲学思想基本一致，也在一组主要研究反射论的俄国生理学家工作中得到了验证。事实上，虽然在华生发表作品之前，有关反射习得的重要研究就已开展，但在他的论文发表之后，俄国学者才对行为主义产生了重大影响，并帮助扩展了华生最初的表述。

行为主义的直接背景

俄国的反射学

我们已经在第 12 章中提到了脑生理学的进展，重点提到了谢灵顿的神经生理学。20 世纪初，一批俄国生理学家也在进行类似研究，探索行为过程的生理基础。尽管谢灵顿的研究可能更具意义——事实上，考察他的神经生理学对行为主义心理学的全部影响留给了后来的科学家——但俄国生理学家的研究方向更具实践性，很容易被行为主义采纳为学习的基本机制。然而，俄国的研究人员是生理学家，而不是心理学家，对他们而言，将心理过程还原为生理机制是理所当然的事。他们不是试图阐明心理学这门新兴科学的哲学家。相反，他们希望扩大现有的生理学知识，将被标记为心理的过程囊括在内。因此，他们对新的心理科学的发展没有什么用处。

伊万·米哈伊洛维奇·谢切诺夫（Ivan Mikhailovich Sechenov, 1829 — 1905）。现代俄罗斯生理学的奠基人谢切诺夫，他在圣彼得堡大学获得生理学博士学位。从 1856 年开始，他花了七年时间旅居西欧，接触了赫曼·冯·亥姆霍兹、约翰内斯·米勒，以及工作于海德堡大学的俄国化学家季米特里·门捷列夫（Dimitri Mendeleyev, 1834 — 1907）。谢切诺夫在圣彼得堡和敖德萨（Odessa）的几所大学里担任过生理学教授，后来在莫斯科结束职业生涯。

1863 年，谢切诺夫出版了《脑的反射》(*Reflexes of the Brain*)，提出假设，认为所有的活动（包括看似复杂的思维和语言过程）都可以还原为反射。此外，他强调，作为反射作用的中枢，大脑皮层具有兴奋和抑制的调节作用。谢切诺夫认为，所有智力活动、运动活动都与外部刺激有关。因此，行为的所有组成部分都是对环境刺激反应的结果，是在大脑皮层水平进行的。谢切诺夫在 1870 年发表的一篇论文中驳斥了当代心理学的观点，认为心理学是一个多余概念的集合，因当前学术界对生理学的无知而产生。谢切诺夫认为，随着进一步的研究，心理学的概念将消失，可以用相应的生理学水平来解释。

谢切诺夫将心理和生理反应都还原为反射，因此，观念就成为受中枢神经系统调节的反射的联结。因此，这位俄国现代生理学的奠基人将反射学定义为对人类活动的一元论解释，将心理过程等同于基本的神经过程。谢切诺夫开创了一种实验传统，以验证他的反射学观点，这与法国感觉主义传统中笛卡儿后继者的做法没有太大区别。有趣的是，由于过分强调对心理活动的唯物主义解释，谢切诺夫的著作受到了帝国政府的审查。谢切诺夫并没有活着看到列宁的崛起，后者建立了信仰辩证唯物主义的政府，这更符合谢切诺夫及其后继者的反射学。

弗拉基米尔·米哈伊洛维奇·别赫捷列夫（Vladimir Mikhailovich Bekhterev，1857 — 1927）。别赫捷列夫是谢切诺夫最著名的学生之一，他创造了“反射学”（*reflexology*）这一术语来描述自己的研究工作。在圣彼得堡大学完成学业后，别赫捷列夫离开了俄国，先后跟随冯特、杜·布瓦-雷蒙和让-马丁·沙尔科工作，沙尔科是法国神经学家，开创了催眠术的现代应用。别赫捷列夫的兴趣使他将谢切诺夫的客观反射学应用于精神病问题，并于 1907 年创立了圣彼得堡精神神经研究所（St. Petersburg Psychoneurological Institute）。

1910 年，别赫捷列夫出版了《客观心理学》（*Objective Psychology*），呼吁在描述心理事件时摒弃心理主义的概念。尽管别赫捷列夫在惩罚方面做了一些创新性的实验，但他的主要贡献是他的大量著作，为更广泛的读者带来了反射学知识，也让大众更愿意接受这一学说。此外，他将反射学应用于异常行为，证明了客观心理学的效用。

别赫捷列夫与巴甫洛夫是同代人，二人常有冲突观点。因为别赫捷列夫熟悉冯特的心理学，对于那些心理学家关心的问题，他比巴甫洛夫更敏感。因此，虽然巴甫洛夫的反射学著作比别赫捷列夫更为系统，但后者更快获得了心理学家的认可。

别赫捷列夫拒绝内省法，因为它假定心理活动与其他人类活动存在一些差异，而别赫捷列夫则强调了反射学的统一性。心理和生理过程涉及相同的神经能量，可观察到的反射（无论是遗传的还是习得的）都受内部和外部刺激的规律性联系支配。客观心理学的目标是发现调节反射的内在规律。

伊万·彼得罗维奇·巴甫洛夫（Ivan Petrovich Pavlov，1849—1936）。最全面的反射学体系是由伊万·彼得罗维奇·巴甫洛夫提出的。尽管俄国因革命运动而发生了翻天覆地的变化，但巴甫洛夫漫长而多产的职业生涯从未受到严重破坏。巴甫洛夫出生在俄罗斯中部的一个小镇上，父亲是一位东正教的乡村牧师。他原本打算继承父亲的职业，但后来放弃了这一念头，于 1870 年进入了圣彼得堡大学。学习期间，巴甫洛夫只能勉强维持生计，他于 1879 年获得了大学奖学金，并于 1883 年拿到医学学位。1884 年到 1886 年，他在莱比锡和布雷斯劳（今弗罗茨瓦夫）学习，加入了一个研究胰腺分泌的科学家小组。1890 年，他成为圣彼得堡军事医学院（Military Medical Academy of St. Petersburg）的药理学教授，五年后被任命为生理学教授。同年，巴甫洛夫协助创办了帝国实验医学研究所（Imperial Institute of Experimental Medicine），并担任该所所长和生理学系主任。巴甫洛夫与马尔切利·内基（Marceli Nencki，1849—1901）共同建立了一个具有国际声誉的研究所，20 世纪 30 年代搬到

图 17.1
伊万 · 彼得罗维奇 · 巴甫洛夫（© Fotosearch /Getty Images）

圣彼得堡郊外的新场地（圣彼得堡于 1924 年更名为列宁格勒，1990 年恢复原名）。马尔切利 · 内基是波兰裔的先驱性生物化学家，为了主持该研究所的生物化学系而离开了伯尔尼大学（University of Bern）。巴甫洛夫主持了一个规模巨大的研究所，至今，俄罗斯科学院的巴甫洛夫生理学研究所仍然是著名的关于反射学的生理学研究中心。

巴甫洛夫是一位严厉而严谨的学者，一生都极为自律。他将严格的纪律和期望都强加于跟随他多年的众多学生身上。他是一位系统的方法论者，对他来说，收集数据是一项非常严肃的工作。斯大林政府为巴甫洛夫建造的新实验室被称为“沉默之塔”，既说明它的隔音结构很好，也反映了实验室工作人员的风范。

1904 年，巴甫洛夫因其在消化神经和腺体方面的研究而获得诺贝尔奖。在这项研究中，他发现了联想条件作用的基本原理，因此被人铭记至今。巴甫洛夫发明了一种装置，将设备植入狗的脸颊，收集唾液作为消化过程的测量指标。在严密的实验过程中，他注意到，被试狗会在预期将要获得食物的时候就开始分泌唾液，而这种预期是因实验者的接近或食物盘的呈现等信号产生的。这一敏锐的观察使巴甫洛夫启动了一项新的研究计划，从而导致了条件反射学的发展。他发现，将某种中性刺激（如节拍器节拍、声音或灯光）持续与初级奖励（如食物）配对后，有动机（即饥饿）的狗就会对中性刺激（哪怕没有给出食物）产生唾液分泌反应。他将这种能够获得奖励的中性刺激称为“条件刺激”。在早期的翻译中，“条件”（conditional）这个词被翻译成英语中的“训练”（conditioned），因此“条件刺激”被称为“训练刺激”。然而，“条件”这个词更好地抓住了巴甫洛夫的意思，因为他把反应诱发属性的获得看作一种可习得的联结。为了达到学习的标准，条件刺激和反应之间的联结必须是暂时性的，也就是说，这种联结必须有可能消失，从而导致条件刺激失去其反应诱发特性。巴甫洛夫将消退（extinction）界定为，在缺乏初级奖赏的情况下，重复呈现条件刺激，从而使条件刺激诱发反应的能力减弱。在习得（acquisition）和消退过程中，巴甫洛夫规定了 4 种实验事件：

1. 无条件刺激（US）： 一种环境事件（如食物）因其固有特性，可引起机体反射。

2. 条件刺激（CS）： 与无条件刺激匹配之前，相对于反应而言是中性的环境事件（如声音）。

3. 非条件反射（UR）： 由无条件刺激自主或自动诱发的自然反射（如唾液分泌）。

4. 条件反射（CR）： 在条件刺激与无条件刺激匹配之后，由条件刺激诱发的习得反射（如唾液分泌）。

请注意，非条件反射和条件反射的反应是一样的，但在诱发刺激方面不同，往往在强度指标上也有细微差别。巴甫洛夫发现，无条件刺激和条件刺激之间不同的暂时联系决定了条件反射不同的习得和消退速度。利用预期反应的最理想关系被称为延迟反射（delay conditioning），包括将条件刺激刚好在无条件刺激之前呈现。（见图 17.2）。

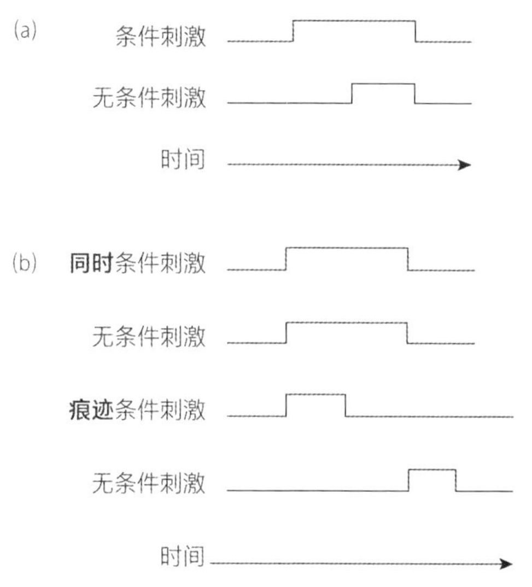

图 17.2 延迟、同时和痕迹性条件作用的示意图：（a）巴甫洛夫延迟条件作用，（b）其他时间条件作用关系。

其他暂时联系也会产生条件作用，尽管不是最理想的情况。

巴甫洛夫从这个基本范式中得出了几条原理。首先，条件作用过程体现了联想习得和遗忘的量化和客观化。巴甫洛夫在实验研究中考察了休谟和米尔斯等哲学家所讨论的联想理论公认概念，并在生理反射学唯物主义的基础上建立了对联结形成的完整解释。在巴甫洛夫的条件反射理论中，不需要任何心理概念。相反，神经系统（特别是大脑皮层）提供了反射的学机制。其次，严格控制的条件反射实验范式提供了研究所有高级神经活动的可能性。巴甫洛夫认为，他的研究范式涉及实验者对产生反应变化的环境刺激的严密控制，是适合用来研究各类行为的理想程序。尽管巴甫洛夫后来修改了他的观点，但他最初认为，所有联结的形成都是他提出的基本范式的变体。第三，巴甫洛夫坚信，暂时联系或接近关系，是获得联结的基本原则。这一观点再次被后来的理论家所修正，但巴甫洛夫坚持认为，他已经发现了联结的基本形式，并将所有学习都还原为环境刺激和大脑皮层调节作用之间的接近联系。

巴甫洛夫每周三下午定期召开实验室会议，系统总结实验工作情况。1927 年，曾当过他的学生的 G. V. 安列普（G. V. Anrep）将巴甫洛夫这一系列演讲翻译成了英语，并结集出版，命名为《条件反射：大脑皮层生理活动的研究》（*Conditioned Reflexes: An Investigation of the Physiological Activity of the Cerebral Cortex*）。这些演讲首次向西方科学家系统介绍了巴甫洛夫的观点，阐述了他研究大脑皮层调节行为过程的方法。他将大脑皮层兴奋的扩展称为扩散（irradiation），这会导致类似的环境刺激带来的行为泛化（generalization）。巴甫洛夫提出了大脑皮层抑制的概念，这有助于辨别（discriminative）行为。他讨论了现在常见的实验结果，如消退后的反应诱发（自然恢复）、内部抑制和后渐近反应水平的调节。此外，他还描述了他在狗身上诱发“实验性神经症”的原因，并用了五场演讲来探讨大脑皮层病理学。

巴甫洛夫的其他作品也逐渐被翻译成了英文，再加上他的学生们的著作，使他在心理学领域获得了前所未有的卓越地位。他的盛名至今仍长盛不衰。如果我们正确地认识到巴甫洛夫在现代心理学中的基础地位，则会给他一套似乎彼此矛盾的评价，因为他其实没对心理学做出什么贡献。然而，在比较巴甫洛夫和美国行为主义创始人华生时，很明显，巴甫洛夫的数据和解释更能经受时间的考验。巴甫洛夫虽然是一位能力卓越的生理学家，但他首先是一位实验主义者。他认为，实验法是发现科学真理的唯一途径。就行为主义心理学模仿实验方法取向而言，巴甫洛夫的客观反射学的确是一个值得尊重、无与伦比的先例。

美国的联结说：爱德华·李·桑代克

桑代克是华生行为主义的先驱中主要的美国研究者，尽管将他列入行为主义阵营中有些勉强。纵观桑代克的整个职业生涯，他曾耗费 50 年在心理学领域做了大量卓有成效的工作，其实用主义思想将他与美国机能主义者牢牢结合在一起。然而，他早期在联结方面的开创性工作值得学习。在巴甫洛夫和华生的时代，他在问题解决行为方面的实验结果得到了高度的重视，至今仍然广受认可。桑代克从来没有像华生那样打算建立一整个学术体系，他早期的工作更偏向理论性，后来则转移到更具实践性的人类学习和教育问题（见第 14 章）。

桑代克在哈佛大学跟随威廉·詹姆斯读研究生，当时主要研究的是鸡的智力。然而，卡特尔向他提供了哥伦比亚大学的奖学金，于是桑代克去了哥伦比亚继续研究动物智力问题。他的博士论文《动物的智慧：动物联想过程的实验研究》（*Animal Intelligence: An Experimental Study of the Associative Processes in Animals*，1898）在

1911 年扩充出版。1899 年，哥伦比亚大学接管了纽约学院用以教师培训，桑代克便进入了合并后的哥伦比亚大学教师学院任教。他的整个职业生涯一直留在那里，主要研究教育相关问题，特别是智力测验。

在这里，我们主要关注的是他早期关于联结的研究。桑代克研究了不同物种的问题解决策略，设计了一些迷箱，一旦动物给出特定反应，就会给出奖励，用来测试这些动物的问题解决策略。实验对象能够通过试错学习和偶然成功逐渐习得成功的反应，桑代克对此印象深刻。这些观察使他得出结论，学习有两个基本原则：练习律（law of exercise）和效果律（law of effect）。练习律认为，联结能通过重复而加强，因长期不用而减弱、消退。桑代克最初提出的效果律认为，产生奖励或满足的反应往往会得到重复，而产生惩罚或烦恼的反应往往会被消除。后来，他修正了效果律，强调奖励会增强联结，而惩罚导致主体转向另一种反应，而不是削弱反应与刺激情境之间的联结。因此，早期的效果律假设，对称的奖惩反馈才会影响联结；后来的修改版本则是对奖惩效果的不对称的陈述，将惩罚在学习中的效果降到相对次要的地位。桑代克对联结基础的看法与巴甫洛夫有些不同。第一，在桑代克的程序中，学习情境是由被试控制的；在获得任何奖励之前，被试必须给出反应。第二，效果律或强化的作用，要求被试认识到强化事件的后果。桑代克从未对强化的原理给出令人满意的解释。由于这些效果可能反馈后才能增强反应和刺激之间的联结，因此需要某种机制或实现原理，让被试认识到强化是否令人满意。仍然困扰着强化理论的问题是，是否需要对反应产生的效果进行调节。为了对强化效果起作用，是否需要一些意识假设来充分处理判断的实现？桑代克认为人脑中可能存在满意物或烦恼物的中心。尽管这一解释没有得到支持，但桑代克的重复和强化原理对学习的解释，在目前的学习研究领域仍然被广泛接受。

回顾历史，我们可以认识到，巴甫洛夫和桑代克研究了两种不同的学习范式，我们将在本章后面阐释其中的区别。然而，值得注意的是，巴甫洛夫和桑代克都对联结过程提供了细致的实证资料。尽管两人都没有直接开创行为主义心理学，但都对推动行为主义的出现做出了贡献。正式宣布行为主义体系产生的是华生。

华生的行为主义

▲约翰·布罗德斯·华生

1913 年，华生在《心理学评论》上发表了一篇论文，呼吁建立行为主义心理学，就此改变了现代心理学的进程。华生断言，被试的行为本身是值得研究的，而不是因为它可能反映了某种潜在的意识状态。尽管华生扩展了研究范围，并提出了连贯一致的观点，提倡研究行为而非意识，但他并没有写出任何真正有独创性的东西。如前所述，法国的感觉主义传统就将心理内容还原为感觉输入，建立了早期版本的行为主义。在法国感觉主义者的研究中，以及在孔德后来的著作中，最后到华生的行为主义，都相当一致地将假设的心理事件还原为相应的生理事件。

心理学的研究对象从意识到行为的转变，更多是受到 19 世纪进化论运动的直接支持。特别是达尔文对自然选择进化原理的细致观察，强调了行为适应价值的重要性。斯宾塞的“社会演进”假说也

图 17.3
约翰 · 布罗德斯 · 华生
（© Hulton Archive / Stringer / Getty Images）

支持这一观点，行为被视为组织活动，受到了新的审视。正如我们在第 12 章、第 14 章谈到的沃什伯恩、罗马尼斯和摩根等人相关研究，19 世纪后半叶，这种对行为研究的兴趣复苏，很快转化为对跨物种比较价值的早期兴趣。华生强调行为而不是意识，这是朝着比较心理学（comparative psychology）的发展迈出的关键一步，建立在对不同物种的行为模式进行同源和同效力的解释基础上。

华生的行为主义不但是几种传统融合的催化剂，还对意识心理学中流行的研究方法做出了强烈反应。华生反对内省法。他指出，让一批内省主义者去观察同样的过程，却很难得到一致的结论，这说明内省根本不是一种客观的方法论，依赖它会给心理学带来灾难。因此，华生行为主义“重构”了心理学。在彻底摒弃原有内容

（意识）和方法论（内省）的同时，华生主张彻底改造心理学。

华生出生在南卡罗来纳州，在伏尔曼大学（Furman University）获得本科学位。进入芝加哥大学后，他跟随两位重要的美国机能主义者约翰 · 杜威和詹姆斯 · 安吉尔学习。华生还在 H. H. 唐纳森（H. H. Donaldson, 1857 — 1938）和雅克 · 洛布（Jacques Loeb，1859 — 1924）的指导下学习生理学和神经学，并于 1903 年获得博士学位。在很大程度上，华生在迷津学习方面的早期工作依赖于生理学的方法论实践，包括使用实验室老鼠。1908 年，华生接受了约翰斯 · 霍普金斯大学的职位，着手将自己对客观心理学的观点统一成系统化的计划。1920 年，华生与妻子离婚，并与他的前实验室助理罗萨莉娅 · 雷纳（Rosalie Rayner，1898 — 1935）结婚。丑闻迫使他辞去霍普金斯大学的职务，从此离开了学术圈。此后，他将自己的专业知识应用于广告业，取得了一些成功，还撰写了不少受欢迎的心理学通俗文稿。华生对行为主义心理学的系统化贡献是在 20 世纪 20 年代中期完成的，当时他才 40 多岁，在这个年龄段，很多科学家才刚刚迈入最具创造力的时期。

华生的观点集中在这样一种前提下，即心理学的研究对象应该是行为，以刺激和反应来衡量；因此，心理学关注的是与机体紧密相关的刺激和反应的外在因素。每个反应都是由某种刺激决定的，因此可以通过刺激和反应之间的因果关系来全面分析行为。华生并没有否认中枢心理状态（如意识）的存在，但他认为，这些所谓的中枢状态是非物质的，不能进行科学研究，属于心理学的伪问题。

华生认为，刺激—反应关系（即联结）主要依赖于频因律（law of frequency）或练习律（law of exercise），其次则是近因律（law of recency）。他越来越赞同巴甫洛夫的条件反射理论和桑代克的迷箱法。然而，华生从来没有充分认识到强化的本质，尤其对桑代克的效果律持怀疑态度，他批评桑代克的效果律是建立在心理推理的基础上的，缺乏经验的支持。尽管如此，华生相信联结原则是心理（行为）发展的关键，尽管他承认自己的学习理论在很大程度上还不够完善。因此，所有的行为——包括运动、知觉、情绪、认知和语言，都是一系列的相互联结的刺激—反应。

华生最吸引人之处在于他对心理学提出的简约原则。在与威廉·麦独孤的辩论中（1929 年命名为《与行为主义的论战》并公开发表），华生承认，麦独孤呼吁接受各种来源的数据以获得对个体的完整看法，这一观点很有吸引力。然而，一旦科学家接受了行为主义之外方式得来的数据，调查的科学清晰度就开始恶化。事实上，强调行为的重要性，根据刺激—反应元素来定义行为，要求心理学统一使用客观观察研究法（因为这才有可能得到共识），提供了一种可以替代构造心理学内省法的研究方法。华生理论强调行为对环境刺激的适应性，让心理学拥有了更积极、更客观的科学视角，到了 1930 年，行为主义已经成为美国心理学的主流思想。

对华生行为主义的主要批评可以归纳为两点。首先，这一行为主义的最初版本，将行为简单地定义为刺激和反应元素的外周事件，从而对心理学造成了限制。华生驳斥心理事件的同时，也忽略了刺激—反应关系的生理中枢调节作用。从他对巴甫洛夫的赞赏来看，他似乎已经认识到，有必要更彻底地阐述机体内部的中枢调节作用。然而，当巴甫洛夫的观点变得更广为人知时，华生已经被排除在学术界之外，无法将他的观点与巴甫洛夫结合。修订行为主义心理学的范围，承认中枢调节、生理和认知的功能，接受更缜密的科学审查，这些任务只能留待后来者了。

华生行为主义的第二个问题在于还原论。我们可以说，心理学在 1913 年失去了心理。自笛卡儿的思辨时代以来，人们留给心理的那些功能，都被行为主义还原成了行为。进一步来说，行为还可以继续还原为环境刺激和可观察的反应。虽然华生没有详细阐述刺激和反应在还原水平上的具体细节，但他的方法论逻辑暗示了，行为确实可以还原为纯物理和生理的水平。如前所述，华生的后继者拓展了行为主义体系，拯救了一部分被丢弃的心理机能。但无论如何，华生的行为主义确实属于还原论范畴。推向极端后，这种还原论会质疑行为本身是否具有完整性，是否能支撑起一门独立而独特的科学。一方面，如果将心理机能重新添加到心理学中，那么心理学将再次成为一门形而上学的学科，而不是经验主义的学科。另一方面，如果心理学被彻底还原为外部的刺激和反应，那么它就等同于物理学和生理学。因此，虽然华生对行为主义心理学的主张相当简单明了，但真正在行为层面的调查研究的真实性有多高，仍然值得怀疑。

与华生同时代的其他学者也对行为主义的形成和接纳做出了贡献。然而，和桑代克一样，他们也应该被视为美国机能主义和行为主义之间的过渡人物。他们并不打算进行华生设想中的系统性剧变，也不致力于探索行为主义的理论意义。然而，他们对新兴行为主义的研究和态度对其最终成功至关重要。

其他早期美国行为主义者

埃德温·B. 霍尔特（John B. Watson，1873 — 1946）。1901 年，霍尔特在威廉·詹姆斯的指导下，在哈佛大学获得博士学位。他曾在哈佛大学和普林斯顿大学任教，但大部分职业生涯都致力于写作。他的主要著作包括《意识的概念》(*The Concept of Consciousness*, 1914)、《弗洛伊德的愿望及其在伦理学中的地位》(*The Freudian Wish and Its Place in Ethics*, 1915)、《动物的驱力与学习过程》(*Animal Drive and the Learning Process*, 1931),这些书名反映了他对行为主义的主要贡献,即在行为中加入目的或动机的概念,使之形成更完整的体系。霍尔特不认为巴甫洛夫和华生观点中固有的反射学和行为主义是等同的。霍尔特提出,行为有其目的,不应将行为完全还原为基本要素。此外,在霍尔特看来,行为只能从行为模式和动作结果的角度来理解。对于心理学家来说,行为大于刺激—反应联结的总和。霍尔特研究了其他强调动机原理的心理学模式,如弗洛伊德的心理动力学和本能驱力理论,以探索这些观点如何能为行为主义提供更全面的背景。本章后面将提到他的一个学生——爱德华·托尔曼,他遵循霍尔特的观点,开创了一种综合的行为主义认知模式。

艾伯特·P. 韦斯(Albert P. Weiss, 1879—1931)。艾伯特·韦斯出生于德国,幼年移民到美国,后来在密苏里大学师从马克斯·迈尔(Max Meyer),后者曾在柏林大学求学,是施通普夫的学生。1916年获得博士学位后,韦斯进入俄亥俄州立大学,在此度过了短暂的职业生涯。他的主要著作《人类行为的理论基础》(*A Theoretical Basis of Human Behavior*, 1925)试图处理许多被华生忽视或掩盖的复杂人类活动。韦斯的结论是,心理学最好被理解为一种生物—社会的相互作用;也就是说,所有的心理变量都可以还原到物理化学水平或社会层面,这促使波林(1950)评论韦斯是拉美特利和孔德思想的古怪混合体。然而,通过考虑基于社会性的动机来修改还原论反射学,韦斯促使心理学能更好地处理复杂的活动形式。因此，极大地增强了行为过程的科学研究在心理水平上的完整性。

沃尔特·S. 亨特（Walter S. Hunter，1889—1954）。1912 年，沃尔特·亨特从芝加哥大学获得学位后，在几所大学任教，1936 年在布朗大学安定下来。他的名气主要是作为一个受人尊敬的研究者，而不是理论家。他主要研究哺乳动物的问题解决行为。从他的实验工作中发展出来的一些行为任务（如延迟反应和双重交替行为）被视为高级问题解决行为的代表，并一直沿用至今。有趣的是，亨特和其他行为主义者一样，不喜欢使用在德国心理学中普遍的术语，他还提出一个比“行为主义”更适合替代“心理学”的名词——“人类行为学”(anthroponomy)。

卡尔·S. 拉什利（Karl S. Lashley，1890—1958）。华生在霍普金斯大学工作的时间不长，学生也不多，拉什利正是其中一个。1915 年拿到博士学位后，拉什利在几所大学任教，最后于 1942 年去了耶克斯灵长类生物实验室（Yerkes Laboratory of Primate Biology）工作。拉什利是一位生理心理学家，提出了生理对行为的关键作用。此外，他富有成效的实验室研究为许多心理学家提供了模型，将行为主义与生理学研究建立了永久的联系。然而，很有必要将拉什利的生理行为主义与巴甫洛夫的反射学进行对比。尽管这两位科学家的追随者很可能做过类似的实验，得出了相差无几的结论，但他们做这些实验的原因是不同的。在巴甫洛夫的反射学中，研究本身不关注真正的行为层面，而是假定心理事件完全可以通过生理原因进行解释。拉什利则会先假定可观察行为的完整性，然后研究其生理基础。他没有把心理和生理等同起来。相反，根据所研究的问题的复杂性，他认为生理水平是心理事件的解释性成分。因此，每个层面的完整性都得以保留。

操作实证主义

支持行为主义走向成功的运动最初起源于物理学，并在整个科学领域产生了广泛的影响。这场运动通常被称为操作主义（operationism），是实证主义在 20 世纪的表现。在美国，哈佛大学的物理学家珀西 · W. 布里奇曼（Percy W. Bridgman，1882 —1961）受以哥本哈根为中心的一批物理学家研究的影响，出版了《现代物理学的逻辑》（*The Logic of Modern Physics*，1927），认为科学概念必须通过可观察的操作来定义。言下之意，概念应该不多不少地等同于操作，别无其他。对于布里奇曼来说，任何无法在操作上定义的概念都是伪问题，也就是说，这样的概念没有科学价值。

与此同时，在维也纳，一群哲学家正式形成了更宽泛的实证主义观点，与布里奇曼的操作主义密切相关。这一群体的直接思想来源是恩斯特 · 马赫，后来被称为逻辑实证主义维也纳学派。它试图用当代哲学和逻辑学的发展来补充马赫的观点。逻辑实证主义是一门综合性的科学哲学。这场运动本质上强调了所有科学的统一性，因为用实证方法研究，所有科学归根究底都是物理学。因此，所有真正的科学问题都可以用一种源自物理学的共同语言来研究，并用操作主义的方式表达。20 世纪 30 年代末成员分散之前，维也纳学派一直十分坚定，致力于根据科学问题的操作性特点来统一整个科学领域。

心理学中操作主义的表现是试图解决心理学中经验主义传统与意识心理学中盛行的形而上学之间的冲突。通过强化所有科学中的激进经验主义立场，行为主义成为当时心理学中逻辑实证主义及与之相伴的操作主义的唯一载体。用刺激和反应元素来描述心理事件的还原论，与这场运动相当契合。逻辑实证主义者和操作主义运动暗示了心理学的行为主义模式，与之相应，行为主义也支持在科学的操作主义中表达的科学统一性。对心理学来说，这种相互作用的最终结果是进一步巩固了行为主义心理学。

我们应该充分认识行为主义对心理学的影响。正如在物理学和生命科学中一样，行为主义从根本上为基于经验主义取向的真正的科学心理学提供了机会。行为主义心理学摆脱了意识难以捉摸的本质，换了一种方式来研究物质对象，而这种方式已经被 19 世纪的科学证明是成功的。回顾 1870 年以来心理学的历史发展，华生的行为主义是重新阐述、重新确立心理科学的一次大胆尝试。

拓展的行为主义

在华生最初提出行为主义心理学并经早期行为主义者修正之后，这场运动继续发展，逐渐拓展了范围，将行为的中枢调节相关问题也纳入在内。尽管行为主义的定义确实发生了变化，但在这一演变过程始终保留了一个共同点，那就是坚持在行为研究中采用经验主义方法论。在给心理学留下持久影响这一方面，行为主义的实证主义特征也许比华生的初步理论更重要。

在美国，行为主义进化的最初阶段是致力于建立行为主义理论的系统结构。从 20 世纪 30 年代开始的近二十年中，杰出的心理学家们一直在尝试找到一套完整的理论体系，能够适用于所有的行为过程。从某种意义上说，这一理论建构阶段接受了这样一种可能性，即这种心理学体系确实可以构成新科学的最终范式，从而反映了对行为主义的热情支持。随着人们认识到设置一个包罗万象的行为理论是不成熟的想法，甚至是不可能的任务，行为主义的这一发展阶段也就结束了。在尝试建立一套通用的理论囊括各种行为过程时，这些心理学家拓宽了华生行为主义的范围。此外，他们对行为研究进行了细致的审查，从行为过程的角度确立了心理学的定义。

在行为主义发展的第二阶段，数据收集取代了对理论构建的关注。由于建立一套完整的行为理论非常困难，心理学家开始使用数据作为进一步研究的指南。在这一阶段，行为主义心理学呈现出与自然科学或物理科学相同的方法论特征。在许多方面，行为主义发展的这一阶段目前仍在继续。然而，到了20世纪70年代，行为主义出现了第三个阶段：强调微型理论或模型的建构以及行为主义原理的应用，特别是在所谓行为技术（behavioral technology）的发展中。

在研究美国行为主义进化的细节之前，我们应该注意这一时期的欧洲心理学发生了什么。尽管基于意识的主动性假设的心理学模式（如格式塔、精神分析和现象学）都是欧洲的运动，但是20世纪欧洲的动荡导致这些观点大量输出到美国。除了带来死亡和毁灭之外，两次世界大战也完全扰乱了学术活动。1933年，希特勒掌权后，德国的反智主义和反犹太主义高涨，格式塔运动领导者纷纷移民美国，与此同时，华生行为主义的早期修正出现——这并非时间上的巧合。欧洲心理学的代表人物逃到美国之后，他们的观点改变了现有的行为主义。然而，自然科学心理学模式的欧洲版本——即反射学——仍然在苏联继续发展。反射学对美国早期的行为主义产生了重大影响，而且更加现代的反射学表述仍在发挥着重要影响。

扩展的反射学

和美国一样，苏联的心理学也包含了基于各种观点的理论和应用问题。在苏联解体之前，反射学的开创性工作（以巴甫洛夫的研究为重点）在其心理学中占有突出地位。尽管在第二次世界大战期间受到严重破坏，但战后重建的苏联科学界仍旧支持了反射学的持续发展。

如前所述，巴甫洛夫将心理事件还原为生理唯物主义，大体上符合苏联政府的马克思列宁主义哲学基础。经过多年的讨论和争辩，马克思列宁主义和巴甫洛夫反射论被整合为心理学唯一的哲学基础。在此基础上，所有的心理活动被解释为大脑中枢神经活动的生理机制产物。外部的显性行为与内部的中枢生理学相互作用，使内外过程被认为是同一心理机制的两个方面。当时苏联科学院建立了反射学研究中心，将研究成果应用于各种心理学主题中，如社会心理学、人格学和精神病理学等等。

在两次世界大战之间，反射学的一个更有趣的发展开始于华沙大学的两名年轻医学生耶日 · 科诺尔斯基（Jerzy Konorski，1903 — 1973）和斯特凡 · 米勒（Stefan Miller，1902 — 1941）的研究。他们对新出版的巴甫洛夫《大脑高级功能演讲集》（*Lectures on the Higher Activities of the Brain*，1926）俄文版产生了兴趣，他们的俄文阅读能力相当不错，从而能够获得巴甫洛夫正在进行的研究项目的一手资料，也能读取来自苏联各大实验室的数据。科诺尔斯基和米勒提出了一个新的假设，由于巴甫洛夫的描述不能完全解释某些奖惩后的行为变化，因此可能存在两种条件反射范式。他们用一系列巧妙的实验验证了这一假设，区分了奖励依赖型或避免惩罚型反应（II 型条件反射）与巴甫洛夫的条件刺激—无条件刺激导致行为改变（I 型条件反射）。1928 年，他们向法国生物学会华沙分会提交了研究结果报告，在欧洲引起了相当大的反响，巴甫洛夫也邀请二人前来列宁格勒（今圣彼得堡）外的科尔图什（Koltushi）实验室与自己合作。科诺尔斯基与巴甫洛夫共事了两年，重复并证实了在华沙做的实验，后来发表为《习得性活动理论的生理基础》（*Physiological Bases for the Theory of Acquired Movements*, 1933），并由巴甫洛夫介绍登载在《巴甫洛夫研究所实验室期刊》（1936）上。由于当时苏联在政治上的孤立，巴甫洛夫的研究计划、科诺尔斯基和米勒对这两种条件作用的修订，在西方相对不受关注。而斯金纳（1935，1938）用英语出版的巴甫洛夫条件作用和工具性条件作用（instrumental conditioning）的区分，虽然与科诺尔斯基和米勒的发现相似，而且时间略微滞后，在西方的影响力却抢在了前面。斯金纳和科诺尔斯基、米勒的解释存在差异，但我们应该承认，后两位研究者才是最先提出巴甫洛夫条件反射和工具性条件反射的重要区别的人。

与巴甫洛夫合作结束后，科诺尔斯基回到波兰，开始系统地接近他在反射学的主要目标——整合巴甫洛夫和谢灵顿的神经过程模式。1939 年 9 月 1 日，德国入侵波兰，随后的六年里，整个国家遭到了毁灭性的破坏，他的研究工作因此停止了。除了摧毁大学和研究机构外，包括斯特凡·米勒在内的绝大多数波兰知识分子在反纳粹的斗争中丧生。科诺尔斯基在苏联度过了战争年代，大部分时间在位于高加索的格鲁吉亚共和国军事医院工作。

“二战”结束后，科诺尔斯基在重建波兰科研机构的艰巨任务中发挥了重要作用，其中最突出的贡献是在华沙创立了马尔切利·内基实验生物学研究所的神经生理学系。除了开展一般反射学中富有创造性的研究项目外，该机构还成为培养波兰新一代神经生理学家的中心。此外，战后波兰独特的政治地位，加上科诺尔斯基的研究活动和个人推动，为东西方科学家之间的对话提供了理想的环境。

科诺尔斯基及其同事的研究方向主要在于脑生理学，特别是调节行为的中枢机制，更常关注的则是工具性条件反射。在最后一篇系统性的著作《脑的综合活动》（*Integrative Activity of the Brain*，1967）中，科诺尔斯基认为脑活动是一个复杂的控制系统，控制着整个有机体的活动。这项研究完整地将谢灵顿的神经学和巴甫洛夫的反射学综合了起来。因此，科诺尔斯基将高级神经活动视为一个动态系统，能够采取各种适应策略，预示着控制论及随后行为科学中产生的信息加工的发展。作为巴甫洛夫最著名的外国学生，科诺尔斯基遵循了反射学的还原论原则。然而，除了反对单一的条件作用过程，他的重要贡献还包括从真正跨学科的视角创造了反射学，在这一背景下，科诺尔斯基拓宽了反射学，以适应更全面的心理领域。

自第二次世界大战结束后，苏联的反射学已经远远超出了对条件联结的研究。反射学的研究策略以神经活动机制的唯物主义还原论为坚实的基础，已经应用于从精神疾病到语言发展的各种心理学研究中。杰出的科学家列夫·维果茨基（Lev S. Vygotsky，1896 — 1934）提出了将这种广泛关注纳入了唯物主义反射学模式，影响了许多著名的科学家。从本质上看，维果茨基呼吁全面应用科学技术以改善个体和社会，同时也主张人性具有复杂性。因此，科学技术应该为科学家追求对人的整体理解服务。维果茨基将巴甫洛夫的反射学扩展到高级心理功能，但坚持认为，唯物主义的还原论不能掩盖人类心理活动的复杂性。

维果茨基最著名的学生也许是亚历山大·R. 卢里亚（Alexander R. Luria，1902 — 1977），他在漫长的职业生涯中，详细调查了语言和思维发展、大脑皮层功能的神经生理学以及符号系统的跨文化比较等各种领域。卢里亚对语言的研究验证了维果茨基的假设，即语言在外部的外显行为和内部的符号思维之间形成了关键的联系。将苏联心理学扩展到传统的反射学领域之外的同时，卢里亚的观点也符合反射学的一元论基础，因为它强调经验的心理和生理方面的统一。卢里亚将言语功能的发展分为四个阶段：活动启动、活动抑制、外部调节和内部调节。内部言语是思维过程的基础。在其他领域，卢里亚对额叶系统的研究有助于分离出行为模式的定位，对脑损伤后机能恢复的研究则有助于理解记忆提取过程。卢里亚研究成果颇丰，涉足领域广泛，将临床和实验室研究都纳入了统一的反射学理论框架。

苏联对条件反射的神经生理学研究仍在继续。主要的关注领域之一是定向反射（orienting reflex），巴甫洛夫认为这是一种外部抑制。1958 年，E. N. 索科洛夫（E. N. Sokolov）写了一篇经典的论文（1963 年翻译成英文），将定向反射与唤醒（arousal）所涉及的感觉阈值联系起来。通过多种生理学和电生理学手段，定向反射的适应意义已经扩展到习惯化（habituation）和注意等行为过程。

苏联当代反射学主要关注心理事件单一的、以唯物主义为基础的主题。这种物理主义与唯心主义、精神论形成鲜明对比，强调测量神经机制，特别是通过电生理记录测量。许多实验室都在从事跨学科研究项目，如叶兹拉斯·阿斯拉强（Ezras E. Asratyan，1903—1981）领导多年的莫斯科高等神经活动和神经生理学研究所。苏联和西伯利亚科学院指导下的研究中心都相当活跃，此外，与俄罗斯联邦接壤的许多国家的机构也在进行研究活动（主要是苏联加盟共和国），尤为活跃的是乌克兰和亚美尼亚的科学院。格鲁吉亚共和国更是当代反射学最具创造力和生产力的中心之一。在格鲁吉亚，第比利斯大学生理学研究所（Institute of Physiology of Tbilisi University）在伊万·索洛莫诺维奇·贝里塔什维利（Ivan Solomonovich Beritashvili，1885 — 1974）的领导下取得了显著成就，这位科学家的名字有时被翻译为贝里托夫（Beritov）。贝里塔什维利在圣彼得堡、喀山（Kazan）和乌得勒支（Utrecht）接受教育后，于 1919 年回到革命后的格鲁吉亚，建立了生理学研究所。他的研究项目包括皮层下抑制的节律性、树突的生理特性、网状激活系统的功能、条件作用和记忆等。

由谢切诺夫、别赫捷列夫和巴甫洛夫发起的这场运动确立了条件作用的原理，逐渐演变为依靠生理学唯物主义来解释心理活动。随着苏联解体，各加盟国纷纷独立，科研工作进入了调整期。苏联科学院的后继单位仍在不断发展，因此这些国家的反射学和心理学研究的未来方向仍不明朗。

美国的行为主义

20 世纪 30 年代，巴甫洛夫的理论体系得到了整个苏联科学体系的认同，美国的行为主义也演变到了理论建构阶段。这一阶段反映了行为主义对意识心理学的胜利。此外，人们开始将心理学视为实证科学，研究方法则类似于物理学。这一时期由四位重要的科学家主导：埃德温·R. 格思里（Edwin R. Guthrie，1886 — 1959）、克拉克·L. 赫尔（Clark L. Hull，1884 — 1952）、爱德华·托尔曼（1886 — 1959）和 B. F. 斯金纳（B. F. Skinner，1904 — 1990）。前三位提出了行为理论并促成了行为主义这一演变阶段的开始；斯金纳则尝试提出了“反理论”，并标志着这一阶段的结束。

格思里的接近联结行为主义（Contiguity Theory）。和华生一样，埃德温·格思里提倡心理学要研究可观察的行为，包括环境刺激引起的肌肉运动和腺体反应。他的联结理论继承了巴甫洛夫和桑代克的传统，主张用单一的原则来解释学习。格思里不接受桑代克基于效果律的强化原则，而是把桑代克的次要观点（即联结迁移）看作学习的基础。

经过早期的数学和哲学学习后，1912 年，格思里在宾夕法尼亚大学获得博士学位。他于 1914 年进入华盛顿大学任职，从此再未离开。格思里不是注重体系化的实验者，他的论点主要基于一般的观察和逸闻信息。他的主要实验工作是研究猫的问题解决行为，与 G. P. 霍顿（G. P. Horton）合著出版了《迷箱中的猫》（*Cats in a Puzzle Box*, 1946）。他最有影响力的理论著作是《学习心理学》（*The Psychology of Learning*, 1935 年出版，1952 年修订）。

格思里的接近联结行为主义理论的关键在于“接近是学习的基础”这个单一原理。格思里从活动（movement）的角度看待行为，而不是反应。这种区别说明，他认为活动是更大的反应单元或行为表现的组成部分。因此，熟练的行为可以被看作是一系列反应，由较小单位的肌肉活动组成。刺激同样被视为一种由较小元素组成的复杂情境。格思里的接近原理指出，当一个活动与一系列刺激元素的组合形成联结时，如果相似的刺激元素发生，这一组活动就会重新出现。格思里认为，学习是由环境刺激线索和内部刺激线索引起的不连续的活动模式或链条。

由于格思里的联结观依赖于刺激和反应的接近性，因而对强化作用的解释就只有一个。格思里相信一次性尝试学习（one-trial learning）——也就是说，刺激和反应元素的接近关系足以建立联结，并且这种联结会无限期地保持下去，除非出现某个后继事件来取代它。强化奖惩的作用是对刺激情境做出反馈，改变刺激情境，并在改变后的刺激情境和活动之间建立新的联结。因此，强化是改变刺激情境、产生运动以及学习在行为动作中得以进行的手段。消退或遗忘，被解释为来自新联结的干扰，而不是由于缺乏强化而导致刺激—反应联结逐渐衰退。同样，他也不认为练习效果会影响刺激—活动的联结，而是只能在总体行为中协调已建立的联结。根据这样的脉络，格思里认为驱力不是表示原因的动机动因，而是将之看作行为动作的激发器。

格思里的观点和解释影响了后来的行为主义心理学家。F. D. 谢菲尔德（F. D. Sheffield）支持并扩展了格思里的观点，认为正强化能够作为改进行为的手段。弗吉尼亚 · 沃克斯（Virginia Voeks）用精心设计的实验证明了格思里著作中的许多内容。威廉 · 埃斯蒂斯（William Estes，1919 — 2011）的刺激抽样理论（stimulus sampling theory）可能是格思里的联结观点最广泛的应用，而且学习统计模式已普遍发现格思里的理论经得起计算机模拟的联想过程检验（见第 19 章）。

对格思里的主要批评可能在于他提出的观点不够完整，没有全面处理学习和记忆的各类复杂问题。然而，格思里似乎有能力以简洁的方式解释复杂系统的一部分原理（特别是赫尔的理论），这也就构成了他的吸引力。

赫尔的假设—演绎理论（Hypothetico-Deductive Theory）。克拉克 · L. 赫尔的系统理论对由一般原理支配的行为问题进行了最接近全面的论述。作为一个行为主义者，赫尔把他的心理学观点集中在习惯形成和有效适应的经验积累上。他的科学方法相当系统化。由于认识到观察和实验的重要性，他主张用假设—演绎结构来指导研究。赫尔主张遵循欧几里得几何学方法，首先从公设中演绎出行为原理或公式，然后进行严格检验。如果检验成功了，就说明公设为真；如果检验失败，则需要对公设进行修正。赫尔的方法属于实证主义，遵循逻辑发展，并通过经验证明进行验证。

赫尔的理论是毕生自律工作的产物。赫尔出生在纽约，在密歇根长大，从小身体不好，视力很差，还因小儿麻痹症而瘸了腿。由于疾病和经济问题，他的求学过程不时中断。在阿尔玛学院（Alma College）攻读采矿工程学后，他转到密歇根大学并获得心理学学位。1918 年，他在威斯康星大学获得博士学位，在那里当了 10 年的讲师。在此期间，他研究了吸烟对行为效应的影响，回顾了现有的统计测量文献，并开始了对受暗示性和催眠的研究，后两项研究在 1933 年发表在一本畅销书中。1929 年，他成为耶鲁大学的研究人员，并开始认真发展行为理论。赫尔及其学生成为行为主义心理学的主导人物，直到他的职业生涯结束。

赫尔的理论体系相当复杂，很大程度上依赖于数学假设。随着实验的进行，他也在不断做出修改。本书将重点介绍他的代表性观点。从本质上讲，赫尔的学习理论以强化的必要性为中心，强化的定义是减少由动机状态引起的驱动力。行为的有机体则是在从各种驱动力中寻求平衡。赫尔分析的核心是引入中介变量（intervening variable）的概念，将其描述为心理学家用来解释可观察行为的不可观察实体。因此，赫尔从纯粹的行为角度出发，扩展了华生的刺激—反应（S－R）公式，将内部的机体因素（称为中介变量）考虑进去，成为刺激—机体—反应（S－O－R）。早在 1918 年，伍德沃思就提出要扩展行为主义模式（见第 14 章），但正是赫尔系统地阐述了机体变量。

在赫尔的理论中，学习的主要中介变量称为习惯强度（$_{S}H_{R}$），它依赖于两个因素。第一个是接近原则，指在刺激和强化之间必须存在紧密的时间关系。第二个原则是强化本身，强化可以分为初级强化和次级强化。初级强化是内驱力降低的过程，次级强化本身不具备降低内驱力的能量，但与初级强化物紧密相连，因此也具有强化的效用。例如，如果一只饥饿的老鼠给出了正确反应，就能获得光照和食物，多次重复之后，光照也会成为获得食物的一部分奖励性特征。赫尔试图将桑代克的效果律与巴甫洛夫条件作用相结合，认为学习发生的基本过程是在强化条件下，刺激和反应的接近性。习惯强度（${}_SH_R$）和内驱力（D）相互作用，产生赫尔所称的反应势能（${}_SE_R$）——即“在刺激作用下产生某种反应的趋势”。反应势能（${}_SE_R$）是赫尔提出的理论概念，并不等同于可观察的反应；它是由习惯强度（${}_SH_R$）和内驱力（D）共同决定的：

$$ {}_SE_R = {}_SH_R \times D $$

赫尔的中介变量不仅是一种质性的概念，而且还是一种界定量化关系的尝试。还是以上段的老鼠为例，一只饥饿但未经训练的老鼠几乎没有什么能观察到的表现：因为它虽然驱力高，但习惯强度低，导致反应倾向低。同样，一只老鼠如果不饿的话，哪怕它已经学会了按相应键能获得食物奖励，也不会去按键，这解释了学习和表现之间的区别：因为它的习惯强度高，但驱力很小，所以做出反应的可能性也很低。为了进一步完善中介变量的框架，赫尔提出了消极的抑制因素（I），它是表现的副产品，包括因重复的活动产生的疲劳和无聊感。他还提出了刺激强度（V）的作用——例如，微弱刺激和强烈刺激有所差异；强化量（K）的作用——例如，每次正确反应，给一份食物还是四份食物；以及同一个个体反应的波动效应

（${}_{S}O_{R}$）。上述中介变量都是相关的：

$$ {}_{S}E_{R} = {}_{S}H_{R} \times D + V + K - I - {}_{S}O_{R} $$

值得注意的是，随着赫尔理论的发展，这个公式也被调整得更为精细。

赫尔的理论体系细节丰富、结构全面，被应用于量化所有可能影响习得适应行为的因素。事实上，实证研究（主要在实验室做的老鼠实验）的结构倾向于支持赫尔的理论。这种分析方法假定，更复杂的行为形式可以从这些中介变量中导出。然而，从整体上说，这一理论不算是完全成功了。它仍存在一些实证上的问题，例如无法处理顿悟的、快速习得的行为。赫尔的观点强调了训练过程中练习的重要性，在习得过程中能产生持续而渐进的变化。然而，更重要的是，该理论没能成功地量化中介变量之间的概念关系。作为一种研究模式或指南，赫尔的理论体系相当成功；当代描述学习过程的许多术语都是赫尔发明的。然而，作为对行为的准确、明晰的陈述，赫尔的观点可能还不够成熟，这一固化、僵硬的结构无法涵盖人类和动物复杂多变的行为。

托尔曼的目的行为主义（Purposive Behaviorism）。作为一个行为主义者，爱德华·托尔曼的理论比格思里、赫尔更进一步地拓展了华生的行为主义。托尔曼在主要著作《动物与人类的目的性行为》（*Purposive Behavior in Animals and Men*, 1932）中提出，心理学应该研究整体行为（molar behavior），而不是分子行为（molecular behavior）。他认为，所谓整体行为是统一而完整的，为心理学提供了适当的研究单位。而分子行为（无论是神经、肌肉还是腺体的过程）不足以解释人类的实际表现。从这个意义上说，托尔曼的思路更开放，认为心理学应该研究高级认知过程，从而背离了华生的行为主义。他坚持研究整体行为，这种态度不属于还原论。托尔曼认为，还原论导致了纯粹心理水平的丧失，只基于分子层面也不足以对心理问题做出解释。因此，对于托尔曼来说，整体行为超过了分子行为的总和。

和赫尔一样，托尔曼最初也对工程学感兴趣，获得了麻省理工学院的学位。后来，他转向心理学，并于 1915 年在哈佛大学获得了博士学位。在西北大学任教三年后，托尔曼加入了加州大学伯克利分校，为该校的声誉提升做出了巨大贡献。作为大学老师，托尔曼非常优秀，充满热情。1950 年，他领导了一场反对加利福尼亚州效忠宣誓的运动，认为这是对学术自由的侮辱，而这场宣誓活动最终被放弃了。托尔曼的思想相当开放，愿意接受心理学的各种新趋势和新观念。

托尔曼的心理学观点在很大程度上依赖于格式塔心理学家提出的理论前提。事实上，他也会用“格式塔”一词来描述整体的、顿悟式的学习经验。此外，他将行为视为整体，以及对心理同形论的接受，都直接借鉴了格式塔心理学。他使用心理同形论来描述学习的中枢产物，即将脑中习得的认知地图作为学习环境的认知表征。

托尔曼的理论取向不像赫尔那样系统完整。他抨击了将心理事件还原为刺激—反应等机械因素的观念，使许多研究者不再追随赫尔思想，并提出相应修正。托尔曼的习得定律主要集中在建立符号格式塔或期望的实践上。例如，在对大鼠进行的迷宫学习实验中，他描述了位置学习，推断了这是被试对关系或认知地图的习得。与之相似，通过先用一种奖励来训练老鼠走迷宫，再换成另一种更有吸引力的食物，他也证明了期待的重要性。最后，他还指出，在大鼠身上会发生潜伏学习（latent learning），这表明强化的特性会对表现水平产生不同的影响。在所有这些实验中，托尔曼都将认知解释作为中介变量，表明机体的行为受中枢调节过程的控制，远远超越了环境因素的范畴。

托尔曼经常因没有具体解释认知学习的中枢调节而受到批评。然而，他给行为主义带来了全新的视角，摆脱了毫无结果的华生分子性行为主义的还原论。此外，他反复展示了表现与学习的差异，这清楚地表明，学习不能简单地还原为刺激—反应—强化元素。即使他没能提供更全面的解释，也成功地证明了整体行为的完整性，并激发了相关研究的出现。托尔曼并没有像赫尔一样留下一套系统的理论体系，但他预见到了当代心理学中极为重要的研究主题——认知学习。

▲斯金纳的激进实证主义（Radical Positivism）。1950 年，斯金纳发表了一篇题为《学习理论是必要的吗？》（*Are Theories of Learning Necessary*？）的论文，他的讨论正式标志着行为主义拓展理论构建阶段的结束。斯金纳认识到了理论建构尝试的缺点——理论不够充分，先验假设存在疑点，建构在此之上的行为主义当然也有所扭曲。在理论方面，他提倡以数据为导向的行为主义体系。斯金纳认为，当心理学的发展允许的时候，理论则应局限于松散的、描述性的概括，而这些概括必须依赖实证科学方法产生的事实。

斯金纳于 1931 年从哈佛大学获得心理学博士学位，此前他读的是文学专业。1947 年回到哈佛之前，他曾在明尼苏达大学和印第安纳大学任教。除了丰富的研究记录和对一代新行为主义者的影响，斯金纳还通过小说和评论推广了他的行为主义原理。他的小说《沃尔登第二》（*Walden Two*）十分畅销，卖出了两百多万册。他对社会结构和制度的看法广为人知。

斯金纳的实证主义一贯主张强调方法论，并回归到直接研究行为本身。他反对猜测行为的内部中介变量，无论是认知的还是生理的。对斯金纳来说，行为完全决定于环境。只要控制了环境，就能控制行为。基于这个原因，斯金纳认为对单一研究对象进行详尽研究是有效的，因为变异性不是来自机体固有的个体差异，而是来自不同的环境事件。

斯金纳的研究基础是对操作性行为的研究。与应答性行为（反应是由特定刺激引起的）不同，操作性行为不需要任何明显的刺激。为了研究操作性行为，斯金纳设计了斯金纳箱这一独特装置，可以将鸟类或老鼠装在里面做实验。这种方式更容易控制环境因素，并且能很容易地持续记录反应的发生概率。当操作行为受到来自环境的强化时，学习就发生了。首先，通过增强与所需操作性特征相似的特征，可以强化操作性反应。当准确操作后出现强化事件时，操作发生的概率增加。例如，如果老鼠按到某一个键之后，就会出现食物，就会增加它未来继续按这个键的可能性。因此，斯金纳的强化观点是根据操作率变化的可能性来定义的。它避免了桑代克效果律中的满足物或烦恼物的推论，也避免了对赫尔理论中内驱力降低的推论。

通过说明反应率是由特定的强化给予程序而获得的，斯金纳清楚地论证了强化的力量。同样，他将泛化（generalization）和分化（discrimination）等条件作用过程纳入了强化的框架。此外，他还将操作控制原理扩展到对言语行为的研究。斯金纳利用他的实验数据论证了行为是可控的，而且，这位心理学家的重要作用是界定了有效控制适当社会问题的参数。

斯金纳的机械主义人性观导致许多人批评他的行为观点。然而，斯金纳的观点在心理学史上有着明确的渊源，例如孔狄亚克和一些前苏格拉底学者的观点。更直接的源头是德国动物学家雅克·洛布，他曾在芝加哥大学任教，当过华生的老师。洛布提出了动物向性理论，对比较心理学的发展产生了重要影响。无论是斯金纳的环境决定论还是巴甫洛夫的生理还原论，都排除了个人自由、自我决定性或意识动力的作用。斯金纳也许遭受了更多的批评和蔑视，因为他阐述了社会控制源于操作性行为原理。本着实证主义的精神，斯金纳认为，有些人认为人类的特征会让我们与其他进化产物脱节，这实际上是一种错觉，是我们为了获得安全感而在历史上创造出来的。事实上，对斯金纳来说，要成为一个真正的人就意味着要控制自己——理解并利用环境对自身利益的依随。在《关于行为主义》（*About Behaviorism*，1974）中，斯金纳根据他自己和其他评论家的观点，论述了人的地位：

> 行为是一个人的成就，当我们不是指向行为的环境来源时，似乎就剥夺了他的自然属性。我们没有使他失去人性，而是要剥离掉那些不应属于人的特征。关键问题在于自主性。人类能掌握自己的命运吗？科学分析导致人从胜利者变为受害者这一观点，通常是从辩论中得出的。但人并未变化，一直是本来的模样。人类最杰出的成就是设计和建造了一个世界，在这个世界中，他摆脱了束缚，大大扩展了自己的领域。（第 239 至 240 页）

理论的作用

在结束行为主义的理论建构阶段时，不妨稍作停顿，审视理论在科学中的作用，从而认识到理论建构在心理学中的意义。虽然我们在此关注的是行为主义理论，但到目前为止，前文已经讲述过许多理论（包括冯特的意识理论和弗洛伊德的动力体系）。有趣的是，我们应该思考，在科学发展中，理论究竟应该起什么作用？马克斯（Marx，1976）将理论界定为：

> 一种临时的解释性命题或命题集合，涉及一些自然现象，由下列符号表征（symbolic representations）组成：（1）（可测量）事件之间被观察到的关系，（2）被假定构成这种关系基础的机制或结构，或（3）在缺乏对关系的任何直接经验证明时，推导出的关系和潜在的机制能解释观测数据。（第237页）

因此，理论应该为检验现有的假设和产生新的假设提供一个框架。

马克斯（1963）提出了一个有用的理论结构，提供了区分艺术和科学的三个维度（如图17.3所示）。马克斯讨论了理论建构的三个组成部分——假设、构念和观察——即从艺术到科学的连续体。观察的连续体对理论减少测量中来自刺激情境影响的变化方式进行分类。例如，相比而言，在校园里观察儿童自发的游戏活动是一种控制性较低的情境，而记录条件刺激出现时条件反应的程度则控制性较高。构念是理论中主要的解释内容，从没有严格定义的一般概念到根据可观察的参照物严格定义的解释机制，构念各不相同。例如，同样作为人类动机的解释理论，弗洛伊德的力比多能量解释度更高，而赫尔的内驱力（如饥饿）中介变量解释度较低，但后者能根据食物剥夺的具体时间长度来严格定义。假设则由可检验性的程度来区分。例如，要对弗洛伊德性心理发展阶段的有效性进行实证检验很难，而从巴甫洛夫的条件反射理论出发，检验行为反应的额叶调节假说则相对容易。

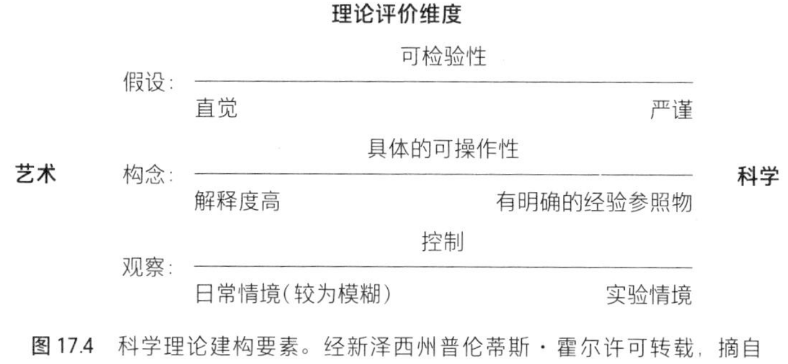

图 17.4 科学理论建构要素。经新泽西州普伦蒂斯 · 霍尔许可转载，摘自《当代心理学理论》第 1 版和第 2 版，梅尔文 · H. 马克斯主编。麦克米伦出版公司版权所有（1963，1976）。

重要的是，要指出马克斯理论评价图式中固有的偏见。他用基于观察的经验主义取向来定义科学。因此，用它来评价弗洛伊德大部分非经验的观点可能是不公平的——非经验的取向是否可以被认为是科学，而不必然是艺术？这是一个悬而未决的问题。然而，这些评价维度适应于比较基于实证的格思里、赫尔、托尔曼和斯金纳的取向。

根据图 17.4，赫尔和斯金纳的理论比格思里的理论更依赖于实验方法，在某些程度上，也超过了托尔曼。赫尔的实验观察由他的假设—检验策略的系统性影响决定，而斯金纳的实证主义和对环境控制确定性的依赖很容易用实验检验。赫尔和托尔曼理论的构建都以中介变量为基础。然而，通过比较赫尔对可观察操作的依赖（如内驱力或强化量的定义），以及托尔曼操作性不太明确的概念（如认知地图或预期），每个理论体系都可以根据这个维度进行区分。同样，格思里的简约论允许非常明确地定义接近关系。尽管斯金纳的实证主义不承认任何概念，但问题是，是否隐含着一些概念（包括对环境控制性的松散假设）。至少，斯金纳行为主义的先验假设是放弃了行为中枢调节，这就为解释机制提供了一个例证。赫尔的假设—演绎理论产生的假设，比托尔曼和格思里的理论更为严格。如果承认环境决定性的预设观念的话，那么斯金纳的体系中也产生了可检验的假设。

这些比较的结果表明，可能正如所预期的，根据经验角度界定，赫尔的理论与科学取向最为接近。他的观点结构最完整，也最全面，所以提供了最严格的科学框架。然而，这四种行为理论在理论构建各组成部分都存在不足。具体地说，对每个取向产生的假设进行严格检验，结果都达不到预期值；没有一种观点能为行为主义提供人类和次人类所有活动的原理。因此，行为主义脱离了这个追求更适度目标理论建构的结构。

后期的理论表述

斯金纳的实证主义开启了行为主义扩张的第三阶段，带来了实验的萌芽时期。事实上，由于几乎不用考虑理论指导，数据收集似乎已成为一种自主事务，无须一个高于一切的理论基础。随着时间的推移，研究工作开始朝着开发具有普遍应用意义的模式前进，只不过仍然遵循了行为主义的原则。由于这一行为主义发展时期的应用性特点，所谓的新行为主义也被称为新机能主义。

新行为主义

作为行为主义发展的理论构建阶段中一个环节，新行为主义可以根据学习的信息加工（information-processing）或数学模式、新赫尔学习模式、认知模式和操作模式加以分类。在不同程度上，这些分类分别是从格思里、赫尔、托尔曼和斯金纳的观点衍生出来的。这里主要关注的是赫尔和斯金纳的直接追随者。格思里和托尔曼思想的扩展构成了当代认知心理学的重要基础，将在第 19 章中进行讨论。特别值得一提的是，格思里的学习理论促进了对数学模式的研究，反过来又促进了认知科学中信息加工理论的发展。如前所述，托尔曼没有留下追随者来继续探索他的理论观点。因此，随着行为主义的继续扩展，认知学习也被纳入其中，很少有理论像新赫尔学派那么连贯一致。因此，在调查认知模式的当代发展时，当然会出现不同的研究方向。最重要的是，托尔曼的思想在认知心理学的基础上取得了重大的进步。我们有必要在讨论行为主义发展的背景下提及这一进步，但更全面的内容请参见第 19 章。无论如何，清晰的心理结构的出现，几乎重新演绎了行为主义，为行为主义心理学模式的进步提供了确证。

新赫尔学派（The Neo-Hullians）。赫尔最著名的学生和同事是肯尼斯 · W. 斯彭斯（Kenneth W. Spence，1907 — 1967），后者生命中最富有成效的几年是在艾奥瓦大学度过的。斯彭斯和他的许多学生的研究特点是进一步改善赫尔的理论，并将赫尔原理应用于各种行为过程，包括对焦虑的分析。斯彭斯对赫尔行为主义理论基础的主要贡献是他对辨别性学习的解释（Spence，1937，1940）。简言之，斯彭斯认为，在辨别训练过程中，兴奋性潜能（excitatory potential）和抑制性潜能（inhibitory potential）的强度分别是由辨别训练过程中受强化和未受强化的刺激值产生的。在评估刺激泛化时，这些假设的强度以代数形式合并以解释观察到的表现。斯彭斯和他的学生还研究了眼睑条件作用（eyelid conditioning），发现一定程度的焦虑有助于习得这种反应以及其他反应，导致他们进一步检测了焦虑的作用和评估（Taylor，1951，1953）。这些研究很重要，因为它们代表了将行为主义原理和精神病理学相结合的一些初步尝试，这一领域后来得到了进一步的深入研究。

赫尔的另一个著名的学生是尼尔·米勒（Neal Miller，1909 — 2002），对各种心理问题做了相当重要的研究。他的早期作品（例如，参见 Dollard and Miller，1950）试图将赫尔的分析法应用于精神分析文献中的行为问题。米勒与多拉德（Dollard）等人关于挫折和冲突的研究已经成为经典，直接支持了后来的行为主义修正趋势。在对生理基础的研究中，米勒（1969）关于强化机制和自主行为控制之间的关系研究也取得了重要的发现。

赫尔的另一个学生霍巴特·莫勒（O. Hobart Mowrer，1907 — 1982），在 1947 年的一篇论文中阐述了巴甫洛夫条件作用和工具性条件作用之间的区别。他认为，在回避学习（avoidance learning）中，对条件刺激的恐惧是通过巴甫洛夫原理习得的，对这种恐惧的运动反应则可以通过恐惧降低的强化效应而工具性地习得。因而，条件刺激就充当了即将发生电击的信号。根据这一区别，莫勒提出了修正的双过程理论，包括递增惩罚和递减奖励。在递增强化中，刺激是恐惧的信号；而在递减强化中，刺激是希望的信号。莫勒（1960）将这些原则应用于精神病理学，为焦虑症的行为疗法打下了基础。舍恩菲尔德（Schoenfeld，1950）对双过程学习进行了改进和解释，瑞思考勒和所罗门（Rescorla & Solomon，1967）提出了许多具有理论和临床意义的假设，推动了学习原则在行为治疗中的运用，特别是在减少焦虑方面。

新赫尔学派的当代研究也延伸到学习的生理基础问题。这些研究借鉴了反射学的神经生理学发现，集中在学习的个体发生、记忆的巩固和恢复过程以及注意的感觉因素等方面。米勒及其合作者在人类心理生理学领域所作的共同努力，极大地扩展了我们对学习过程的理解。

操作性模式。仍有心理学家继承了斯金纳的激进实证主义，主张将行为实验分析为环境因素和强化事件。然而，对斯金纳的最初原则进行扩展的过程中，逐渐出现了对操作行为不那么严格的解释。特别是，操作性研究已经探索了生理和中枢调节的动机变量。操作原理在临床和教学情境中的应用也涉及作为可观察反应基础的心理主义概念假设。《行为实验分析》（*The Journal of the Experimental Analysis of Behavior*）和《应用行为分析》（*Journal of Applied Behavior Analysis*）都以斯金纳的操作取向为主，但在研究对象和方法论上日益呈现出多样性和折中主义。此外，随着行为主义模式的演变和普及，斯金纳在方法上创新的重要性得到了承认，并应用到了各种实验室和实践情境中。

应　用

行为主义原理在当代心理学中应用极为广泛。教育政策、军事训练和广告技巧是采用行为主义原则的几个代表领域，此外，基于行为主义的临床疗法也是很有希望的应用领域。这一运动之所以比其他应用更受关注，是因为它与心理疾病的治疗有关，而这正是心理学发展的核心问题。20 世纪 50 年代和 60 年代初，美国的“实验心理学”和“临床心理学”两大分支分离得越来越远。实验心理学家被指控将自己隔离在实验室里，只关心老鼠，不在乎人类；临床心理学家则被认为更依赖精神病学的医学框架，而不是心理学理论。临床应用的行为主义模式又被称为行为矫正（behavior modification），有助于缓解心理学研究和应用分支之间的分歧。

行为矫正的源头可以追溯到将学习原理与精神病理学相联系的几次尝试。除了最早华生提出的应用（例如 Watson & Rayner, 1920）之外，前文也已提到米勒、多拉德的研究，以及莫勒将赫尔理论应用于临床方面的探索。此外，斯金纳的环境控制理念在为封闭、可控的精神机构环境设计中提供了一些成功的尝试。约瑟夫·沃尔普（Joseph Wolpe，1915 — 1998）的《相互抑制的心理治疗》（*Psychotherapy by Reciprocal Inhibition*，1958）成为对行为矫正具有重要意义的催化事件。沃尔普是一位精神病学家，他通过运用巴甫洛夫主义和工具性条件反射原理，看到了改变行为的强大潜力。具体而言，他采取了许多厌恶性条件作用和消退的原理，并设计了诸如脱敏（desensitization）和对抗性条件作用（counterconditioning）等治疗焦虑症状的技术。

行为矫正引起了相当大的争议和批评，特别是针对其所谓的客观和机械基础的批评。在行为主义发展的过程中，行为矫正被讽刺为“精神控制”和“洗脑”的典型。然而，它的辩护者认为，根据唤醒焦虑的刺激强度差异（由个人定义），焦虑减轻技术能够根据个体情况进行调整。对我们而言，应该认识到行为矫正是行为主义进化中的一个重要发展。通过提供临床应用的心理框架，行为矫正有助于将研究人员和临床医生联合在共同的心理活动模式之下。另外，认知疗法也已崭露头角，基于行为和认知的疗法都对临床应用起到了很大帮助。

最后，我们可以说，自 19 世纪 70 年代以来，行为主义比任何其他概念化的理论都更接近心理学的最佳模式。美国心理学不仅在学术和专业领域得到认可，而且在 20 世纪 30 年代行为主义发展的理论构建阶段，也牢牢地扎根于科学的沃土之中。然而，重要的是要认识到，从华生时代开始，行为主义在发展过程中已经发生了很大的变化。行为主义作为一种心理学模式或哲学观念，仍然是一种具有不同解释的离散性的系统。行为主义者既包括了斯金纳这样的激进实证主义者，也涵盖了提出明确心理主义概念的认知心理学家；行为主义者既可能是专门研究次人类行为过程的科研人员，也可能是专注于治疗应用的临床医生。后来出现的新行为主义发展成为一种共识，而不是一个体系，共同点是在不同程度上认识到可观察行为的重要性。在这种共识之外，新行为主义的折中主义似乎占据了主导地位，导致这一思潮没有形成普遍认可的标准释义。

本章小结

1913 年，华生开创了行为主义，使美国心理学从德国所强调的以意识研究为重点，转向了主要关注行为。行为主义心理学思想在法国感觉主义和英国经验主义的传统中都有所表现。行为主义的直接先驱是俄国生理学的反射学和桑代克的联结主义。谢切诺夫、别赫捷列夫的研究为生理反射学打下了良好基础，但最终建立全面的条件作用理论的是巴甫洛夫，他将各种心理事件都还原为行为和生理过程。华生的心理学模式基本上是根据刺激和反应要素来定义的。然而，华生试图摆脱全部心理主义概念，将心理学定义为单纯的外部事件，这种思想太具有局限性。因此，华生的同时代人开始着手将行为主义发展成一个更完整的系统。霍尔特、韦斯、亨特和拉什利等研究者将心理活动重新带回行为主义的研究范围。这可能是逻辑实证主义运动，表达了科学统一的操作精神，也保证了行为主义模式的最初成功。

行为主义心理学超越了巴甫洛夫和华生最初的理论。当代反射学延续了巴甫洛夫的传统，其中比较重要的发展之一是波兰科学家耶日·科诺尔斯基试图将巴甫洛夫的条件反射生理学与谢灵顿的神经生理学结合起来。科诺尔斯基的早期研究最先明确区分了两种条件反射范式，在职业生涯的最后，他深入探讨了支持行为控制论系统的脑生理学。在维果茨基、卢里亚、阿斯拉强和贝里塔什维利等著名科学家的领导下，俄罗斯和周边国家的当代反射学已经大大扩展，包括了广泛的心理和生理问题。

在美国，行为主义经历了几个发展阶段。上世纪三四十年代，行为主义处于理论构建阶段，格思里、托尔曼和赫尔等心理学家试图建立更全面的学习理论。赫尔给出了其中最完整的表达，但综合的理论仍不充分，促使了斯金纳的激进实证主义出现。斯金纳重新强调了数据收集的重要性，以发展具有应用特色的模式或微型理论为特征。学习的信息加工和数学模式、新赫尔学派、认知模式和操作模式都是行为主义者新近派别的实例。行为主义的一项主要应用是临床环境中的行为矫正模式。时至今日，行为主义仍然是心理学中一种主导力量，只不过不同流派之间相距甚远。

讨论题

1. 简要概述英国经验主义和法国感觉主义中有助于华生提出行为主义的部分。

2. 美国机能主义的哪些方面为华生行为主义的出现铺平了道路?

3. 描述巴甫洛夫的基本条件反射范式及其“心理”联结的基本原理。

4. 桑代克在解决问题实验中的主要发现是什么? 它们与巴甫洛夫的条件反射原理有什么不同?

5. 为什么人们认为华生对行为主义的定义过于激进? 华生所说的当代力量是什么?

6. 请描述华生之后行为主义发展的阶段。

7. 简要概述格思里、赫尔和托尔曼对华生行为主义的重要补充。

8. 斯金纳为什么被认为是激进的实证主义者? 比较斯金纳和华生的观点。

9. 为什么说华生之后的新行为主义模式重新演绎了心理学?

第 18 章

心理学的第三势力

章节内容

欧洲的哲学背景

存在主义的现代表述

· 让-保罗·萨特

· 艾伯特·加缪

· 卡尔·雅斯贝斯

· 马丁·布伯

现象学

· ▲埃德蒙德·胡塞尔

· 马丁·海德格尔

人格主义

· 伊曼纽尔·穆尼埃

· 卡罗尔·沃伊蒂瓦

存在主义-现象学心理学

莫里斯·梅洛-庞蒂

路德维希·宾斯万格

美国的第三势力运动

美国人本主义心理学

· 戈登·奥尔波特

· 夏洛特·比勒

· 亚伯拉罕 · 马斯洛

· 罗洛 · 梅

· ▲卡尔 · 罗杰斯

杜肯大学的心理学

本章小结

前文已经说过，19 世纪后期，德国心理学的诞生是在自然科学模式和人文科学模式的概念表述之下呈现的。自然科学模式依赖于哲学上关于心灵本质被动性的假设，以及对严格控制的经验科学方法的信仰，这种模式最初反映在冯特的构造心理学中，后来被美国行为主义者充分阐述。相比之下，人文科学模式具有多种应用，但至少它接受了心理主动性的假设，并愿意采用更开放的科学方法，而不仅限于经验主义。第 11 章已经讲过对启蒙运动理性模式的反应，在欧洲，同时还存在着平行发展的哲学思潮（包括浪漫主义和存在主义），提供了一种专注于人类经验整体的替代模式。这些选择为人文科学模式提供了背景。格式塔心理学源于德国心理主动性的哲学传统，认识到了采用非分析方法研究心理过程的必要性。在这种背景下，精神分析运动中的无意识动机的动力来源于内在的心理能量，排除了经验主义研究方法的唯一性。

心理学中的第三势力运动也源于传统的人文科学模式。“第三势力”一词实际上包括了心理学中几种取向和重点。如果精神分析被认为是 20 世纪心理学的“第一势力”，行为主义是 “第二势力”，那么“第三势力”可能囊括了一切不属于精神分析或行为主义的思潮（Rogers，1963）。第三势力运动的各种表达包括： 存在主义心理学（Existential psychology）代表存在主义哲学在心理学问题上的应用；现象学心理学（phenomenological psychology）这个术语有时被用来表达无须采用还原论来研究心理事件的独特方式；人格心理学（Personalism in psychology）认为人的个性和价值独特、自由、责任重大并相互关联，而不是各种分散的客观、先天注定的特征；最后，**人本主义心理学（humanistic psychology）**接纳了一组心理学家（主要是美国人格理论家）的思想，他们认为个人会寻求能力或潜能的充分发展，拒绝对心理过程进行任何机械或唯物主义的解释。

尽管第三势力运动由不同的心理学家和哲学家组成，但也存在一部分明显一致的观点。首先，该运动清楚地认识到，在实现人类潜能的终身历程中，个人自由和责任极为重要。它认为心灵是一个主动的、活跃的实体，个体能通过它表达人类在认知、意志和判断方面的独特能力。其次，第三势力的心理学家拒绝将心理过程还原为生理事件的机械原理。相反，他们认为，人类与其他生命形式具有本质区别。在界定人性的过程中，个体必须超越生理需要的享乐主义满足，寻求个体价值和社会哲学意义上的态度。因此，第三势力运动强调自我，试图促进个体定义的、独特的人格完满的发展。

第三势力运动并不是一个连贯统一的理论体系，也缺乏所有追随者都接受的详尽理论。相反，它是心理学内部的一种取向，对将心理过程还原为生理基础的还原论（以经验的行为主义心理学为代表）提出了反对意见。与精神分析学一样，第三势力运动并非来自高校的科研机构，而是根植于哲学思辨、文学作品和临床观察中。这些资料在第二次世界大战后集中起来，使得第三势力运动得以在欧洲和美国表现。

欧洲的哲学背景

在第 11 章中，我们回顾了 19 世纪的一部分存在主义思想家，他们为后人的思想打下了基础，在定义人生的过程中，强调个体对自由和责任的追求。尼采和陀思妥耶夫斯基等作家促成了另一种人生观的出现，与当时盛行的理性主义形成鲜明对比。克尔恺郭尔和狄尔泰为实现人类全面发展这一至关重要的问题提供了更具深度的思想。

存在主义的现代表述

让-保罗·萨特（Jean-Paul Sartre，1905 — 1980）。让-保罗·萨特也许是 20 世纪最流行的存在主义者，他成功地通过小说、戏剧和哲学论著传达了存在主义思想。1929 年，从巴黎高等师范学校（École Normale Supérieure）获得哲学学位后，他前往德国学习，受到了埃德蒙德·胡塞尔与马丁·海德格尔的存在主义和现象学的影响。这些影响反映在萨特的第一部重要哲学著作《存在与虚无》（*Being and Nothingness*，1943）中。他的第一部成功的小说名为《恶心》（*Nausea*，1938），随后又出版了 15 部以上小说、戏剧和短篇小说集。1939 年，萨特被征召入伍。不久之后，他在马其诺防线被德国人俘虏，并于 1941 年获释。他参加了法国秘密抵抗运动，一直从事地下写作、教学，直到战争结束。生命中的大部分时间里，他与左派和共产主义组织结盟，并与他的长期伴侣、哲学家西蒙娜·德·波伏娃（Simone de Beauvoir，1908 — 1986）一同担任法国各种政治和社会机构代言人。他拒绝为自己的作品领奖，甚至拒绝了

1964 年的诺贝尔文学奖，声称获奖将有损于他的信仰。

萨特的基本观点是存在（existence）先于本质。亚里士多德和经院哲学认为，个体的存在是普遍的、形而上的本质或存有（being）的表达，与之相反，萨特却断言存在定义了个体的本质。从这个意义上说，我们就是我们所做的。我们的存在不是由我们可能变成的样子而定义，而仅仅取决于我们真实的样子，也就是各种行动的集合。因此，我们必须不断做出选择，因为我们正是通过做决定来定义自己，同时确保了个人的成长发展。一个人想成为什么样的人，他就是什么样的人。我们可以自由选择，但必须为选择承担责任。生活中唯一必须做的事就是选择。

个体在他的存在中生存，并创造个人的本质。萨特认为，上帝的本质是人类的产物，是人类让上帝存在于自己的心灵之中。上帝可以还原为人的存在。人与自然的本质区别在于我们的主体性。萨特断言，人的主体性是一种巨大的特权，它提供了崇高的尊严，但也迫使我们做出自主选择。因此，作为个体，我们充满了痛苦。我们必须为每一次的决定承担全部责任。例如，如果我们决定要诚实，这个决定就为我们制定了一个标准，从此必须诚实面对所有人。我们很孤独。萨特总结说，上帝并不存在，我们生而孤独、十分不安全，每个人都有可能自由地制定自己的规则，根本不会有天启神示。我们十分绝望。萨特认为，我们必须为自己负责，也只能依靠自己。我们不能因为错误的决定而责怪上帝或“命运”，只能责怪自己。因此，萨特的心理学建立在存在主义前提下，对个人的存在持有激进的自由观。

艾伯特·加缪（Albert Camus，1913—1960）。艾伯特·加缪是战后法国存在主义传统的作家、哲学家，他在面对人生荒谬的时候鼓起了勇气，将其作为文学主题。加缪在法属阿尔及利亚的贫困地区出生成长。1930 年，他患上了严重的肺结核，之后虽然仍在阿尔及尔大学（University of Algiers）完成了哲学学业，但这一病史导致他无法进入高校任职。他在阿尔及尔从事戏剧和新闻工作，“二战”期间在法国里昂编辑了一份秘密报纸。在他的众多作品中，最著名的包括《西西弗斯的神话》（*The Myth of Sisyphus*）和小说《局外人》（*The Stranger*），这两本书最初都出版于 1942 年。战后，加缪又开始执导戏剧和写作。他曾就共产主义原则在政府和社会中的应用与萨特展开激烈辩论。加缪的死亡也反映了他常提及的荒谬感。1960 年 1 月 4 日，加缪原计划坐火车前往自己的目的地，火车票都已经买好，却坐上了朋友的车，并死于随即发生的车祸。在他的著作中，加缪不断地把个人置于外部力量的摆布下，正是这些外部力量使生活变得荒谬。他试图通过鼓起勇气去控制和建立目标感，找出个人资源，从而将生活重新定位到更具成就感的方向。

卡尔·雅斯贝斯（Karl Jaspers，1883 — 1969）。与加缪一样，雅斯贝斯一直在追求存在的意义及这种意义与心理学的关联。他把哲学定义为对自由、历史和存在意义可能性的探究。雅斯贝斯曾在四所德国大学学习医学和法律，后来加入了海德堡一家精神病院任职，开始钻研心理学。1913 年，他加入海德堡大学哲学系任教，继续研究心理学的存在主义基础。然而，由于他拒绝与犹太妻子离婚，纳粹在 20 世纪 30 年代不断骚扰，到了 1938 年，他失去了教授职位，同时被禁止出版作品。1945 年，当海德堡被美国人解放，雅斯贝斯成立了一个小组致力于重建海德堡大学，为此持续努力了四年。1949 年，他加入了瑞士的巴塞尔大学。

雅斯贝斯一直表达着对人类存在的关注，提出了存在的三个阶段，即现实存在（being-there）、自我存在（being-oneself）和自在存在（being-in-itself）。第一个阶段是个人经由外部的、客观的现实世界而认识到自己的存在；第二个阶段是个体在生命存在过程中经历人生体验和选择；第三个阶段则是将自我从现实的境界升华到更高的境界，体验到人生真正的意义。这一最高阶段是个体意义的超验世界，包含和理解意义的整体性；个体与社会、物理环境有效地沟通，从而得到了存在的充分定义。

马丁·布伯（Martin Buber，1878—1965）。现代存在主义哲学的最后一位代表人物是马丁·布伯，他出生于维也纳，成长于波兰的卢沃（今乌克兰利沃夫），由祖父（一位希伯来学者）抚养长大。1904 年，布伯在维也纳大学获得哲学学位，同时参与了犹太复国主义运动。他在加利西亚（Galicia）的哈希迪（Hasidic）犹太社区待了五年，这一地区跨越了如今波兰和乌克兰的边界，他在此学习了祖先的宗教、文化和神秘传统。回到德国后，他编辑了《犹太人》（*Der Jude*，1916—1924），并与天主教徒和新教徒合编了《造物》（*Die Kreatur*，1926—1930）。1923 年，他担任法兰克福大学比较宗教学教授，直到 1933 年被德国政府开除。1938 年，他去了巴勒斯坦，在希伯来大学教授社会哲学，直到 1951 年退休。他继续活跃在欧洲和美国讲学，直到去世。

布伯的作品很有趣，因为他不强调意识或自我意识。布伯不强调“自我对话”，而是强调人与人、人与上帝之间的对话，这反映在他的著作《我与你》（*I and Thou*，1923）中。对话的两个贡献者构成了一个统一体，这样个人就可以通过他人或上帝来定义自己。因此，布伯增加了个人成长中关键的社会维度，补充了存在主义框架中自我成长的其他表达形式。

尽管本书对存在主义哲学家的简要回顾并不全面，但也反映了观点的多样性。存在主义者可能信仰宗教，也可能是无神论者；可能乐观，也可能悲观；可能热衷于寻找意义，也可能指责生活的荒谬。然而，他们的共同点是强调个人对存在和同一性的追求。考察了哲学中的现象学趋势，并考虑到人格主义的观点之后，我们再来评价心理学中某些具体的存在主义解释。

现　象　学

第 15 章从德国心理学的一般取向出发，概述了格式塔心理学的现象学基础，并与其他经验主义分析方法进行了对比。然而，现象学在第三势力运动中承担了更为关键的角色，既是一种方法论，又是对这一运动的基本假设的表达。在这一背景下，与担任格式塔心理学背景相比，现象学发挥了更为具体而详细的作用。

在第三势力运动的取向中，现象学专注于研究个体经验的现象，特别是探索一种现象如何准确地揭示自己的特殊性和具体性。作为一种方法论，现象学相当开放，能够容纳任何有助于理解现象的事物。经验现象的主体需要准确地注意它，就像在意识中呈现一样，不带有预先判断、偏见或任何预定的定势或倾向。该方法的目标是：

1. 对现象出现时的结构的把握（心理上的把握）；

2. 对经验过的现象的根源或基础的研究；

3. 对知觉着的所有现象的可能方式的强调。

现象学家的任务是研究直觉、反省和描述的过程。因此，现象不是被操纵的，而是被允许显露出来的。

现象学的实体包括经验的资料及其对主体的意义。现象学反对自然科学经验方法中固有的还原论。相反，现象学关注的是意识和知觉中的现象的意义和重要性，从整个人的视角出发。

▲埃德蒙德·胡塞尔。现代现象学的奠基人是埃德蒙德·胡塞尔，出生于摩拉维亚（Moravia，今属捷克）。1876 年至 1878 年，他在莱比锡大学学习，聆听过冯特的心理学讲座；1881 年，他转到维也纳学习数学。在维也纳时，他受到了弗朗兹·布伦坦诺的影响，后者的意动心理学后来成为胡塞尔现象学的重要组成部分。1886 年，布伦坦诺派胡塞尔前往哈雷大学，跟随施通普夫一起学习心理学。因此，胡塞尔投身心理学就是追随布伦坦诺和施通普夫的反还原论观点，而不是冯特对构成意识的要素的研究。1900 年至 1916 年，胡塞尔在哥廷根大学任职，然后接受了弗赖堡大学的哲学教席，直到 1928 年退休。

胡塞尔的目标是找到一种科学哲学及相关方法论，这种方法论与经验主义方法一样严格，但不要求将研究对象还原为构成要素。他区分了两种基本的知识分支。其中一大分支研究人对物质世界的经验，这些学科涉及趋向外部环境的人。胡塞尔将这些学科描述为传统的自然科学，例如生物学、化学和物理学。另一个分支则是哲学，研究人对自己的经验，涉及人向内趋向自我。这种区分的主要意义在于，心理学应该弥补其中裂痕，研究人的内部和外部经验之间的关系。

对于胡塞尔来说，意识并非作为抽象的心理动因或经验仓库而存在。相反，意识被定义为个体对某事的觉知。也就是说，意识作为个体对客体的经验而存在。胡塞尔继承了布伦坦诺关于个人主体的意向性的概念，认为每一种意识行为都指向某种对象。为了研究意识，胡塞尔引入了现象学的“还原”方法，不是将心理事件还原为组成要素的经验的、元素论的方法，而是通过穿透经验的“层次”来把握意识的显著形象。他描述了三种现象学还原类型：

图 18.1

埃德蒙德 · 胡塞尔（© Keystone-France / Gamma-Keystone via Getty Images）

1. 对存在的“括号法”（bracketing），类似于加入括号中存而不论，规定了个体与意识对象之间的经验关系，同时保持经验的本质统一。例如，“我看到一条狗”所描述的体验可以用括号括起来，如图 18.2 所示。在这个过程中，经验的过程被清楚地表达出来，并且强调了它的统一性，如果孤立、单独审查任何一个过程都会破坏这种统一性。

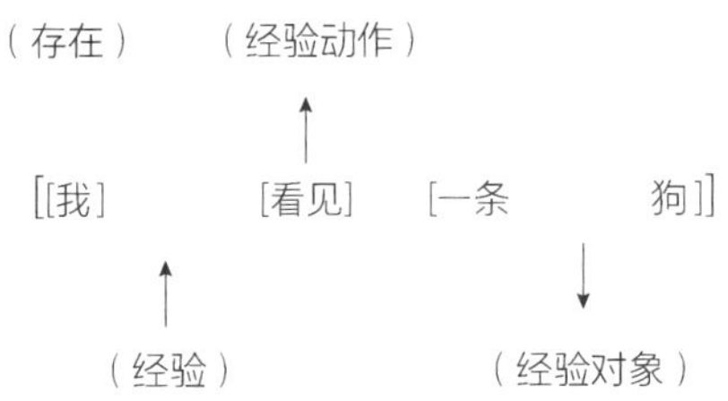

图 18.2 现象学括号法的例子

2. 文化世界与直接体验的关系。这种类型的还原法，承认人们会受到价值观和态度的同化，其结果是，文化模式在经验的出现中发挥着持续的背景作用。

3. 先验还原法，将人从具体经验的现象世界引向超越现实的主体性层次，进而引向统一经验的综合层次。胡塞尔认为，通过超越先验的主观性，我们才能真正作为人类而存在。

因此，胡塞尔试图提供一种不同于自然科学模式经验取向的元素还原论的选择。他采用了一种描述性的方法，提出通过考虑经验的基本结构及其对象，使心理学研究更加完善。最初，他接受了现实主义现象学，不否认真实物理世界的存在，但胡塞尔后来倾向于唯心主义现象学，开始质疑这种现实主义现象学。

马丁·海德格尔（Martin Heidegger，1889 — 1976）。作为胡塞尔在弗赖堡大学的助手之一，海德格尔扩展了现象学的解释。海德格尔出生在德国巴登，曾短暂进入耶稣会神学院，然后在弗赖堡接受了两年主教牧师培训。培训期间，他阅读了布伦坦诺关于亚里士多德存在意义的论文，此后一生都在研究这个主题。1909 年，他开始在弗赖堡大学学习哲学，并于 1914 年获得博士学位，毕业论文题目是《心理主义中的判断理论》（*The Theory of Judgment in Psychologism*）。不久之后，他担任了胡塞尔的助手，开启了这段富有成效而复杂混乱的关系，这一关系推动了现象学运动的发展。因他与纳粹的关系造成了许多争议，海德格尔从 1933 年到去世的职业生涯蒙上了一层阴影。海德格尔的某些亲纳粹言论被记录在案，但他的学生却证明他是反纳粹主义者。第二次世界大战后，海德格尔退休了，从此很少公开露面，也否认了所谓通敌罪的激烈指控。

他的主要著作《存在与时间》（*Being and Time*，1927）是献给胡塞尔的，但这部作品埋下了他们后来分道扬镳的种子。从本质上讲，胡塞尔强调哲学研究是对意识的检验，而海德格尔则强调哲学是对存在的研究。海德格尔写道，人与自己的存在是疏远的。他把用作名词和动词的“存在”区分开来。他认为，纵观历史，人必定以事物或对象的方式存在，但他们已经与作为生命的存在疏远了。海德格尔把现象学作为一种回归真实存在的手段。如果我们不把它们限定在预定的结构中，现象学（希腊语的原意是“揭示自身”）就允许我们理解现象。因此，对于海德格尔来说，心理学的本质是研究一个人的在世界（being-in-the-world）的独特模式，因为如果人们与自己的存在疏远，就会异化、精神分裂，最终陷入精神疾病。

海德格尔并没有提到个体或意识，因为这些名词意味着需要一个对象。相反，他把人类的存在归类为三个基本的、相互作用的特征：

1. **心境或感受**：人们不是拥有心境，而是存在心境——我们快乐；我们悲伤。

2. **理解**：人类的存在不是概念抽象的积累，而应被视为对理解这种存在的探索。海德格尔把这种探索描述为站在世界面前敞开心扉，从而内化地确认自己经验的真伪——也就是说，我们因此成为真实的自我。

3. **言语**：根植于人的内在缄默，言语为我们认识作为存在的自己提供了载体。

海德格尔认为，只有顺应死亡的概念，内化死亡的主观意义，我们才能成为真正的真实。焦虑是对非存在（nonbeing）——即存在的对立面——的恐惧，这是个体不愿面对死亡的结果。通过接受、理解生命的有限性，我们才能开始进入自己存在的核心。因此，生命的独特性在于我们对自己的存在的理解，无论这种理解有多模糊。

胡塞尔和海德格尔的现象学为研究作为存在者的个体提供了策略。存在主义和现象学共同为作为一种心理学体系的第三势力运动提供了哲学基础和方法论方向。

人格主义（Personalism）

欧洲的人格主义哲学思潮出现于 20 世纪前半段，与存在主义、现象学植根于同一土壤，都是对还原主义思潮的反抗。虽然人的概念可以追溯到古希腊戏剧、亚里士多德的吕克昂学园（Lyceum）、早期的教会、波伊提乌和阿奎那，但人们一度对研究人性失去了兴趣，直到享乐主义的功利主义和唯物主义决定论等客观的启蒙哲学出现，这些哲学试图把人吞没在个人主义或集体主义之中。工业机械化、城市化中的去人性化、大众娱乐中的匿名化和大战导致的流离失所，都加剧了个人完整性的贬值。除了以胡塞尔为代表的德国现象学之外，法国和波兰也出现了一系列值得注意的人格主义思想。

伊曼纽尔·穆尼埃（Emmanuel Mounier，1905 — 1950）。在巴黎，针对经济崩溃，以及社会主义与资本主义的客观缺陷，法国哲学家伊曼纽尔·穆尼埃于 1932 年创办了《精神》（*Esprit*）杂志，倡导一种新的人文主义复兴，将人复原为思想和社会组织的标准。穆尼埃很重视法国个人主义的先驱迈内·德·比朗（见第 8 章），他当时的同事包括加布里埃尔·马塞尔（Gabriel Marcel，1889 — 1973）、丹尼斯·德·鲁热蒙（Denis de Rougemont，1906 — 1985）、莫里斯·内东塞勒（Maurice Nédoncelle，1905 — 1976）和雅克·马里坦（Jacques Maritain，1882 — 1973）。尽管这是一场表达方式多样的运动，穆尼埃仍试图在他的《人格主义宣言》（*Personalist Manifesto*，

1938）中总结其原则。穆尼埃出身卑微，在索邦接受教育期间展现出了卓越的才华，一直从事预备学校的教学和写作工作，44 岁时不幸死于心脏病发作。

在著作《人格主义》（*Personalism*，1950/1952）中，穆尼埃把人格主义的中心确认为“自由和有创造力的人的存在”（p.xvi）。与笛卡儿的二元论相反，穆尼埃的人格主义认识到“具身存在”（embodied existence）的本质统一性（第 11 页）。创造性人格是在非人格化和人格化之间的斗争中产生的，被描述为一条“悲剧性乐观主义”之路（第 16 页），在这条道路上，真正的伟大是通过无休止的斗争获得的。个人成长需要超越以自我为中心的个人主义，向以他者为中心的人格主义转变：“人只存在于他者中，只有在认识他者时才能了解自己，只有在他者的认识中才能找到自己。”（第 20 页）对人来说，最重要的存在确定性是爱：“我爱故我在，所以存在，生命才有价值（值得对抗生存之苦）。”（第 23 页）人的最内在的自我是一种隐秘而私人的东西，不能被精神分析或人格调查所揭示。个人生活的节奏是“自我肯定和自我否定的交替”（第 38 页），既能丰富自己独特的个性，又能接受自己为他人服务的不可替代的使命。在存在的冒险中，人的自由不是绝对的；它是特定生活情境中特定个体的自由，必须符合真善美的超然的人格价值观，选择负责任的行动。

卡罗尔·沃伊蒂瓦（Karol Wojtyła，1920 — 2005）。在卢布林天主教大学（Catholic University of Lublin），一位名叫卡罗尔·沃伊蒂瓦的年轻波兰牧师认识了胡塞尔的一些学生，包括马克斯·舍勒（Max Scheler，1874 — 1928）、迪特里赫·冯·伊尔德布兰德（Dietrich von Hildebrand，1889 — 1977）和罗曼·因加尔登（Roman

Ingarden，1893 — 1970）。这些思想家摒弃了胡塞尔的哲学唯心主义，转向了现实主义现象学，并为人格主义思想的发展做出了贡献。沃伊蒂瓦是波兰人格主义的奠基人，创造性地综合了托马斯主义形而上学、人格主义伦理学和现实主义现象学。他曾在雅盖隆大学（Jagiellonian University）和卢布林天主教大学担任伦理学教授。曾在纳粹和共产主义的熔炉中锻造，担任过教区牧师和大学牧师，后来被任命为主教、大主教和红衣主教。1978 年，他以若望 · 保禄二世（John Paul II）的名字当选为教宗，1981 年，曾有人试图刺杀他，但未果。他一直担任教宗，直到 2005 年因帕金森症并发症去世。因其作为哲学家、牧师、剧作家、诗人及和平缔造者的诸多贡献，沃伊蒂瓦被公认为 20 世纪最杰出的人物之一，并于 2014 年被册封为圣人。在他死后，卢布林天主教大学为了纪念他而改名。

沃伊蒂瓦建构人格主义的著作是《爱与责任》（*Love and Responsibility*，1960 / 1981）。在本文中，他区分了“人的世界”和“物的世界”（第 21 页）。他形容人类的丰富和完美是独一无二、不可重复的。与杰里米 · 边沁的功利主义原则相反，他提出的人格主义原理是康德绝对命令（categorical imperative）的延伸：

> “人是一种善，但不允许使用，不能被视为使用的对象，也不能被视为达到目的的手段……人是一种善，对它唯一适当和妥帖的态度是爱……”（第 41 页）

他对人格和爱情进行了形而上学、心理学和伦理学的分析。他承认人是身体和灵魂的统一体，拥有由理性和良知的真理所照亮的自由：“心理学……灵魂的科学，努力揭示人的内在生命的结构和基础……内在生活最显著的特征是真理感和自由感。”（第 114 至 115 页）在人格主义的视角下，人的自由并不是为了自己而存在的：“自由是为了爱而存在。”（第 135 页）人类受到“天赋法则”的支配，在这种法则下，自我保存的自然动力和性本能成为真正的个人需要自我占有和自我捐赠的基础（第 65 至 68 页，第 97 页）。沃伊蒂瓦认识到，应该在正确理解人性的背景下进行适当的心理治疗：“显然有些疾病需要专家的帮助……但这些专家的建议必须考虑到人类目标的整体性，尤其重要的是整体性的、人格化的‘人的概念’。”（第 287 页）。沃伊蒂瓦的哲学心理学主要著作《人与行为》（*Person and Act*, 1969/1979）试图将托马斯的客观现实主义形而上学与现象学的主观人类经验相结合。

存在主义–现象学心理学

作为当代心理学的一种表现形式，存在主义–现象学的观点与它们各自的哲学基础密切相关。事实上，要将作为哲学的存在主义现象学与作为心理学的存在主义现象学区分开来相当困难，二者的边界十分模糊。存在主义–现象学心理学通常是在治疗、临床背景下，对存在主义–现象学哲学原理的应用。这些原理可概括如下：

1. 人被视为一个在世界（being-in-the-world）的个体。每个人的存在都是独特的，反映了个体的感知、态度和价值观。

2. 个体必须被视为个人发展的产物，而不是一般化的、人类总体的个例。因此，心理学要理解人类的存在，就必须探索意识中的个体经验。

3. 个人穷其一生竭力对抗社会造成的存在的去人格化，导致了主观上的异化、孤独和焦虑。

4. 作为一种方法，现象学允许考察经验的个体。

接下来，我们简要地回顾欧洲存在主义–现象学运动的两位代表心理学家：莫里斯·梅洛–庞蒂（Maurice Merleau-Ponty）和路德维希·宾斯万格（Ludwig Binswanger）。虽然他们都是著名的存在主义–现象学心理学家，但都不能被看作是全面的系统构建者。相反，梅洛–庞蒂和宾斯万格都反映了心理学家试图同化存在主义的基本哲学原则，通过支持个人对本真（authenticity）的追求，获得成功的治疗方式。

莫里斯·梅洛–庞蒂（1908—1961）

梅洛–庞蒂具有深厚的哲学和经验科学基础，曾在法国几所最著名的大学任教。1927 年，他认识了萨特，两人保持了长期联系，最终在 1944 年共同编辑了一本专门讨论哲学、政治和艺术问题的杂

图 18.3

莫里斯·梅洛–庞蒂（© Jean- Regis Rouston / Roger Viollet / Getty Images）

志，名为《现代生活》（*Les Temps Moderns*）。1952 年，由于对马克思主义、对法国、对苏联的问题存在分歧，他与萨特断绝了关系。同年，梅洛-庞蒂被任命为法兰西学院（College de France）哲学教授，成为有史以来获得这一殊荣最年轻的人。

在他最著名的著作《知觉现象学》（*Phenomenology of Perception*，1944）中，梅洛-庞蒂将心理学描述为对个体和社会关系的研究，因为社会关系能将意识和自然世界联系起来。梅洛-庞蒂受到胡塞尔、海德格尔和萨特的影响，认为人不是一种具有解剖学、动物学和经验主义心理学传统特征的意识。相反，人是存在的绝对根源。个体不能从先前的物理事件中得以存在，而是走向环境，将环境的这些方面融入她或他的存在，从而趋向环境并维持物理事件。心理学是对个体意向性的研究。对梅洛-庞蒂来说，每一个意向都是一种注意，除非我们经验到它，否则就无法关注某件事。

梅洛-庞蒂描述了现代心理学面临的三个主要问题：

1. 人类是主动的机体还是被动的？

2. 活动是由内部还是外部决定的？

3. 心理活动是否有其内在根源，主观经验能否与科学相协调？

梅洛-庞蒂认为，人类的过程不能用物理学来解释，经验主义的物理学方法也不能满足心理学的需要。心理学的主要研究对象应该是经验，经验是私人的和个体的，发生在人的内部，无须公众的验证和复制。因此，正确的心理学方法是探索内在知觉的秘密，只能通过现象学的描述方法来实现。

路德维希 · 宾斯万格（1881 — 1966）

存在主义-现象学心理学的第二个代表学者是路德维希 · 宾斯万

格，试图将这一运动（尤其是胡塞尔和海德格尔的作品）与精神分析相结合。他出生于瑞士图高（Thurgau），曾在洛桑大学（University of Lausanne）、海德堡大学和苏黎世大学学习，1907 年在苏黎世获得医学博士学位。1910 年，宾斯万格接替父亲，成为瑞士贝尔维尤疗养院（Swiss Bellevue Sanitarium）负责人，该疗养院由他的祖父创建。

宾斯万格利用海德格尔关于个体在世界的概念（德文用 *Dasein* 表示），将自己的方法称为“存在分析”（*Daseinsanalyse*）。宾斯万格认为，自然科学方法的还原论是不充分的，他希望现象学能对心理活动提供一个完整的解释。宾斯万格的目标是让治疗师了解病人所经历的世界。他将分析的使用范围局限于病人的当前经验，认为分析应该揭示由每个病人各自定义的意义语境所解释的现象结构。现象意义的结构描述了每个人在思维过程、恐惧、焦虑和社会关系方面的取向。

在早期的发展中，宾斯万格接受了精神分析学对本能表现的强调，但仍坚持认为，只有在处于当前意识中的时候，它们才重要。因此，过去仅存在于当下，它有助于每个人的意义结构的设计。宾斯万格的心理学及其在精神病学中的应用认为，现象学是发现每个人本质自我的重要工具。这种对现象结构的理解有助于帮助病人改变生命的意义和解释。

梅洛-庞蒂和宾斯万格都通过临床领域的应用代表了存在主义-现象学心理学的主要焦点。孤独、去人格化、荒谬等存在主义主题为接受存在中的个体问题提供了语境。然而，治疗师只能通过满足个体的个人意义来理解不真实和神经质的存在。

美国的第三势力运动

与源自欧洲的其他心理学体系一样，第三势力运动进入美国之后，也出现了多种多样的折中表达方式。一些心理学家试图把第三势力的原则和含义纳入现有的行为主义或精神分析框架之中，而仍有一个独特的群体坚持严格的存在主义-现象学观点。第三势力运动的表现形式各有不同，共同点在于都反对唯物主义行为主义的还原论。

美国人本主义心理学

第三势力运动中的一种被称为人本主义心理学，是美国心理学家中的一个团体，提倡对人格的各种解释。“人本主义”一词反映了对人的心理的关注，强调个体的存在和差异性，与行为主义的生物学基础有着明显的区别。接下来，我们将介绍人本主义心理学的几位代表。

戈登·奥尔波特（Gordon Allport，1897 — 1967）。戈登·奥尔波特的人格理论可以归于几种心理学体系之下，但在这里主要介绍人本主义心理学的一面，因为奥尔波特在职业生涯后期提出了一个与第三势力运动的存在主义基础基本一致的框架。在他的人格研究中，奥尔波特将强调个体、相关的变异性或独特性的特殊规律研究法（idiographic approach），与强调群体和最小化个体差异的一般规律研究法（nomothetic view）区分开来。奥尔波特倡导特殊规律研究法，不断强调个人的独特性和复杂性，认为最终决定意识的是内在统一的人格。他强调意识中的自我或自我功能，必须理解为综合目标的当前表现和个人的未来方向感。奥尔波特反映了美国人本主义的折中主义，他以一种类似于弗洛伊德的本能和霍妮的需要的方式，用性格特征或反应倾向描述人格。奥尔波特认为特质是先天遗传和后天学习的产物，是解释个人行为一致性的心理结构。

奥尔波特的人格意向观最能体现他与存在主义现象学立场的契合。这一结构包括目前和未来的愿望和希望，这些愿望和希望都是个人化的。在奥尔波特的人格理论中，意向解释了不断成长的过程。此外，意向为自我提供了统一性，导致个人奋斗、个性意识和自我认识的发展。

夏洛特·比勒（Charlotte Bühler，1893 — 1974）。夏洛特·马拉霍夫斯基（Charlotte Malachowski）生于柏林，曾在德国几所大学接受教育，1915 年正在慕尼黑大学跟随屈尔佩学习时，屈尔佩猝然去世。这时，一位曾在第一次世界大战期间当过德国军医的年轻学者卡尔·比勒（Karl Bühler，1879 — 1963），来到慕尼黑大学，负责管理屈尔佩的研究生。夏洛特和卡尔于 1916 年结婚，两年后，她完成了自己的博士学位，两人都在维也纳大学任教。两次世界大战之间，维也纳的学术氛围极为浓厚，夫妻二人共同投入其中，为心理学的声望不断提高做出了贡献。从 1924 年到 1925 年，夏洛特·比勒前往哥伦比亚大学学习，在那里遇到了许多著名的美国心理学家。学习结束后，她带着十年的研究成果返回维也纳，逐渐成为用人本主义方法研究毕生发展心理学的先驱人物。

纳粹运动席卷了奥地利，最终奥地利并入德国，残酷地打断了比勒一家在维也纳的生活。卡尔·比勒曾短暂入狱，1939 年获释后，他们借由挪威去了美国。在美国多个地方担任短期临床职位数年后，比勒夫妇于 1945 年移居加利福尼亚，夏洛特在洛杉矶郡医院

（Los Angeles County Hospital）担任临床心理医生，并在南加州大学兼职学术研究。从 1953 年到 1972 年，她在洛杉矶开设私人诊所。

夏洛特·比勒的发展观强调，健康成长是心理学的目的。比勒的人格观的核心是她相信，在需求的满足、自我限制的适应、创造性扩张和维护内部秩序等基本倾向之间，必须达到和谐平衡。只有满足需求是被动的，毕生的发展需要后三种倾向中的积极保证。这种概念化预示了马斯洛"需求层次"理论的出现，比勒坚持认为，这一过程会贯穿一生。

比勒的同时代人将她称为她心理观点的典型范例。布根塔尔（Bugental，1975/1976）形容她是"一个非常真实的人，有时也非常令人敬畏，非常清楚自己的想法，始终以自认为应该的方式去做事情……她一直在行动，积极主动地付诸实践，参与活动"（第 48 至 49 页）。在促进美国人文主义心理学的发展中，比勒是卡尔·罗杰斯（Carl Rogers）、特别是亚伯拉罕·马斯洛（Abraham Maslow）的积极合作者。她激励年轻学者，并通过人本主义心理学学会（比勒于 1965 年至 1966 年担任该学会主席）的活动促进他们的成长。

亚伯拉罕·马斯洛（1908 — 1970）。美国人本主义心理学的另一个重要人物是亚伯拉罕·马斯洛，他有时也被称为普及这一思潮的主要推动者。他造就了一种深受欧洲存在主义影响的人格观。马斯洛的观点建立在动机框架之上，这个框架由需求层次构成，需求层次包括了原始的生理水平到真正的人类经验。例如，在考虑安全需要之前，必须满足饥饿、渴等生理需要。当这些需求得到满足时，接下来需要满足的是爱与归属感、自尊、知识以及对美的追求。马斯洛将通过渐进的需求满足实现个人成长的终身过程称为"自我实现"。充分自我实现的结果是人格和谐，充分发挥个人的才能、智力和自我意识。

罗洛·梅（Rollo May，1909 — 1994）。1949 年获得哥伦比亚大学博士学位后，梅在纽约市从事私人执业。1958 年，他出版了《存在：精神病学与心理学的新方向》（*Existence: A New Dimension in Psychology and Psychiatry*），向美国介绍了如何将存在主义原理应用于心理治疗和人格理论。在这本书的前两章中，梅详细地论述了人类活动的存在主义解释为心理学研究提供了一个必要的方向；也就是说，心理学需要完全理解人类经验，这种人类经验根据人类独特的意志、选择和发展问题上而被体验到。

▲卡尔·罗杰斯（1902 — 1987）。卡尔·罗杰斯也许是最受欢迎的人本主义心理学家，他的临床应用著作广受赞誉。他在临床治疗上坚持“以来访者为中心”，认为治疗师必须与来访者建立一种个人和主观的紧密关系，不能摆出科学家或医生的态度，而应保持人与人之间的互动。对来访者来说，咨询代表着对奇怪、未知和危险感觉的探索，只有在得到治疗师无条件的接纳时，这种探索才有可能实现。因此，在来访者走向自我接纳的过程中，治疗师必须尝试感知来访者的感受。这种移情关系的结果是，来访者越来越意识到真实的感受和体验，而她或他的自我概念逐渐与存在的整体性达成一致。

罗杰斯的人格观基本上是现象学的，重点关注体验着的自我。人被看作是存在的一部分，作为经验的现象领域的一部分，自我的概念结构必须通过自我知识的获取而与整个场区别开来。因此，基于对“主体我”（I）或“客体我”（me）特征的知觉，以及对“主体我”与他人关系的知觉，产生了有组织和一致的概念，这些概念组成了自我。一旦自我的概念结构被认识和接纳，这个人就真正能够摆脱内在的紧张和焦虑。

对奥尔波特、比勒、马斯洛、梅和罗杰斯的简要概述，旨在展示他们与第三势力运动的关系。人本主义心理学主要是一种个体心理学的临床应用。人本主义心理学虽然承认生理和本能对人格影响的重要性，但它更强调个体成长，以达到个人资源的巨大潜能完全实现的体验。这一目标是通过对自我认识的现象学评价来实现的。

杜肯大学的心理学

存在主义-现象学心理学在美国最统一的表述来自杜肯大学的心理学家。欧洲学者的许多著作都是通过杜肯大学重新出版的，包括将当前研究结集为《存在主义心理学和精神病学综述》（*Review of Existential Psychology and Psychiatry*）出版。20 世纪 70 年代初以来，杜肯大学心理学系一直在主办《现象心理学杂志》（*Journal of Phenomenological Psychology*）。作为美国存在主义-现象学心理学最活跃的中心，杜肯大学代表了美国心理学界普遍的折中主义中一个相当独特的取向。

杜肯大学心理学系鼓舞人心的力量来自阿德里安 · 范 · 卡姆（Adrian van Kaam，1920 — 2007），他原籍荷兰，是杜肯大学的教士团成员。他主张以存在主义原理对心理学进行修正，远离自然科学模式和方法，抵制还原论。范 · 卡姆曾与罗杰斯、马斯洛等美国第三势力运动领导者一起学习，在杜肯大学创办了一个研究所，旨在探索灵性（spirituality）的发展。他一直主持这一研究所的工作，直到 1980 年。

呼吁在心理学研究中对现象学作更多的强调，与将心理学界定为一门真正的人文科学，这二者是一致的。阿梅迪奥·乔治（Amedeo Giorgi，1931 —）曾是杜肯大学的一员，他曾在纽约福特汉姆大学（Fordham University）接受过实验心理学的培训。乔治在 1970 年的著作《作为人文科学的心理学》（*Psychology as a Human Science*）中主张对心理学采取更开放的态度。他总结说，心理学应该有自己的研究对象，即人类，"必须以人为参考框架，即不能歪曲人作为人的现象"（第 224 至 225 页）。尽管对杜肯大学相关研究活动的描述超出了目前所需范围，但我们必须认识到，美国心理学中的这种取向带来了对心理学研究本质的不同观点，这对整个心理学的发展大有益处。

最后，值得注意的是，同样作为心理学体系，第三势力运动和精神分析的影响具有相似性。它们最清晰的表达方式都起源于欧洲，在美国的影响很大程度上是通过临床应用实现的。这两个系统都缺乏经验基础，限制了它们对美国主流心理学的吸引力。此外，这两个体系在当代的表达方式都相当支离破碎，不成系统。然而，与精神分析学不同的是，第三势力运动从来没有公认的领袖人物，就像弗洛伊德在精神分析学中所扮演的角色。事实上，第三势力运动的哲学基础涵盖了各种各样的作品，从文学作品到人类存在的综合体系。引入美国之后，第三势力运动影响了心理学观点（特别是在治疗应用领域），但并没有真正成为能与主流的行为主义分庭抗礼的学派。

本章小结

心理学中的第三势力运动源自主动的心理过程模式。这一运动牢牢地立足于存在主义哲学基础之上，重视个体对同一感、价值和本真的追寻。19 世纪，克尔恺郭尔、尼采和狄尔泰等人的作品构成了孤独和去人性化的背景。20 世纪，萨特、加缪和雅斯贝斯的著作进一步表达了人类存在的焦虑和荒谬的基本状态。在去人格化的历史时期，穆尼埃和沃伊蒂瓦的人格主义重新将“人”引入了心理学的视野。胡塞尔和海德格尔的方法论著作为现象学的发展做出了贡献，它是研究人类经验整体特征的一种手段。将存在主义与现象学相结合的心理学，是一种新取向在临床领域的应用，在欧洲的代表人物是心理学家梅洛-庞蒂和宾斯万格。在美国，奥尔波特、比勒、马斯洛、梅和罗杰斯的人本主义观点在不同程度上与欧洲运动一致，存在主义-现象学心理学的中心位于杜肯大学。作为当代心理学一大取向，第三势力运动在很大程度上相当分裂。虽然它没有产生一套全面替代行为主义的理论体系，但却对临床应用（特别是在治疗效果）起到了相当大的影响。

讨论题

1. 第三势力运动的不同形式具有哪些共同的原则？

2. 解释萨特所说“存在先于本质”的意义。为什么这一观点对心理学有重要意义？

3. 现象学作为一种科学方法的目的是什么？

4. 胡塞尔怎么给知识分类的？心理学应该放在哪一类？为什么现象学的方法对心理学如此重要？

5. 存在主义-现象学心理学的基本原理是什么？概述与这一心理学的哲学基础相一致的观点。

6. 梅洛-庞蒂认为心理学的主要问题是什么？他是如何解决这些问题的?

7. 为什么说罗杰斯的观点是现象学的?

8. 第三势力运动对美国主流心理学的主要影响是什么?

第 19 章

认知心理学

章节内容

背景

意识流

早期的体系与方法

心理学的应用

临床心理学

早期思想

弗雷德里克 · C. 巴特莱特：图式理论

唐纳德 · O. 赫布：神经网络

唐纳德 · E. 布罗德本特：注意过滤器模型

人工智能：将人脑看作机器

信息加工理论

阿兰 · M. 图灵：模仿游戏

纽厄尔、肖和西蒙：逻辑理论家

约翰 · R. 塞尔：中文房间

深蓝与沃森

认知革命

革命还是演变？

乔治 · A. 米勒：关于心理生活的科学

杰尔姆 · S. 布鲁纳：思维研究

到了 21 世纪，当代心理学相当务实而具有功能性，应用问题仍然是学科的前沿问题。由于能提供相当宽广的就业选择，心理学对很多人都很具有吸引力，成为大多数美国大学的热门专业。此外，心理学与自然科学、社会科学的其他领域之间的跨学科联系，为许多学生和实践者带来了更多的机会。因此，虽然心理学的功能性特征仍然很明显，但另一种取向也日益突出——那就是认知心理学。正如下文所述，认知科学的发展被一些人视为革命性的范式转变，另一部分人则认为认知心理学是学科内部力量进化的产物。不管怎样，作为一门认知学科的心理学得到了心理学家的认可，认为这是一个很有前途的方向。

背景

从人类第一次尝试认识自己开始，关于思维的心理学思想就出现了。尽管人们并非无时无刻将探索思维当作第一要务，但心理学的历史始终追寻着思维而发展。在古希腊，柏拉图对身体和灵魂的二元论区分，强调完美的、非物质的、永恒的形式或观念优于不完美的、物质的、短暂的身体，确立了探索思维的意义。在中世纪经院哲学时期，阿奎那的官能心理学对亚里士多德的二元论进行了提炼，提出了一种更为统一的人性观，充分考虑了人类独特的理性智力。文艺复兴时期，笛卡儿从自己的心身二元论角度来理解这一古希腊主题，他唯一能确定的是他自己正在思考。启蒙运动时期，康德的德国理性主义强调的是一种具有内在观念和内在心理范畴的心理主动性。19 世纪，布伦坦诺的意动心理学将意识描述为一种由有意和有目的的行为所表达的统一体。人类的思想如此难以捉摸，却分别被捕获、凝固于大理石和青铜之中，成为永恒的艺术作品，那就是文艺复兴时期米开朗琪罗的《沉思者》(1534) 和 20 世纪罗丹的《沉思者》(1904)。

意识流

某种程度上，认知心理学直接源自 20 世纪的行为主义，也受到了 20 世纪五六十年代的人本主义运动促进，而它的源头则可以追溯到 19 世纪、20 世纪的各种心理学体系。这些可识别的主题在一条我们称之为“意识流”的道路上发展。在美国，随着心理学的应用化，认知心理学的基本要素从美国心理学的最初阶段就出现了。

早期的体系与方法

正如前文所述，当威廉·詹姆斯将这门新创立的科学介绍给美国时，他将心理学定义为“关于心理生活的科学”(1890/1981，第 15 页)。最重要的是，他说：“对我们心理学人来说，首要的事情是，思维是某种连绵不断地在运行着的东西。”(第 219 页) 如第 14

章所述，他强调经验的统一，包括一个连续的“意识流”（第 233 页），而不是感官元素的集合。因此，心理学是对心理过程（个人的、变化的、连续性的、选择性的）的实证研究，研究的是心理运行时的功能。

在第 15 章中，我们讨论了韦特海默、苛勒和考夫卡的格式塔心理学，这一流派本身是欧洲对冯特心理学固有的还原论的一种反对运动。这场运动被引入美国时，虽然没能取代行为主义，却对行为主义造成了一些影响，促使其开始注重意识经验的整体性和统一性。格式塔运动研究意识和行为的内在相关性，也研究人与环境。因此，它提供了一种心理学方法，允许考虑顿悟、理解和创造性思维等高级思维过程。格式塔原理的直接运用在库尔特·勒温的场论中十分明显，能够将其扩展到心理治疗领域，特别是在冲突解决方面。

我们或许可以说，20 世纪认知心理学的重大发展是随着行为主义的扩展而发生的，特别是爱德华·托尔曼的影响——第 17 章曾介绍过他的研究工作。托尔曼的目的行为主义对**分子行为**（孤立的反射行为）和整体行为（统一的目的行为）进行了区分。当时流行的行为主义强调刺激（外部事件）和反应（行为），在二者之间，托尔曼提出并研究了中介变量（内部调节过程），如预期、认知地图和潜在学习等。这一认知变量的引入开启了人们对认知学习的后续研究。

通过将格式塔心理学的影响与托尔曼的工作相结合，埃贡·布伦斯维克（Egon Brunswik，1903 — 1955）展开了对知觉恒常性的研究，并从中发展了一种称为概率论的机能主义（probabilistic functionalism）的理论。布伦斯维克在德国生活时受到格式塔运动的影响，后来又受到托尔曼的影响（托尔曼为他在加州大学伯克利分校谋得了一个职位），他发现，面对不同的环境变量，人们倾向于保持知觉的一致性，哪怕需要在感觉输入上做出一些扭曲和调整，而这些适应性的妥协是自发的。因此，布伦斯维克认为，被试在知觉和行为情境中的适应是相对的，并且可以用概率论来定义。他的研究方法与严格控制的行为主义实验截然不同，后者通常只研究相对较少的变量。布伦斯维克认为，行为主义的实验无法充分揭示现实，是一种扭曲的表现。他主张对环境中实际出现的变量进行更广泛的抽样。由于布伦斯维克的早逝，他没能建立完整的理论体系，但促成了一种分析性和机械性较低的研究方法，从而有助于认知行为主义考虑机体—环境相互作用的状态。

早期神经心理学家和神经生理学家对机能研究的局限性，最终促成了认知心理学的发展。第 12 章曾写过布洛卡和威尔尼克关于语言脑区的开创性工作，证明了人类独特的语言认知功能的生理基础和位置。第 13 章回顾了赫尔曼 · 艾宾浩斯对人类记忆的研究，代表了实验方法在高级心理过程研究中的突破性应用。第 17 章则提到，神经心理学家亚历山大 · R. 卢里亚提出了对脑和心理的整体理解。这些贡献不仅增加了人们对脑功能的知识，也为认知科学打下了坚实的基础。

心理学的应用

心理学应用的主要领域之一是研究儿童认知能力的发展。这一研究领域有助于学校课程的设置，以及对个体儿童的照顾和养育，支持了教育心理学、学校心理学和心理测量学等专业方向的出现与发展。认知发展研究的主要人物是瑞士心理学家让 · 皮亚杰（Jean Piage，1896 — 1980）。皮亚杰的认知发展观提出了四个不同的智力成长阶段，这些阶段以孩子与环境的互动关系为区分标准。尽管不同儿童的智力增长速度可能不同，但皮亚杰认为，所有儿童都会遵循这一发展顺序：

1. **感知运动阶段**（0 — 2 岁）：这一阶段是非言语的，涉及孩子对环境的最初体验，这种人与环境的关系，会通过对意义、意向、因果关系和象征价值等维度的组织化，以一种十分基础的方式内化。

2. **前运算阶段**（2 — 7 岁）：在这一阶段，孩子学会语言，能够处理时间关系，学会区分过去、未来以及现在。

3. **具体运算阶段**（7 — 11 岁）：在这一阶段，孩子掌握了以复杂的定性和定量关系为代表的抽象概念。

4. **形式运算阶段**（11 — 15 岁）：在智力成长的最后阶段，儿童获得理解能力。

皮亚杰的研究生涯长达 60 年，出版了 50 多本专著。在晚年，他专注于研究知识习得背后的逻辑。尽管皮亚杰最著名的研究成果是认知发展理论，但他其实一直在研究知识本身。心理发展和组织结构的力量让他印象深刻，他认为教育和教学不应该由教师全面操控，而应该为孩子提供发明和发现的机会。这种对认识论、心理发展和组织结构的强调，为进一步从认知方面研究人类学习和记忆奠定了先例。

美国语言学家和认知科学家诺姆 · 乔姆斯基（1928 —　）研究了语言发展问题，1959 年，他发表了一篇极具开创性和洞察力的文章，批评了斯金纳关于言语行为的著作。乔姆斯基认为，语言的句法结构的获得，需要有一种与生俱来的心理结构，即语言获得装置（Language Acquisition Device）。他认为，如果没有这种机制，就不可能出现真正的语言。这项在心理语言学领域的开创性研究，强调语言过程的内在认知结构，与行为主义将语言学习等同于联系或强化的方法截然不同。

随着心理学的应用和扩展，特别是在20世纪后半叶，另一个快速发展的领域是社会心理学。前文已经提到，库尔特·勒温对格式塔原则的扩展，对临床治疗和社会环境都有重要影响。奥地利心理学家弗里茨·海德（Fritz Heider，1896 — 1988）的归因理论代表了格式塔原则在社会心理学中的另一个应用。海德（1958/1982）的理论有关人际关系、人类行为的解释或原因，区分了内部归因（个体变量，如人格、能力、态度等）和外部归因（情境变量，如任务需求、他人或机遇等）。归因理论将认知成分引入了对人类行为的解释。

社会心理学家利昂·费斯廷格（Leon Festinger，1919 — 1990）的认知失调理论（cognitive dissonance theory）认为，当外部环境与个体的价值体系存在矛盾时，就必须通过调整行为策略来减少这种失调（Festinger，1957）。令人感兴趣的是，费斯廷格的理论属于行为主义观点，同时又包括了一种具有解释性的中枢机制。因此，费斯廷格提供了一种认知模式，直接挑战华生行为主义的基本前提。

对认知心理学有益的最后一个应用领域是人格研究，自弗洛伊德以来，这一领域就很受重视，属于核心问题。朱利安·罗特（Julian Rotter，1916 — 2014）的社会学习理论（social learning theory）注意到了社会情境中对行为结果的期望的作用，艾伯特·班杜拉（Albert Bandura，1925 — ）的社会认知理论（social cognitive theory）认识到，新的行为可以通过社会观察直接学习。这一过程涉及认知、行为和环境的相互决定和相互影响（Bandura & Walters，

1963；Bandura，1977）。班杜拉认为，学习者能够观察他人（榜样）并评估行为的结果（替代强化），从而将思维引入了学习过程。

乔治·凯利（George Kelly，1905 — 1967）的个人建构理论（personal construct theory）是一种全新的人格力量，能替代精神动力学的驱动理论和行为主义学习理论。凯利（1955）认为，人人都是天生的科学家，用个人建构（图式）的方式看待世界，以个人选择的对立词来表达（例如，吸引人的—不吸引人的）。个人的假设可以进行检测与修正，这被称为建构的权宜选择（constructive alternativism）。尽管他的人格理论所提供的评估技术——凯利方格测验（repertory grid test）和心理治疗方法——固定角色疗法（fixed role therapy）没有得到广泛的应用，但他的个人建构理论对随后的认知—行为疗法的发展起到了重要影响。

临床心理学

美国心理学家艾伯特·艾利斯（Albert Ellis，1913 — 2007）于1955 年提出了理性疗法（rational therapy，RT），1959 年更名为合理情绪疗法（rational emotive therapy，RET），1992 年再度更名为合理情绪行为疗法（rational emotive behavior therapy，REBT）（Ellis，1962；Ellis & Ellis，2011）。他最初的情绪 ABC 模型表明，导致功能失调的情绪和行为后果（C）的并非不良事件（A），而是非理性信念（B）。非理性的、功能失调的信念和思想可能会受到质疑，被理性的、功能正常的信念和思想所取代。认知、情感和行为过程是相互关联的。强调思维在心理健康中的作用，与传统的精神动力学和行为疗法有很大的区别，帮助建立了认知行为治疗的基础。

20 世纪 60 年代早期，美国精神病学家亚伦·贝克（Aaron

Beck，1921 — ）提出并发展了认知疗法。在对抑郁症的精神分析概念进行了不成功的研究后，他认识到消极的“自动思维”会导致抑郁症，特别是对自我、世界和未来的认知都非常消极的思维（Beck，1976；Beck，Rush，Shaw，Emery，1979）。这种消极的想法揭示了一个人的核心信念，可能是导致情绪和行为失调的根源。他试图帮助病人识别和评估扭曲的认知，并用更真实的观念取代它们。贝克被公认为“认知疗法之父”，为推动认知疗法走上美国临床心理学的核心地位做出了重大贡献。

早期思想

弗雷德里克 · C. 巴特莱特（Frederic C. Bartlett）：图式理论（Schema Theory）

实验心理学家弗雷德里克 · C. 巴特莱特在英国格洛斯特郡出生成长，小时候患有胸膜炎，因此大部分时候都在家接受教育。1909 年，他在函授大学获得哲学学士学位，1911 年在伦敦大学获得伦理学和社会学硕士学位。随后，他进入剑桥大学圣约翰学院（St. John's College）学习，继续探索人类学和伦理学，并以优异成绩毕业。与英国著名心理学家詹姆斯 · 沃德（James Ward，1843 — 1925）合作的心理学方法课程需要实验室研究，巴特莱特开始进入剑桥大学心理实验室，1922 年，成为该实验室主任，同时兼任实验心理学教师。他的领导能力提高了剑桥大学心理学的影响力。1924 年，巴特莱特成为《英国心理学杂志》（*British Journal of Psychology*）的编辑。他研究了心理学与“原始”文化的关系，以及士兵心理学。神经学家亨利 · 黑德（Henry Head）帮他发展了学习中的图式概念。1931 年，巴特莱特被任命为剑桥大学实验心理学系主任。第二次世界大战期间，剑桥实验室着手研究心理学在工业和军事问题上的应用，这导致巴特莱特开始考虑人与机器相互作用的身体技能上的心理学应用。

巴特莱特在认知心理学领域的开创性工作，是在社会心理学和人类学的背景下进行的。他的主要著作《记忆：实验和社会心理学研究》（*Remembering: A Study in Experimental and Social Psychology*, 1932）记载了知觉、想象和记忆的实验研究。他的记忆研究使用了多种方法，包括描述、重复再现、图片重绘和故事复述。在故事复述实验中，他让人们先阅读再复述不熟悉的民间故事（例如，《鬼魂之战》），巴特莱特发现，许多人会在复述中出现经常性的省略和扭曲。这使他接受了海德的图式概念，发展了自己的记忆图式理论。他将图式定义为“对过去反应的积极组织”或“在任何适应良好的有机反应中运作的经验”（Bartlett, 1932, para. 16）。这些图式是由相似的感觉冲动或共同的兴趣体验所塑造的积极的、有组织的、活跃而短暂的设置。这项研究还探索了记忆与社会习俗之间的关系，即社会群体内特征模式的发展过程。他的第二项主要研究是《思考：一项实验和社会研究》（*Thinking: An Experimental and Social Study*, 1958），在这项研究中，他将自己的记忆研究方法应用于某些类型的思维过程。巴特莱特对认知心理学的出现所作的贡献是证明了思维并非完全是被动的、联想的，而且是主动的、建设性的。

唐纳德 · O. 赫布（Donald O. Hebb）：神经网络（Neural Networks）

神经心理学家唐纳德 · 赫布（1904 — 1985）出生于加拿大新斯科舍（Nova Scotia），8 岁以前在家接受教育，虽然后来进入了正规学校，但学习并不努力，高中和大学成绩都很差。他最初梦想成为一名小说家，1925 年在达尔豪斯大学（Dalhousie University）获得学士学位。他在加拿大各地做了几年小学教师、农民和劳工。后来，他无意中阅读了弗洛伊德的著作，留下了一些印象，于 1929 年开始在麦吉尔大学（McGill University）攻读心理学在职研究生，并于 1932 年获得硕士学位。在妻子死于车祸后，赫布于 1934 年进入芝加哥大学，跟随记忆研究者卡尔·拉什利攻读博士，并且受到了格式塔心理学家苛勒的影响。第二年，他跟随拉什利来到哈佛大学，1936 年完成博士学位，随后在拉德克利夫学院担任拉什利的研究助理和助教。1937 年再婚后，他开始在蒙特利尔神经学研究所与神经外科医生怀尔德·彭菲尔德（Wilder Penfield，1891 — 1976）合作。两年后，他接受了安大略女王大学（Queen's University）的教职。1942 年，他重新与拉什利合作，来到佛罗里达州耶克斯灵长类生物实验室。五年后，1947 年，他回到麦吉尔大学担任心理学教授，直到 1972 年退休之前，都一直在这里工作。退休后，他曾在麦吉尔大学担任几年名誉教授，并在 1980 年的最后一次返校典礼担任了达尔豪斯大学的名誉教授。

赫布的重要著作《行为的组织》（*The Organization of Behavior*，1949），提出了对大脑和行为之间关系的理解。行为可以用脑功能来解释。他介绍了"细胞集合"（cell assemblies）的概念，是指一组神经元能在环境刺激下相互反射并相互关联。这种学习的神经基础被称为赫布法则，即"同激活的神经元会共链接"。因此，细胞集合代表了思维的神经基础。一旦成功建立，细胞集合可通过内部和（或）外部刺激激活。反过来，细胞集合可能相互关联，形成"相位序列"，相当于思想流中的一个片段。赫布最初倾向于巴甫洛夫的反射学，后来，格式塔理论的影响将他的注意力转移到更偏向认知的角度。虽然联系原则可以解释儿童的学习，但格式塔的组织原则更适宜解释成人的学习。因此，赫布将生物性的脑功能与行为、思维联系起来，为认知科学提供了神经心理学基础。

唐纳德 · E. 布罗德本特（Donald E. Broadbent）：注意过滤器模型（Filter Model of Attention）

唐纳德 · 布罗德本特（1926 — 1993）是英国伯明翰人，13 岁时移居威尔士，在温彻斯特学院学习。他在童年时期就非常迷恋飞行，“二战”中期时他刚刚 17 岁，就报名成为皇家空军的志愿者。虽然他最初喜欢的是物理科学，但在实践中，他发现造成飞行问题的原因往往是飞行员在注意力、知觉和记忆方面出现了错误，而不是机械故障——这导致他开始对心理学感兴趣。1947 年至 1949 年间，布罗德本特在剑桥大学弗雷德里克 · 巴特莱特的指导下学习实验心理学。布罗德本特就职于剑桥的应用心理学中心，在 1958 年至 1974 年间担任该中心的主任，尝试将实验心理学应用于军事和工业系统中的通信和控制机制。随后，作为牛津大学沃尔夫森学院（Wolfson College）的研究员，他进一步考虑了内隐学习和人的表现因素在工业中的应用，并继续在职业心理学和工程心理学方面的开创性工作，直到 1991 年退休。

布罗德本特（1957）是最早将人类认知类比于计算机的人之一，他介绍了“一种形式理论，用信息论术语表述注意和即时记忆”（第 214 页）。他在《知觉与通信》（*Perception and Communication*，1958）一书中提出了注意的“过滤器理论”，认为“神经系统入口处有一个过滤器，可以放某些类别的刺激通过，其他类别的刺激则无法通过”（第 42 页）。他使用了两耳分听实验法，给被试的两只耳朵提供不同的听觉刺激，他认为，所有信息输入都会到达一个感觉储存缓冲区。注意过滤器选择一部分信息加以注意，忽略另一部分信息，选择完全基于刺激的物理属性（如音高和音量），而不是语义属性（如对个人而言的意义）。在这种早期选择发生之后，信息才能得到进一步加工，进入短期记忆。尽管后来的研究表明，语义对选择性注意的作用更大——比如在拥挤吵嚷的鸡尾酒会上，如果有人提到自己的名字，我们就比较容易听见。尽管如此，布罗德本特的贡献仍然相当卓越，因为他将信息处理模型应用到了人类认知领域。

人工智能：将人脑看作机器

根据牛顿的机械论，宇宙就像钟表匠的表一样；根据拉美特利的思想，人和机器没什么区别，心灵也只是运动中的物质。现代人用计算机来解释人脑或思维的运作方式，提出了与认知心理学的出现有关的重大问题：复杂的计算机能模拟人类的思维吗？人类的脑只是一台生物超级计算机吗？

信息加工理论

从数学和概率关系的复杂逻辑来看，一种新兴的智力功能观反映了赫尔理论的数学基础和格思里接近原理的简约取向之间的融合。“二战”后，计算机硬件技术的进步极大地推动了这一发展。二十世纪四五十年代的人工智能研究，特别是麻省理工学院和卡内基梅隆大学的人工智能研究，通过模拟学习过程，初步探索了对学习参数进行量化预测的潜力。

从威廉·埃斯蒂斯（1950）的刺激抽样理论的早期版本（将学习视为涉及刺激元素选择的统计过程）开始，概率函数在预测行为中得到了广泛应用。一种定义学习问题的策略，从基于实证的假设开始，生成反应概率，从而形成预测性学习曲线（Estes，1964）。大量的文献从信息加工系统的角度描述了人类的学习，研究了智力和运动功能，如决策和技能练习。此外，这种方法还扩展到了感觉过程等传统心理研究领域（Swets，1961）。

随着对学习行为的量化预测研究的进展，人们使用学习获得过程的非连续假设开发了更复杂的程序。其中一个程序被称为马尔可夫模型（Markov Model）。在这个模型中，习得被视为一个连锁过程，在每个阶段，该过程都可能受到先前尝试或阶段的影响而改变。给定阶段的刺激元素相对较少，但与每个元素相关联的抽样概率随阶段而变化。随着支持性软件的出现，这个模型得到了极大的改进，该软件加速了基于潜在的无限样本的预测过程。

学习的信息加工模型基于复杂的数学预测，发展到能对复杂学习过程进行详尽分析的地步。对概念形成和语言发展的研究产生了人类学习的详细观点，这种观点超越了早期基于刺激—反应关联积累的理论。此外，不断发展的技术有助于弥合较简单的学习过程（通常是指动物学习）与复杂的人类智力活动之间的差距。这一弥合有助于更广泛地探索各种学习类型，从简单学习范式的神经生理学基础到人类认知学习的复杂学习过程。

阿兰·M. 图灵（Alan M. Turing）：模仿游戏

人们普遍将英国计算机科学家阿兰·图灵（1912 — 1954）称为“人工智能之父”，他因在“二战”期间破译纳粹的恩尼格玛

（Enigma）密码而闻名。他开发了一种名为图灵机的数字计算机理论模型。在一篇经典文章《计算机与智能》（1950）中，他试图回答这样一个问题："机器能思考吗？"为此，他提出了一个假设性的"模拟游戏"，通常被称为"图灵测试"，在这个游戏中，审查者向一个人和一台计算机分别提交问题并接收答案，计算机的程序致力于模拟人类，而且二者都隐藏在审查者视野之外，所以审查者不知道哪个回答者是人，哪个是计算机。审查者的任务是准确地找出谁是人类。如果计算机在模拟游戏中表现得很出色，以至于审查者无法分辨出两者的区别，就可以说计算机能够思考。图灵预言，在 20 世纪末，人们将"肆意讨论机器能够思考，不会受到反驳"（第 442 页）。

纽厄尔、肖和西蒙：逻辑理论家

20 世纪 50 年代中期，图灵设想的计算机开始在艾伦·纽厄尔（Allen Newell，1927 — 1992）、约翰·克利福德·肖（John Clifford Shaw，1922 — 1991）和赫伯特·西蒙（Herbert A. Simon，1916 — 2001）的逻辑理论家（Logic Theorist，LT）程序中实现，这是卡内基·梅隆大学（Carnegie Mellon University）和兰德公司研究人员共同努力的结果。在《人类问题解决理论的要素》（*Elements of a Theory of Human Problem Solving*，1958）一书中，他们描述了这种能够解决问题的计算机程序的发展和早期实验，特别是发现符号逻辑中定理的证明。他们得出结论，"LT 程序解决问题的方式与人类的方式非常相似"（第 162 页）。他们同意行为主义者的观点，认为"高级的心理过程也可以通过机制来完成"，"人脑和计算机"都是如此，但他们也认为中枢神经系统是"一个比大多数联想论者想象中更复杂、更活跃的系统”（第 163 页）。他们相信，用计算机程序来描述人类的高级心理过程，有助于克服这一研究领域以前的模糊难测之处。后来，逻辑理论家程序发展成了一般问题解决器（General Problem Solver），为计算机模拟人类智能和人工智能的研究提供了程序模型。

约翰 · R. 塞尔（John R. Searle）：中文房间

哲学家约翰 · R. 塞尔（1932 —　）认为，计算机程序可以模拟人脑的某些过程（表现出弱人工智能），但不能完全复制（可以被称为强人工智能）。为了证明这一点，并驳斥图灵测试的意义，他设计了一个名为“中文房间”的思维实验（Searle，1980，1990）。假设一个人被安置在一个房间（“计算机”）里，房间里满是中文符号（“数据”），还有一本规则手册（“程序”），告诉他如何仅通过形状而不是意义来匹配符号。即使中文信息可以被接收（“输入”），与符号匹配，并发送（“输出”），也许可以使一个以中文为母语的人相信自己正在与另一个以中文为母语的人进行交流（从而满足图灵测试的标准），过程中也仍然没有发生真正的理解或智力。塞尔得出结论，计算机可以表现语法（根据规则操作符号），但不能演示语义（给符号赋予意义）。在回答图灵关于计算机是否能思考的问题时，塞尔的答案是否定的。

深蓝与沃森

从塞尔（1980）对图灵假设（1950）展开检验之后，计算机技术继续飞速发展了约 20 年。1997 年，由卡内基 · 梅隆大学毕业生许峰雄（Feng-hsiung Hsu）和穆雷 · 坎贝尔（Murray Campbell）开发的

IBM 电脑“深蓝”在六局赛中最终击败了国际象棋世界冠军加里·卡斯帕罗夫（Garry Kasparov）（IBM，2011）。2011 年，另一台由大卫·费鲁奇（David Ferrucci）等人开发的名为沃森的 IBM 电脑在智力竞赛节目《危险边缘》中击败了人类卫冕冠军！这是否最终证明了机器可以思考？塞尔（2011）再次给出了否定的答案，他表示：“沃森根本不知道它赢了！”

认知革命

如上所述，认知革命的鼓声在美国心理学中正式响起之前，心理学中认知思潮的旋律已经在大西洋两岸奏响。正如欧洲启蒙运动作家促成了美国独立战争一样，19 至 20 世纪，德国、法国和英国的启蒙运动思想家也引发了美国心理学的认知革命。

革命还是演变？

我们可以通过一些重要人物来标记心理学中的认知运动。关于这场“认知革命”的性质和年代，人们的看法存在差异。认知科学的主导地位问题表明，将心理学作为一门认知科学的普遍定义，可能为这门学科提供了永久性的特征。

这一领域的四位主要领导者为认知革命提供了特殊的视角。认知心理学的奠基人之一杰尔姆·布鲁纳（Jerome Bruner，1956）认为，人们之所以对认知过程越来越感兴趣，研究数量增加，是第一次世界大战前对心理学中“高级心理过程”早期思考的“复兴”（第 7 页）。他将起源追溯到托尔曼的认知地图、通讯系统中的信息理论、安娜·弗洛伊德的自我心理学和奥尔波特的人格心理学。唐纳德·赫布（1960）描述了美国“心理思想与实践的革命”中两个相辅相成的阶段（第 735 页）。第一阶段是行为主义的学习，用刺激—反应联系形成来解释学习。第二阶段是对思维过程的分析，考虑了更高的心理过程，如思维、意象、意志和注意。

乔治·曼德勒（George Mandler，2002）是现代认知运动的早期参与者之一，他认为这应该被称为一种“认知演变”（第 339 页）。也就是说，随着“行为主义插曲”（第 344 页）的渐渐没落（因华生行为主义无法解释人与动物之间的区别），欧洲和美国心理学中都出现了渐进式的“认知复苏”态度和趋势（第 339 页）。与此相反，认知心理学的另一位先驱乔治·米勒（George Miller，2003）将 20 世纪 50 年代初心理学中的“认知革命”描述为一场“对抗性革命”，这场革命反对将心理学定义为行为科学，呼吁“将大脑带回实验心理学领域”（第 142 页）。他观察到，社会心理学、临床心理学从未摒弃探索大脑。他还记录了 1956 年跨学科的“认知科学”概念，至少涉及以下六门学科：心理学、语言学、计算机科学、神经科学、人类学和哲学。

另一些人则认可托马斯·库恩（Thomas Kuhn，1970）的观点，认为这场运动是真正的科学革命。被广泛认为是“认知心理学之父”的乌尔里克·奈瑟（Ulric G. Neisser）曾说过，心理学需要认知革命才能摆脱“行为主义的漫漫黑夜”（Hyman，2014，p. xvii）。艾拉·海曼（Ira Hyman，2014）是奈瑟的学生，也是这一运动的后起之秀，他不吝于宣扬这场革命，宣称他的导师起到了决定性作用：“认知运动是一场科学革命，认知心理学则是认知革命的信念所在。”（第 15 页）

乔治 · A. 米勒（George A. Miller）：关于心理生活的科学

乔治 · 米勒（1920 — 2012）出生于西弗吉尼亚州，在大萧条时期长大。他曾在乔治 · 华盛顿大学就读一年，然后转学到阿拉巴马大学，1940 年获得历史学和言语学双学位，1941 年获得言语学硕士学位。他在阿拉巴马大学教了两年心理学。1943 年，他开始在哈佛大学攻读心理学博士学位，对军用语音通信进行了分类心理声学研究，并于 1946 年获得博士学位。作为哈佛大学的研究员，他继续做了两年的言语和听力研究。1948 年，他被任命为哈佛大学心理学副教授，同时教授一门语言与交流课程。1950 年，他在普林斯顿大学学习了一年数学。在接下来的四年里，他在麻省理工学院教授心理学。1955 年，他回到哈佛，1958 年成为哈佛大学的正式教授。他在加州帕罗奥多（Palo Alto）的行为科学高级研究中心工作了一年，从事认知问题解决策略的研究。1960 年回到哈佛后，他于 1964 年至 1967 年间担任哈佛大学心理学系主任。1967 年至 1979 年，他在洛克菲勒大学工作，1969 年当选为美国心理学会主席。1979 年，他成为普林斯顿大学的心理学杰出教授，1990 年成为普林斯顿大学名誉教授。

1960 年，哈佛认知研究中心的成立让认知革命获得了战略立足点。当时，行为主义还原论占据了主导地位，就在 B. F. 斯金纳的学术和实验领域，在威廉 · 詹姆斯曾经居住的街区，叛逆分子乔治 · 米勒和杰尔姆 · 布鲁纳（见下文）违抗惯例，建立了认知研究中心。通过这种方式，至少可以说实验心理学已经唤回了对大脑的重视。该中心的研究范围包括知觉、记忆、语言、概念形成和思维。

米勒（2003）认为，认知革命的一个转折点是对更广泛的、跨学科的认知科学的“概念”，他将这一概念的形成追溯到 1956 年 9 月麻省理工学院“信息理论特别兴趣小组”举办的一次研讨会上。贡献者包括计算机科学领域的纽厄尔和西蒙，语言学的诺姆 · 乔姆斯基，知觉信号检测理论的斯韦茨（Swets）和伯索尔（Birdsall），以及研究短期记忆的米勒本人。20 世纪 60 年代，美国各地涌现出许多认知科学项目，米勒则于 1986 年在普林斯顿大学建立了认知科学实验室。

米勒写过许多不同主题的书籍，在各自领域都被认为很具开创性。他的第一本书《语言与交流》（*Language and Communication*，1951），用基于数学的信息理论科学地研究语言。他最出名的也许是 1956 年的一篇文章《神奇的数字： 7 ±2》（*The Magical Number Seven*，*Plus or Minus Two*），在这篇文章中，他根据信息理论的概念分析了人类传递信息能力的实验。他给出了三个结论： 首先，提出了一个贯穿于知觉、注意力和记忆广度研究的模式，表明“我们能够接收、处理和记忆的信息量十分有限”（第 95 页），往往局限于 7 个单位左右（5 至 9 个），这可能暗示了某种毕达哥拉斯式的事物顺序。第二，这些限制可以通过重新编码或将信息组块的过程而拓展，而人类语言重新编码的具体过程似乎是“思维过程的生命线”（第 95 页）。第三，信息论的概念和方法为人类认知过程的实验研究提供了定量的方法，也就是说，可以更科学地研究看不见摸不着的人类心理，这对认知革命具有重要意义。

在帕罗奥多的一年里，米勒与尤金 · 加兰特（Eugene Galanter）、卡尔 · 普里布拉姆（Karl Pribram）合作写了一本书，书名为《计划与行为结构》（*Plans and the Structure of Behavior*，

1960）。该书对行为主义的反射弧概念提出了质疑，提出了一种重复反馈回路的干预性认知问题解决策略。这种介于刺激和反应之间的中介监控过程被描述为 TOTE（测试—操作—测试—出口），包括了一个重复的问题解决序列，先测试问题情境，以某种方式操作或行动，再次测试，如果问题得到解决就退出。

米勒还撰写了一本关于心理学发展史的教科书，名为《心理学：关于心理生活的科学》（*Psychology: The Science of Mental Life*, 1962）。他遵循了威廉 · 詹姆斯对心理学的经典定义，但认为，自 1890 年以来，这一定义的含义已经发生了重大变化。米勒和巴克霍特（Miller & Buckhout, 1973, pp. 436 — 437）追溯了心理学的历史，认为心理学从强调"作为知者的人"（哲学思想）到"作为动物的人"（生理和适应行为），再到"作为机器的人"（计算机技术），然后是"作为社会动物的人"（文化和社会适应）；最后，现在的语境中出现了一系列新的理论和方法，符号知识在文化语言中的编码使人们重新思考"作为知者的人"，从而让这一问题形成了完整的循环。也就是说，哲学心理学通过生理学、行为主义、进化心理学、社会心理学、信息处理和语言学，最终发展到了认知心理学。

杰尔姆 · S. 布鲁纳（Jerome S. Bruner）：思维研究

杰尔姆 · 布鲁纳（1915 — 2016），波兰移民之子，出生于美国纽约。他出生时双目失明，童年的时候通过白内障手术恢复了视力。他在杜克大学跟随威廉 · 麦独孤学习心理学，1937 年获得学士学位，然后前往哈佛大学跟随戈登 · 奥尔波特学习，1939 年获得硕士学位，1941 年获得博士学位。第二次世界大战期间，他作为英美联军心理作战中心（British-American Psychological Warfare Division）

的一员，为军队做社会心理学研究。战后，他在哈佛大学开始了漫长的职业生涯（1945 — 1972），担任心理学教授，研究重点是认知心理学和教育心理学。1960 年，他与乔治 · 米勒共同创立了哈佛认知研究中心。1965 年，他担任了美国心理学会主席。1972 年至 1980 年间，他在英国牛津大学教授实验心理学，并研究语言发展问题。在语言发展的研究中，他更倾向于维果茨基的互动主义方法，而不是乔姆斯基的本土主义方法。回美国后，他开始从事发展心理学和叙事心理学的研究。1991 年至 2013 年，他在纽约大学法学院教授语言学和司法心理学（forensic psychology）中的叙事方法。因此，在职业生涯的不同时期，布鲁纳涉足了心理学的许多分支领域，包括社会心理学、实验心理学、认知心理学、发展心理学、教育心理学、语言发展、叙事心理学和司法心理学。

布鲁纳和古德曼（Bruner & Goodman，1947）的一项早期实验"价值和需要作为知觉的组织因素"，提供了实证证据，证明人类的知觉是主动的心理过程，而不仅仅是被动的生物过程。他们的假设之一是"个人对社会价值对象的需求越大"（第 37 页），这个对象就显得越生动。研究发现，比起对金钱需求不高的富裕儿童，对金钱主观需求更强烈的经济贫困儿童更容易高估硬币的大小。知觉的实验研究，为布鲁纳探索认知的其他方面开辟了道路。

布鲁纳与同事杰奎琳 · 古德诺（Jacqueline Goodnow）和乔治 · 奥斯汀（George Austin）合作完成了认知心理学的开创性工作，被命名为《思维研究》（*A Study of Thinking*，1956）。基于"几乎所有的认知活动都涉及并依赖于类别化过程"的观点（第 246 页），该书提出了一个为期三年的研究计划的理论和结果，该计划调查了类别化过程及其含义。与朴素实在论（naive realism）留下的历史遗产相反，布鲁纳主张类别化“作为发明存在，而不是作为发现”（第 7 页）；它们不完全是在自然界中发现的，而且取决于受个体心理历史、文化背景和语言影响的学习。对相似事物做出反应的等价范畴可以根据情感（情绪反应）、功能（外部功能）或形式（内在属性）特征进行类别化。类别化可以是感性的（包括感觉和知觉）和（或）概念性的（与思维和概念形成有关）。布鲁纳对概念形成（形成类别）和概念获得（区分类别的不同例子）进行了区分。他的研究主要集中在概念获得上，也就是说，“一个人学会如何使用定义的线索作为将他所处环境中的事件分组的基础”（第 23 页）。他确定了各种成就、动机、验证程序和分类类型。概念获得中的选择策略在吸收信息、保持认知紧张和调节风险方面具有优势。布鲁纳认为他的方法属于机能主义和经验主义，希望能揭示推理的性质和人类思维的复杂性。

布鲁纳后来的作品包括《真正的心灵，可能的世界》（*ActualMinds*, *Possible Worlds*, 1985），在这部作品中，他向认知科学提出了挑战，要求认知科学超越对“逻辑模式”（心灵的系统和科学方面）的考虑，而转向对“叙事模式”（心灵的有意义和想象方面）的考虑。在转向叙事的过程中，布鲁纳主张建构主义哲学，认为现实和意义的外部世界不是由人的心灵所给予的，而是由人的心灵所建构的。在《意义的行为》（*Acts of Meaning*, 1990）中，布鲁纳向认知心理学提出了挑战，认为应该超越将思维视为信息处理器的计算机模式，整体理解人类思维，将它视为意义创造者。

▲乌尔里克 · G. 奈瑟（Ulric G. Neisse）： 认知心理学

乌尔里克 · 奈瑟（1928 — 2012）出生于德国基尔，父亲是一位犹太经济学家，母亲则是天主教教徒，积极参与女权运动。他的父亲预见到纳粹的威胁，于 1933 年带着全家移居美国。乌尔里克小时候胖乎乎的，绰号叫“迪克”（Dick），满心只想融入美国并在美国获得成功。他成了一个热情的棒球迷，但由于对棒球的热爱远远超过了球技，他对失败者产生了持久的同情心，这也影响了他未来的职业兴趣。

在哈佛大学读本科期间，整个心理学系以斯金纳的机械行为主义为主导，但奈瑟发现自己更认同格式塔心理学的方法，虽然后者没那么流行，却更全面。1950 年，在新兴认知心理学家乔治 · 米勒的指导下，他在哈佛大学获得心理学学士学位。奈瑟在斯沃斯莫尔学院（Swarthmore College）与沃尔夫冈 · 苛勒的助手汉斯 · 沃勒克（Hans Wallach）一起学习，进一步遵循自己对格式塔心理学的兴趣，于 1952 年获得硕士学位。在斯沃斯莫尔，他还与亨利 · 格莱特曼（Henry Gleitman）交上了朋友，亨利 · 格莱特曼是一位年轻的教授，曾在加州大学伯克利分校跟随爱德华 · 托尔曼研究目的行为主义。他跟随米勒来到麻省理工学院短暂地停留了一段时间，随后回到斯沃斯莫尔做了一年讲师。

1956 年，奈瑟在哈佛大学获得博士学位，并发表了一篇心理物理学的论文。在哈佛任教一年后，他于 1957 年在布兰迪斯大学（Brandeis University）担任心理学教授，在那里他发现自己很欣赏系主任马斯洛的人本主义。他更感兴趣的是麻省理工学院的奥利弗 · 塞尔弗里奇（Oliver Selfridge，1926 — 2008）在人工智能方面的工作，两人合作了一个关于机器模式识别的项目。他接受了宾夕法尼亚大学的教职，写出了开创性的作品《认知心理学》（*Cognitive Psychology*，1967）。随后，他被任命为康奈尔大学的教授，于 1967

年至 1983 年间在此任教。在康奈尔大学，他接触到了詹姆斯和埃莉诺·吉布森（Eleanor Gibson）的直接知觉论（Theory of Direct Perception），这影响了他的思想发展，并表现在了下一本主要著作《认知与现实》（*Cognition and Reality*, 1976）中。1983 年，奈瑟移居埃默里大学，并创立了埃默里认知项目，主要研究自我认知。1998 年，奈瑟退休后回到康奈尔大学担任名誉教授。

在他的职业生涯中，奈瑟写了许多有影响力的文章，包括与塞尔弗里奇合作发表的《机器的模式识别》（*Pattern Recognition by Machine*, 1960）。这篇论文总结了魔宫（Pandemonium）程序，这是计算机使用并行处理反馈来提高性能的第一个例子，也是人工智能的原始原型。随后，奈瑟在《机器对人的模仿》（*The Imitation of Man by Machine*, 1963）中讨论了人类和计算机的异同。尽管两者都可能表现出学习、独创性和目的性行为的要素，但只有人类能表现出复杂的成长、情感和动机。奈瑟最终认为，不应将人类心灵比喻成机器，"认为机器能像人一样思考，是对人类思维本质的误解"（第 193 页）。在另一篇文章中，他说："与人类不同，'人工智能'程序往往是单线程、不可分散、不带感情的。"（1967 /2014，第 9 页）

如果心理学中的认知运动真的是一场革命，那么，"吹响号角"并传播了"认知宣言"的无疑是奈瑟的《认知心理学》（*Cognitive Psychology*, 1967/2014）（海曼［Hyman］语，2014）。在巴特莱特、布罗德本特、乔姆斯基、米勒、布鲁纳等前人基础上，奈瑟主张"认知与人所能做的一切有关，……每种心理现象都是认知现象"（第 4 页）。认知被定义为"感觉输入转换、减少、阐述、储存、恢复和使用的所有过程"，表现为"感觉、知觉、意象、记忆、回忆、问题解决和思考”（第 4 页）。在华生和斯金纳激进行为主义的刺激和反应之间，存在着必须科学研究的认知过程。认知心理学家承认，信息必须“物理地体现”在大脑的基底中（第 5 页），所以更感兴趣的是这些信息的应用，而不是其化身。同样，对比计算机信息理论，认知心理学家对信息处理能力的“类计算机”（硬件）因素不太感兴趣（例如，Miller，1956），更重视信息处理的“类程序”（软件）因素（例如，Bartlett，1932；Newell，Shaw，Simon，1958）。认知心理学的目标是理解信息转换的结构模式。信息处理不是被动的和联想的，而具有主动性和建设性：“核心论点是，看、听和记忆都是建构性的行为，根据环境的不同，它们可能或多或少地利用刺激信息 。”（第 10 页）他认识到建构性认知过程的两个阶段：“第一阶段是快速的、粗糙的、整体的和平行的，而第二阶段则更深思熟虑、专注、详细和连续。”（第 10 页）奈瑟在总结视觉认知和听觉认知实验研究的基础上提出了建构性认知理论。最后，他提出了一种关于记忆和思维等高级心理过程的认知理论的可能性。他试图解释思想的过程，而不依赖于灵魂或意志之类的“传说”。他认识到，高等心理过程认知理论要令人满意，还必须考虑人格理论、动机理论和社会互动理论。

在他的第二项主要工作《认知和现实》（*Cognition and Reality*，1976）中，这位“认知心理学之父”对认知心理学领域的现有趋势和传统提出了质疑。这些问题涉及至少三个相互关联的领域：第一，奈瑟认为应该解决“人性的概念……包含在认知观念之中”（第 6 页），包括意识和人类行为的不可预测性等领域。其次，他批评了以实验室为基础的实验性认知心理学研究项目过于狭隘，缺乏“生态学效度”（第 7 页），主张在普通的、现实世界的自然目的性活动环境中开展生态认知研究项目。第三，他批评了在认知心理学中过分强调机械的、线性的信息处理模型。詹姆斯和埃莉诺·吉布森的直接知觉理论也提出了类似的批评，对此，他提出了一个更为平衡和连续的“知觉循环”（第20页），将知觉视为积极的三重过程，包括指导探索的预期图式，从外部对象收集信息，再通过这些信息来修改内部的图式。因此，认知是人与环境互动中的积极转化过程：“感觉和知觉通常不仅仅是大脑内部的操作，而是与世界的交流。这些交流不仅交给感知者，还改变了感知者。我们每个人都是由自己的认知行为所创造的。”（第11页）

在职业生涯后期，奈瑟主持了一个美国心理学会关于智力研究相关争议的项目，并主持撰写了报告《智力：已知和未知》（*Intelligence: Knowns and Unknowns*, Neisser et al., 1996），然后又主编了同一主题的著作（Neisser，1998）。在《记忆的生态学研究》（*The Ecological Study of Memory*, 1997）中，他总结了质疑闪光灯记忆（flashbulb memories）（Brown & Kulik，1977）准确性的研究，包括对于重大事件（如1963年肯尼迪总统遇刺，1986年挑战者号爆炸等）的生动记忆，认为记忆这种结构会受到认知和情感因素的修饰和加工。

再思考

随着心理学重新将意识和思想纳入研究领域，身体和心灵的关系这一长期问题又回到了人们的视野。这一重新思考为截然不同的观点和潜在方向提供了机会。无论如何，我们都应深入思考，或是停下来重新斟酌。

官能心理学再现

当代认知科学见证了官能心理学的复兴，这是一种“思维模块”和“灵魂能力”的融合。哲学和认知科学教授杰里·福多尔（Jerry Fodor，1983）说道：

> 数百年来，官能心理学一直与颅相学等可疑学科混为一谈，如今又开始获得了人们的尊重。我所说的官能心理学，大致是指，为了解释心理生活的事实，必须假定许多具有本质差异的心理机制的观点。官能心理学认真对待心理的明显异质性，并重视各类表面上的差异（如感觉和知觉、意志和认知、学习和记忆、语言和思想的差异）。（第 1 页）

心理模块是大脑中相互连接的区域，会为了特定目的而整体协调工作，意识到这一点后，我们就能注意到当代神经科学和官能心理学的相似之处：感觉（视觉，听觉，嗅觉，味觉，体觉）、知觉、想象、记忆、估算/计划、偏好/情绪、抽象/理解/认知、意志/执行功能和运动（见表 19.1）。可以说，阿奎那就如赫布，灵魂能力（soul capacities）相当于细胞集合，自然禀赋则类似于神经网络。福多尔（1983）认为，这种方法对于认知科学中的分析和综合工作很有价值：

> 根据官能心理学家的说法，行为的心理原因通常涉及多种不同心理机制的同时活动，因此最好的研究策略似乎

是分而治之：先研究每个官能的内在特征，再研究它们相互作用的方式。从官能心理学家的角度来看，公开的、可观察的行为是一种最典型的互动表现。（第 1 页）

表 19.1 灵魂官能与心理模块

阿奎那：灵魂官能	神经科学：心理模块
看的感觉	视觉
听的感觉	听觉
嗅的感觉	嗅觉
吃的感觉	味觉
触的感觉	触觉
常识（common sense）	知觉
想象力	想象
记忆力	记忆
估算/认知力	计划
欲望/强烈的偏好	情绪（动机）
移动力（Locomotive Power）	行为（行动）
主动/被动的智能	认知（思考、理解）
意志（理性偏好）	意志（注意、执行功能）

具身认知

具身认知是心灵哲学和认知科学中的近期发展趋势之一，强调身体与心理的统和性，即“要理解心理，必须先理解身体与外部世界的关系”（Wilson，2002，第 625 页）。这种方法挑战了传统认知科学中具有代表性（如图式）和计算性（如输入和输出）的心理理论（Wilson & Foglia，2015）。思想不完全属于头脑，也处在身体之中，因为身体能感知世界，并在其中活动。心理过程可以分别被理解为具身认知（将脑和身体视为一个整体）、嵌入认知（在环境中运作）、涌现认知（反复与行动相关联）和延展认知（位于环境之中）（Rowlands，2010；cf. Shapiro，2011，2014）。这种对具身认知或与外部世界互动的“具体化的心理”（incarnate mind）（Shapiro，2004）的强调，让人联想到存在主义-现象学心理学中的意向性。

结　论

认知科学在心理学研究和应用方面获得了相当广泛的成功，带来了一个很诱人的命题：心理学已经找到了可持续的范式。认知心理学拒绝将心理学定义为完全机械的、还原主义的学科，重新将心灵纳入心理学的研究领域。在这一范式中，当代心理学被描述为一门由多个研究领域组成的学科，其中包括了学习、知觉、发展、社会活动和人格等传统心理学问题。其中某些领域的研究成就，有时会反映出某些研究体系中的特定研究策略曾在早期占据主导地位。例如，对学习的研究发展是基于神经生理学的进步，这与巴甫洛夫反射学和行为主义是一致的。在基于认知方法和心理语言学的心理假设的研究中，发展心理学积累了重要的发现，符合格式塔心理学的传统和人文科学模式的观点。

但与此同时，认知心理学的共识也很脆弱。像大多数当代心理学一样，认知心理学具有折中性，不绝对否定任何已有的体系框架，而是由具体问题决定研究的策略和方向。从这个意义上说，当代心理学可以被描述为一门经验性的科学，但不是完全的实验性。其方法论焦点证实了心理事件的感觉证实之传统——亦即一种经验方法——但对心理学中经验主义的进一步限制并未得到广泛接受。在拒绝正式体系的过程中，心理学已经成为一种坚定致力于实证的科学定义，特别是在实验方法上。在这个意义上，心理学与自然科学的探究模式是一致的。尽管学科内部的各个领域之间存在差别，但心理学普遍承认自然科学模式是最佳的方法，这一共识本身就代表了一系列关于人类活动本质的假设。无论如何，认知心理学似乎代表了心理学的未来发展方向。

本章小结

作为当代心理学研究和应用的一种可行范式，认知心理学源于心理学历史中的一些传统趋势。20 世纪，机能主义、格式塔运动、托尔曼的目的行为主义以及发展心理学、社会心理学、人格心理学和临床心理学等分支领域中都存在这些趋势。20 世纪下半叶，巴特莱特的图式理论、赫布的神经网络和布罗德本特的注意过滤器模型等具体的发展为认知心理学提供了实质性的指导。通过图灵等先驱的探索，以及纽厄尔、肖和西蒙等逻辑理论家的努力，人工智能的问题也促成了研究范式的转变，带来了人们所说的认知革命。乔治·米勒、布鲁纳和奈瑟的开创性研究则赋予了认知科学形式和实质。认知范式的可持续性问题仍然是一个值得反思的话题。

讨论题

1. 简述认知心理学在 19 至 20 世纪心理学系统和方法中的先驱。

2. 描述巴特莱特的记忆图式理论及其对认知心理学的贡献。

3. 总结赫布对细胞集合和神经网络的理解，并解释它们对认知科学的意义。

4. 描述布罗德本特的注意过滤器模型及其对理解人类认知过程的意义。

5. 认知心理学的出现是一种革命性的范式转换，还是学科内的自然发展过程？分别解释这两种观点。

6. 追溯米勒和巴克霍特的心理学史观点，认为从哲学心理学到认知心理学的发展过程中有哪五大侧重点？

7. 对比布鲁纳的认知范畴依赖于学习的观点与康德和屈尔佩的内在心理范畴。

8. 奈瑟如何定义人类的认知？总结他对人类认知意义的看法。

第 20 章

当代心理学

章节内容

后体系心理学

五大取向重现

生物主义

经验主义

· 基础心理学

机能主义

· 应用心理学

人本主义

· 理论心理学

唯心主义

经久不衰的问题

心灵

知识的来源

反复出现的主题

· 自然主义—超自然主义

· 普遍主义—相对主义

· 经验主义—理性主义

· 还原主义—整体主义

· 身—心

后体系心理学

第 18 章描述了第三势力运动的存在主义和人本主义根源，促使其出现的力量也同样影响了 20 世纪下半叶的社会变迁。20 世纪末以来，美国的高等教育覆盖率呈指数增长，日益普及，这一发展趋势逐渐蔓延到了全世界范围。女性的就业机会有所提升，才智和创造力也进入了心理学的研究议程。由于显而易见的原因，不管是在高校还是日渐扩展的研究领域，心理学都处在日新月异的变化中心。20 世纪末 21 世纪初，作为促进我们对自身理解的许多视角之一，心理学与其他学科相互作用；反过来，这种丰富的相互作用又产生了新的研究领域，如认知科学和神经科学。

进入 21 世纪后，心理学出现了显而易见的转变。具体来说，曾经的心理学能区分为可识别的、对立的体系，如今则更重视数据调查，明显回归了心理学的经验主义根源。这种转变并非一蹴而就，不是一夜之间大家都开始反对严格遵循特定体系，或者放弃对元理论的探索。而是出现了一种研究特定问题的趋势，这表明了一种研究取向——不应由心理学体系来规定问题。早期心理学体系仍然存在有限的影响，表现在不同的心理学家身上，他们分别强调了一个或多个体系的潜在哲学基础。可以说，当代美国心理学做到了兼收并蓄和问题导向。在应用领域，临床心理学家可能会重视行为矫正、认知心理学和心理动力学取向的技术和研究方法，为了解决特定个体的问题，这些倾向和思想能够融合混用。

当代心理学是一门由不同研究领域组成的学科，也包括了许多传统心理学关注的主题，如学习、知觉、发展、社会活动和人格等。其中某些领域的研究成就，有时会反映出某些研究体系中的特定研究策略曾在早期占据主导地位。例如，对学习的研究发展是基于神经生理学的进步，这与巴甫洛夫反射学和行为主义基本一致。在基于认知方法和心理语言学的心理假设的研究中，发展心理学积累了重要的发现，符合格式塔心理学的传统和人文科学模式的观点。然而，当代心理学的大多数领域都具有折中性，愿意利用任何有效的工具，不绝对否定任何已有的体系框架，而是由具体问题决定研究的策略和方向。从这个意义上说，当代心理学可以被描述为一门经验性的科学，但不是完全实验性的科学。心理学方法论的焦点证实了心理事件的感觉证实的传统——亦即一种经验方法——但对心理学中经验主义的进一步限制并未得到广泛接受。

当代心理学的另一个趋势则是重新界定研究的实际领域。这是通过心理学领域内部的专业化，或将传统心理学内容的一部分与其他学科结合而发生的。由于人们对心理学家的功能角色需求出现了变化，新的专业得以发展。新的问题出现之后，心理学家进入新领域进行探索研究，开创了工业与组织心理学、社区心理学和运动心理学等全新的学科分类。当前的趋势也倾向于跨学科和多学科的研究，而不局限于在心理学内部一味细分。传统学科壁垒得以打破，人们对方法论出现共性认识，使两种或两种以上的学科方法从而结合在一起，共同解决特定问题。由于科学研究技术日益复杂，跨学科的趋势不断加速，使得传统的学科限制暴露出了不足，显得不合时宜。随着认知科学和神经科学研究领域的出现，我们看到了重新界定传统学科的典型例子。心理学是这两个跨学科领域不可或缺的组成部分。

后体系时期的最后一个重要趋势是心理学日益国际化。第二次世界大战之后，美国在政治、经济乃至学术领域都成为主导大国。欧洲和亚洲的许多大学和研究中心被战火摧毁，因此许多年轻学者来到美国学习，将独特的美国视角带回各自的祖国——其中就包括美国的心理学。随后，这些国家的学术和研究基础设施得以恢复，但许多机构的领导者曾在美国接受教育，受到了一定的影响。随着互联网等沟通手段的加速，国际交流日益便捷，包括心理学在内的所有学科都走向了国际化。此外，欧盟、中国和印度的经济实力也为研究提供了资金支持，因此，全球化显著推动了心理学和相关学科的发展。

要总结心理学的发展历程，就应考虑到心理学历史上重要的里程碑，表 20.1 总结了五个主要主题，用以代表古希腊人以来各个重要历史时期中心理学的定义范式。鉴于现代心理学的哲学和科学渊源，表中也介绍了这两大学科传统。注意：在过去 2 500 年中，曾涌现过无数哲学和科学体系，每一个都相当复杂而微妙。我们尝试将相应的科学、哲学体系填入表 20.1 之中，就必须做出相当程度的简化。不过，在回顾心理学历史上反复出现的重要主题时，表 20.1 有助于我们厘清心理学的不同定义与定位。

表 20.1 心理学史。在梳理心理学定义范式发展的历史过程中，我们确定了五大主题，用斜体字表示。请注意，历史发展的进程是从古典哲学对内容（理论）的思考到后启蒙时期科学方法（研究）的表述，再到当代对应用（实践）的强调。

	生物主义	实证主义	机能主义	人本主义	唯心主义
哲　学					
古希腊（公元前 600—前 100）	*希波克拉底*	*恩培多克勒* *德谟克利特*	*普罗塔哥拉*	*苏格拉底* *亚里士多德*	*毕达哥拉斯* *柏拉图*
古罗马（公元前 100—476）	体液说 *盖仑*	斯多葛主义 *芝诺*	享乐主义 *伊壁鸠鲁*	教父哲学 *奥古斯丁*	新柏拉图主义 *普罗提诺*
中世纪早期（476—1000）				修道 *本尼迪克特*	
中世纪晚期（1000—1450）				经院哲学 *阿奎那*	
文艺复兴（1450—1650）	*达·芬奇*	*牛顿*	*伽利略*	*彼特拉克*	*笛卡儿*

	生物主义	实证主义	机能主义	人本主义	唯心主义
过　渡					
启蒙运动（1650—1800）	法国 感觉主义 孔狄亚克 拉美特利	英国 经验主义 洛克	英国 功利主义 边沁	法国 唯意志论 比朗 法国 浪漫主义 卢梭	德国 理性主义 康德
科　学		自然科学 因果心理学	应用心理学	人文科学 目的心理学	
19 世纪	生理学 缪勒 心理物理学 亥姆霍兹	实证主义 孔德 构造主义 冯特 铁钦纳	进化论 达尔文	存在主义 克尔恺郭尔 意动心理学 布伦塔诺	
20 世纪	反射论 巴甫洛夫	行为主义 华生 斯金纳	机能主义 詹姆斯 精神分析 弗洛伊德	格式塔 韦特海默 人本主义 罗杰斯	现象学 胡塞尔 认知心理学 奈瑟
21 世纪	神经科学	实验心理学	进化心理学	积极心理学	后现代心理学

五大取向重现

本书开头就承认了当代心理学的多样性。心理学家在许多不同的应用领域中工作，扮演着形形色色的角色。即使在学术殿堂里，当代心理学也有点难以分类。心理学研究和教学出现在神经科学、认知科学、组织管理和社会关系等多个部门。可以说，心理学的发展趋势是日益多样化，而不是凝聚为统一的模式。在心理学发展历程中，人们最初关注的是有关人性本质的知识思想，古希腊人曾经系统地加以探索，随后，随着心理学这一独立的经验学科成立，人们得以更持续、稳定地关注并阐述这一问题。在很大程度上，自古希腊以来，心理探究的发展与哲学史密切相关。事实上，19 世纪争论的心理学核心问题就涉及心理学研究的哲学基础。心理学定义所依据的假设以及心理学研究的方法论，在本质上都属于哲学问题，包括了人的本质、人类如何认识环境、如何思考以及如何相互作用等基本问题。心理学的所有模式最终都取决于这些问题的答案。

20 世纪发展起来的心理学体系合理地描述了心理学走向多样性的方式。也就是说，鉴于不同的哲学和科学背景，主题模式甚至范式的差异似乎是可以理解的。自从心理学发展出了不同的体系，由于跨学科解决生活问题（从神经到社会层面）的实用性，多样性仍在进一步扩大。心理学进入不同体系，这是心理学发展的必要组成部分。它证明了将心理学定义为科学、将心理学纳入科学体系中的困难。由于科学的经验表达构成了当代心理学研究领域的主要共性，因此，可以通过考察心理学与科学的关系来研究西方思想中的心理学发展。然而，在讨论这个问题之前，我们要通过一些基本的哲学假设来对比心理学的不同体系。

本书第 3 章曾经说过，古希腊人发展了五种取向，每种取向都试图找到一种包罗万象的物质或原理来解释生命的基础。伊奥尼亚物理学家和其他自然主义者认为，解读生命的答案在于自然物质（如土、气、水、火以及其他物理元素），要么是因为它们的稳定性，要么是因为它们不断变化的特性。此外，古代的生物学家提出身体内部物质是生命的关键，而数学家则重视数字的美丽和优雅。还有一些人，如智者学派，嘲笑了基本物质的概念，提出了不那么雄心勃勃的实际建议，以便了解生命。在这一发展历程的最后，阿那克萨哥拉最先提出了一个非物质的、给予生命的实体的概念——努斯。随后，苏格拉底、柏拉图和亚里士多德将这一概念转化为灵魂，进一步提高了人的力量。心理学正是从这一平台出发，作为研究灵魂或心灵（而不是身体）的学科，进入了西方知识分子思想的正典。

纵观心理学发展史，古希腊人最初提出的主题规律性地反复出现，我们在前面的章节中已经指出了一部分例子。在当代心理学领域，我们同样可以发现这些主题。当我们回顾心理学过去的故事时，也很有必要看看心理学研究的主要领域，特别是从实际应用或功能应用的角度，并将这些领域的现代研究与古希腊人最初提出的解决方案进行比较。由于心理学的应用主导了这一学科的当代组织，以及它在解决问题时与其他学科的关系，我们用与心理学研究史相关的历史联系来命名各个领域：生物主义、经验主义、机能主义、人本主义和唯心主义。

重新审视心理学五大取向时，我们还将考虑心理学的主要子领域，这些子领域可以分为理论心理学、基础心理学和应用心理学三类（见表 20.2）。我们将这种分类方式类比威廉 · 詹姆斯（1907）提出的“柔性”“刚性”和实用主义心理学的分类，也可以类比雨果·闵斯特贝尔格（1914）提出的目的心理学、因果心理学和应用心理学的分类。这些分类也可以从心理学的三种思潮中辨别出来（罗杰斯，1963），每种思潮都隐含着自己的人性哲学：人本主义、行为主义和心理动力学。它们反映在心理学的训练模式中，一方面表现在科学家、学者与实践者之间的区别上，另一方面，最近的一次呼吁（O’Donohue，1989）将临床心理学家视为“形而上学的科学家和实践者”。如果经验主义（因果心理学）、机能主义（应用心理学）和人本主义（目的心理学）这三种取向代表了心理学的中心与主流，剩下的两种取向可能代表了心理学的极端方面，那就是唯物的生物主义和非物质的唯心主义。有趣的是，我们注意到，在当代神经科学和认知心理学、大脑和心灵的结合中，这些过去的对立趋势可能会融合在一起。

表 20.2　心理学的子领域

理论心理学	基础心理学	应用心理学
哲　学	**个　人**	**临　床**
哲学心理学	人格心理学 变态心理学	临床心理学 咨询心理学
	生　物	**医　学**
	生物心理学 比较心理学	神经心理学 健康心理学 康复心理学
	认知/学习	**教　育**
	认知心理学 行为心理学	学校心理学

续　表

理论心理学	基础心理学	应用心理学
	发　展	
	发展心理学 教育心理学	
历　史	**社会文化**	**经　济**
心理学史	社会心理学 跨文化心理学	工业与组织心理学 工程心理学 消费心理学 军事心理学
		法　律
		司法心理学
		文　化
		社区心理学 审美心理学 运动心理学

生物主义

尽管自古希腊人以来，心理学在很大程度上是通过心身二元论来定义的，但一个始终如一的主题是通过寻找人类经验的生物性来解释心理问题。有时，这些努力涉及生理上的倾向或身心之间的互动；另一些人则摒弃了二元论，提出了一种基于生理特别是脑功能的一元论解决方案。在这样一种唯物主义和机械论的理解中，心灵被视为脑的附属品，意志则被视为一种幻觉（例如，Gazzaniga，2011）。如第 17 章所述，在华生提出的早期美国行为主义理论中，缺点之一正是完全依赖环境决定论，丝毫不考虑任何生物遗传因素（除了承认生物具有获得经验的感觉和运动能力）。

与之相反，巴甫洛夫的反射学依赖于用生理还原论来解释心理事件，赋予神经生理机制最关键的作用。然而，这两种立场都没有解决特定反应模式的作用问题，这种模式可能是先天的，但不能直接还原为生理机制。

裂脑研究（split-brain preparations）与情境依赖学习（state-dependent learning）这两种创新研究方式，将行为主义心理学与生物学基础联系了起来。二者都从信息处理的角度看待学习，用神经纤维传输的复杂性来证明这一点（另见 Gluck & Myers，1997）。裂脑技术主要由诺贝尔奖获得者罗杰·斯佩里（Roger Sperry，1913—1994）首创，通过分离大脑左右半球，测量对学习获得和保持的影响，从而识别神经纤维投射。研究者（如 Gazzaniga，1967）报告了令人印象深刻的学习障碍和过度学习的证据，这取决于任务的性质、反应要求以及时间和顺序等因素。裂脑技术为学习（特别是记忆过程）提供了适宜的研究模式。情境依赖学习则提供了一个有趣的方向，将药物作为一种工具来帮助我们理解习得和记忆的恢复（如 White & Milner，1992）。从本质上讲，情境依赖学习的研究表明，一个有机体要想获取一组特定的信息，其中枢神经系统必须处于与获取信息时相同的生理状态。相反，记忆恢复的中断可能是由于药物引起的获得和保持测试之间的组织状态差异造成的。裂脑和情境依赖研究都采用分离功能的方法，研究完整的脑如何处理生物体内的无数信息。

经验主义

古希腊人的自然主义倾向认为知识依赖于感觉。“实验心理学”一词曾经被视为心理学的同义词，将这一定义直接与方法论联系在一起——比如说冯特的构造心理学。也就是说，如果某个事件或问题不能用实验方法进行调查，那么它就不属于心理学的范畴。为了保证科学性，心理学必须以可观察的行为为基础（如 Kimble，1995）。随着心理学的成熟，这种束缚基本上消失了。但实验心理学这一标签依然存在，通常作为与“临床心理学”相对应的另一种称呼而存在。事实上，在心理学最古老和最传统的研究领域——知觉研究中，实验方法已被证实对以下问题相当有效（包括概念形成、决策、判断和态度等），所有这些都有助于认知成为当代心理学最主要的研究主题。正如我们在第 19 章所看到的，认知科学已经成为当代心理学的主导力量，将传统心理学对学习和记忆的研究与探索思维过程的其他学科联系起来。20 世纪末，亨特（Hunt，1989）回顾了多种认知模型，认为当前的研究已经发展到需要一种新的范式来适应推理、语言和问题解决研究的新前沿。

基础心理学。基础心理学包括自然科学、实验或“因果”心理学（见表 20.2），包括心理学的基础研究和内容领域：个体、生物、认知/学习、发展和社会文化等（美国心理协会，2007、2013）。这些领域构成了大多数高校的心理学本科教育结构（Norcross et al.，2016）。在第 16 章和第 18 章关于精神分析和人本主义心理学的讨论中，已经在一定程度上涉足了心理学中的个体差异领域，包括人格和变态心理学。在第 12 章中，我们讨论了生理心理学和进化论，涉及了生物心理学、比较心理学等相关内容。第 19 章讨论了认知心理学，第 17 章则讨论了行为主义心理学。发展心理学和社会文化心理学将在下文进一步讨论。

正如第 19 章所述，皮亚杰（1896 — 1980）的著作强调了认知发展与智力进步之间的关系。皮亚杰 22 岁获得动物学博士学位，然后开始关注人类的学习问题。他认为自己是一位关注认识问题的哲学家，后来在认识论和逻辑方面的工作也充分证明了这一点。与当代经验主义的标准相比，他的研究方法不够正规。事实上，他的认知发展理论很大程度上是基于对自己孩子的观察。皮亚杰的影响极大，在心理学界的声誉可以与弗洛伊德相匹敌。他假定所有儿童的特定生长发育阶段都是固定的，只是生长速度可能有所差别。皮亚杰推动了智力发展研究，人类复杂的学习和记忆过程在发展心理学中受到了更为密切的关注。

现代心理学强调复杂学习过程中的个体差异，认为智力可以在个人化的认知风格中形成。所谓认知风格，就是指一个人的学习策略或完成智力任务的方法。研究工作试图明确具有个性的心理策略。这种对认知风格或者说是学习策略的个人印记的强调，让人想起 19 世纪英国的高尔顿及其追随者提出的智力特质理论（见第 12 章）。特质理论最终在美国被华生行为主义及其后续运动所替代。行为主义观点倾向于对智力进行更具体、更具限制性的定义，即通过外在行为所反映的刺激—反应来进行定量考察。令人感兴趣的是，近百年来，心理学对智力的研究已经进入了一个完整的循环，研究集中在人类智力的驱力方面，如创造力（如 Sternberg & Lubart, 1996）。

当代社会人们普遍长寿，引起了对毕生发展的研究，重点关注成年人和老年人的心理健康问题。在不忽视也不强调早期发展的同时，毕生发展心理学试图将发展描述为一个从受孕到死亡的持续、全面的过程（Baltes，Staudinger & Lindenberger，1999）。心理学最近才开始对老龄化进行大量研究，这些研究清楚地表明，衰老往往会带来创伤和很大程度的误解。理论上重要的是考察老龄化过程与早期发展阶段相一致的程度。与老年生活方式调整有关的问题表明，这一阶段的生活方式相当独特，然而，个人做出调整的能力取决于他或她的毕生经历。显然，老年心理学的研究将为发展心理学提供一个重要的研究领域。

20 世纪后半叶，心理学另一个发展极为迅速的分支是社会心理学，它是研究人与群体之间的行为过程、因果关系和相互作用的产物。社会活动可以从三个角度来看待：个人贡献、人际关系和群体行为。自古以来，人类经验的社会性就已得到公认。19 世纪，当代社会心理学的历史前身与通常意义上的心理学一同出现。特别是孔德的实证主义，它将对社会结构和制度的研究看作是最具实证的科学，并将社会学看作智力发展的顶点。达尔文写出了人类进化的社会特征，赫伯特 · 斯宾塞则试图提出一套社会进化理论。20 世纪初，达尔文和斯宾塞的影响带来了一种流行的观点，即人类社会活动的每一段程序都是由遗传本能支配的。麦独孤在 1908 年编写的教科书（见第 14 章）中，将社会行为的本能基础作为最重要的主题，试图对社会心理学进行系统阐述。然而，麦独孤在解释社会过程时过于依赖本能，与早期行为主义的环境决定论背道而驰——而后者很快成为美国心理学的主流观点。1924 年，弗洛伊德 · H. 奥尔波特出版了他的《社会心理学》（*Social Psychology*），这本书避免对社会过程做出过多本能性的解释（他称之为“强势反射”），也提出冲动会受到条件作用的影响，从而更贴合行为主义原则。奥尔波特的作品是第一本完全依赖实验证据（而不是控制性较低的观察法）的社会心理学书籍。

遵循奥尔波特的先例，社会心理学发展出了广泛的实验数据基础。然而，正如美国行为主义不断突破华生模式的狭窄范围，社会心理学也逐渐地修改了其内容和方法。具体地说，社会心理学深受格式塔的场论影响，并在一定程度上受到了现象学的影响，从而使社会心理学发展成为当代研究最广泛的领域之一。社会心理学家也研究了社会对个体行为的影响，研究了社会模仿和学习、态度和动机发展以及社会角色等话题。人际关系领域包括对社会地位和沟通的研究，也借鉴了心理学其他领域（从刺激—反应学习到认知失调）的理论解释。对群体的研究主要集中在参与的发展、群体的形成和维持、组织的结构和管理等方面。

“二战”后，社会心理学得到了极大的发展，研究了诸如权力、领导力和社会说服（social persuasion）等问题。例如，米尔格拉姆（Milgram，1963）关于服从和从众的经典著作确定了社会控制的关键变量。社会心理学已经发展成为一门跨学科的研究，其范围包括了文化、人类学和道德问题。文化人类学家的研究，如玛格丽特·米德（Margaret Mead，1949）对“原始”社会中的社会仪式的分析，被整合进一种更全面的社会心理学中。社会心理学家使用社会学的调查技术来研究种族态度的发展（例如，Pettigrew & Campbell，1960），在20世纪60年代的剧变和社会变革中，这些发现被用来帮助调整人们的种族态度。

社会心理学的研究反映了这一领域不稳定的理论性质。由于巧妙而复杂的研究设计，社会心理学的概念基础得以迅速发展（例如，Kenny，1996）。布罗迪（Brody，1980）在社会动机调查中总结了关于学习策略的争论。从本质上讲，布罗迪提出了社会心理学中现象学方法（被宽泛定义为非分析方法）和非现象学方法之间的区别。对社会心理学来说，关于心理过程的基本假设的决定似乎特别引人关注，因为社会心理学的研究对象就是难以捉摸的社会互动。有趣的是，在关于社会活动的现象学或非现象学假设之间作选择的两难情境，本质上与心理学自 19 世纪 70 年代创立以来一直争论不休的基本问题是一致的。

机 能 主 义

在古希腊智者的不同传统中，美国心理学选择了杰里米 · 边沁的功利主义标准，将自己定义为实用的，旨在达到某种目的——通常是为了改善人和社会。在更哲学的层面上，当代还出现了进化心理学，旨在研究自然选择过程中的适应（例如，Buss，1995，2015）。继承了查尔斯 · 达尔文和威廉 · 詹姆斯思想传统，再加上本书 14 章中提到的威廉 · 麦独孤相关的心理学思想，洛伦兹和廷伯根等著名动物行为学家确立了生物限制对行为的重要性。通过他们及其学生的工作，本能模式、进化背景和社会生态学被认为是生物体获得成功适应的关键要素。进化心理学极具代表性的扩展之一是强调学习模式的生物遗传性，重点强调了准备（preparedness）的概念（Seligman，1970；Seligman & Hager，1972）。根据塞利格曼（Seligman）对有机体进化史的解释，某个特定物种的成员对于某种特定的刺激—反应关系，可能的状态包括已准备、未准备和反准备三种。习得的容易程度、对遗忘的抵抗力都与这种生物决定的准备维度有关。这种学习准备的概念除了简单的条件作用外，还与语言习得和恐惧症等其他过程有关。

应用心理学。心理学在全世界的成功在于其应用的有效性。应用心理学属于实用主义（见表 20.2），包括心理学的各种实际应用领域：临床、医学、教育、经济、法律和文化（闵斯特贝尔格，1914）。尽管弗洛伊德在此之前已经开始将心理学概念应用于治疗，但在宾夕法尼亚大学任教的冯特的博士生莱特纳·维特默（Lightner Witmer，1867 — 1956）1896 年发表了一篇题为《心理学的实践工作》的文章，被公认为临床心理学专业的奠基人。同年，他创办了美国第一家心理诊所，并于 1907 年创办了《心理诊所》（*Psychological Clinic*）杂志，在该期刊上首次命名了这一职业。第二次世界大战期间，由于职业测评和安置的需要，威廉森（E. G. Williamson，1900 — 1979）开创了咨询心理学。

心理学的医学应用属于神经心理学、健康心理学和康复心理学领域。现代神经心理学的创始人研究并应用了脑—行为关系，包括第 17 章提到的亚历山大 · R. 卢里亚和第 19 章的唐纳德 · 赫布。临床神经心理学将研究结果应用于脑疾病或损伤的评估、管理和康复。健康心理学试图将健康和疾病的生物—心理—社会模型应用于健康促进和疾病预防。约瑟夫 · 马塔拉佐（Joseph D. Matarazzo，1925 — ）帮助定义了心理学中的这个专业领域（例如，Matarazzo，1980）。临床健康心理学将心理学原理和研究应用于预防和管理身体健康状况，如慢性疼痛、肥胖、心血管疾病、糖尿病、癌症和免疫紊乱。康复心理学旨在改善残疾人或慢性病患者的功能和生活质量。

教育心理学的研究成果在学校心理学领域得到了应用。不同心理学体系的共识之一是承认早期发展对理解人类经验的重要性。这种认识的实际意义在整个 20 世纪的心理学中都有所体现，特别是在美国兼收并蓄的心理学氛围中，更重视将专业知识应用于教育实践。随着各种理论框架应用于儿童和青少年的发展和教育，儿童临床心理学、学校心理学和咨询心理学的许多方面都得以扩展。如前所述，将皮亚杰的认知发展研究应用于实践，有助于纠正或促进概念形成、创造力和语言发展等发展领域。人们日益重视将心理学知识应用于养育儿童，评估方法也随之成为诊断问题和评估干预效果的重要工具。

心理学的经济应用表现在工业与组织心理学、工程心理学、消费心理学以及军事心理学。雨果·闵斯特贝尔格在这些领域的发展中起着举足轻重的作用。闵斯特贝尔格（1914）描述了“经济心理学”，以及“商业和工业”中工人、管理者、销售人员和消费者的“心理生活”的重要性，包括人员选择、工作调整、学徒培训、人机互动、单调和疲劳、营销和广告等领域（第 413 至 434 页）。本书第 17 章中，我们介绍了约翰·华生成功地将心理学应用于广告业的先例。在第 19 章中，从工业和军事应用的角度描述了弗雷德里克·巴特莱特在人机交互方面的研究成果。军事心理学将心理学原理和各种心理学专业领域的研究（包括组织心理学和工程心理学）应用于军事环境。

闵斯特贝尔格同样是心理学在司法领域应用的先驱。闵斯特贝尔格（1914）描述了一个“法律心理学”领域，考察罪犯和证人、原告和被告、法官和陪审团的“精神人格”。他讨论了科学心理学的应用，包括证人报告的可靠性、记忆和暗示、真实和虚假证词、对法官和陪审团的心理影响、犯罪心理、刑事责任以及预防犯罪等方面（第 395 至 412 页）。司法心理学主要探索犯罪特征、受审能力、刑事责任、假释或缓刑准备等问题。

心理学在文化中的应用可以采取多种形式，包括社区心理学、审美心理学和运动心理学。社区心理学产生于二十世纪五六十年代，因为当时的人们开始认识到个体之间的生态关系及其所处的社区和社会环境背景的重要性。乔治·阿尔比（George Albee，1921—2006）是社区心理学的先驱人物。审美心理学研究创造力和各类艺术心理（包括美术、音乐和文学）。本书第 17 章中提到的列夫·维果茨基，早期曾撰写过《艺术心理学》（*The Psychology of Art*，1925）。运动心理学包括了休闲和娱乐，以及身心健康和职业表现的心理考虑。1925 年，科尔曼·格里菲思（Coleman Griffith，1893—1966）在伊利诺伊大学建立了第一个运动心理学实验室。

人本主义

对临床心理学家来说，人本主义心理学（见本书第 18 章）的一个吸引人之处是，强调在人性和尊严的个人背景下定义一个人的经验，而不是以社会建立的规范为背景。以卡尔·罗杰斯为例，他认为，应该将寻求心理帮助的人看作来访者，而不是病人；心理干预应该以人对人的方式进行，而不是医生对病人。这一区别所体现的价值在于，重新定义了何为人类、人类应如何生活的标准。人本主义运动的其他领导者认为，心理幸福感是一个发展性的问题，需要充分发挥人类经验的潜力，而这种潜力是由个体自己定义的。马斯洛的需求层次理论虽然认为每个人的层次框架都是一样的，但在每一阶段的定义仍由个人完成，没有固化外界定义的价值。同时，曾研究过习得性无助的马丁·塞利格曼（Martin Seligman，1942—　），则为**积极心理学**运动撰写了几部开创性的著作（例如，1991，2011；Peterson & Seligman，2004），下文将对积极心理学展开讨论。

理论心理学。理论心理学包括哲学心理学和心理学史等领域，涉及人文科学、定性方法、形而上学的哲学问题和“目的”心理学

（见表 20.2）。理论心理学探讨心理学范式及其他永恒的问题，为学科内的整体性、人文性和存在主义方法提供了空间。

最近的一种理论方向是彼得森和塞利格曼（2004）提出的积极心理学。积极心理学的能量来自传统领域以及临床心理学在这些研究领域（从神经科学到社会学）的应用，这些应用有助于培养人和机构的积极经验。从这个意义上说，积极心理学并不试图构建一套体系，也不打算建立包罗万象的理论立场。相反，积极心理学像是一种保护伞，旨在利用认知和情感经验的深层知识，而不是潜在的情感、学习和认知能力，来帮助人们克服消极、抑郁的悲伤状态。尽管积极心理学借鉴了人类思想史上的许多美好传统，但它坚持将多学科研究成果积极地应用于追求个人幸福和人类福祉，并没有倒退回将人类活动理解为静态的理想主义模式。

唯心主义

第 2 章概述了非西方文化中的知识和宗教传统，说明作为一门独立学科的心理学尽管根植于西方的人类经验视角，但其他文化同样对心理学的各个主题做出了重要贡献。近年来，包括心理学在内的各类研究都倾向于国际化，尽量减少全球研究问题和方法的差异。这种同质化的趋势出现在第二次世界大战之后，美国和苏联政府都大量投资于科学研究，当时，这两个超级大国在政治、经济影响范围以及科学方面都不相上下。两国都向各自的亚洲盟国开放了大学招生，到了 20 世纪 70 年代，也向对方开放了大学招生。美国和苏联的心理学模式虽然侧重点不同，但都建立在欧洲心理学的理论基础之上。再加上信息爆炸和获取信息的机会增加，心理学的国际数据库面向全球开放，获取数据完全取决于是否具备检索技术。因此，我们可以说，亚洲的当代心理学与美国心理学也没有很大区别。

其中一个例外来自当代的佛教思想，它仍然发挥着重要的影响，并与普遍的心理治疗方法相结合。在整个20世纪，佛教思想的学者们与西方心理学学者（特别是精神分析和人本主义流派）进行了互动。佛教中经典的心灵相关思想，带来了一个一元论的框架，能够进行临床环境中的心理干预。某些与之相关的后现代方法倾向于挑战人们对自我的理解，认为自我是连贯和统一的。这些教义虽然与西方的心身二元论传统不同，但确实能适用于多种临床环境，特别是在集体提升正念的认知方法中。事实上，认知行为疗法、积极心理学和佛教心理学之间的相似之处在于它们的功能。

在以佛教心理学为代表的学术研究互动平台下，心理学对多元文化的开放性本身就成为一个重要的研究课题。尤其是混杂了各种文化的美国社会，心理学的扩展、应用和整合至关重要。随着世界各地的社会都日益多元化，理解文化和语言多样性对个体和群体的社会空间会带来什么样的影响，同样需要心理学发挥重要作用。移民和难民潮以及文化传承的传统都表明，心理学在支持社会契约方面的作用仍然相当显著。

经久不衰的问题

令人好奇的是，20世纪美国心理学的主要体系或先或后都被描述为机能主义。早期机能主义和当代新机能主义都对具体的研究问题持折中的态度。正如古希腊智者放弃了寻找指导心理研究的高级框架，转而寻求具体的、有限的模型来遏制他们的功利主义推测，20 世纪心理学的两大机能主义时期都避开了理论构建。在早期的机能主义阶段，心理学家们避免构建系统的心理学体系，只是反对了冯特和铁钦纳的正统构造心理学。当代新机能主义从理论到研究的折中性重新定位，似乎是对 20 世纪心理学引入体系时期的无效性的一种反馈。当然很有必要将这两个机能主义阶段作一个比较，并推测时代精神的力量正在促进心理学新阶段的构建，而现在的新机能主义正是这个阶段的开端。然而，历史学家不能草率地解释当下的情况，因此，这种对比的真实性仍然有待商榷。

我们可以看到，自从古希腊思想中心理学的早期表述以来，数千年间，心理学发展史上始终萦绕着一些普遍的、经久不衰的问题。本书一开头就在第 1 章中概述了这些经典问题，它们有助于评估心灵的作用及其活动，可用来与 20 世纪的主要心理学体系（格式塔心理学、精神分析学、行为主义和第三势力运动）相比对。请记住，这些问题本身是被选择过的，尽管它们似乎确实代表了经久不衰的重要主题。此外，心理学体系本身也存在多样性。例如，正如我们所见，隶属不同体系（如格式塔心理学和精神分析学派）的学者提供的方案各不相同。同样，行为主义作为一个体系，一开始十分僵化，后来则接受了更开放的解释，使得华生的行为主义与托尔曼的行为主义存在很大不同。也许最多样化的是第三势力运动，这些学者的背景千差万别，包括哲学、科学和文学。

心　灵

心身二元论与一元论在本质上是对立的。二元论认为，心灵是心理过程的必要动因，心理功能是心理结果的主动决定因素。

心理的主动性不是身体机能的同义词，因此心理不能还原为身体的物质基础和机制。相反，唯物主义的一元论认为，所有的心理过程最终可以还原为身体或物理过程；因此，不需要推测其他心理主动性动因的存在。身体这一单一生命实体能够充分解释人类经验。

也许可以说，精神分析是心理学各个体系中最显著、最明确支持二元论的代表。精神分析学派认为，心理活动的主要决定因素是无意识或精神能量，具有性和攻击性的特点。对于精神分析来说，人格的目标是在源自无意识的动力之间寻求平衡与和谐。虽然有人主张对精神分析学进行更偏生物学的解释，但精神分析依赖于无意识人格的心理动因，将人的身体方面降低到次要的地位。然而，公开的外部行为，甚至是有意识的心理过程，都具有超越其实际表现的象征价值。可观察行为和意识的内容都是无意识动力的体现，因此，个体的身体功能可以对无意识人格的能量做出反馈。因此，在精神分析体系中，不仅隐含着对二元论立场的接受，而且在二元论中，对心理或精神方面的强调要超过对身体的强调。

虽然没有精神分析的立场那么清晰，但第三势力运动的不同学者也对含蓄的二元论具有一定共识。特别是以下共识，重点关注决策的关键性质、人对个体决定的责任、承认个人的尊严和完整性，以及为心理成长培养个人自由，这些一致的观点都假设存在一种动态的心理机构，它既不等同于身体，也不可还原到生理层面。在第三势力运动中，不同的学者对二元论的认同程度有所不同。毋庸置疑，现象学方法是为了准确研究心理行为的动力而发展起来的，不受物理科学分析方法的还原论局限，如果强加这种局限性，就会破坏心理行为。对现象学的迫切需要是基于对一种独立的心理活动种类的接受，它不同于身体活动。

格式塔运动的观点介于完全的二元论和一元论之间。格式塔学者的早期理念基于对知觉过程的研究，他们试图避免涉及二元论。在可能的情况下，他们试图通过习得的经验来解释现象。他们用同形论原理提供知觉现象的物理基础。然而，同形论在解释生理方面依然存在不足，同时，格式塔原理开始向场论扩展，这都使得格式塔心理学更接近一种公认的二元立场。

行为主义当然是一元论的主要支持者，坚持认为心理过程应该完全以生理为基础。行为主义中最极端的一元论是华生的激进观点，以及巴甫洛夫反射学的彻底生理还原论。华生和巴甫洛夫之后的行为主义，最主要的发展方向就是接纳了心理结构，同时重新接纳有限度的二元论观点。此外，对于心理活动是否能够直接、立即还原为潜在的生理因素，当代行为主义的各种观点（从神经生理学到认知类型的解释）存在差异。

二元论——一元论的维度有助于区分四个主要体系。对于心理学来说，接受哪种假设，主要在于它研究的心理事件的性质。二元论立场倾向于最小化可观察行为的重要性，关注心理活动的内在动力。相反，一元论立场提升了可观察的生理行为的重要性，将其作为心理学的主要研究资料。有趣的是，在过去的一百年里，规范的心理学研究沿着这一维度产生的极端立场，远远超过了以前任何时期。在 19 世纪及此前的哲学传统中，以莱布尼茨为代表的德国哲学坚持心理主动性（与心理被动性相反），这与洛克的经验主义传统是一致的。20 世纪的体系产生了行为主义原则，明确否定了心灵在心理学中的作用。因此，心理主动性与被动性的差异，也标明了二元论和一元论区别。一元论要求拒绝任何心灵概念，重新回到法国感觉主义的哲学立场。

知识的来源

人们如何获得有关自己和环境的知识？这一问题一直是心理学发展的核心。在19世纪前心理学思想的哲学运动中，这一问题从根本上使依赖感官的经验主义与自我生成知识的理性主义（即将知识视为能动活动的产物）形成对比。在20世纪的心理学体系中，经验主义继续主导着这个问题的一方面，但在另一方面，自我生成知识的概念也得到了扩展。

自我生成知识的性质主要是在精神分析学中得到详细阐述，超越了康德和德国传统理性主义的限制。弗洛伊德对精神分析的最初表述表明，他欣赏叔本华和冯·哈特曼等19世纪德国哲学家关于意志的无意识驱力的思想。弗洛伊德的无意识动机概念基于心理能（psychic energy）的基础上，为自我生成知识的意义增加了新的解释和先决条件。具体地说，无意识的动力在很大程度上不为个体所知，然而每个人的有意识思想和其他经验（如梦）都是由无意识能量形成的。因此，弗洛伊德精神分析学对知识的定义必须有所限定，即心理活动是自我生成的，但在很大程度上不为个体所知，当然也不是理性的。在荣格的观点中，这种自我生成知识的限定范围进一步扩大了。荣格认为，我们通过原型的人格建构来继承特定的概念框架、定型（stereotype）和心理结构。这种“知识”同样不是理性的，也不是个人所理解的，然而，荣格认为，这种思想存在于人格中，是自我生成的。

第三势力运动中存在着对自我生成知识的明显依赖。实际上，这场运动的不同学者之间的主要共同点是，坚持将思想过程作为独特的人类经验，认为其中存在内在的、反思性的和深思熟虑的中介过程。在承认人与环境的关系和伴随的知识感觉来源时，存在主义-现象学立场清楚地将人与环境的关系定义为一种交互性的互动。因此，个人在与环境的互动中不是被动的，而是主动的，不断寻求对环境的控制，因此，反过来说，个体行为很可能是自我控制的。第三势力运动认为，主观知识是个体作用于知识的环境来源的产物，而对于与感觉知识关系的个人化贡献则是更高级、独特的人类水平的认知。

也许因为在重视心理现象的观念上具有大体上的一致性，格式塔运动与第三势力立场所提倡的知识来源上有一些共同之处。格式塔运动强调知觉个体和环境刺激的感觉输入之间的相互作用。因此，格式塔原理可以理解为一种折中的态度，既承认感觉知识的经验基础，也承认导致知识自我生成的积极调节。格式塔运动认为，人可以预先以特定的方式接受感觉信息。如前所述，这种在感觉依赖和知识的内在生成之间的折中主义，主要困难在于如何精确地解释交互的实现方式——也就是说，心理的动因是否存在？完全物理的解释是否适当？随着格式塔原理从感觉和知觉问题扩展到人格场论，由于个体对与环境的交互作用的隐性依赖，知识的基础变得越来越模糊了。格式塔心理学更多地依赖于用个人的主动性来解释场动力。

行为主义的基础是经验主义，认为知识来源于感觉经验。华生的行为主义和巴甫洛夫的反射学，基本前提都是将机体置于激进的经验主义立场上，认为所有知识都必须通过环境事件经验获得。尽管后来的行为主义者仍然接受这一观点，却也试图在神经生理学的解释中寻找学习过程的机制，对极端环境决定论做出了调整。最初对极端行为主义立场的质疑，是针对桑代克的效果律对强化的解释不足而产生的。此外，由于不愿放弃主观中介的可能性，托尔曼和后来的心理学家提出了对行为的认知解释，与这一运动相对应的观点后来也出现在了苏联（如卢里亚对语言的研究）的观点中。然而，尽管对极端环境决定论做出了调整，行为主义心理学仍然认为，知识的主要来源是环境事件。

知识来源是一个可行的比较工具，因为在这一方面，心理学的四大主要体系各有不同。此外，作为科学研究主要形式的经验主义也得到了这一维度的审视。具体地说，由于人们接受了知识可以具有环境之外的来源，使得激进的经验主义站不住脚了。

反复出现的主题

关于心身问题和知识来源，各种各样的答案提出了一套反复出现的连贯主题。回顾第一章中的表 1.1，在我们总结心理学历史的时候，或许有必要对每一个主题进行简短的阐述。

自然主义—超自然主义。这个形而上学的问题似乎成了世俗主义（Secularism）的牺牲品，这种世俗主义自 19 世纪末在德国正式出现以来，就一直主宰着心理学。显然，20 世纪心理学的所有体系都忽略了解释神学相关结构的可能性，并且一部分体系（如精神分析、行为主义）反对在任何解释形式中加入超自然概念。除了威廉·詹姆斯、卡尔·荣格以及一部分第三势力和积极心理学的支持者，超自然的甚至是精神层面的人类经验在很大程度上被忽视了。尽管当代心理学一般看来是一门世俗学科，但有一些迹象表明，人们开始逐渐接受宗教、灵性在这一领域的作用。

普遍主义—相对主义。根据先前的形而上学问题，这一主题似乎也会被忽视。然而，情况似乎并非如此，因为所有体系的临床扩展都必然涉及心理健康适当标准的伦理问题。大多数的解决方案似乎反映了相对主义的观点；然而，在当代积极心理学运动中，这种相对主义受到了质疑。这一最新发展将幸福、善良和满足定义为个人成长和人类繁荣的目标。

经验主义—理性主义。如前所述，第一个认识论主题提供了各大体系之间的主要区别，同时也呈现了当代心理学变化趋势的重要领域。随着心理学不再将僵化的经验主义作为唯一的知识来源，对理性主义的日益依赖在认知心理学中得到了明确的表达，而在积极心理学中则表现得最为明显。积极心理学不像精神分析学那样，认为具体的想法源自内生，而是认为认知过程中的判断、决定、评价、情感和情绪需要主动、理性的经验。

还原主义—整体主义。第二个认识论主题涉及心理学的一个基本问题。如果心理事件能被潜在的生理和神经事件完全解释，那么学科的稳定性就会受到破坏。20 世纪的心理学体系都认为心理本身就是一种独立的理性活动。然而，它们在全面解释人类经验方面存在一些不足之处，却能通过还原论而得以解决，这也威胁到了心理学的生存。心理学要保持自己作为一门独立学科的完整性，这一问题始终是需要重视的基础。我们将在下一节讨论这个问题。

人类学提出的四类问题都是针对处于不同背景中的人，以及人与人、人与外部世界的关系。

身—心。除了激进的华生行为主义之外，其他所有心理学体系都接受某种形式的二元论作为基础，并拒绝一元论。这一立场加强了心理学对还原论的抵抗力。二元论在当代心理学中越来越清晰，这在很大程度上是由认知心理学主导的。心理学的所有扩展和应用（包括临床心理治疗、教育发展和社会促进）领域都接受了动态的、认知性的二元论。

决定论—唯意志论。从迈内·德·比朗到布伦坦诺再到叔本华，意志的问题支配着19世纪的心理学。除了精神分析学不太关注意志问题之外，这个问题在格式塔心理学和行为主义中也被最小化了。后两种体系都将意志问题归结为一种由矢量和价（格式塔）或强化效应（行为主义）支配的模糊决定论。第三势力运动的一些学者认真对待意志的问题，特别是重视个人自由和选择的存在主义者。同样，当代心理学中的认知取向隐含着相当大的自由度，尽管这个主题在大多数应用领域中表现得并不明显。

非理性—理性。精神分析学派强调非理性，重视经验的无意识元素，一些存在主义作家也承认非理性的力量能够解释人类活动。然而，当代心理学的主要侧重点是智力和意识的理性行为。事实上，积极心理学的主旨是开发出能够超越非理性的适应性工具。

个体性—关系性。自我的本质和特征这一基本主题一直困扰着当代心理学，因为有意识经验的自我知觉统一本身就是心理幸福感的标准。然而，这种统一能力的性质并不明显。当代认知心理学和积极心理学都强调自我意识是心理发展和成功的关键成长性要素。然而，叙事心理学和社会建构主义的某些趋势，似乎质疑了将自我的存在或延续作为个人心理生活中心的观念。

寻找范式的心理学

心理学作为一门独立学科的发展与经验主义科学本身的发展有着惊人的同步性，可以追溯到文艺复兴时期现代心理学的起源。到了19世纪，经验主义通过成功地产生能够应用的新知识，在自然科学和物理科学中证明了自己的优势。精确控制的实证研究方法证明，人们有理由相信科学研究可以改善社会，提高生活质量。因此，生物学、化学和物理学的方法为心理学提供了最佳的模拟模式。科普尔斯顿（Copleston，1956）认为，实证科学的兴起是文艺复兴后世界的主要智力成果之一，这一时期由于实证发现的巨大进步而引人注目。此外，实证科学促进了应用科学、工程和各种技术的发展，从而对工业化文明产生了有益的影响。

相比之下，实证科学之外有组织的研究就发展得不那么欣欣向荣了。思辨研究大多沦为个人喜好，因为如果拿不出实证检验，就很难得到令人信服的论据并赢得他人认可。例如，在 20 世纪的心理学体系中，精神分析学派出现了明显的分裂，这是由有分歧的学者们的贡献造成的，他们都不遵循严格经验主义的任何共同形式。同样，不论现象学方法如何发展，第三势力运动的学者千差万别，很难找到普遍认可的共识。这种情况为经验主义提供了进一步的支持，以至于经验主义和科学通常被等同起来。因此，经验主义已经成为当代心理学的主流观点，几乎得到了普遍的接受。人们似乎普遍认为，科学进步的产生和传播，最佳方式是遵循实证验证的程序；其他形式的研究则似乎无法提供与经验主义相匹敌的吸引力。

对于那些反复出现的主题，20 世纪的心理学体系的观点之间存在差异，现代行为主义的一个重要发展是结合华生的理论和巴甫洛夫的反射学，建立了经验主义和唯物主义之间的联系。反过来，唯物主义经验主义又得到了维也纳学派逻辑实证主义（见第 17 章）的支持，后者提供了一种科学哲学，以支持客观的、行为主义的心理学。依靠逻辑实证主义的含义，行为主义能够操作性地界定研究对象，并彻底抛弃理性主义的形而上学。

在评价唯物主义与经验主义的结合时，必须考虑非唯物主义经验主义的可能性。回顾现代心理学经验主义奠基人约翰·洛克的作品，我们应该记住，他并没有抛弃精神活动。尽管他承认感觉输入的重要性，但也认识到了两种认知方式：联想和反思。后者是由复合观念的心理活动构成的，代表了一种心理功能。随后，英国经验主义哲学继续发展，出现了约翰·斯图尔特·穆勒提出的心理归纳法，将经验主义和唯物主义区分开来。

对 20 世纪心理学各个体系的考察，戏剧性地强调了唯物主义经验论的一个重要意义：行为主义显然与其他心理学体系被明显分离开来。行为主义以其对唯物主义经验主义的依赖，简明扼要地表达了一种与其他体系形成鲜明对比的心理学定义和方法。尽管现象学家认识到有必要设计一种非唯物主义的经验主义方法，但与行为主义的客观经验主义的易于量化的方法相比，他们的程序在应用上的困难导致了模糊性和难以捉摸性。因此，对这些体系的评价，导致了人们要么接受、要么拒绝行为主义所隐含的唯物主义。

唯物主义经验论的行为主义的第二个意义，可以在当代新机能主义思潮中看到，涉及内在一致研究的逻辑结论，也就是说，对一种纯粹心理水平的分析，其本身具有完整性，却在运用唯物主义经验论达到其最终目的的过程中迷失了方向。在某种意义上，方法变成了形而上学。心理过程和潜在的身体解释之间的区别被模糊了，导致人们将心理学等同于生理学或其他更基础的层面（如细胞或神经化学生物学）。通过研究由唯物主义经验论界定的心理学，最终的结论相当惊人——它可能暗示心理学没有存在的必要。因此，我们可以从跨学科的角度来识别心理学的当代趋势，这种趋势反映了这一固有的还原性，例如在心理生物学或神经心理学中。这些研究领域通过规避人为的学科壁垒，可能为特定问题提供适当的科学方法，因此这些标签也足以说明，如果将心理学等同于唯物主义经验论，它就会变得非常脆弱。

在考虑心理学在经验科学中的地位问题时，我们很有必要重新审视近 150 年前，冯特和布伦坦诺提出的对立模式。从本质上讲，冯特和随后的铁钦纳提出了一种与唯物主义经验论相似的心理学模式。尽管他们认识到了心理结构的必要性，但却认为心理的内容可以简化为感觉元素。这种分析模式最终导致感觉被还原为与之相应的刺激。铁钦纳的分析失去了心理学本身的完整性，导致心理学在逻辑上被还原为物理学。铁钦纳模式的不成熟导致了构造心理学的彻底失败。与之相对，布伦坦诺提出了一种开放式的经验主义心理学模式。他的观点不太明确，但认识到了一个特别的心理研究领域。某些心理事件是现象性的，一旦还原就会被破坏。不幸的是，布伦坦诺的意动心理学没能得到充分的发展。当然，他的思想影响了后来的格式塔运动和现象学运动，但他的非唯物主义经验论思想至今仍未得到系统的探讨。

近期的新机能主义趋势带来了某些心理学领域的发展，这些领域似乎接受了一种含蓄的非唯物主义经验论，将其作为研究方法的基础。对中枢调节意识的认知过程研究及社会心理学研究的某些趋势，都对唯物经验主义提出了反对意见。尽管这些发展源于新行为主义的特定意义，但也不应将认知心理学、积极心理学等领域归类为行为主义，因为它们虽然遵循经验主义方法，同时也依赖适度的心理主义暗示。这些发展提供了一个迹象，表明经验主义可以扩展范围，既包括唯物主义假设，也包含适当的心理主义。至少可以说，斯佩里（1995）提出的“心理学可能正处于库恩范式（Kuhnian paradigm）转变之中”似乎是令人信服的。

结论

人们对理智思想的看法是如何进化发展的？心理学史提供了一套有趣的答案。这是因为，心理学的传统研究对象就是人类活动，心理学的过去能够反映西方文明进程这一更广阔的视角。心理学的发展离不开整个知识体系的进化。此外，作为心理学专业的学生，我们必须接受和容忍心理学史上的不一致、矛盾对立和相互冲突，因为在整个西方文明动荡的历程中，这些因素本来就是时常存在的。分歧和争论能使问题变得清晰，促使知识进步。

第 3 章引用了孔德对文明历史进程的描述，他认为，古希腊思想是一种过渡，代表了人类从依赖于神学解释，转而向人的内部或外部环境寻找因果解释的观点。古希腊哲学研究确定了心理学的基本问题，强调关于人类活动性质的必要假设。古希腊学者没能解决的关键问题始终萦绕在心理学家心中。人类能不能只用物质来解释心理活动？还是也有必要肯定精神生活的重要性？古希腊思想导致了灵魂概念的发展，柏拉图和亚里士多德的综合哲学就是其中的代表。尽管古希腊思想萌芽至今已有近 2 500 年的历史，然而，在漫长的岁月中，几乎没有涌现出其他真正具有独创性的思想。我们在不断变化、修改和重新解释，但直到今天，我们所知的科学的本质，仍然基于亚里士多德的知识框架。经历了成百上千年的社会退化之后，经院哲学在天才阿奎那带领下达到顶峰，标志着文明的复兴，也将亚里士多德哲学重新带回了人们的视野，并根据基督教教义进行了解释。

现代经验科学始于笛卡儿，他对知识的解释同样建立在亚里士多德体系的基础上。霍布斯和洛克介绍了经验主义的哲学论证，并最先论述了知识如何通过观念联想（association of ideas）获得。他们在著作中探索了心理学作为经验科学的可能性。然而，心理学的经验策略并没有被普遍接受，有人提出了与之相反的概念。以法国为中心的一种哲学传统不承认心理学的必要性，通过将心理活动还原为感觉生理学的元素，提出了现代一元论的论点。另一方面，莱布尼茨开创的哲学传统受到了古希腊灵魂主动性观念的启发，提出了一种由心理主动性决定的心理学。这一传统在康德的理性主义中达到顶峰，心理主动性一直是 20 世纪德国哲学的重要主题。

19 世纪的心理学继承了不同流派相互竞争的模式。启蒙运动对理性的重视，导致科学成功地成为智力进步的终极模式。并不是所有人都赞同这一模式，尤其是浪漫主义者和存在主义者。然而，正是经验主义框架将心理学从哲学、物理学和生理学中分离出来，所以到了 19 世纪 70 年代，心理学开始作为一门独立的学科获得认可。然而，即使在经验主义的指导下，心理学不同学派的范围和方法也存在分歧。正如我们所见，冯特和布伦坦诺都承认经验主义，却仍然存在分歧，分别属于唯物主义经验论与涉及心理的经验论。

通过对心理学起源的考察，我们发现，不应将心理学的发展史描述为一个平稳渐进的发展过程。新的心理科学继承了一些关于这个学科在最基本假设方面的某些剧烈分歧。考虑到心理学的过去，很容易预测出心理学诞生后的第一个 100 年，会经历怎样的动荡。20 世纪，心理学出现了多种体系，试图定义各种针对心理活动本质的基本概念。然而，这一阶段并没有产生心理学的决定性模式。在美国占主导地位的行为主义变化得相当剧烈，以至于人们几乎无法承认它是一套统一的体系。行为主义融入了强调经验主义的折中态度。由于 20 世纪心理学的体系阶段是以机能心理学为先导的，该体系时期也为新机能主义所继承。因此，我们必须得出结论，当代心理学作为一门理论学科是有缺陷的。当代新机能主义的主要共识在于心理学是一门经验科学，而这本身就是一种非理论的陈述。因此，我们不得不对心理学的理论未来持保留态度，并期待时代精神的力量。

在应用水平上，我们可以安心地给出结论，在过去的 150 年里，心理学已经成为一门公认的科学。心理学的经验主义发展增加了我们对不同领域的知识，包括精神病理学、广告学乃至多元文化的相互理解。从这个意义上说，心理学的机能主义特征已经产生了结果。心理学已经开始提倡个人的发展和满足感。用功利主义和折中主义的标准，我们可以感受到对心理学未来的信心。

要探索心理学的过去，我们应从注意到当代心理学中观点的多样性和混乱性开始。我们的目的不是要解决这种差异性，而是通过运用历史知识来澄清困惑，发现当代心理学各类观点的起源。简单地说，现在的心理学是一门活跃而令人兴奋的学科，尽管它的开端有许多失败、倒退和错误。这种陈述说明心理学不是一门容易研究的学科。学生必须先了解一些最为基本的原则，然后再进行系统的问题研究。然而，这种不一致或许是适宜的，因为与其他学科不同，心理学要回答最复杂的问题——即，为什么我们是我们？为什么我们做自己所做的事？

本章小结

本书的范围是根据心理学历史上的基本问题来总结的。我们已经在新机能主义的应用、心理学的扩展及长期问题等关键领域，对心理学的五大体系（精神分析、格式塔心理学、第三势力运动、行为主义和认知心理学）进行了比较。比较的结果指明了心理学和科学之间的关系，特别是由于过度依赖唯物主义经验论而产生的问题。自 19 世纪 70 年代正式成立以来，作为理论学科的心理学一直饱受争议，但与此同时，心理学的应用方面却取得了极大的成功。

讨论题

1. 请重新思考古希腊人的五大取向，其中哪种对心理学的生物学基础影响最大？

2. 请重新思考古希腊人的五大取向，当代心理学模型如何处理每种取向的延伸和（或）应用？

3. 当代心理学被描述为“新机能主义”，讨论这一标签是否有意义。

4. 简要比较五种心理学体系——精神分析、格式塔心理学、行为主义、第三势力运动和认知心理学。思考每一种心理体系对心灵（二元的主动性还是一元的被动性）和知识来源（自我生成还是依赖感觉）问题的答案。

5. 解释五种心理学体系的观点如何与心理学史上反复出现的下列主题相对应：自然主义—超自然主义、普遍主义—相对主义、经验主义—理性主义和还原主义—整体主义。

6. 解释五种心理学体系的观点如何与下列人类学主题相对应：身—心，决定论—唯意志论，非理性—理性，个体性—关系性。

7. 什么是积极心理学？这种当代心理学趋势是如何融合多种体

系方法的?

8. 纵观心理学的历史，它似乎一直在寻找统一的范式，那么当代心理学的范式范围可能是什么?

致　谢

与本书的前几版一样，我依然要感谢那些耗费时间提出修改、完善建议的人们。我想感谢已故的安托斯·兰库雷罗博士，是他在很多年前将我引入了心理学史研究的大门。与此同时，我很幸运地找到了一位学术上的榜样——大卫·C. 里乔，他是美国肯特州立大学心理科学系的博士、教授和杰出学者，也是我一直以来学习的对象。我也要感谢我的许多学生们，这些年来，是他们促使我更好地表达自己的想法，点亮火花，让心理学教学过程妙趣横生。感谢剑桥大学出版社团队的共同努力，特别是扬卡·罗梅罗、布里安达·雷耶斯、雷切尔·考克斯及肯·莫克塞姆等编辑。最后，非常感谢我的妻子玛丽亚及其他家人，感谢他们一直以来的帮助和支持。感谢我的女儿塔拉和米卡拉，以及她们各自的丈夫克雷格和亚当，这些年来，家人一直是我致力于本书写作及其他学术研究的力量和灵感来源，未来也必将如此。感谢我的外孙子女们，萨姆、卢克、埃弗拉姆、海伦、阿舍和诺亚，他们给我的生活带来欢声笑语。家人就是我的生命，他们对我和本书的创作给予的耐心远非一篇致谢能够回馈。

詹姆斯 · F. 布伦南

于美国华盛顿哥伦比亚特区

参与本项目让我深有感触，在此特别感谢一些激发我的学习兴趣的人。在斯丢本维尔圣方济各会大学，约翰 · 卡里格将历史赋予生命，约翰 · 科尔齐则将生命赋予心理学。在杜肯大学，阿马德奥 · 乔治提出了心理学中的人文科学方法。在富勒神学院，亨德里卡 · 范德 · 肯普进一步加深了我对心理学史的热爱。神恩大学的保罗 · 维茨是我的导师、同事和朋友，他启发了我在心理学领域追求对人性的真实理解。我在圣母玛利亚大学的同事——特别是巴里 · 大卫、苏珊 · 特里西、威廉 · 赖尔登和迈克尔 · 瓦尔德施泰因，为本项目提供了宝贵建议，并对我毕生投身于文科教育事业产生了深深的影响。感谢卡尼扎罗图书馆的工作人员，特别是詹妮弗 · 诺德斯、莎拉 · 德维尔和斯坦利 · 斯莫林斯基，为我获取原始资料提供了宝贵的帮助。与优秀的学生共同思考人性，不断探讨人性问题，仍然是我灵感和惊喜的来源。如果说心理学史可以被看作“研究灵魂的故事”，那么我灵魂故事的核心，就是我永远美丽的贤妻玛丽，我不可思议的生命礼物，还有我们的五个孩子约书亚、莎拉、约瑟夫、本杰明和马修，儿媳帕梅拉，以及我们心爱的孙女伊莎贝拉和玛丽亚。

基思 · A. 霍德

于美国佛罗里达州圣母马利亚大学

术语表

根据以下术语和概念在书中的具体使用语境，本表对它们进行了定义。某个术语第一次出现在本书中时，会以粗体标黑显示。为本术语表选择条目时，我们主要纳入那些心理学以外学科的术语和概念。心理学从哲学、神学和自然科学发展而来，但心理学学生可能不熟悉这些学科的术语。因此，本表汇集了大量来自其他学科并与心理学史相关的术语。下文中的斜体字可以参见本术语表中单独列出的术语和概念。每条解释末尾括号中的数字是指详细阐述该术语的章节。

意动心理学（Act psychology）

广义上看，指的是那些强调个体与环境互动的统一性和结合性，并承认人类经验有多个层面的心理学模式。狭义上看，指的是布伦坦诺、施通普夫和符茨堡学派提出的意动心理学，它将人类经验的整体统一与冯特**构造心理学**的元素论进行了对比。与德国**心理主动性**的哲学传统相一致，布伦坦诺特别指出，心理意动是目的性的，那些严格运用**分析**的方法是对所研究意动的破坏。心理学真正的描述方法必须是**经验主义**的，同时还要处理心理意动的**现象**特

征。(13、15、16、18、20) *

分析(Analysis)

心理学研究的一般策略或方法，试图从组成部分或基本要素来解释心理事件。在**自然科学**和一些心理学模式中，实验方法是一种分析方法。这种方法通常是**还原论**的；它们也可以被描述为元素论的、**原子论的**和**分子论的**。分析方法与认为心理事件具有整体性和**现象**性的观点形成了对比，后者提倡整体或**宏观的**研究策略。(1、10、13、20)

分析心理学(Analytic psychology)

荣格在弗洛伊德**精神分析学**基础上调整后提出的理论。(16)

人类学(Anthropology)

关于人性、人性的来源和发展以及人类活动的身体、社会和文化发展的一门学科。这包括对人类永恒问题的反思，如身与心、决定论与**唯意志论**、非理性和理性、个体性和关系性。

联想主义(Associationism)、联想(Associations)

这一观点将更高级的心理过程解释为由**感觉**和(或)心理元素组合而成。对联想过程的依赖是心理学**经验主义**模式的结果，因为联想提供了环境适应和学习的**机制**。在对联想形成的解释中，**接近性**、**关联性**和**相似性**原则在英国**心理被动性**的哲学传统中最为突出。对联想原则的**量化**是巴甫洛夫条件作用理论的一个目标，这被行为主义者所接受。(1、9、17)

原子论(Atomism)、原子(Atoms)

把复杂事件**还原**为构成要素的哲学观点。具体到心理学领域，

---

* 指出现于本书中哪些章节。——编者注

原子论的观点支持将经验**分析**成各个组成部分——例如，将一个观念还原为刺激与反应的联结。此外，原子论的体系认为**还原**分析几乎不会对被分析对象造成损害，因此简单的组成成分足够解释复杂的心理事件。(3、4、8、9、13、17)

行为主义（Behaviorism）

心理学的一个体系，将公开的、**可观察的**和可测量的行为作为其研究主题。最严格的行为主义最初由华生提出，后经过了斯金纳的发展。行为主义拒绝承认心理事件的那些传统研究主题。当代行为主义已经发展成为一个基础广泛的**折中的**心理学体系，在不同程度上强调对可能由不可观察的**机制**或动因所调节的行为过程的研究。(1、14、17、19、20)

佛教（Buddhism）

起源于印度，由佛陀创立（公元前6世纪）并在亚洲广泛传播的一种宗教或哲学。佛教通常规定一种反省和自我否定的生活，这将使个人达到一种极乐境界，并从世俗欲望的束缚中解脱出来。(2)

儒家（Confucianism）

中国思想家孔子（约公元前551—前478年）创立的一种伦理体系，强调社会价值、个人忠诚和家庭纽带。(2)

意识（Consciousness）

个人在任何时间点对主观经验的觉察。在通常用法中，意识是指个体对过去经验和未来意愿的全部觉察，以及不间断的自我认识，这种用法意味着主动的自我反思。意识的具体定义形形色色，既有全面的含义，如威廉·詹姆斯对意识作为时间的连续性和超越性的解释，也有弗洛伊德的有限含义，将意识限于对更主动、更包

容的**无意识**的扭曲反映。(1、3、4、8 — 10、13、14、16、18)

结构(Constructs)

模型和理论中的一种解释工具,仅在间接上与具体的**经验**代指相关。例如,**意识**这一概念是一个结构,因为它被用来解释几个心理过程,但不能直接**观察**到,也不是用具体的、可观察和可测量的事件来定义的。结构常常与**中介变量**相对比,前者比后者具有更少的**观察**参照。(6、17、18、20)

接近性(Contiguity)

联想的一般原则,说明两个或更多事件在时间上一起发生时,它们往往会被联系和维持在一起。英国哲学家休谟、哈特莱和詹姆斯·穆勒在解释联想的获得时,把接近性作为首要原则;其他哲学家,最著名的是约翰·斯图尔特·穆勒和布朗,认为除了接近性还需要其他原则(**如关联性和相似性**)来解释联想。巴甫洛夫的条件作用理论主张,非条件刺激和条件刺激之间的暂时联系是习得能否成功的主要决定因素,而格思里的学习理论则强调接近性是联想的中心原则。(9、17)

关联性(Contingency)

联想的原则,指的是两个或多个事件之间相互依赖的程度,它解释了事件之间的联想。虽然关联性是由英国**经验主义**哲学家提出,但20世纪巴甫洛夫在条件作用理论中对这一原则进行了修正,使其再次得到关注。该理论强调与非条件刺激相关的条件刺激的关联价值与预测价值,例如延迟条件作用程序中的习得训练。(9、17)

宇宙论(Cosmology)

形而上学的一个分支,从终极原则的角度研究整个宇宙和自然界的一般性质。那些试图在物理环境中找到生命基本物质的古希腊

学者可以被称为宇宙论者。寻找宇宙起源和运行的终极理论解释的现代天文学家延续着宇宙论研究的传统。(3、6、12)

演绎、演绎法（Deduction，deductive）

一种**逻辑**过程或顺序，从已知原理或前提推理到未知个例，即从一般到特殊。演绎法与**归纳法**相对应。演绎推理由亚里士多德系统地提出，并在**经院哲学**的方法体系中占主导地位。后来它的价值受到质疑，因为**经验主义**主要以**归纳**为基础，并在**文艺复兴**时期的科学兴起中占有重要地位。(1、3、5、6、12、17)

决定论（Determinism）

在心理学中指的是一种理论或哲学假设，即指定的心理事件或过程完全受特定因素支配，通常超出了个人控制。举例来说，罗马斯多亚学派依从于这样的信念，即所有生命事件都是由命运决定的，与个人的欲望或意图无关。同样地，当代的操作条件作用理论接受了以下可能：对环境事件的完全控制能完美控制行为，这体现出了决定论的观点。彻底决定论与强调个人自由、个人可变性和自由**意志**的观点相反。决定论这一主题在心理学的历史发展和各心理学体系的思想表达中占据着重要地位。(1、3、4、17、18、20)

辩证法（Dialectics）

广义上讲，是指推理中任何扩展的、详细的**逻辑**论证。狭义上讲，是指19世纪哲学家黑格尔设计的一种辩证的逻辑方法，认为一个事件或一个观念（正题）会产生它的相反面（反题），从而调和两者的对立（合题）。历史的进步来自不断重复的循环，而黑格尔的辩证法思想被马克思和恩格斯用来解释社会和自然的变迁。(4、11、18)

二元论（Dualism）

心理学基本的一种哲学假设，其观点是认可人类具有两个基本方面：心理和生理。自从古希腊人提出这一观点后，二元论一直都是西方关于人类心理学的主要前提假设。笛卡儿的身心二元论推动了心理学的现代发展，他提出生理学是对有形的、**物质的**身体的研究；心理学是对无形的、非物质的心灵的研究。二元论不同于**一元论**，一元论假设人类只存在单一的生理或心理方面。作为心理学研究中反复出现的主题，二元论也出现在 20 世纪的心理学体系中，如**精神分析**和第三势力运动。（所有章节）

动力论、动力（Dynamism，dynamic）

一种哲学或心理学解释，用能量或力量来解释事件或活动。主要的例子包括亚里士多德灵魂中的理智与意志间的相互作用，笛卡儿二元论中的身心相互作用，以及经典精神分析理论中的本我、自我和超我之间的剧烈能量交换。这种解释与**静态论**相对，描述关于自我个体身份的无常感或变化感。（1、3、5、7 — 20）

中世纪早期（Early Middle Ages，Early Medieval Period）

这一时期大致从罗马帝国首都迁离罗马（476）一直持续到 11 世纪，在此期间，西欧被战争、疾病和愚昧所笼罩。罗马帝国的古代大城市大部分被遗弃，欧洲人的生活主要集中在农村。学术思想起初停滞不前，随后退步到几乎完全消失的地步。社会结构变为封建制，唯一的国际或部族间的权威机构是教会，其领袖教皇的权力越来越大。（4、5）

折中主义（Eclecticism）

心理学中的一种态度，支持从各种不同体系中选择对于心理问题的不同观点和解释。由此产生的体系试图将从其他理论中获得的有价值的解释融合到一个和谐一致的心理学视角中。在折中的选择中，达成统一性的最常见主题包括了解释心理过程的一些有限目标。例如，古希腊的智者学派是折中的，他们没有寻求一种包罗万象的生命原理，而是将自然和物理事件结合。同样地，20 世纪的美国**机能主义**也是折中的，他们放弃了寻找理论上统一的**意识**心理学，转而收集具有应用价值的**经验主义**资料。（3、14）

经验主义（Empiricism）

一种将经验作为唯一知识来源的**科学**哲学。因此，**感觉**过程构成了环境与主观知识之间的关键环节，通过感觉进行**观察**成为经验科学有效性的标准。科学经验主义和心理学在后**文艺复兴**时期的西方思想中共同发展。经验主义心理学最初在英国哲学传统中得到了全面的表达，随后，在 19 世纪下半叶的德国，两种经验主义模式争夺心理学的最终框架。20 世纪的心理学不同体系的差异主要在于对经验主义的认同程度。（1、7、9、13、17、20）

认识论（Epistemology）

形而上学的一个分支，研究知识的起源、特征、模式和限度。亚里士多德的人类心理学基本上是认识论的，因为他对身心的看法主要是对我们如何获得知识的描述。皮亚杰的发展心理学是一个更现代的认识论样例，因为皮亚杰最终关心的是认知及认知方式。（1、3、5、6、13、18、20）

本质（Essence）

一个源自古希腊学者的哲学主题，代表人物是亚里士多德，他认为在所有生物和非生物物体中，类似的物体共有某些定义性的属性或特征。适用于人类时，指的是每个人都有独特的**存在**，但所有人都具有个人**灵魂**的共同本质。**中世纪**晚期的**经院哲学**家将希腊的本质概念引入基督教思想，使得心理学成为基督教使每个人达到完美本质这一目标的代名词——即灵魂的永恒拯救。因此，对于经院哲学而言，本质先于存在。在19世纪和20世纪，这种经院哲学的本质观受到存在主义哲学的严重挑战，并反映在心理学中的第三势力运动中。(1、3、5、11、18)

进化、进化论（Evolution，evolutionism）

有序的发展和成长过程。进化论支持倾向于**一元论**假设的当代心理学体系，例如**行为主义**，并接受人类与其他动物在种系发生上的一致性。总的来说，达尔文的自然选择理论在进化证据和心理学之间建立了不可分割的联系。(1、8、9、12、14、17、20)

存在（Existence）

在亚里士多德和**经院哲学**的语境中，存在是每个物体在自然界中被**观察**到的个体表达。对于人来说，存在是一种个体存有的状态，表达了所有人共有的普遍**本质**。存在主义哲学挑战了经院哲学的观点，它通过个体存在，即体现存有的行为，来定义一个人的本质，使存在先于本质。(1、3、5、11、18)

存在主义（Existentialism）

一种哲学观点，将个人描绘为个体经验上的孤独甚至是凄凉，强调自由选择并对自身选择负责，特别强调人生有限，死亡难以逃避。(11、18、20)

官能心理学（Faculty psychology）

一种关于心灵或心理过程的观点，认为人类心理源于许多心理能力或特定心理动因，如记忆、理性和**意志**。虽然在古代希腊思想中可以找到官能心理学的痕迹，但这种思想是由**经院哲学**进行阐述的，其更现代的表述则是在德国**心理主动性**的哲学传统中发展起来。正如康德的范畴所展现的，对心理倾向的强调产生了一种独特的观点，即心灵具有一些功能，它们构成了类似心理活动的基础。当代与官能心理学一致的理论包括了智力和人格的特质理论，以及神经科学中的心理模式。（1、3、10、12、17、19、20）

格式塔（Gestalt）

德语单词，字面意思是形状或形式。在心理学中，格式塔意味着构成经验的任何统一的模式或**结构**，其性质是不能**还原**为整体的组成部分或元素，因此统一的整体大于各部分之和。格式塔心理学可以很容易地追溯到德国**心理主动性**的哲学传统，它强调将心理事件看作是**现象**，如果还原为各个部分，就会失去事物的完整性和统一性。（10、13、15、17）

英雄史观（Great person theory）

一种对历史进程的解释，认为由于杰出人士的努力，具有历史和社会意义的重大事件得以发生。这一观点与强调时代精神的**时代史观**解释相对立。（1、11、20）

享乐主义（Hedonism）

心理学中的一种观点，认为个体活动是由感官快乐、物质的肉体的享乐所支配的。例如，古罗马的伊壁鸠鲁哲学主张以享乐主义原则为基础的伦理价值观；在当代心理学中，尤其是在桑代克的效果律中，**强化**的作用是具有享乐主义含义的一个例子。（4、8、17、18）

日心、日心说（Heliocentric，heliocentrism）

一种关于行星系统的理论，认为太阳是宇宙的中心，所有天体都围绕太阳旋转。此外，地球的自转导致了我们所看到的日升与日落。在波兰天文学家哥白尼的支持下，日心说最初从逻辑的简约性上挑战了流行的**地心说**。尽管托勒密体系得到了教会权威的支持，哥白尼的日心体系最终成功地取代了托勒密体系。（6）

印度教（Hinduism）

印度哲学中的各种本土思想体系，教导人们应该寻求一种途径，从特定的个性层次提升到与**宇宙**和谐统一的层次。（2）

整体论（Holism）

认为现实是由有机的或统一的整体或**现象**组成的观点，这些整体或现象超过了它们的部分总和；与**还原论**相对立。（1、12、13、17、20）

人本主义（Humanism）

西方思想中的一种取向，倾向于从个人尊严、理想和兴趣的角度来看待个人。贯穿历史的人本主义思想提升了人类理智的价值，并反对关于生命的**决定论**解释，无论这决定论是源于有神论还是环境控制。在希腊学者关于理性**灵魂**的概念发展，**文艺复兴**时期的艺术与文学以及作为当代第三势力的**人本主义心理学**中，我们都可以看到人本主义的取向。（1、3、5、6、11、13、18）

人本主义心理学（Humanistic psychology）

心理学第三势力运动中一群以美国心理学家为主的群体，他们提出了个人成长的**折中**标准，并主要应用于临床。他们认为每个人都有能力获得真正的心理层面的幸福感，其特征是自我实现，以及在真诚的现实**知觉**中拥有完全整合的主观目标、愿望和期望。（18、20）

人文科学模式（Human science）

一般来说，指的是关于心理学定义和方法的一系列假设，承认人类动机和动力活动的复杂性，并认为人类心理与其他形式的生命有着质的不同。此外，人文科学模式对各种方法策略持开放态度，只要它们是在**经验科学**的开放式定义范围内。人文科学模式与**自然科学**模式相反，后者将心理学定义为一种**可观察的**活动，这种定义相对具有局限性，没有区分来自不同物种的心理活动的类型，而是试图利用自然科学或物理科学的方法来塑造心理学。（13、16、18、20）

假设演绎法（Hypothetico-deductive）

科学中的一种系统性方法，可以以**逻辑**或**经验**为基础，它涉及一系列初步被接受的初始原则，随后在这些原则最终被纳入普遍定理之前，对其所有含义进行检验。希腊数学家毕达哥拉斯为这种方法的逻辑严密性提供了一个早期的例子；在当代心理学中，这种方法的实践运用可以在赫尔**行为主义**的系统理论中看到。（3、17）

特殊规律研究法（Idiographic）

从单个个体的角度来描述心理事件和过程，与强调群体性或规范性描述的**一般规律研究法**不同。特殊规律研究法是**人本主义心理学家**的代表性研究方法。（1、18、20）

个体心理学（Individual psychology）

阿德勒在弗洛伊德**精神分析学**基础上调整后提出的理论。（16）

归纳法（Induction）

推理的逻辑过程或顺序，指从已知的具体原则推理出某个普遍陈述，从而涵盖适用于原则的所有实例，即从特殊到一般。归纳逻辑与**演绎**逻辑相对应。归纳法构成了科学中**经验主义**方法的逻辑基础，因为特定**观察**结果的结论需要检验其概括性，以涵盖类似观察的所有可能结果。（1、3、5、6、12、20）

天赋观念（Innate ideas）

一种哲学假设，认为心灵天生就有内容。心灵的先天内容可能是特定的，比如笛卡儿认为每个人生来就知道上帝，又或者荣格提出的集体**无意识**的原型。认为心灵倾向于某些认知模式的观点，例如康德的观点和后来的格式塔心理学，符合天赋观念论以及更通常意义的**先天论**。（1、3、10、11、15、16、20）

互动论（Interactionism）

一种对心理和身体过程的哲学解释，认为心理和身体虽然是分开的实体，但相互影响。这种观点与**并行论**相反，后者认为身心没有相互作用，虽然方向相同，但各自独立发展。当代互动论的一个例子是**精神分析**，认为心灵**无意识**的能量支配着所有的人类过程，包括了身体反应。（5、8 — 11、15、16、20）

中介变量（Intervening variable）

一种相对特定的过程或事件，被假定为对**可观察**事件的直接连接。例如，巴甫洛夫的条件**联想**可用作中介变量，来解释条件刺激（CS）和条件反应（CR）之间的关系如何成功建立。CS 和 CR 都是可观察事件，条件联想的连接则直接由这些事件推断出来。中介变量通常与**结构**形成对比；两个概念都被用作一种解释**机制**，但中介变量比结构具有更直接的**操作性**和**经验性**代指。（17）

内省（Introspection）

广义上讲，是指个人对主观经验的反省或沉思。有记载的内省文献在文学作品中比比皆是，圣奥古斯丁的《忏悔录》也许就是最著名的例子。狭义上讲，内省是冯特用来研究心理学的实验方法。在他的**构造心理学**中，内省成为一种精确控制的方法，通过内省，训练有素的心理学家可以研究直接经验的内容。（4、6、13）

逻辑学（Logic）

关于正确推理的研究和方法。逻辑学由亚里士多德进行了系统化，它包含了这样一条标准，即通过有条理的、有次序的**演绎**和**归纳**过程来确定论点的有效性。虽然**经验**方法是逻辑的，但并非所有的逻辑方法都是经验的，因为逻辑论证可能完全基于**理性**抽象，正如后**文艺复兴**时期经验**科学**出现之前的情况一样。（2、3、5、6、20）

唯物主义（Materialism）

一种哲学观点，认为物质是唯一的真实，一切物体和事件，包括思维、**意志**和情感等心理过程，都可以用物质来解释。唯物主义的假设往往等同于物理主义，因为后者持有类似的观点，即心理事件是基于身体过程的物理**机制**。唯物主义反对那些强调心理**结构**的心理学观点。（1、3、5、8、13、17、20）

机械论（Mechanism）

一种哲学观点，假定身体和心理过程的系统性运作产生了所有心理经验；也可以指心理学中的机械观。通常，机械的解释认为身体机制是所有心理事件的基础，从而排除了心理**结构**的必要性。机械论与**活力论**形成了鲜明对比，活力论认为存在某种不同于物理机制的生命动因。关于学习的机械观体现在当代条件作用理论中，它将**联想**解释为神经系统中的感觉-运动关系。（3、8、20）

医学模式（Medical model）

应对精神病理学或心理异常的一种方式。这种方式采取医生的应对策略，认为**行为**表现是某些内部心理问题的表征。例如，**精神分析**认为外显活动重要，仅仅因为它们是不可观察的、主要是**无意识**的心理动力的反映。心理学的医学模式方法可以与行为模式进行

对比，后者将**可观察的**活动视为治疗的关键方法。(16、17)

中世纪（Medieval period）

欧洲历史上从**中世纪早期**到**文艺复兴**之间的时期，持续时间大约在公元1000—1500年。这一时期的特点是教皇统治着社会和政治，欧洲民族国家开始出现，以及学术的逐渐复兴。**经院哲学**是中世纪欧洲的主要学术成就。(4—6)

心理主动性（Mental activity）、唯心主义（mentalism）

统治德国哲学传统的心理学核心假设。这一观点从根本上认为，某些动因，如心灵，独立且区别于身体，负责更高级的思考、**意志**和知觉等心理过程。头脑是主动的和动力的，而且在不同程度上，它能产生知识，其内容并不完全依赖于环境的输入。强调心理主动性的当代心理学观点包括了**精神分析**、第三势力运动以及一定程度上的格式塔心理学。(1、4、5、9、10、11、13、15、16、18、20)

心理被动性（Mental passivity）

英国哲学传统中**经验**心理学的基础，在这一传统中，心灵主要被视为一个反应性的接收装置，其内容依赖于环境的输入。心理被动性是指将环境中**可观察**事件作为**感觉**过程的实质，以此来研究心理过程。此外，获得环境知识是有价值的，因其协助了生物体的适应过程。心理被动性与心理主动性相反，后者认为心灵能通过自身能力作用于环境输入。心理被动性这一假设在**行为主义**心理学中普遍存在。(1、4、5、8、9、11、13、14、17、20)

形而上学（Metaphysics）

哲学的一个分支，涉及存在或真实的终极解释和第一原理（**本体论**）、宇宙的性质和结构（**宇宙论**）以及对认识的研究（**认识**

论）。在科学史上，形而上学和**经验**心理学往往是对立的，因为**经验主义**的发展建立在**观察**的基础之上，它用可证明的事实从根本上取代了对心理事件的形而上学解释。（1、3、18、20）

整体行为（Molar behavior）、整体论（molarism）

以相对较大的单位定义的整体行为观，强调行为的统一性和目的性。整体行为与**分子行为**形成对比，后者往往导致**原子论**和**还原论**。托尔曼将格式塔心理学的一些**现象学**要点融入**行为主义**中，是行为主义中一种典型的整体性方法。（1、15、17）

分子行为（Molecular behavior）、分子论（molecularism）

这一观点通过小的分割单位的集合来定义行为，如肌肉或腺体的活动。**原子论**是关于行为的分子解释，其**逻辑**是将行为的单位还原为神经生理学或神经化学层面的**分析**。分子行为与**整体行为**相对立。（1、15、17）

单子论（Monadology）

莱布尼茨的哲学理论，他假设存在"单子"，将其界定为赋予生命的实体，是生命的最基本单位。单子在本质上为这个世界提供了活动的动因。人的**灵魂**是最主动的单子。作为德国心理学哲学传统的奠基人，莱布尼茨为这一传统的发展方向留下了主动性的印记，导致一种基于动力的、自我生成的**心理主动性**假设的心理学出现。（10）

一元论（Monism）

心理学的一种哲学假设，认为心理学只有一种实在或原则，这种实在或原则通常是基于身体的**唯物主义**。在文艺复兴后期斯宾诺莎的倡导下，心理学的一元论体系否认了**二元论**的心理主动性。一元论的发展与**经验**心理学本身的发展是并行的，因此唯物主义一元论在当代许多心理学思想中占据主导，这从**行为主义**和**反射学**的理论中可以看出来。唯心主义的一元论则是一个不那么普遍的观点，它将基于心灵的**唯心主义**视为心理学的首要原则，并通常把物质身体视为一种幻觉，这种观点在某些形式的佛教思想与后现代心理学方法中表现得很明显。(1、2、3、7—9、17、20)

先天论（Nativism）

特指**天赋观念**的学说，在心理学中通常表示任何遗传的能力、倾向或态度。先天论与**经验主义**相对立，它体现在荣格的**集体无意识**、格式塔心理学的**知觉**倾向和乔姆斯基的语言获得装置等多种结构中。(所有章节)

自然主义（Naturalism）

一种哲学观点，认为我们所认识和经历的自然世界是唯一确定的现实。伦理标准源自自然界中的法则关系。如果上帝或其他超自然力量存在，这种影响也不是决定人类活动方向的原因。从早期希腊人通过特定自然事件来解释生命，到斯宾诺莎将上帝力量等同于自然力量，自然主义是西方心理学中反复出现的主题。(1、3、7)

自然科学模式（Natural science）

通常指关于心理学的定义和研究的一系列假设，支持将心理事件看作是基于**唯物主义**或物质的**可观察**过程。这些假设转化为一种**经验主义**方法论，其本质上与生物学、化学和物理学等科学研究所采用的经验主义方法论相同。自然科学模式与**人文科学**模式相对立，后者认为人类心理活动与其他生命形式有质的差别。(13、14、20)

一般规律研究法（Nomothetic）

用能适用于群体或规范性标准的一般规律来描述心理事件和过程。一般规律研究法与**特殊规律研究法**相对立，后者强调个体，而

非群体。(1、18、20)

观察法(Observation)

观察者通过自身**感觉**觉察来检验事件细节的严谨行为。观察包括了对被观察事件的直接感觉经验，或是使用仪器作为事件和观察者感觉过程之间的媒介。观察法是**经验科学**的核心，它可以是非正式的描述，也可以是正式的控制过程，例如实验法。在心理学中，观察是界定心理学主题的关键维度。例如，一个未被直接观察到的过程可以很容易与直接观察到的事件区分开来，前者的例子是**精神分析**理论中自我对本我的调节，后者的例子是条件**反射学**中的条件反应程度。(1、3、5、6、12、13、17、20)

本体论(Ontology)

形而上学的一个分支，研究存在的终极性质和关系。本体论试图探寻决定一个事物的抽象概念。那些认为无形**灵魂**的存在是终极生命要素的哲学思考就属于本体论研究。(3 — 5)

操作主义(Operationalism)

一种科学观点，提倡根据产生事件的可识别、可重复的过程来定义一个科学事件。作为一种正式的学说，操作主义起源于 20 世纪初的逻辑**实证主义**运动，它试图摆脱科学问题中的多余意义和伪问题。应用到心理学领域，操作主义主张根据**观察**到事件发生所需的程序来定义心理事件。例如，饥饿在操作上可以被定义为 24 小时不进食所产生的动机状态。(1、3、7、13、17、20)

范式(Paradigm)

科学中的一种模型或模式，它能容纳与特定问题有关的各种形式的多样性和可变性。例如，如果将观念的联想等同于条件作用，那么条件作用模式就是解释所有形式的**联想**的框架。(1、13、20)

平行论（Parallelism）

一种对心理和身体过程的普遍解释，认为心灵和身体是功能上分离而又平行的独立实体。作为**二元论**中的一种解释，平行论与**互动论**相对立，后者强调心理能作用于身体，反之亦然。平行论的一个当代例子是**格式塔**心理学家通过同形论原理提出的心物平行论，表明在物质脑场的兴奋与经验的知觉领域之间存在一种动态的一致性。(9、10、13、15、20)

简约性（Parsimony）

一种科学论断，提倡解决方法的简单性，例如奥卡姆剃刀。(4、6)

知觉（Perception）

依赖于**感觉**输入的经验，但其内容和组织通常来源于以前的经验或倾向。知觉通常被解释为一种认知过程，与**感觉**不同，后者通常被定义为只是感觉经验。感觉过程和知觉过程之间的确切区别并不清晰，而且随着心理学模式的不同而不同；因此，这两个术语经常被互换使用，或是表明同一维度上复杂程度的不同。知觉研究是心理学研究的基本领域之一，为贯穿整个心理学史的所有体系和理论提供了重要主题。(3、8、9、12、13、15、20)

现象学（Phenomenology）

心理学和其他学科中的一种方法论，侧重于事件和经验的统一性和完整性。作为一种研究态度，现象学或许是非正式的，允许以各种方式来自由表达观察者观察到的事件，从而使观察者能够超越事件的组成元素来把握其整体性。普尔基涅生理研究的**观察**方法是非正式现象学的一个例子。系统的、正式的现象学的一个例子是胡塞尔关于观察的具体程序的方法。(12、13、15、18、20)

现象主义、现象（Phenomenalism，phenomenon）

从字面意义看，就是显现的事物。在心理学中，现象通常被描述为被经验为统一的、不可分析的事件。心理经验是现象的，这一观点与认为经验能够**分析**成各种成分的假设形成了对比。作为心理学中研究现象的一个例子，**格式塔**心理学家提出这样的原则：对环境对象的**知觉**是一种经验，它不可还原为**感觉**元素，而是由人与环境的整个互动过程构成，从而产生了经验的完整性和统一性。（12、13、15、18）

颅相学（Phrenology）

18 世纪和 19 世纪的一种学说，把特定的心理能力或特征与脑区大小和颅骨轮廓联系起来，这些区域被认为是特定能力的所在。从本质上讲，颅相学试图为普遍流行的**官能心理学**哲学观点奠定物理基础。然而，这一学说完全是伪医学，随后的神经生理学研究表明，颅相学是完全站不住脚的。（12）

柏拉图主义（Platonism）

基于柏拉图著作的总体哲学观。在心理学方面，柏拉图主义强调**感觉**知识的不可靠性和身体激情的内在邪恶；只有人类**灵魂**的智慧才能提供通往真理、知识和理解的钥匙。在罗马帝国统治时期，人们对柏拉图的观点重新产生了兴趣，这被称为新柏拉图主义，它导致柏拉图思想主要通过圣奥古斯丁的著作被吸收进入基督教教义。（3、4）

积极心理学（Positive psychology）

当代心理学的一种方法，试图通过重新关注人类繁荣的根源和特点，来纠正现代心理学对精神病理学的病因和治疗方法的极度重视。从理论上讲，积极心理学植根于不同文化（如儒教、佛教、雅

典思想、犹太基督教等）的经典美德传统，它试图通过一种有计划的经验研究来探究和促进人类的性格力量和美德。(20)

实证主义（Positivism）

认为知识完全来自**感觉**经验的哲学体系，摒弃一切关于**神学**和**形而上学**的知识来源。实证主义在19世纪通过孔德流行起来，主张科学研究必须以**观察**为中心，避免猜测。实证主义和**经验主义**在本质上是一致的，因为两者都依赖于经验观察者来获得科学数据。在20世纪，一场被称为逻辑实证主义的运动提出经由**操作性**定义来规定真正的科学问题，从而实现所有科学的统一，更加激进地强调了观察的重要性。(3、7、9、12、13、17、20)

实用、实用主义（Pragmatic，pragmatism）

一种美国哲学观，最初由威廉·詹姆斯和查尔斯·皮尔斯提出，但可以追溯到古希腊智者学派和边沁的**功利主义**，该观点主张从结果的适用性和效用性角度来诠释真理和概念的意义。实用主义为心理学的**机能主义**观点提供了理论依据。(3、9、14)

精神分析（Psychoanalysis）

一种心理学体系，以**无意识**动机这一概念为基础，最初源自弗洛伊德，后来由其他人进行了修订。精神分析也指心理治疗技术，主要包括自由联想和梦的分析，这些是弗洛伊德理论体系的产物，用来处理潜在的无意识冲突的象征和行为表现。(1、16)

心理物理学（Psychophysics）

关于环境刺激的物理特性与**感觉**经验强度之间关系的研究。从历史来看，心理物理学恰恰在19世纪70年代心理学独立之前出现，心理物理学家发展出了创新的研究方法，这些方法至今依然在心理学领域使用。(3、12)

定性方法、定性、性质（Qualitativism，qualitative，quality）

一种经验方法，对特征或结构进行有意义的描述，与进行数字等级测量获得数量的方法相反。（1、11、13、18、20）

定量方法、定量、数量（Quantitativism，quantitative，quantity）

一种经验方法，以数字或数量的测量为特征，与对**性质**进行有意义描述的方法相反。（1、11 — 13、17、20）

理性心理学（Rational psychology）

认为存在着具有不朽性和精神渴望等特征的精神或**灵魂**的心理体系与理论。从这个意义上说，阿奎那的**经院哲学**心理学和笛卡儿的心理学都属于理性心理学，因为这两种观点都认可上帝创造和培育的人类灵魂的本质特征。理性心理学也被用来描述那些二**元论**解释，强调**心理主动性**能独立于**感官**输入提供知识。从这个意义上说，理性心理学类似于**官能心理学**，后者是一种源自德国哲学传统的心理学观点，康德和沃尔夫的著作就是例证。（5、7、10、11）

理性主义（Rationalism）

一种哲学倾向，与其他标准相比（如**经验主义**或信仰），它把理性的运用和权威作为追求知识的最终标准。（1、3 — 5、8 — 11、18、20）

还原论（Reductionism）

用更简单的基本元素解释复杂过程或**观察**的一种科学方法。这种**分析**认为，复杂水平可以在更简单水平上得到完全理解。还原论与所有的**现象学**方法对立。**反射学**将**联想**作为条件作用要素之间关系的产物，这种解释是还原论的一个例子。还原论是许多**经验主义**应用的固有部分，特别是那些强调**操作主义**的应用。（12、13、17、20）

反射学（Reflexology）

这一观点认为心理过程可以通过**感觉**—运动关系的生物学**联想**

来解释。现代反射学在谢灵顿的神经生理学中奠定了坚实的基础，随后由巴甫洛夫和他的继任者系统地发展起来。(12、17)

宗教改革（Reformation）

16 世纪的一场运动，最初试图在罗马天主教内部纠正一些职权滥用，但后来也对教义问题提出了争议，导致新教教派的建立。天主教会试图通过反宗教改革来给予回应，这项改革重组了教会，强化了神职人员的纪律。(5、6)

强化（Reinforcement）

一种学习原则，认为积极或奖励事件有助于**联想**的习得，而消极或惩罚的事件则抑制联想的习得。在巴甫洛夫的条件作用中，无条件刺激是强化源；在操作性条件作用中，反应的结果是强化源。行为主义者不同意强化对学习过程的具体影响，但他们普遍接受强化源对于学习发生的必要性。(17)

相对主义（Relativism）

一种哲学观点，认为真理，特别是道德真理，是由在某一时间点上持有它的个人或群体所界定的，与**普遍主义**相对立。(1、20)

文艺复兴（Renaissance）

字面意思是“重生”，用来描述 14 至 16 世纪欧洲艺术、文学和学术活动的复兴。从意大利开始，文艺复兴席卷整个欧洲，促进了人们对人性本身的兴趣提升以及对人类理智能力的着迷，而这主要是以失去对生活的精神方面的关注为代价。(6)

修辞学（Rhetoric）

关于在口头和书面交流中有效使用词汇的研究。修辞学被认为是古希腊学院的一门基础学科，在**中世纪**大学的课程中占有突出的地位。(3、5)

浪漫主义（Romanticism）

18 世纪后期开始的一场理智和艺术运动，强调强烈的情感、想象力、个人主义以及对传统标准的挣脱。(11、13、18、20)

经院哲学（Scholasticism）

以亚里士多德的基本教义为基础的基督教哲学体系。经院哲学起源于中世纪晚期的大学，并在圣托马斯·阿奎那的著作中达到鼎盛，它成功地提升了人类理性的地位，通过教会权威使之成为信仰之外的又一知识来源。经院哲学导致了一种**理性心理学**，把理性和意志视为心理过程的最终来源。(5)

科学（Science）

从最广义上讲，是指获得知识或认识。然而，这个术语已经演变成对自然世界的系统研究，其方法基础主要是**观察**。随着**经验主义**的兴起，逻辑观察成为科学的一个关键特征；对于心理学来说，经验主义支配着科学心理学这一定义背后的许多假设。这些有控制的观察法产生了一个心理学研究的**自然科学模式**；同时也提出了一个**人文科学模式**，涉及一种开放的、不那么僵化的经验研究形式。(1、6、12、13、20)

感觉（Sensation）

由感官输入构成的基本经验单位。尽管感觉与**知觉**经常互换使用，但两者实际上存在着区别，前者是后者未经分析的元素。感觉过程提供了挑战性的主题，这些主题在不同心理学体系之间有所区别。(8、12、13、15、20)

相似性（Similarity）

联想的一种原则，指一个特定事件在多大程度上能唤醒另一个在某维度上类似的事件。长期以来，英国**经验主义**传统中的联想主义者认为相似性是联想的一个基本原则，并在条件作用理论中也占有重要地位。例如，刺激泛化的基本学习过程和巴甫洛夫关于扩散的观点，都是对相似维度的刺激反应的结果。(9、17)

怀疑论（Skepticism）

一种哲学信念，认为所有的知识都必须不断地受到质疑，而学术研究的过程始于怀疑。持怀疑态度的人会质疑基于某种权威的知识的有效性。从历史上看，**经验主义**得到了持怀疑论态度的科学家的支持，他们宣称现有的知识是可疑和脆弱的，除非能通过**感觉观察**得到证明。(3、6、7)

灵魂（Soul）

灵魂被看作是生物和人拥有的赋予生命的实体，它被看作是人的不朽和精神方面，没有身体和物质的存在，却解释了思考和**意志**这些心理过程。灵魂也许是心理学中最古老的主题，其名称来源于希腊语 psyche。起初是为了寻找所有生命共有的某些基础本质，希腊学者最终提出了灵魂的概念，并由亚里士多德在西方思想中将其系统化。这一概念最终被基督教化，并通过**经院哲学**完整地出现在后**文艺复兴**时期的欧洲。在当时，笛卡儿提出了心身二**元论**，认为心理学是对人类经验的心灵层面的研究，生理学则是对人类经验的身体层面的研究。直到 19 世纪和 20 世纪，随着**经验科学**中**唯物主义**的兴起，心理学中的灵魂概念才受到严峻挑战。(2、3、4、5)

静态论（Staticism）

一种信念和承诺，认为存在一个稳定且长久的自我、心灵或灵魂的实体，它支持个人的同一性。这一观点与**动态论**相反。(1)

构造心理学（Structural psychology）

一个心理学体系，又称为“内容心理学”，它把其主题定义为研究正常成年人心灵**意识**中的直接经验。此外，该体系将由训练有素的观察者严格控制的内省过程作为其独有的研究方法。构造心理学主要由冯特创建，由铁钦纳在美国倡导，它在心理学的定义和研究方法上都有局限性。从创建伊始，构造心理学的局限性就被批评家们所认识，他们认为对直接经验的研究产生了基于刺激物理属性的**感觉**观察。在这样的限制下，心理学很容易在**逻辑上还原**为物理学。构造心理学在很大程度上成为其他模式反对的靶子。到了 1930 年，构造心理学已经不再是一种可行的心理学理念。（13 — 15）

神学（Theology）

关于上帝以及上帝与宇宙关系的学问。与基于信仰或启示获得关于上帝的知识相比，神学利用人类理智能力中的理性来探究上帝。系统的神学由阿奎那在**经院哲学**运动中正式提出，它在逻辑上论证了第一原理（至少有一个非人格化的上帝）的必要性，该原则可以被描述为“无因之因”或“原动者”。在经院哲学的统治下，西方心理学和神学实际上是同义词。后来，另一种神学的**理性主义**系统化由黑格尔的追随者在 19 世纪发展起来，却遭到了克尔恺郭尔的反对。（2 — 5、11、18）

拓扑学（Topology）

数学的一个分支，研究几何图形的维度和抽象属性，能使其在处于扭曲状态时仍然保持恒定。勒温用拓扑学的类比来描述人与环境之间的相互作用关系。（15）

无意识（Unconscious）

一个通用术语，用来描述那些不在人的觉察或**意识**范围内的心理活动水平。作为 19 世纪德国哲学的重点，无意识有着各种各样的诠释，从无意识斗争到心理物理学中的阈下**感觉**测量。然而，正是弗洛伊德通过他的能量交换模型，以无意识动机为基础构建了一个完整的人格系统。在当代心理学中，无意识主要见于**精神分析**的解释。(10、12、16)

普遍主义（Universalism）

一种哲学观点，认为真理，特别是道德真理，是绝对和永恒的存在，并适用于一切。这一观点与**相对主义**相对立。(1，20)

功利主义（Utilitarianism）

一种哲学观点，将实用性作为最高标准或理想，最初作为一种伦理理论由杰里米·边沁提出，并得到约翰·斯图尔特·穆勒和威廉·詹姆斯的支持。(9、14、17、20)

活力论（Vitalism）

一种哲学观点，认为生命和心理过程是由一种生命力量或动因引起和维持的，它不同于独立于身体的物理**机械论**。从亚里士多德哲学和**经院哲学**中关于**灵魂**动力的传统理论到第三势力运动中的观点，大多数心理学的二**元论**假设都属于活力论，强调个体对**存在**的定义以及**意志**的重要性。(2、3 —5、13、18、20)

唯意志论（Voluntarism）

强调**意志**和动机在解释心理或行为活动中首要地位的哲学和心理学观点。(1、6、8、10、11、13、18、20)

意志（Will）

一般来说，是指自愿追求目标和抱负的动机能力。在基督教化的**灵魂**概念中，意志和理智被视为主要的心理功能。在这一背景下，善的冲动被追求，恶的欲望被抑制，以达到人类的完美。某些观点认为意志是非理性的，由**无意识**决定，这为弗洛伊德将本我能量作为动机原则的理论提供了哲学基础。更新近的理论质疑了个人动机中意志与自由的存在（如斯金纳），这些观点与**唯物主义**相一致。(2—5、10、13、18)

时代史观（Zeitgeist）

字面意思是“时代精神”。这里是指一种对历史趋势的解释，表示特定时期的理智和社会力量推动了进步，并驱使个人去表达这一时代的变化。这种对历史发展的解读与**英雄史观**形成对照。(1、20)

参考文献

第 1 章

常用资料

Berry, J., Poortinga, Y., Segall, M., & Dasen, P. (1992). *Cross-cultural psychology: Research and applications*. Cambridge, UK: Cambridge University Press.

Boring, E. G. (1942). *Sensation and perception in the history of experimental psychology*. New York, NY: Appleton-Century.

Boring, E. G. (1950). *A history of experimental psychology* (2nd ed.). Englewood Cliffs, NJ: Prentice Hall.

Boring, E. G., Langfeld, H. S., Werner, H., & Yerkes, R. (Eds.). (1952). *A history of psychology in autobiography* (Vol. 4). Worcester, MA: Clark University Press.

Boring, E. G., & Lindzey, G. (Eds.). (1967). *A history of psychology in autobiography* (Vol. 5). New York, NY: Appleton-Century-Crofts.

Copleston, F. (1982). *Religion and the one: Philosophies East and West*. New York, NY: Crossroad.

Dennis, W. (1948). *Readings in the history of psychology*. New York, NY: Appleton-Century-Crofts.

Diamond, S. (1974). *The roots of psychology*. New York, NY: Basic Books.

Drever, J. (1960). *Sourcebook in psychology*. New York, NY: Philosophical Library.

Durant, W. (1954). *Our Oriental heritage*. New York, NY: Simon & Schuster.

Gergen, K. J., Gulerce, A., Lock, A., & Misra, G. (1996). Psychological science in cultural context. *American Psychologist*, *51*, 496 - 503.

Hearnshaw, L. S. (1987). *The shaping of modern psychology*. London, UK: Routledge and Kegan Paul.

Heidbreder, E. (1963). *Seven psychologies*. Englewood Cliffs, NJ: Prentice Hall. (Original work published 1933)

Henle, M., Jaynes, J., & Sullivan, J. (1973). *Historical conceptions of psychology*. New York, NY: Springer.

Hergenhahn, B. R., & Henley, T. B. (2014). *An introduction to the history of psychology* (7th ed.). Belmont, CA: Wadsworth/Cengage.

Herrnstein, R. J., & Boring, E. G. (1965). *A source book in the history of psychology*. Cambridge, MA: Harvard University Press.

James, W. (1910). *Psychology* (Briefer course). New York, NY: Henry Holt and Company. (Original work published 1892)

James, W. (1979). *The will to believe and other essays in popular philosophy*. Cambridge, MA: Harvard University Press. (Original work published 1897)

Lindzey, G. (Ed.). (1974). *A history of psychology in autobiography* (Vol. 6). Englewood Cliffs, NJ: Prentice Hall.

McDougall, W. (1936). *Psycho-analysis and social psychology*. London, UK: Methuen & Co. Ltd.

Madsen, K. B. (1988). *A history of psychology in metascientific perspective*. Amsterdam, The Netherlands: Elsevier Science Publishing Co.

Marx, M. H., & Cronan-Hillix, W. A. (1987). *Systems and theories in psychology* (4th ed.). New York, NY: McGraw-Hill.

Münsterberg, H. (1914). *Psychology: General and applied*. New York, NY: D. Appleton and Company.

Murchison, C. (Ed.). (1930 – 1936). *A history of psychology in autobiography* (Vols. 1 – 3). Worcester, MA: Clark University Press.

Nakayama, S., & Sivin, N. (Eds.). (1973). *Chinese science: Exploration of an ancient tradition*. Cambridge, MA: MIT Press.

Needham, J. (1970). *Clerks and craftsmen in China and the West*. Cambridge, UK: Cambridge University Press.

Orleans, L. A. (Ed.). (1980). *Science in contemporary China*. Stanford, CA: Stanford University Press.

Peters, R. S. (Ed.). (1962). *Brett's history of psychology* (Rev. ed.). Cambridge, MA: MIT Press.

Roback, A. A. (1964). *History of American psychology* (Rev. ed.). New York, NY: Collier. (Original work published 1952)

Robinson, D. N. (1981). *An intellectual history of psychology* (Rev. ed.). New York, NY: Macmillan.

Robinson, D. N. (1997). *The great ideas of psychology [48 DVD lectures]*. Chantilly, VA: The Great Courses.

Sahakian, W. S. (1968). *History of psychology: A source book in systematic psychology*. Itasca, IL: F. E. Peacock.

Singer, C. J. (1959). *A short history of scientific ideas to 1900*. Oxford, UK: Clarendon Press.

Spearman, C. (1935, September). The old and the young sciences of character. *Character and Personality*, *4*, 11 - 16.

Spearman, C. (1937). *Psychology down the ages* (2 vols.). New York, NY: Macmillan.

Van de Kemp, H. (1984). *Psychology and theology in Western thought, 1672 - 1965: A historical and annotated bibliography*. Millwood, NY: Kraus International Publications.

Wertheimer, M. (1979). *A brief history of psychology* (Rev. ed.). New York, NY: Holt, Rinehart, and Winston.

心理学史的研究方法

Allport, G. W. (1940). The psychologist's frame of reference. *Psychological Bulletin*, *37* (1), 1 - 28.

Ball, L. C. (2012). Genius without the "great man": New possibilities for the historian of psychology. *History of Psychology*, *15*, 72 - 83.

Boring, E. G. (1955). Dual role of the Zeitgeist in scientific creativity. *Scientific Monthly*, *80*, 101 - 106.

Brozek, J. (1969). History of psychology: Diversity of approaches and uses. *Transactions of the New York Academy of Sciences*, *31*, Serial II, 115 - 127.

Burger, T. (1978). Droysen and the idea of Verstehen. *Journal of the History of the Behavioral Sciences*, *14*, 6 - 19.

Buss, A. R. (1977). In defense of a critical-presentist historiography: The fact - theory relationship and Marx's epistemology. *Journal of the History of the Behavioral Sciences*, *13*, 252 - 260.

Buss, A. R. (1978). The structure of psychological revolutions. *Journal of the History of the Behavioral Sciences*, *14*, 57 - 64.

Coan, R. W. (1968). Dimensions of psychological theory. *American Psychologist*, *23*, 715 - 722.

Coan, R. W. (1978). Toward a psychological interpretation of psychology. *Journal of the History of the Behavioral Sciences*, *9*, 313 - 327.

Elrington, A. (1936). Is psychology possible? *Blackfriars*, *17* (196), 491 - 496.

Flanagan, O. J. (1981). Psychology, progress, and the problem of reflexology: A study in the epistemological foundations of psychology. *Journal of the History of the Behavioral Sciences*, *17*, 375 - 386.

Helson, H. (1972). What can we learn from the history of psychology? *Journal of the History of the Behavioral Sciences*, *8*, 115 - 119.

Hilgard, E. R. (1982). Robert I. Watson and the founding of Division 26 of the American Psychological Association. *Journal of the History of the Behavioral Sciences*, *18*, 308 – 311.

Jaynes, J. (1969). Edwin Garrigues Boring (1886 – 1968). *Journal of the History of the Behavioral Sciences*, *5*, 99 – 112.

Kantor, J. R. (1963, 1969). *The scientific evolution of psychology* (Vols. 1 & 2). Chicago, IL: Principia Press.

Kuhn, T. (1970). *The structure of scientific revolutions* (2nd ed.). Chicago, IL: University of Chicago Press.

MacKenzie, B. D., & MacKenzie, S. L. (1974). The case for a revised systematic approach to the history of psychology. *Journal of the History of the Behavioral Sciences*, *14*, 324 – 347.

Manicas, P. T., & Secord, P. F. (1983). Implications for psychology of the new philosophy of science. *American Psychologist*, *38*, 399 – 413.

Mayr, E. (1994). The advance of science and scientific revolutions. *Journal of the History of the Behavioral Sciences*, *30*, 328 – 334.

Richards, R. J. & Daston, L. (Eds.). (2016). *Kuhn's structures of scientific revolutions at fifty: Reflections on a science classic*. Chicago, IL, University of Chicago Press.

Ross, B. (1982). Robert I. Watson and the founding of the Journal of the History of the Behavioral Sciences. *Journal of the History of the Behavioral Sciences*, *18*, 312 – 316.

Ross, D. (1969). The "Zeitgeist" and American psychology. *Journal of the History of the Behavioral Sciences*, *5*, 256 – 262.

Shapere, D. (1976). Critique of the paradigm concept. In M. H. Marx & F. E. Goodson (Eds.), *Theories in contemporary psychology* (2nd ed.). New York, NY: Macmillan.

Stocking, G. W. (1965). On the limits of "presentism" and "historicism" in the historiography of the behavioral sciences. *Journal of the History of the Behavioral Sciences*, *1*, 211 – 217.

Turner, M. (1967). *Philosophy and the science of behavior*. New York, NY: Appleton-Century-Crofts.

Watson, R. I. (1967). Psychology: A prescriptive science. *American Psychologist*, *22*, 435 – 443.

Watson, R. I. (1971). Prescriptions as operative in the history of psychology. *Journal of the History of the Behavioral Sciences*, *7*, 311 – 322.

Watson, R. I. (1974). *Eminent contributors to psychology. Vol. I. A bibliography of primary references*. New York, NY: Springer.

Watson, R. I. (1976). *Eminent contributors to psychology. Vol. II. A bibliography of secondary references*. New York, NY: Springer.

Wettersen, J. R. (1975). The historiography of scientific psychology. *Journal of the History of the Behavioral Sciences*, *11*, 157 – 171.

第 2 章

常用资料

Barrett, W. (1956). *Zen Buddhism: Selected writings of D. T. Suzuki*. Garden City, NY: Doubleday.

Coleman, D. (1981). Buddhist and Western psychology: Some commonalities and differences. *Journal of Transpersonal Psychology*, *13*, 125 – 136.

Copleston, F. (1982). *Religion and the one: Philosophies east and west*. New York, NY: Crossroad.

Durant, W. (1954). *Our oriental heritage*. New York, NY: Simon and Schuster.

Hayashi, T. (1994). Indian mathematics. In I. Grattan-Guinness (Ed.), *Companion encyclopedia of the history and philosophy of mathematical sciences* (Vol. 1; pp. 118 – 130). London, UK: Routledge.

Murphy, F. & Murphy, L. B. (1968). *Asian psychology*. New York, NY: Basic Books.

Nakayama, S. & Sivin, N. (Eds.). (1973). *Chinese science: Exploration of an ancient tradition*. Cambridge, MA: MIT Press.

Petzold, M. (1984). The history of Chinese psychology. *History of Psychology Newsletter*, *16*, 23 – 31.

第 3 章

原始文献

Aristotle. (1941). *Basic works* (R. McKeon, Trans.). New York, NY: Random House.

Hippocrates. (1978). *Hippocratic writings* (G. E. R. Lloyd, Ed.; J. Chadwick, W. N. Mann, I. M. Lonie, & E. T. Withington, Trans.). New York, NY: Penguin Books.

Plato. (1956). *The works of Plato* (I. Edman, Ed.). New York, NY: Modern Library.

Plato. (1961). *The collected dialogues of Plato, including the letters* (E. Hamilton & H. Cairns, Eds.). New York, NY: Pantheon Books.

Plato. (1966). *Plato in twelve volumes* (H. N. Fowler, Trans.). Cambridge, MA: Harvard University Press.

Rand, B. (1912). *The classical psychologists*. New York, NY: Houghton Mifflin.

相关研究

Baumrin, J. M. (1976). Active power and causal flow in Aristotle's theory of vision.

Journal of the History of the Behavioral Sciences, *12*, 254－259.

Juhasz, J. B. (1971). Greek theories of imagination. *Journal of the History of the Behavioral Sciences*, *7*, 39－58.

Laver, A. B. (1972). Precursors of psychology in ancient Egypt. *Journal of the History of the Behavioral Sciences*, *8*, 181－195.

Maniou-Vakali, M. (1974). Some Aristotelian views on learning and memory. *Journal of the History of the Behavioral Sciences*, *10*, 47－55.

Royce, J. E. (1970). Historical aspects of free choice. *Journal of the History of the Behavioral Sciences*, *6*, 48－51.

Simon, B. (1966). Models of mind and mental illness in ancient Greece: I. The Homeric model of mind. *Journal of the History of the Behavioral Sciences*, *2*, 303－314.

Simon, B. (1972). Models of mind and mental illness in ancient Greece: II. The Platonic model. *Journal of the History of the Behavioral Sciences*, *8*, 389－404.

Simon, B. (1973). Models of mind and mental illness in ancient Greece: II. The Platonic model, Section 2. *Journal of the History of the Behavioral Sciences*, *9*, 3－17.

Smith, N. W. (1971). Aristotle's dynamic approach to sensing and some current implications. *Journal of the History of the Behavioral Sciences*, *7*, 375－377.

常用资料

Bourke, V. J. (1964). *Will in Western thought*. New York, NY: Sheed & Ward.

Burtt, E. A. (1955). *The metaphysical foundations of modern physical science*. New York, NY: Doubleday.

Comte, A. (1896). *The positive philosophy of Auguste Comte* (Vol. 1) (H. Martineau, Trans.). London, UK: George Bell & Sons.

Copleston, F. (1959). *A history of philosophy: Vol. 1. Greece and Rome*, *Part I*. Garden City, NY: Image Books.

Copleston, F. (1959) *A history of philosophy: Vol. 1. Greece and Rome*, *Part II*. Garden City, NY: Image Books.

Durant, W. (1939). *The life of Greece*. New York, NY: Simon & Schuster.

Koren, H. J. (1955). *An introduction to the science of metaphysics*. St. Louis, MO: Herder.

McKoen, R. (1973). *Introduction to Aristotle*. Chicago, IL: University of Chicago Press.

Oesterle, J. A. (1963). *Logic: The art of defining and reasoning* (2nd ed.). Englewood Cliffs, NJ: Prentice Hall.

Owens, J. (1959). *A history of ancient Western philosophy*. Englewood Cliffs, NJ: Prentice Hall.

Robinson, D. N. (1989). *Aristotle's psychology*. New York, NY: Columbia University Press.

Royce, J. E. (1961). *Man and his nature*. New York, NY: McGraw-Hill.

Sahakian, W. S., & Sahakian, M. L. (1977). *Plato*. Boston, MA: Twayne.

Sarton, G. (1945 - 1948). *Introduction to the history of science*. Baltimore, MD: Williams & Wilkins.

Watson, R. I. (1971). *The great psychologists: From Aristotle to Freud* (3rd ed.). Philadelphia, PA: J. B. Lippincott.

第 4 章

常用资料

Augustine. (1948). *Basic writings of St. Augustine* (W. Oates, Ed.). New York, NY: Random House.

Augustine. (1958). *City of God* (G. G. Walsh, D. B. Zema, G. Monahan, & D. H. Honan, Eds. & Trans.). New York, NY: Image Books.

Augustine. (1955). *Confessions* (J. K. Ryan, Ed. & Trans.). New York, NY: Image Books.

Boethius. (1973). The theological tractates (H. F. Stewart, E. K. Rand, & S. J. Tester, Trans.); The consolation of philosophy (S. J. Tester, Trans.). In J. Henderson (Ed.), *Loeb Classical Library* (Vol. 74). Cambridge, MA: Harvard University Press.

Copleston, F. (1961). *A history of philosophy: Vol. 2. Medieval philosophy*, *Part I - Augustine to Bonaventure*. Garden City, NY: Image Books.

Durant, W. (1944). *Caesar and Christ*. New York, NY: Simon & Schuster.

Durant, W. (1950). *The age of faith*. New York, NY: Simon & Schuster.

Galen. (1963). On the natural faculties (A. J. Brock, Trans.). In J. Henderson (Ed.), *Loeb Classical Library* (Vol. 71). Cambridge, MA: Harvard University Press.

Mora, G. (1978). Mind - body concepts in the middle ages: Part I. The classical background and the merging with the Judeo-Christian tradition in the early Middle Ages. *Journal of the History of the Behavioral Sciences*, *14*, 344 - 361.

Muller, M. & Halder, A. (1969). Person: I. Concept. In K. Rahner (Ed.), *Sacramentum mundi: An encyclopedia of theology* (Vol. 4). New York, NY: Herder & Herder.

Oates, W. (Ed.). (1940). *The Stoic and Epicurean philosophers*. New York, NY: Random House.

Pagels, E. (1979). *The Gnostic Gospels*. New York, NY: Random House.

St. Paul. (1977). The first letter of Paul to the Corinthians. In *The new Oxford annotated Bible* with the Apocrypha (Revised Standard Version). New York, NY: Oxford University Press. (Original work composed c. 52 - 54)

St. Paul. (1977). The first letter of Paul to the Thessalonians. In *The new Oxford annotated Bible* with the Apocrypha (Revised Standard Version). New York, NY: Oxford University Press. (Original work composed c. 50–52)

St. Paul. (1977). The letter of Paul to the Romans. In *The new Oxford annotated Bible* with the Apocrypha (Revised Standard Version). New York, NY: Oxford University Press. (Original work composed c. 54–58)

Stelmack, R. M., & Stalikas, A. (1991). Galen and the humour theory of temperament. *Personality and Individual Differences*, *12*(3), 255–263.

Winter, H. J. J. (1952). *Eastern science*. London, UK: Murray.

第 5 章

原始文献

McKeon, R. (Ed.) (1929). *Selections from medieval philosophers*. New York, NY: Scribner's.

Aquinas, T. (1945). *Summa Theologica* (A. Pegis, Trans.). In *Basic writings of Thomas Aquinas*. New York, NY: Random House.

相关研究

Crombie, A. G. (1959). *Augustine to Galileo*. New York, NY: Anchor.

Diethelm, O. (1970). The medical teaching of demonology in the 17th and 18th centuries. *Journal of the History of the Behavioral Sciences*, *6*, 3–15.

Durant, W. (1950). *The Age of Faith*. New York, NY: Simon & Schuster.

Jackson, W. T. H. (1962). *The literature of the Middle Ages*. New York, NY: Columbia University Press.

Kirsch, I. (1978). Demonology and the use of science: An example of the misperception of historical data. *Journal of the History of the Behavioral Sciences*, *14*, 149–157.

Tuchman, B. W. (1978). *A distant mirror: The calamitous 14th century*. New York, NY: Ballantine Books.

第 6 章

常用资料

Erasmus. (1941). *The praise of folly*. Princeton, NJ: Princeton University Press.

Durant, W. (1953). *The Renaissance*. New York, NY: Simon & Schuster.

Durant, W. (1957). *The Reformation*. New York, NY: Simon & Schuster.

Kuhn, T. S. (1959). *The Copernican Revolution: Planetary astronomy in the development of Western thought*. New York, NY: Modern Library.

Tuchman, B. W. (1978). *A distant mirror: The calamitous 14th century*. New York, NY: Ballantine Books.

第 7 章

原始文献

Bacon, F. (1878). *Novum organum*. In *The works of Francis Bacon* (Vol. 1). Cambridge, MA: Hurd & Houghton.

Descartes, R. (1955). *The philosophical works of Descartes* (E. Haldane & G. R. T. Moss, Trans.). New York, NY: Dover.

Newton, I. (1953). *Newton's philosophy of nature* (H. S. Thayer, Ed.). New York, NY: Hafner.

Spinoza, B. (1955). *The chief works of Benedict de Spinoza* (R. H. M. Eleves, Trans.). New York, NY: Dover.

常用资料

Butterfield, H. (1959). *The origins of modern science: 1300 - 1800*. New York, NY: Macmillan.

Durant, W. & Durant, A. (1961). *The age of reason begins*. New York, NY: Simon & Schuster.

Hall, A. R. (1963). *From Galileo to Newton: 1630 - 1720*. London, UK: Collins.

Sarton, G. (1957). *Six wings: Men of science in the Renaissance*. Bloomington, IN: Indiana University Press.

相关研究

Balz, A. G. A. (1952). *Descartes and the modern mind*. New Haven, CT: Yale University Press.

Bernard, W. (1972). Spinoza's influence on the rise of scientific psychology. *Journal of the History of the Behavioral Sciences*, *8*, 208 - 215.

Ornstein, M. (1928). *The role of scientific societies in the 17th century*. Chicago, IL: University of Chicago Press.

Pirenne, E. M. H. (1950). Descartes and the body - mind problem in physiology. *British Journal of the Philosophy of Science*, *1*, 43 - 59.

Tibbitts, P. (1975). An historical note on Descartes' psychophysical dualism. *Journal of the History of the Behavioral Sciences*, *9*, 162 - 165.

Watson, R. I. (1971). A prescriptive analysis of Descartes' psychological views. *Journal of the History of Behavioral Sciences*, *7*, 223 - 248.

第 8 章

原始文献

Comte, A. (1858). *Cours de philosophie positive (1830 - 1842)* [The positive philosophy of Auguste Comte] (H. Martineau, Trans.). New York, NY: Calvin Blanchard.

La Mettrie, J. O. De. (1912). *L'homme machine* [Man, a machine] (M. W. Calkins, Trans.). New York, NY: Open Court.

Mill, J. S. (1965). *Auguste Comte and positivism*. Ann Arbor, MI: University of Michigan Press.

Rand, B. (1912). *The classical psychologists*. New York, NY: Houghton Mifflin.

常用资料

Copleston, F. (1960). *A history of philosophy: Vol. 4. Modern philosophy: Descartes to Leibniz*. Garden City, NY: Image Books.

Copleston, F. (1964). *A history of philosophy: Vol. 6. Modern philosophy*, *Part I - The French Enlightenment to Kant*. Garden City, NY: Image Books.

Copleston, F. (1977). *A history of philosophy: Vol. 9. Maine de Biran to Sartre*, *Part I -The Revolution to Henri Bergson*. Garden City, NY: Image Books.

Durant, W., & Durant, A. (1965). *The age of Voltaire*. New York, NY: Simon & Schuster.

Durant, W., & Durant, A. (1965). *Rousseau and revolution*. New York, NY: Simon & Schuster.

Durant, W., & Durant, A. (1975). *The age of Napoleon*. New York, NY: Simon & Schuster.

相关研究

Charlton, D. G. (1959). *Positivist thought in France during the Second Empire*. Oxford, UK: Clarendon Press.

Diamond, S. (1969). Seventeenth century French "connectionism": La Forge, Dilly, and Regis. *Journal of the History of the Behavioral Sciences*, *5*, 3 - 9.

Lewisohn, D. (1972). Mill and Comte on the method of social sciences. *Journal of the History of Ideas*, *33*, 315 - 324.

McMahon, C. E. (1975). Harvey on the soul: A unique episode in the history of psychophysiological thought. *Journal of the History of the Behavioral Sciences*, *11*, 276 - 283.

Moore, F. C. (1970). *The psychology of Maine de Biran*. London, UK: Oxford University Press.

Staum, M. S. (1974). Cabanis and the science of man. *Journal of the History of the Behavioral Sciences*, *10*, 135 - 143.

Wolf, A. (1939). *A history of science, technology, and philosophy in the eighteenth century*. New York, NY: Macmillan.

第 9 章

原始文献

Berkeley, G. (1963). An essay towards a new theory of vision. In C. M. Turbayne (Ed.), *Works on vision*. Indianapolis, IN: Bobbs-Merrill.

Hume, D. (1957). *An enquiry concerning the human understanding* (L. A. Selby-Bigge, Ed.). Oxford, UK: Clarendon Press.

Locke, J. (1956). *An essay concerning human understanding*. Chicago, IL: Henry Regnery.

Mill, J. S. (1909). *Autobiography*. New York, NY: P. F. Collier.

Mill, J. S. (1973). *Collected works*. Toronto, Ontario: University of Toronto Press.

Rand, B. (1912). *The classical psychologists*. New York, NY: Houghton Mifflin.

常用资料

Boring, E. G. (1950). *A history of experimental psychology* (2nd ed.). Englewood Cliffs, NJ: Prentice Hall.

Copleston, F. (1964). *A history of philosophy: Vol. 5. Modern philosophy: The British philosophers, Part I - Hobbes to Paley*. Garden City, NY: Image Books.

Copleston, F. (1964). *A history of philosophy: Vol. 5. Modern philosophy: The British philosophers, Part II - Berkeley to Hume*. Garden City, NY: Image Books.

Durant, W., & Durant, A. (1965). *The age of Voltaire*. New York, NY: Simon & Schuster.

Durant, W., & Durant, A. (1967). *Rousseau and revolution*. New York, NY: Simon & Schuster.

Durant, W., & Durant, A. (1975). *The age of Napoleon*. New York, NY: Simon & Schuster.

Mazlish, B. (1975). *James and John Stuart Mill: Father and son in the nineteenth* century. New York, NY: Basic Books.

相关研究

Albrecht, F. M. (1970). A reappraisal of faculty psychology. *Journal of the History of the Behavioral Sciences*, *6*, 36 – 40.

Armstrong, R. L. (1969). Cambridge Platonists and Locke on innate ideas. *Journal of the History of Ideas*, *30*, 187 – 202.

Ball, T. (1982). Platonism and penology: James Mill's attempted synthesis. *Journal of the History of the Behavioral Sciences*, *18*, 222 – 230.

Bricke, J. (1974). Hume's associationistic psychology. *Journal of the History of the Behavioral Sciences*, *10*, 397 – 409.

Brooks, G. P. (1976). The faculty psychology of Thomas Reid. *Journal of the History of the Behavioral Sciences*, *12*, 65 – 77.

Dreuer, J. (1965). The historical background for national trends in psychology: On the nonexistence of British empiricism. *Journal of the History of the Behavioral Sciences*, *1*, 126 – 127.

Greenway, A. P. (1973). The incorporation of action into associationism: The psychology of Alexander Bain. *Journal of the History of the Behavioral Sciences*, *9*, 42 – 52.

Heyd, T. (1989). Mill and Comte on psychology. *Journal of the History of the Behavioral Sciences*, *25*, 125 – 138.

James, R. A. (1970). Comte and Spencer: A priority dispute in social science. *Journal of the History of the Behavioral Sciences*, *6*, 241 – 254.

Miller, E. F. (1971). Hume's contribution to behavioral science. *Journal of the History of the Behavioral Sciences*, *7*, 154 – 168.

Moore-Russell, M. E. (1978). The philosopher and society: John Locke and the English Revolution. *Journal of the History of the Behavioral Sciences*, *14*, 65 – 73.

Mueller, I. W. (1956). *John Stuart Mill and French thought*. Freeport, NY: Books for Libraries Press.

Petryszak, N. G. (1981). Tabula rasa – Its origins and implications. *Journal of the History of the Behavioral Sciences*, *17*, 15 – 27.

Robinson, D. N. (1989). Thomas Reid and the Aberdeen years: Common sense at the wise club. *Journal of the History of the Behavioral Sciences*, *25*, 154 – 162.

Robson, J. M. (1971). "Joint authorship again": The evidence in the third edition of Mill's *Logic*. *The Mill Newsletter*, *6*, 15 – 20.

Shearer, N. A. (1974). Alexander Bain and the classification of knowledge. *Journal of the History of the Behavioral Sciences*, *10*, 56 – 73.

Smith, C. U. (1987). David Hartley's Newtonian neuropsychology. *Journal of the History of the Behavioral Sciences*, *23*, 123 – 136.

Webb, M. E. (1988). A new history of Hartley's *Observations on Man*. *Journal of the*

History of the Behavioral Sciences, *24*, 202 – 211.

第 10 章

原始文献

Kant, I. (1965). *Critique of pure reason* (N. K. Smith, Trans.). New York, NY: St. Martin's.

Rand, B. (1912). *The classical psychologists*. New York, NY: Houghton Mifflin.

常用资料

Copleston, F. (1964). *A history of philosophy: Vol. 6. Modern philosophy*, *Part II – Kant*. Garden City, NY: Image Books.

Copleston, F. (1965). *A history of philosophy: Vol. 7. Modern philosophy*, *Part II – Schopenhauer to Nietzsche*. Garden City, NY: Image Books.

Durant, W., & Durant, A. (1965). *The age of Voltaire*. New York, NY: Simon & Schuster.

Durant, W., & Durant, A. (1967). *Rousseau and revolution*. New York, NY: Simon & Schuster.

相关研究

Buchner, E. F. (1897). A study of Kant's psychology. *Psychological Review*, *1* (monograph suppl. 4).

Dobson, V., & Bruce, D. (1972). The German university and the development of experimental psychology. *Journal of the History of the Behavioral Sciences*, *8*, 204 – 207.

Gouax, C. (1972). Kant's view on the nature of empirical psychology. *Journal of the History of the Behavioral Sciences*, *8*, 237 – 242.

Leary, D. E. (1978). The philosophical development of the conception of psychology in Germany, 1780 – 1858. *Journal of the History of the Behavioral Sciences*, *14*, 113 – 121.

第 11 章

常用资料

Copleston, F. (1964). *A history of philosophy: Vol. 6. Modern philosophy*, *Part II – Kant*. Garden City, NY: Image Books.

Copleston, F. (1965). *A history of philosophy: Vol. 7. Modern philosophy*, *Part I –*

Fichte to Hegel. Garden City, NY: Image Books.

Copleston, F. (1965). *A history of philosophy: Vol. 7. Modern philosophy, Part II – Schopenhauer to Nietzsche*. Garden City, NY: Image Books.

Copleston, F. (1977). *A history of philosophy: Vol. 9. Maine de Biran, Part II – Bergson to Sartre*. Garden City, NY: Image Books.

Dostoyevsky, F. (1970). *The idiot* (E. M. Martin, Trans.). London, UK: Everyman's Library.

Durant, W., & Durant, A. (1965). *The age of Voltaire*. New York, NY: Simon & Schuster.

Durant, W., & Durant, A. (1967). *Rousseau and revolution*. New York, NY: Simon & Schuster.

Kaufman, W. A. (Ed.) (1956). *Existentialism from Dostoyevsky to Sartre*. New York, NY: Meridian Books.

Kierkegaard, S. (1954). *Fear and trembling and the sickness unto death* (W. Lowrie, Trans.). Princeton, NJ: Princeton University Press.

Rousseau, J.-J. (2011). *Discourse on the origin and foundations of inequality among men*. Bedford series in history and culture. New York, NY: Bedford/ St. Martin's Macmillan. (Original work published 1754)

Rousseau, J.-J. (1968). *The social contract*. Baltimore, MD: Penguin Books. (Original work published 1762)

Rousseau, J.-J. (2014). *The Confessions of Jean-Jacques Rousseau*. Mineola, NY: Dover Publications. (Original work published 1782)

第 12 章

原始文献

Darwin, C. G. (1868, 1875). *The expression of the emotions in man and animals*. London, UK: Murray.

Darwin, C. G. (1871). *The descent of man, and selection in relation to sex*. New York, NY: Appleton.

Darwin, C. G. (1964). *On the origin of species by means of natural selection, or The preservation of favoured races in the struggle for life* (1859). Cambridge, MA: Harvard University Press.

Dennis, W. (Ed.) (1948). *Readings in the history of psychology*. New York, NY: Appleton-Century-Crofts.

Fechner, G. (1966). *Elements of psychophysics* (H. Adler, Trans.). New York, NY: Holt, Rinehart & Winston.

Galton, F. (1869). *Hereditary genius*. London, UK: Macmillan.

Rand, B. (1912). *The classical psychologists*. New York, NY: Houghton Mifflin.

Romanes, G. J. (1883). *Animal intelligence*. London, UK: Kegan Paul.

Sherrington, C. S. (1906). *The integrative action of the nervous system*. New Haven, CT: Yale University Press.

相关研究

Boakes, R. A. (1984). *From Darwin to behaviourism*. London, UK: Cambridge University Press.

Buss, A. R. (1976). Galton and the birth of differential psychology and eugenics: Social and political forces. *Journal of the History of the Behavioral Sciences*, *12*, 47 - 58.

Buss, A. R. (1976). Galton and sex differences: An historical note. *Journal of the History of the Behavioral Sciences*, *12*, 283 - 285.

Carson, J. (2014). Mental testing in the early twentieth century: Internationalizing the mental testing story. *History of Psychology*, *17*, 249 - 255.

DeBeer, G. (1964). Mendel, Darwin and Fechner. *Notes and Records of the Royal Society*, *19*, 192 - 226.

Denny-Brown, D. (1957). The Sherrington school of physiology. *Journal of Neurophysiology*, *20*, 543 - 548.

Dewsbury, D. A. (1979). Retrospective review: An introduction to the comparative psychology of C. Lloyd Morgan. *Contemporary Psychology*, *24*, 677 - 680.

Erickson, R. P. (1984). On the neural bases of behavior. *American Scientists*, *72*, 233 - 241.

Factor, R. A., & Turner, S. P. (1982). Weber's influence in Weimar Germany. *Journal of the History of the Behavioral Sciences*, *18*, 147 - 156.

Fulton, J. F. (1952). Sir Charles Scott Sherrington, O. M. *Journal of Neurophysiology*, *15*, 167 - 190.

Froggati, P., & Nevin, N. C. (1971). Galton's law of ancestral heredity: Its influence on the early development of human genetics. *History of Science*, *10*, 1 - 27.

Gillispie, C. C. (1959). Lamarck and Darwin in the history of science. In B. Glaco, O. Temkin, & W. L. Straus (Eds.), *Forerunners of Darwin*, *1745 - 1859*.

Baltimore, MD: Johns Hopkins University Press, 265 - 291.

Gilman, S. L. (1979). Darwin sees the insane. *Journal of the History of the Behavioral Sciences*, *15*, 253 - 262.

Greenblatt, S. H. (1984). The multiple roles of Broca's discovery in the development of the modern neurosciences. *Brain and Cognition*, *3*, 249 - 258.

Greene, J. C. (1959). *The death of Adam: Evolution and its impact on Western thought*. Ames, IA: University of Iowa Press.

Gruber, H. E. (1983). History and creative work: From the most ordinary to the most exalted. *Journal of the History of the Behavioral Sciences*, *19*, 4 - 14.

Hurvich, L. M., & Jameson, D. (1979). Helmholtz's vision: Looking backward.

Contemporary Psychology, *24*, 901 – 904.

Kruta, V. (1969). *J. E. Purkyne (1787 – 1869) Physiologist: A short account of his contributions to the progress of physiology with a bibliography of his works*. Prague, Czechoslovakia: Czechoslovak Academy of Sciences.

MacKenzie, B. (1976). Darwinism and positivism as methodological influences on the development of psychology. *Journal of the History of the Behavioral Sciences*, *12*, 330 – 337.

MacLeod, R. B. (1970). Newtonian and Darwinian conceptions of man, and some alternatives. *Journal of the History of the Behavioral Sciences*, *6*, 207 – 218.

Moire, J. R. (1979). *The post-Darwinian controversies: A study of the Protestant struggle to come to terms with Darwin in Great Britain and America, 1870 – 1900*. Cambridge, UK: Cambridge University Press.

Pastore, N. (1973). Helmholtz's "popular lecture on vision." *Journal of the History of the Behavioral Sciences*, *9*, 190 – 202.

Richards, R. J. (1977). Lloyd Morgan's theory of instinct: From Darwinism to neo-Darwinism. *Journal of the History of the Behavioral Sciences*, *13*, 12 – 32.

Robinson, D. K. (2010). Gustav Fechner: 150 years of *Elemente der Psychophysik*. *History of Psychology*, *13*, 409 – 410.

Sohn, D. (1976). Two concepts of adaptation: Darwin's and psychology's. *Journal of the History of the Behavioral Sciences*, *12*, 367 – 375.

Stromberg, W. J. (1989). Helmholtz and Zoellner: Nineteenth-century empiricism, spiritism, and the theory of space perception. *Journal of the History of the Behavioral Sciences*, *25*, 371 – 383.

Turner, R. S. (1977). Hermann von Helmholtz and the empiricist vision. *Journal of the History of the Behavioral Sciences*, *13*, 48 – 58.

Warren, R. M., & Warren, R. P. (1968). *Helmholtz on perception: Its physiology and development*. New York, NY: Wiley.

Wasserman, G. S. (1978). *Color vision: An historical introduction*. New York, NY: Wiley.

Woodward, W. R. (1972). Fechner's panpsychism: A scientific solution to the mind – body problem. *Journal of the History of the Behavioral Sciences*, *8*, 367 – 386.

Zupan, M. L. (1976). The conceptual development of quantification in experimental psychology. *Journal of the History of the Behavioral Sciences*, *12*, 145 – 158.

第 13 章

原始文献

Bergson, H. L. (1910). *Time and free will: An essay on the immediate data of consciousness* (F. L. Podgsen, Trans.). New York, NY: Macmillan.

Brentano, F. (1973). *Psychology from an empirical standpoint (1874)* (O. Krauss, A. C. Rancurello, D. B. Terrell, & L. L. McAlister, Trans.). Atlantic Highlands, NJ: Humanities Press.

Ebbinghaus, H. (1908). *Abriss der psychologie* [Outline of psychology]. Leipzig, Germany: Veit & Co.

Ebbinghaus, H. (1948). Memory. In W. Dennis (Ed.), *Readings in the history of psychology*. New York, NY: Appleton-Century-Crofts, 304 - 313.

Titchener, E. B. (1898). A psychological laboratory. *Mind*, *7*, 311 - 331.

Titchener, E. B. (1898). Postulates of a structural psychology. *Philosophical Review*, *7*, 449 - 465.

Titchener, E. B. (1899). Structural and functional psychology. *Philosophical Review*, *8*, 290 - 299.

Titchener, E. B. (1910). *A textbook of psychology*. New York, NY: Macmillan.

Titchener, E. B. (1925). Experimental psychology: A retrospect. *American Journal of Psychology*, *36*, 313 - 323.

Wundt, W. (1907). *Principles of physiological psychology (I)* (E. B. Titchener, Trans.). New York, NY: Macmillan.

Wundt, W. (1912). *An introduction to psychology*. London, UK: George Allen.

Wundt, W. (1916). *Elements of folk psychology*. London, UK: Allen & Unwin.

Wundt, W. (1969). *Outlines of psychology*. Leipzig, Germany: Englemann, 1897; reprinted: St. Clair Shores, MI: Scholarly Press.

Wundt, W. (1973). *The language of gestures*. The Hague, Netherlands: Mouton.

相关研究

Anderson, R. J. (1975). The untranslated content of Wundt's *Grundzuüge der Physiologischen Psychologie*. *Journal of the History of the Behavioral Sciences*, *10*, 381 - 386.

Blumenthal, A. L. (1975). A reappraisal of Wilhelm Wundt. *American Psychologist*, *30*, 1081 - 1088.

Blumenthal, A. (1979). Retrospective review: Wilhelm Wundt - The founding father we never knew. *Contemporary Psychology*, *24*, 547 - 550.

Boring, E. G. (1927). Edward Bradford Titchener. *American Journal of Psychology*, *38*, 489 - 506.

Boring, E. G. (1950). *A history of experimental psychology*, (2nd ed.). Englewood Cliffs, NJ: Prentice Hall.

Bringmann, W. G., Balance, W. D. G., & Evans, R. B. (1975). Wilhelm Wundt 1832 -1920: A brief biographical sketch. *Journal of the History of the Behavioral Sciences*, *11*, 287 - 297.

Brozek, J. (1970). Wayward history: F. C. Donders (1818 – 1889) and the timing of mental operations. *Psychological Reports*, *26*, 563 – 569.

Copleston, F. (1974). *A history of philosophy: Vol. 9. Maine de Biran to Sartre*, *Part I – The revolution to Henri Bergson*. Garden City, NY: Image Books.

Danziger, K. (1979). The positivist repudiation of Wundt. *Journal of the History of the Behavioral Sciences*, *15*, 205 – 230.

Evans, R. B. (1972). E. B. Titchener and his lost system. *Journal of the History of the Behavioral Sciences*, *8*, 168 – 180.

Evans, R. B. (1975). The origins of Titchener's doctrine of meaning. *Journal of the History of the Behavioral Sciences*, *11*, 334 – 341.

Fancher, R. E. (1977). Brentano's psychology from an empirical standpoint and Freud's early metapsychology. *Journal of the History of the Behavioral Sciences*, *13*, 207 – 227.

Henle, M. (1971). Did Titchener commit the stimulus error? The problem of meaning in structural psychology. *Journal of the History of the Behavioral Sciences*, *7*, 279 – 282.

Henle, M. (1974). E. B. Titchener and the case of the missing element. *Journal of the History of the Behavioral Sciences*, *10*, 227 – 237.

Hinderland, M. J. (1971). Edward Bradford Titchener: A pioneer in perception. *Journal of the History of the Behavioral Sciences*, *7*, 23 – 28.

Leahey, T. H. (1979). Something old, something new: Attention in Wundt and modern cognitive psychology. *Journal of the History of the Behavioral Sciences*, *15*, 242 – 252.

Leary, D. E. (1979). Wundt and after: Psychology's shifting relations with the natural sciences, social sciences, and philosophy. *Journal of the History of the Behavioral Sciences*, *15*, 231 – 241.

Lindenfeld, D. (1978). Oswald Külpe and the Würzburg school. *Journal of the History of the Behavioral Sciences*, *14*, 132 – 141.

Pillsbury, W. B. (1928). The psychology of Edward Bradford Titchener. *Philosophical Review*, *37*, 104 – 131.

Postman, L. (1968). Hermann Ebbinghaus. *American Psychologist*, *23*, 149 – 157.

Rancurello, A. C. (1968). *A study of Franz Brentano*. New York, NY: Academic Press.

Ross, B. (1979). Psychology's centennial year. *Journal of the History of the Behavioral Sciences*, *15*, 203 – 204.

Sabat, S. R. (1979). Wundt's physiological psychology in retrospect. *American Psychologist*, *34*, 635 – 638.

Shakow, D. (1930). Hermann Ebbinghaus. *American Journal of Psychology*, *43*, 505 – 518.

Stagner, R. (1979). Wundt and applied psychology. *American Psychologist*, *34*, 638 – 639.

Sullivan, J. J. (1968). Franz Brentano and the problems of intentionality. In B. Wolman (Ed.), *Historical roots of contemporary psychology*. New York, NY: Harper & Row,

248 - 274.

Tinker, M. A. (1932). Wundt's doctorate students and their theses, 1875 - 1920. *American Journal of Psychology*, *44*, 630 - 637.

Wong, W.-C. (2009). Retracing the footsteps of Wilhelm Wundt: Explorations in the disciplinary frontiers of psychology and in Volkerpsychologie. *History of Psychology*, *12*, 229 - 265.

Woodworth, R. S. (1906). Imageless thought. *The Journal of Philosophy*, *Psychology and Scientific Methods*, *3*, 701 - 708.

第 14 章

原始文献

Angell, J. R. (1907). The province of functional psychology. *Psychological Review*, *14*, 61 - 91.

Calkins, M. W. (1896). Association. *Psychological Review*, *3*, 32 - 49.

Calkins, M. W. (1900). Psychology as science of selves. *Philosophical Review*, *9*, 490 - 501.

Calkins, M. W. (1909, 1914). *A first book in psychology*. New York, NY: Macmillan.

Calkins, M. W. (1961). Mary Whiton Calkins. In C. Murchison (Ed.), *A history of psychology in autobiography* (Vol. 1; pp. 31 - 62). New York, NY: Russell & Russell.

Carr, H. (1925). *Psychology*. New York, NY: Longmans Green.

Carr, H. (1930). Functionalism. In C. Murchison (Ed.), *Psychologies of 1930*. Worcester, MA: Clark University Press.

Cattell, J. M. (1904). The conceptions and methods of psychology. *Popular Science Monthly*, *46*, 176 - 186.

Cattell, J. M. (1943). The founding of the association and of the Hopkins and Clark laboratories. *Psychological Review*, *50*, 61 - 64.

Dewey, J. (1886). *Psychology*. New York, NY: Harper.

Dewey, J. (1896). The reflex arc concept in psychology. *Psychological Review*, *3*, 357 - 370.

Galton, F. (1889). *Natural inheritance*. London, UK: Macmillan.

Hall, G. S. (1917). *The life and confessions of a psychologist*. Garden City, NY: Doubleday.

James, W. (1890). *The principles of psychology*. New York, NY: Holt.

James, W. (1902). *Varieties of religious experience*. New York, NY: Longmans Green.

James, W. (1907). *Pragmatism: A new name for some old ways of thinking*. New York,

NY: Longmans, Green, and Co.

James, W. (1985). Habit (1892). *Occupational Therapy in Mental Health*, *5*, 55 - 67.

Ladd-Franklin, C. (1911, 1924). The nature of the colour sensation: A new chapter on the subject. In H. Helmholtz (Ed.), *Physiological optics* (3rd ed.; pp. 455 - 468). Rochester, NY: Optical Society of America.

Ladd-Franklin, C. (1929). *Colour and colour theories*. New York, NY: Harcourt Brace Jovanovich.

McDougall, W. (1908). *Introduction to social psychology*. London, UK: Methuen.

Münsterberg, H. (1903). *Psychotherapy*. New York, NY: Moffat Yard.

Münsterberg, H. (1904). *The Americans* (E. B. Holt, Trans.). New York, NY: McClure Philips.

Münsterberg, H. (1908). *On the witness stand*. New York, NY: Doubleday.

Münsterberg, H. (1909). *Psychology and the teacher*. New York, NY: Appleton.

Münsterberg, H. (1912). *Vocation and learning*. St. Louis, MO: The People's University.

Münsterberg, H. (1913). *Psychology and industrial efficiency*. Boston, MA: Houghton Mifflin.

Münsterberg, H. (1914). *Psychology: General and applied*. New York, NY: Appleton.

Münsterberg, H. (1916). *The photoplay: A psychological study*. New York, NY: Appleton.

Pearson, K. (1901). On lines and planes of closest fit to systems of points in space. *Philosophical Magazine*, *6*, 559 - 572.

Peirce, C. S. (1962). *The collected papers of Charles Sanders Peirce* (C. Hartshorne, P. Weiss, & A. Burks, Eds.). Cambridge, MA: Harvard University Press.

Spearman, C. (1904). General intelligence, objectively determined and measured. *American Journal of Psychology*, *15*, 201 - 293.

Thorndike, E. L. (1931). *Human learning*. New York, NY: Appleton.

Thurstone, L. L. (1935). *Vectors of the mind*. Chicago, IL: University of Chicago Press.

Washburn, M. F. (1908). *The animal mind*. New York, NY: Macmillan.

Washburn, M. F. (1961). Margaret Floy Washburn. In C. Murchison (Ed.), *A history of psychology in autobiography* (Vol. 2; pp. 333 - 358). New York, NY: Russell & Russell.

Woodworth, R. S. (1918). *Dynamic psychology*. New York, NY: Columbia University Press.

Woodworth, R. S. (1931, 1948). *Contemporary schools of psychology* (Rev. ed.). New York, NY: Ronald Press.

Woodworth, R. S., & Schlosberg, H. (1954). *Experimental psychology* (Rev. ed.). New York, NY: Holt, Rinehart & Winston.

相关研究

Bendy, M. (1974). Psychiatric antecedents of psychological testing (before Binet). *Journal of the History of the Behavioral Sciences*, *10*, 180-194.

Boring, E. G. (1950). *A history of experimental psychology*, (2nd ed.). Englewood Cliffs, NJ: Prentice Hall.

Brennan, J. F. (1975). Edmund Burke Delabarre and the petroglyphs of Southeastern New England. *Journal of the History of the Behavioral Sciences*, *11*, 107-122.

Burnham, W. H. (1925). The man, G. Stanley Hall. *Psychological Review*, *32*, 89-102.

Cadwallader, T. C. (1974). Charles S. Peirce (1839-1914): The first American experimental psychologist. *Journal of the History of the Behavioral Sciences*, *10*, 291-298.

Cadwallader, T. C., & Cadwallader, J. V. (1990). Christine Ladd-Franklin (1847-1930). In A. N. O'Connell and N. F. Russo (Eds.), *Women in psychology: A bio-bibliographic sourcebook* (pp. 220-229). New York, NY: Greenwood Press.

Camfield, T. M. (1973). The professionalization of American psychology, 1870-1917. *Journal of the History of the Behavioral Sciences*, *9*, 66-75.

Carlson, E. T., & Simpson, M. M. (1970). Perkinism vs. mesmerism. *Journal of the History of the Behavioral Sciences*, *6*, 16-24.

Carson, J. (2014). Mental testing in the early twentieth century. Internationalizing the mental testing story. *History of Psychology*, *17*, 249-255.

Fisher, S. C. (1925). The psychological and educational work of Granville Stanley Hall. *American Journal of Psychology*, *36*, 1-52.

Fulcher, J. R. (1973). Puritans and the passions: The faculty psychology in American puritanism. *Journal of the History of the Behavioral Sciences*, *9*, 123-139.

Furumoto, L. (1979). Mary Whiton Calkins (1863-1930). Fourteenth President of the American Psychological Association. *Journal of the History of the Behavioral Sciences*, *15*, 346-356.

Furumoto, L. (1990). Mary Whiton Calkins (1863-1930). In A. N. O'Connell and N. F. Russo (Eds.), *Women in psychology: A bio-bibliographic source-book* (pp. 57-65). New York, NY: Greenwood Press.

Gillham, N. W. (2001). *A life of Sir Francis Galton from African exploration to the birth of eugenics*. New York, NY: Oxford University Press.

Green, C. D., Feinerer, I., & Burman, J. T. (2015). Searching for the structure of early American psychology: Networking *Psychological Review*, 1894-1908. *History of Psychology*, *18*, 15-31.

Guber, C. (1972). Academic freedom at Columbia University, 1917-1918: The case of James McKeen Cattell. *American Association of University Professors Bulletin*, *58*,

297 – 305.

Harrison, F. (1963). Functionalism and its historical significance. *Genetic Psychology Monographs*, *68*, 387 – 423.

Heidbreder, E. (1972). Mary Whiton Calkins: A discussion. *Journal of the History of the Behavioral Sciences*, *8*, 56 – 68.

Henle, M., & Sullivan, J. (1974). Seven psychologies revisited. *Journal of the History of the Behavioral Sciences*, *10*, 40 – 46.

Johnson, E., & Johnson, A. (2008). Searching for the second generation of American women psychologists. *History of Psychology*, *11*, 40 – 72.

Joncich, G. (1968). *The sane positivist: A biography of Edward L. Thorndike*. Middletown, CT: Wesleyan University Press.

Klopper, W. G. (1973). The short history of projective techniques. *Journal of the History of the Behavioral Sciences*, *9*, 60 – 65.

Krantz, D. L., Hall, R., & Allen, D. (1969). William McDougall and the problems of purpose. *Journal of the History of the Behavioral Sciences*, *5*, 25 – 38.

McCurdy, H. C. (1968). William McDougall. In B. Wolman (Ed.), *Historical roots of contemporary psychology*(pp. 4 – 47). New York, NY: Harper & Row.

McKinney, F. (1978). Functionalism at Chicago – Memories of a graduate student: 1929 –1931. *Journal of the History of the Behavioral Sciences*, *14*, 142 – 148.

Mills, E. S. (1974). George Trumbull Ladd: The great textbook writer. *Journal of the History of the Behavioral Sciences*, *10*, 299 – 303.

Moskowitz, M. J. (1977). Hugo Münsterberg: A study in the history of applied psychology. *American Psychologist*, *32*, 824 – 842.

Mueller, R. H. (1976). A chapter in the history of the relationship between psychology and sociology in America: James Mark Baldwin. *Journal of the History of the Behavioral Sciences*, *12*, 240 – 253.

Murphy, G. (1971). William James and the will. *Journal of the History of the Behavioral Sciences*, *7*, 249 – 260.

Nance, R. D. (1970). G. Stanley Hall and John B. Watson as child psychologists. *Journal of the History of the Behavioral Sciences*, *6*, 303 – 316.

Noel, P. S., & Carlson, E. T. (1973). The faculty psychology of Benjamin Rush. *Journal of the History of the Behavioral Sciences*, *9*, 369 – 377.

Pastore, N. (1977). William James: A contradiction. *Journal of the History of the Behavioral Sciences*, *13*, 126 – 130.

Raphelsen, A. C. (1973). The pre-Chicago association of early functionalists. *Journal of the History of the Behavioral Sciences*, *9*, 115 – 122.

Roback, A. (1964). *A history of American psychology* (Rev. ed.). New York, NY: Collier.

Ruckmick, C. (1912). The history and status of psychology in America. *American*

Journal of Psychology, *23*, 517 - 531.

Rutherford, A., & Pettit, M. (2015). Feminism and/in/as psychology. The public sciences of sex and gender. *History of Psychology*, *18*, 223 - 237.

Ryan, T. A. (1982). Psychology at Cornell after Titchener: Madison Bentley to Robert MacLeod, 1928 - 1948. *Journal of the History of the Behavioral Sciences*, *18*, 347 - 369.

Samuelson, F. (1977). World War I intelligence testing and the development of psychology. *Journal of the History of the Behavioral Sciences*, *13*, 274 - 282.

Scarborough, E. (1990). Margaret Floy Washburn (1871 - 1939). In A. N. O'Connell and N. F. Russo (Eds.), *Women in psychology: A bio-bibliographic sourcebook*(pp. 342 - 349). New York, NY: Greenwood Press.

Schneider, W. H. (1992). After Binet: French intelligence testing, 1900 - 1950. *Journal of the History of the Behavioral Sciences*, *28*, 111 - 132.

Sokal, M. M. (1981). The origins of the Psychological Corporation. *Journal of the History of the Behavioral Sciences*, *17*, 54 - 67.

Sokal, M. M. (1990). G. Stanley Hall and the institutional character of psychology at Clark University (1889 - 1920). *Journal of the History of the Behavioral Sciences*, *26*, 114 - 124.

Sokal, M. M. (2009). James McKeen Cattell, Nicholas Murray Butler, and academic freedom at Columbia University, 1902 - 1923. *History of Psychology*, *12*, 87 - 122.

Wallin, J. E. (1968). A tribute to G. Stanley Hall. *Journal of Genetic Psychology*, *113*, 149 - 153.

第 15 章

原始文献

Helson, H. (1925). The psychology of "Gestalt". *American Journal of Psychology*, *36* (4), 494 - 526.

Helson, H. (1926). The psychology of "Gestalt." *American Journal of Psychology*, *37* (1), 25 - 62.

Henle, H. (1961). *Documents of Gestalt psychology*. Berkeley, CA: University of California Press.

Koffka, K. (1922). Perception: An introduction to the Gestalt-theorie. *Psychological Bulletin*, *19*, 531 - 585.

Koffka, K. (1935). *Principles of Gestalt psychology*. New York, NY: Harcourt Brace Jovanovich.

Köhler, W. (1938). *The mentality of apes*. New York, NY: Liveright.

Köhler, W. (1947). *Gestalt psychology*. New York, NY: Mentes.

Köhler, W. (1971). *The selected papers of Wolfgang Köhler*. New York, NY: Liveright.

Köhler, W., & Wallach, H. (1944). Figural after-effects. *Proceedings of the American Philosophical Society*, *88*, 269 - 357.

Lewin, K. (1936). *Principles of topological psychology*. New York, NY: McGraw-Hill.

Lewin, K. (1951). *Field theory in social science* (D. Cartwright, Ed.). New York, NY: Harper & Row.

Lewin, K., Lippitt, R., & White, R. (1939). Patterns of aggressive behavior in experimentally created social climates. *Journal of Social Psychology*, *10*, 271 - 299.

Wertheimer, M. (1912). Experimentelle Studien über das Sehen von Bewegung [Experimental studies on seeing movement]. *Zeitschrift für Psychologie*, *61* (1), 161 - 265.

Wertheimer, M. (1950). Gestalt theory. In W. D. Ellis (Ed.), *A source book of Gestalt psychology*. London, UK: Routledge and Kegan Paul.

Wertheimer, M. (1959). *Productive thinking* (Enlarged ed.). New York, NY: Harper & Row.

Zeigarnik, B. (1927). Über das Behalten von erledigten und unerledigten Handlungen. *Psychologische Forschung*, *9*, 1 - 85.

相关研究

Boring, E. G. (1950). *A history of experimental psychology*, 2nd ed. Englewood Cliffs, NJ: Prentice Hall.

Dolezal, H. (1975). Psychological phenomenology face to face with the persistent problems of psychology. *Journal of the History of the Behavioral Sciences*, *11*, 223 - 234.

Gibson, J. J. (1971). The legacies of Koffka's Principles. *Journal of the History of the Behavioral Sciences*, *7*, 3 - 9.

Harrower-Ericksen, M. (1942). Kurt Koffka: 1886 - 1941. *American Journal of Psychology*, *55*, 278 - 281.

Heider, F. (1970). Gestalt theory: Early history and reminiscences. *Journal of the History of the Behavioral Sciences*, *6*, 131 - 139.

Henle, M. (1978). Gestalt psychology and Gestalt therapy. *Journal of the History of the Behavioral Sciences*, *14*, 23 - 32.

Henle, M. (1978). Kurt Lewin as metatheorist. *Journal of the History of the Behavioral Sciences*, *14*, 233 - 237.

Henle, M. (1984). Robert M. Ogden and Gestalt psychology in America. *Journal of the History of the Behavioral Sciences*, *20*, 9 - 19.

Hochberg, J. (1974). Organization and the Gestalt tradition. In E. Carterette and M.

Friedman (Eds.), *Handbook of perception: Vol. 1. Historical and philosophical roots of perception*. New York, NY: Academic Press.

Lindenfield, D. (1978). Oswald Külpe and the Würzburg school. *Journal of the History of the Behavioral Sciences*, *14*, 132 - 141.

MacLeod, R. B. (1964). Phenomenology: A challenge to experimental psychology. In T. Wann (Ed.), *Behaviorism and phenomenology: Contrasting bases for modern psychology* (pp. 47 - 78). Chicago, IL: University of Chicago Press.

Morrow, A. (1969). *Kurt Lewin*. New York, NY: Basic Books.

Wertheimer, M., King, D. B., Peckler, M. A., Raney, S., & Schaef, R. W. (1992). Carl Jung and Max Wertheimer on a priority issue. *Journal of the History of the Behavioral Sciences*, *28*, 45 - 56.

第 16 章

原始文献

Adler, A. (1927). Individual psychology. *Journal of Abnormal and Social Psychology*, *22*, 116 - 122.

Adler, A. (1956). *The individual psychology of Alfred Adler* (H. L. Ansbacher & R. R. Ansbacher, Eds.). New York, NY: Basic Books.

Adler, A. (1958). *What life should mean to you*. New York, NY: Capricorn Books.

Freud, S. (1920). *The psychopathology of everyday life*. New York, NY: Mentor.

Freud, S. (1938). The history of the psychoanalytic movement. In A. A. Brill (Ed. and Trans.), *The basic writing of Sigmund Freud*. New York, NY: Random House.

Freud, S. (1955). The interpretation of dreams. In J. Strachey (Ed.), *The standard edition of the complete works of Sigmund Freud* (Vols. IV and V). London, UK: Hogarth.

Freud, S. (1965). *New introductory lectures on psychoanalysis*. New York, NY: W. W. Norton.

Fromm, E. (1941). *Escape from freedom*. New York, NY: Holt, Rinehart & Winston.

Fromm, E. (1947). *Man for himself*. New York, NY: Holt, Rinehart & Winston.

Fromm, E. (1947). *The sane society*. New York, NY: Holt, Rinehart & Winston.

Horney, K. (1939). *New ways in psychoanalysis*. New York, NY: W. W. Norton.

Jung, C. G. (1933). *Modern man in search of a soul*. New York, NY: Harcourt Brace.

Jung, C. G. (1953). *Psychological reflections* (J. Jacobi, Ed.). New York, NY: Harper & Row.

Jung, C. G. (1959). *The basic writings of C. G. Jung*. New York, NY: Random House.

Sandler, J. (Ed.). (1994). *The Harvard lectures of Anna Freud*. Madison, CT:

International Universities Press.

Sullivan, H. S. (1947). *Conceptions of modern psychiatry*. Washington, DC: W. A. White Foundation.

Sullivan, H. S. (1953). *The interpersonal theory of psychiatry*. New York, NY: W. W. Norton.

相关研究

Ansbacher, H. L. (1970). Alfred Adler – A historical perspective. *American Journal of Psychiatry*, *127*, 777 – 782.

Ansbacher, H. L. (1971). Alfred Adler and G. Stanley Hall: Correspondence and general relationship. *Journal of the History of the Behavioral Sciences*, *7*, 337 – 352.

Capps, D. (1970). Hartmann's relationship to Freud: A reappraisal. *Journal of the History of the Behavioral Sciences*, *6*, 162 – 175.

Ellenberger, H. F. (1970). *The discovery of the unconscious*. New York, NY: Basic Books.

Fordham, F. (1953). *An introduction to Jung's psychology*. London, UK: Penguin.

Gay, P. (1988). *Freud: A life for our time*. New York, NY: Norton.

Gravitz, M. A., & Gerton, M. I. (1981). Freud and hypnosis: Report of postrejection use. *Journal of the History of the Behavioral Sciences*, *17*, 68 – 74.

Hale, N. G. (1971). *Freud and the Americans*. New York, NY: Oxford University Press.

Hall, C. S., & Lindzey, G. (1970). *Theories of personality* (Rev. ed.). New York, NY: Wiley.

Jones, E. (1955). *The life and work of Sigmund Freud*. New York, NY: Basic Books.

Kainer, R. G. (1984). Art and the canvas of the self: Otto Rank and creative transcendence. *American Imago*, *14*, 359 – 372.

Kelman, H. (1967). Karen Horney on feminine psychology. *American Journal of Psychoanalysis*, *27*, 163 – 183.

MacMillan, M. (1985). Souvenir de la Salpêtrière: M. le Dr. Freud à Paris, 1885. *New Zealand Journal of Psychology*, *14*, 41 – 57.

Orgler, H. (1963). *Alfred Adler: The man and his works*. New York, NY: Liveright.

Rendon, M. (1984). Karen Horney's biocultural dialectic. *American Journal of Psychoanalysis*, *44*, 267 – 279.

Rubins, J. L. (1978). *Karen Horney: Gentle rebel of psychoanalysis*. New York, NY: Dial.

Samuels, A. (1994). The professionalization of Carl G. Jung's analytical psychology clubs. *Journal of the History of the Behavioral Sciences*, *30*, 138 – 147.

Schick, A. (1968 – 1969). The Vienna of Sigmund Freud. *Psychoanalytic Review*, *55*, 529 – 551.

Sirkin, M., & Fleming, M. (1982). Freud's "project" and its relationship to psychoanalytic theory. *Journal of the History of the Behavioral Sciences*, *18*, 230 – 241.

Stepansky, P. E. (1976). The empiricist as rebel: Jung, Freud, and the burdens of discipleship. *Journal of the History of the Behavioral Sciences*, *12*, 216 – 239.

第 17 章

反射学的原始文献

Beritashvili, I. S. (1965). *Neural mechanisms of higher vertebrate behavior* (W. T. Libersen, Ed. & Trans.). Boston, MA: Little, Brown.

Beritashvili, I. S. (1971). *Vertebrate memory characteristics and origin*. New York, NY: Plenum Press.

Brozek, J. (1971). USSR: Current activities in the history of physiology and psychology. *Journal of the History of Biology*, *4*, 185 – 208.

Brozek, J. (1972). To test or not to test – Trends in Soviet views. *Journal of the History of the Behavioral Sciences*, *8*, 243 – 248.

Brozek, J. (1973). Soviet historiography of psychology: Sources of biographic and bibliographic information. *Journal of the History of the Behavioral Sciences*, *9*, 152 – 161.

Brozek, J. (1974). Soviet historiography of psychology. 3. Between philosophy and history. *Journal of the History of the Behavioral Sciences*, *10*, 195 – 201.

Brozek, J., & Slobin, D. I. (Eds) (1972). *Psychology in the USSR: An historical perspective*. White Plains, NY: International Arts and Sciences Press.

Coleman, S. R. (1984). Background and change in B. F. Skinner's metatheory from 1930 to 1938. *Journal of Mind and Behavior*, *5*, 471 – 500.

Coleman, S. R. (1985). When historians disagree: B. F. Skinner and E. G. Boring, 1930. *Psychological Record*, *35*, 301 – 314.

Konorski, J. (1948). *Conditioned reflexes and neuronal organization*. Cambridge, MA: Harvard University Press.

Konorski, J. (1967). *Integrative activity of the brain: An interdisciplinary approach*. Chicago, IL: University of Chicago Press.

Konorski, J. (1974). Autobiography. In G. Lindzey (Ed.), *A history of psychology in autobiography* (Vol. 6). Englewood Cliffs, NJ: Prentice Hall.

Konorski, J., & Miller, S. (1933). Podstawy fizjologicznej teorii ruchow nabytych. Ruchowe odruchy warunkowe. *Medyczny Doswiadczalny Spolem*, *16*, 95 – 187.

Konorski, J., & Miller, S. (1937). On two types of conditioned reflex. *Journal of General Psychology*, *16*, 264 – 272.

Luria, A. R. (1979). *The making of a mind. A person's account of Soviet psychology* (M. Cole & S. Cole, Eds.). Cambridge, MA: Harvard University Press.

Miller, S., & Konorski, J. (1928). Sur une forme particulière des réflexes conditionels. *Comptes Rendus des Séances de la Société de Biologie*, *99*, 1155 - 1157.

Mowrer, O. H. (1976). "How does the mind work?" Memorial address in honor of Jerzy Konorski. *American Psychologist*, *31*, 843 - 857.

Mowrer, O. H. (1976). Jerzy Konorski Memorial Address. *Acta Neurobiologiae Experimentalis*, *36*, 249 - 276.

Pavlov, I. P. (1960). *Conditioned reflexes: An investigation of the physiological activity of the cerebral cortex* (G. V. Anrep, Ed. & Trans.). New York, NY: Dover. (Original work published 1927)

Sechenov, I. M. (1935). Reflexes of the brain (A. A. Subkov, Trans.). In I. M. Sechenov, *Selected works* (pp. 264 - 322). Moscow, Russia: State Publishing House for Biological and Medical Literature.

Sokolov, E. M. (1963). Higher nervous functions: The orienting reflex. *Annual Review of Physiology*, *25*, 545 - 580.

Zielinski, K. (1974). Jerzy Konorski (1903 - 1973). *Acta Neurobiologiae Experimentalis*, *34*, 645 - 653.

操作主义的原始文献

Bergman, G. (1954). Sense and nonsense in operationalism. *Scientific Monthly*, *79*, 210 - 214.

Bridgman, P. W. (1927). *The logic of modern physics*. New York, NY: Macmillan.

Bridgman, P. W. (1954). Remarks on the present state of operationalism. *Scientific Monthly*, *79*, 224 - 226.

Rogers, T. (1989). Operationism in psychology: A discussion of contextual antecedents and historical interpretation of its longevity. *Journal of the History of the Behavioral Sciences*, *25*, 139 - 153.

Singer, E. A. (1911). Mind as an observable object. *Journal of Philosophy, Psychology, and Scientific Methods*, *8*, 180 - 186.

早期行为主义的原始文献

Holt, E. B. (1915). *The Freudian wish and its place in ethics*. New York, NY: Holt, Rinehart & Winston.

Lashley, K. S. (1916). The human salivary reflex and its use in psychology. *Psychological Review*, *23*, 446 - 464.

Lashley, K. S. (1923). The behavioristic interpretation of consciousness. *Psychological Review*, *30*, 237 - 272, 329 - 353.

Thorndike, E. L. (1899). The mental life of the monkey. *Psychological Review*,

Monograph Supplement, 3, no. 15.

Thorndike, E. L. (1936). Edward L. Thorndike. In C. Murchison (Ed.), *A history of psychology in autobiography* (Vol. 3; pp. 263 - 270). Worcester, MA: Clark University Press.

Thorndike, E. L., & Herrick, C. J. (1915). Watson's behavior. *Journal of Animal Behavior*, *5*, 462 - 470.

Watson, J. B. (1913). Psychology as the behaviorist views it. *Psychological Review*, *20*, 158 - 177.

Watson, J. B. (1916). The place of the conditioned reflex in psychology. *Psychological Review*, *23*, 89 - 116.

Watson, J. B. (1917). An attempted formulation of the scope of behavior psychology. *Psychological Review*, *24*, 329 - 352.

Watson, J. B.(1919). *Psychology from the standpoint of a behaviorist*. Philadelphia, PA: Lippincott.

Watson, J. B. (1920). Is thinking merely the action of language mechanisms? *British Journal of Psychology*, *11*, 87 - 104.

Watson, J. B. (1928). *Psychological care of infant and child*. New York, NY: W. W. Norton & Co.

Watson, J. B. (1936). Autobiography. In C. Murchison (Ed.), *A history of psychology in autobiography* (Vol. 3; pp. 271 - 281). Worcester, MA: Clark University Press.

Watson, J. B., & McDougall, W. (1929). *The battle of behaviorism*. New York, NY: Morton.

Watson, J. B., & Rayner, R. (1920). Conditioned emotional reactions. *Journal of Experimental Psychology*, *3*, 1 - 7.

Weiss, A. P. (1917). The relation between structural and behavioral psychology. *Psychological Review*, *24*, 301 - 317.

Weiss, A. P. (1925). *A theoretical basis of human behavior*. Columbus, OH: Adams.

Yerkes, R. M., & Morgulis, S. (1909). The method of Pavlov in animal psychology. *Psychological Bulletin*, *6*, 257 - 273.

拓展行为主义的原始文献

Coan, R. W. (1968). Dimensions of psychological theory. *American Psychologist*, *23*, 715 - 722.

Forscher, B. K. (1963). Chaos in the brickyard. *Science*, *142*, 339.

Guthrie, E. R. (1946). Psychological facts and psychological theory. *Psychological Bulletin*, *43*, 1 - 20.

Guthrie, E. R. (1952). *The psychology of learning* (Rev. ed.). New York, NY: Harper & Row.

Guthrie, E. R. (1959). Association by contiguity. In S. Koch (Ed.), *Psychology: A study of a science: Vol. 2. General systematic formulations, learning and special processes* (pp. 158 - 195). New York, NY: McGraw-Hill.

Hull, C. L. (1937). Mind, mechanism, and adaptive behavior. *Psychological Review*, *44*, 1 - 32.

Hull, C. L. (1943). *Principles of behavior: An introduction to behavior theory*. New York, NY: Appleton-Century-Crofts.

Keller, F. S. (1991). Burrhus Frederic Skinner. *Journal of the History of the Behavioral Sciences*, *27*, 3 - 6.

Marx, M. H. (1963). The general nature of theory construction. In M. H. Marx (Ed.), *Theories in contemporary psychology* (pp. 4 - 46). New York, NY: Macmillan.

Marx, M. H. (1976). Formal theory. In M. H. Marx and F. E. Goodson (Eds.), *Theories in contemporary psychology* (2nd ed.; pp. 234 - 260). New York, NY: Macmillan.

Samuelson, F. (1985). Organizing for the kingdom of behavior: Academic battles and organizational policies in the twenties. *Journal of the History of the Behavioral Sciences*, *21*, 33 - 47.

Schnaitter, R. (1984). Skinner on the "mental" and the "physical." *Behaviorism*, *12*, 1 - 14.

Sheffield, F. D. (1949). Hilgard's critique of Guthrie. *Psychological Review*, *56*, 284 - 291.

Skinner, B. F. (1935). Two types of conditioned reflex and a pseudo type. *Journal of General Psychology*, *12*, 66 - 77.

Skinner, B. F. (1937). Two types of conditioned reflex: A reply to Konorski and Miller. *Journal of General Psychology*, *16*, 272 - 279.

Skinner, B. F. (1966). *The behavior of organisms: An experimental analysis*. Englewood Cliffs, NJ: Prentice Hall.

Skinner, B. F. (1974). *About behaviorism*. New York, NY: Alfred A. Knopf.

Skinner, B. F. (1984). Behaviorism at fifty. *Behavioral and Brain Sciences*, *7*, 615 - 667.

Smith, S., & Guthrie, E. R. (1921). *General psychology in terms of behavior*. New York, NY: Appleton.

Spence, K. W. (1937). The differential response in animals to stimuli varying within a single dimension. *Psychological Review*, *44*, 430 - 444.

Spence, K. W. (1940). Continuous vs. non-continuous interpretations of discrimination learning. *Psychological Review*, *47*, 271 - 288.

Tolman, E. C. (1922). A new formula for behaviorism. *Psychological Review*, *29*, 44 - 53.

Tolman, E. C. (1948). Cognitive maps in rats and men. *Psychological Review*, *55*, 189 - 208.

Tolman, E. C. (1949). *Purposive behavior in animals and men*. Oakland, CA:

University of California Press. (Reprinted from original work published 1932, New York, NY: Appleton-Century-Crofts, 1932)

Voeks, V. W. (1950). Formalization and clarification of a theory of learning. *Journal of Psychology*, *30*, 341 – 363.

Voeks, V. W. (1954). Acquisition of S-R connections: A test of Hull's and Guthrie's theories. *Journal of Experimental Psychology*, *47*, 137 – 147.

应用的原始文献

Atkinson, R. C., Bower, G. H., & Grothers, E. J. (1965). *Introduction to mathematical learning theory*. New York, NY: Wiley.

Bruner, J. S., Brunswik, E., Festinger, L., Heider, F., Muenzinger, K. F., Osgood, C. E., & Rapaport, E. (1957). *Contemporary approaches to cognition: A symposium held at the University of Colorado*. Cambridge, MA: Harvard University Press.

Brunswik, E. (1956). *Perception and the representative design of psychological experiments*. Berkeley, CA: University of California Press.

Buchanan, R. D. (1994). The development of the Minnesota Multiphasic Personality Inventory. *Journal of the History of the Behavioral Sciences*, *30*, 148 – 161.

Chomsky, N. (1959). Review of verbal behavior by B. F. Skinner. *Language*, *35*, 26 – 58.

Chomsky, N. (1972). *Language and mind*. New York, NY: Harcourt Brace Jovanovich.

Coffer, C. N. (1981). The history of the concept of motivation. *Journal of the History of the Behavioral Sciences*, *17*, 48 – 53.

Dollard, J., & Miller, N. E. (1950). *Personality and psychotherapy: An analysis in terms of learning, thinking and culture*. New York, NY: McGraw-Hill.

Estes, W. K. (1950). Toward a statistical theory of learning. *Psychological Review*, *57*, 94 – 107.

Estes, W. K. (1959). The statistical approach to learning theory. In S. Koch (Ed.), *Psychology: A study of a science: Vol. 2. General systematic for-mulations, learning and special processes* (pp. 380 – 491). New York, NY: McGraw-Hill.

Estes, W. K. (1964). Probability learning. In A. W. Melton (Ed.), *Categories of human learning*. New York, NY: Academic Press.

Festinger, L. (1957). *A theory of cognitive dissonance*. New York, NY: Harper & Row.

Garner, W. R., & Hake, W. H. (1951). The amount of information in absolute judgments. *Psychological Review*, *58*, 446 – 459.

Miller, N. E. (1969). Learning of visceral and glandular responses. *Science*, *163*, 434 – 445.

Mowrer, O. H. (1949). On the dual nature of learning: A reinterpretation of "conditioning" and "problem-solving." *Harvard Educational Review*, *17*, 102 – 148.

Mowrer, O. H. (1960). *Learning theory and behavior.* New York, NY: Wiley.

Piaget, J. (1952). *The origins of intelligence in children* (M. Cook, Trans.). New York, NY: International Universities Press.

Rescorla, R. A., & Solomon, R. L. (1967). Two-process learning theory: Relationships between Pavlovian conditioning and instrumental learning. *Psychological Review*, *74*, 151 - 182.

Schoenfeld, W. N. (1950). An experimental approach to anxiety, escape and avoidance behavior. In P. H. Hock & J. Zubin (Eds.), *Anxiety.* New York, NY: Grune and Stratton.

Sheffield, F. D. (1965). Relation between classical conditioning and instrumental learning. In W. F. Prokasy (Ed.), *Classical conditioning: A symposium* (pp. 302 - 322). New York, NY: Appleton-Century-Crofts.

Swets, J. A. (1961). Is there a sensory threshold? *Science*, *134*, 168 - 177.

Taylor, J. A. (1951). The relationship of anxiety to the conditioned eyelid response. *Journal of Experimental Psychology*, *41*, 81 - 92.

Taylor, J. A. (1953). A personality scale of manifest anxiety. *Journal of Abnormal and Social Psychology*, *48*, 285 - 290.

Triplett, R. G. (1982). The relationship of Clark L. Hull's hypnosis research to his later learning theory: The continuity of his life's work. *Journal of the History of the Behavioral Sciences*, *18*, 22 - 31.

Weidman, N. (1994). Mental testing and machine intelligence: The Lashley - Hull debate. *Journal of the History of the Behavioral Sciences*, *30*, 162 - 180.

Winkler, R. C. (1970). Management of chronic psychiatric patients by a token reinforcement system. *Journal of Applied Behavior Analysis*, *3*, 47 - 55.

Wolpe, J. (1958). *Psychotherapy by reciprocal inhibition.* Stanford, CA: Stanford University Press.

Wolpe, J. (1969). *The practice of behavior therapy.* Elmsford, NY: Pergamon.

相关研究

Bitterman, M. E. (1969). Thorndike and the problem of animal intelligence. *American Psychologist*, *24*, 444 - 453.

Boring, E. G. (1950). *A history of experimental psychology* (2nd ed.). Englewood Cliffs, NJ: Prentice Hall.

Bruce, D. (1986). Lashley's shift from bacteriology to neurophysiology, 1910 - 1917, and the influence of Jennings, Watson, and Franz. *Journal of the History of the Behavioral Sciences*, *22*, 27 - 44.

Buckley, K. W. (1982). The selling of a psychologist: John Broadus Watson and the application of behavioral techniques to advertising. *Journal of the History of the Behavioral Sciences*, *18*, 207 - 221.

Burnham, J. C. (1968). On the origin of behaviorism. *Journal of the History of the Behavioral Sciences*, *4*, 143 - 151.

Burnham, J. C. (1972). Thorndike's puzzle boxes. *Journal of the History of the Behavioral Sciences*, *8*, 159 - 167.

Burnham, J. C. (1977). The mind - body problem in the early twentieth century. *Perspectives in Biology and Medicine*, *20*, 271 - 284.

Carmichael, L. (1968). Some historical roots of present-day animal psychology. In B. Wolman (Ed.), *Historical roots of contemporary psychology* (pp. 47 - 76). New York, NY: Harper & Row.

Cohen, D. (1979). *J. B. Watson: The founder of behaviorism*. Boston, MA: Routledge and Kegan Paul.

Coleman, S. R. (1985). The problem of volition and the conditioned reflex: I. Conceptual background, 1900 - 1940. *Behaviorism*, *13*, 99 - 124.

Danziger, K. (1979). The positivist repudiation of Wundt. *Journal of the History of the Behavioral Sciences*, *15*, 205 - 230.

Frank, P. (1941). *Between physics and philosophy*. Cambridge, MA: Harvard University Press.

Gonzalez Rey, F. L. (2014). Advancing further the history of Soviet psychology: Moving forward from dominant representations in Western and Soviet psychology. *History of Psychology*, *17*, 60 - 78.

Herrnstein, J. R. (1969). Behaviorism. In D. L. Krantz (Ed.), *Schools of psychology: A symposium* (pp. 51 - 68). New York, NY: Appleton-Century-Crofts.

Joncich, G. (1968). *The sane positivist: A biography of Edward L. Thorndike*. Middletown, CT: Wesleyan University Press.

Leys, R. (1984). Meyer, Watson, and the dangers of behaviorism. *Journal of the History of the Behavioral Sciences*, *20*, 128 - 149.

Lowry, R. (1970). The reflex model in psychology: Origins and evolution. *Journal of the History of the Behavioral Sciences*, *6*, 64 - 69.

McConnell, J. V. (1985). Psychology and scientist: LII. John B. Watson: Man and myth. *Psychological Reports*, *56*, 683 - 705.

Mackenzie, B. D. (1972). Behaviorism and positivism. *Journal of the History of the Behavioral Sciences*, *8*, 222 - 231.

Roback, A. A. (1964). *History of American psychology* (Rev. ed.). New York, NY: Collier.

Ruckmick, C. A. (1916). The last decade of psychology in review. *Psychological Bulletin*, *13*, 109 - 120.

Samuelson, F. (1981). Struggle for scientific authority: The reception of Watson's behaviorism, 1913 - 1920. *Journal of the History of the Behavioral Sciences*, *17*, 399 - 425.

Schneider, S. M., & Morris, E. K. (1987). A history of the term "radical behaviorism": From Watson to Skinner. *Behavior Analyst*, *10*, 27 – 39.

Steininger, M. (1979). Objectivity and value judgments in the psychologies of E. L. Thorndike and W. McDougall. *Journal of the History of the Behavioral Sciences*, *15*, 263 – 281.

Stevens, S. S. (1939). Psychology and the science of science. *Psychological Bulletin*, *36*, 221 – 263.

Thorne, F. C. (1976). Reflections on the golden age of Columbia psychology. *Journal of the History of the Behavioral Sciences*, *12*, 159 – 165.

Tibbetts, P. (1975). The doctrine of "pure experience": The evolution of a concept from Mach to Jones to Tolman. *Journal of the History of the Behavioral Sciences*, *11*, 55 – 66.

Todd, J. T., & Morris, E. K. (1986). The early research of John B. Watson: Before the behavioral revolution. *Behavior Analyst*, *9*, 71 – 88.

Turner, M. B. (1967). *Philosophy and the science of behavior*. New York, NY: Appleton-Century-Crofts.

Washburn, M. F. (1917). Some thoughts on the last quarter century in psychology. *Philosophical Review*, *27*, 44 – 55.

Windholz, G. (1990). Pavlov and the Pavlovians in the laboratory. *Journal of the History of the Behavioral Sciences*, *26*, 64 – 74.

Woodworth, R. S. (1959). John Broadus Watson: 1878 – 1958. *American Journal of Psychology*, *72*, 301 – 310.

Yaroshevski, M. G. (1968). I. M. Sechenov – The founder of objective psychology. In B. J. Wolman (Ed.), *Historical roots of contemporary psychology* (pp. 77 – 110). New York, NY: Harper & Row.

第 18 章

原始文献

Allport, G. W. (1947). Scientific models and human morals. *Psychological Review*, *54*, 182 – 192.

Allport, G. W. (1955). *Becoming*. New Haven, CT: Yale University Press.

Binswanger, L. (1963). Freud and the Magna Carta of clinical psychiatry. In J. Needleman (Ed.), *Being-in-the-world*. New York, NY: Basic Books.

Binswanger, L. (1963). Freud's conception of men in the light of anthropology. In J. Needleman (Ed.), *Being-in-the-world*. New York, NY: Basic Books.

Giorgi, A. (1965). Phenomenology and experimental psychology, I. *Review of*

Existential Psychology and Psychiatry, *5*, 228 - 238.

Giorgi, A. (1966). Phenomenology and experimental psychology, II. *Review of Existential Psychology and Psychiatry*, *6*, 37 - 50.

Giorgi, A. (1970). *Psychology as a human science: A phenomenologically based approach*. New York, NY: Harper & Row.

Giorgi, A. (2009). *The descriptive phenomenological method in psychology*. Pittsburgh, PA: Duquesne University Press.

Heidegger, M. (1949). *Existence and being*. Chicago, IL: Henry Regnery.

Hodges, H. A. (1944). *Wilhelm Dilthey: An introduction*. London, UK: Routledge.

Husserl, E. (1962). *Ideas* (W. H. B. Gibson, Trans.). New York, NY: Collier.

Kaufman, W. (1955). *The portable Nietzsche*. New York, NY: Viking Press.

Kaufman, W. (Ed.). (1956). *Existentialism from Dostoyevsky to Sartre*. New York, NY: Meridian Books.

Kockelmans, J. (Ed.) (1967). *Phenomenology: The philosophy of Edmund Husserl and its interpretations*. Garden City, NY: Doubleday.

Maslow, A. H. (1962). *Toward a psychology of being*. Princeton, NJ: D. Van Nostrand.

Maslow, A. H. (1966). *The psychology of science: A reconnaissance*. New York, NY: Harper & Row.

Maslow, A. H. (1970). *Motivation and personality*. New York, NY: Harper & Row.

Merleau-Ponty, M. (1962). *Phenomenology of perception* (N. C. Smith, Trans.). New York, NY: Humanities Press.

Merleau-Ponty, M. (1963). *The structure of behavior* (A. Fisher, Trans.). Boston, MA: Beacon Press.

Mounier, E. (1938). *A personalist manifesto* (Monks of St. John's Abbey, Trans.). New York, NY: Longmans, Green and Co.

Mounier, E. (1952). *Personalism* (P. Mairet, Trans.). Notre Dame, IN: University of Notre Dame Press. (Original work published 1950)

Rogers, C. R. (1951). *Client-centered therapy: Its current practice, implications and theory*. Boston, MA: Houghton Mifflin.

Rogers, C. R. (1955). Persons or science? A philosophical question. *American Psychologist*, *10*, 267 - 278.

Rogers, C. R. (1963). Toward a science of the person. *Journal of Humanistic Psychology*, *3*, 72 - 92.

Sartre, J.-P. (1956). *Being and nothingness* (H. Barnes, Trans.). New York, NY: Philosophical Library.

Tillich, P. (1952). *The courage to be*. New Haven, CT: Yale University Press.

Van Kaam, A. (1966). *Existential foundations of psychology*. Pittsburgh, PA: Duquesne University Press.

Wojtyła, K. (1979). *The acting person: A contribution to phenomenological* anthropology (A. Potocki, Trans.; A.-T. Tymieniecka, Ed.). In A.-T. Tymieniecka (Ed.), *Analecta Husserliana: The yearbook of phenomenological research* (Vol. 10). Dordrecht, Holland: D. Reidel Publishing Company. (Original work published 1969)

Wojtyła, K. (1981). *Love and responsibility* (H. T. Willetts, Trans.). San Francisco, CA: Ignatius Press. (Original work published 1960)

相关研究

Boss, M. (1962). Anxiety, guilt and psychotherapeutic liberation. *Review of Existential Psychology and Psychiatry*, *2*, 173 – 195.

Brody, N., & Oppenheim, P. (1967). Methodological differences between behaviorism and phenomenology. *Psychological Review*, *74*, 330 – 334.

Brock, A. C. (2016). The differing paths of an immigrant couple. *Monitor on Psychology*, *47*, 74 – 76.

Bugental, J. F. T. (1963). Humanistic psychology: A new breakthrough. *American Psychologist*, *18*, 563 – 567.

Bugental, J. F. T. (1975/1976). Toward a subjective psychology: Tribute to Charlotte Bühler. *Interpersonal Development*, *6*, 48 – 61.

Cardno, J. A. (1966). Psychology: Human, humanistic, humane. *Journal of Humanistic Psychology*, *6*, 170 – 177.

Copleston, F. (1977). *A history of philosophy: Vol. 9. Maine de Biran to Sartre*, *Part II – Bergson to Sartre*. Garden City, NY: Image Books.

Correnti, S. (1965). A comparison of behaviorism and psychoanalysis with existentialism. *Journal of Existentialism*, *5*, 379 – 388.

Frankl, V. E. (1963). *Man's search for meaning*. New York, NY: Washington Square Press.

Gavin, E. A. (1990). Charlotte M. Bühler (1893 – 1974). In A. N. O'Connell and N. F. Russo (Eds.), *Women in psychology: A bio-bibliographic sourcebook* (pp. 49 – 56). New York, NY: Greenwood Press.

Gilbert, A. R. (1951). Recent German theories of stratification of personality *Journal of Psychology*, *31*, 3 – 19.

Gilbert, A. R. (1970). Whatever happened to the will in American psychology? *Journal of the History of the Behavioral Sciences*, *6*, 52 – 58.

Gilbert, A. R. (1972). Phenomenology of willing in historical view. *Journal of the History of the Behavioral Sciences*, *8*, 103 – 107.

Gilbert, A. R. (1973). Bringing the history of personality theories up to date: German theories of personality stratification. *Journal of the History of the Behavioral Sciences*, *9*, 102 – 114.

Krasner, L. (1978). The future and the past in the behaviorism – humanism dialogue. *American Psychologist*, *33*, 799 – 804.

Kwant, R. (1963). *The phenomenological philosophy of Merleau-Ponty*. Pittsburgh, PA: Duquesne University Press.

Languilli, N. (1971). *The existentialist tradition*. Garden City, NY: Doubleday.

Luijpen, W. (1960). *Existential phenomenology*. Pittsburgh, PA: Duquesne University Press.

MacLeod, R. B. (1947). The phenomenological approach to social psychology. *Psychological Review*, *54*, 193 - 210.

May, R. (Ed.). (1958). *Existence: A new dimension in psychology and psychiatry*. New York, NY: Basic Books.

McClelland, D. C. (1957). Conscience and the will rediscovered. *Contemporary Psychology*, *2*, 177 - 179.

Pervin, L. A. (1960). Existentialism, psychology and psychotherapy. *American Psychologist*, *15*, 305 - 309.

Scriven, M. (1965). An essential unpredictability in human behavior. In B. Wolman & E. Nagel (Eds.), *Scientific psychology* (pp. 411 - 425). New York, NY: Basic Books.

Severin, F. T. (Ed.) (1965). *Humanistic viewpoints in psychology*. New York, NY: McGraw-Hill.

Smith, D. L. (1983). The history of the graduate program in existential phenomenological psychology at Duquesne University. In A. Giorgi, A. Barton, & C. Maes (Eds.), *Duquesne studies in phenomenological psychology* (Vol. 4; pp. 257 - 331). Pittsburgh, PA: Duquesne University Press.

Sontag, F. (1967). Kierkegaard and search for a self. *Journal of Existentialism*, *28*, 443 - 457.

Strassor, S. (1963). *Phenomenology and the human sciences*. Pittsburgh, PA: Duquesne University Press.

Strassor, S. (1965). Phenomenologies and psychologies. *Review of Existential Psychology and Psychiatry*, *5*, 80 - 105.

Straus, E. (1966). *Phenomenological psychology*. New York, NY: Basic Books.

Strunk, O. (1970). Values move will: The problem of conceptualization. *Journal of the History of the Behavioral Sciences*, *6*, 59 - 63.

Williams, T. D., & Bengtsson, J. O. (2013). Personalism. In E. N. Zalta (Ed.), *The Stanford Encyclopedia of Philosophy* (Spring 2014 ed.). Retrieved from http://plato.stanford.edu/archives/spr2014/entries/personalism/

第 19 章

原始文献

Bandura, A. (1977). *Social learning theory*. Englewood Cliffs, NJ: Prentice Hall.

Bandura, A., & Walters, R. H. (1963). *Social learning and personality development.* New York, NY: Holt, Rinehart, & Winston.

Bartlett, F. C. (1932). *Remembering: A study in experimental and social psychology.* Cambridge, UK: Cambridge University Press. Retrieved from http://www.bartlett.psychol.cam.ac.uk/TheoryOfRemembering.htm

Bartlett, F. C. (1958). *Thinking: An experimental and social study.* London, UK: Allen & Unwin.

Beck, A. (1976). *Cognitive therapy and emotional disorders.* New York, NY: International Universities Press.

Beck, A. T., Rush, A. J., Shaw, B. F., & Emery, G. (1979). *Cognitive therapy of depression.* New York, NY: Guilford Press.

Broadbent, D. E. (1957). A mechanical model for human attention and immediate memory. *Psychological Review*, *64*, 205 – 215.

Broadbent, D. E. (1958). *Perception and communication.* Elmsford, NY: Pergamon Press.

Brown, R., & Kulik, J. (1977). Flashbulb memories. *Cognition*, *5*(1), 73 – 99.

Bruner, J. S. (1985). *Actual minds, possible worlds.* Cambridge, MA: Harvard University Press.

Bruner, J. S. (1990). *Acts of meaning.* Cambridge, MA: Harvard University Press.

Bruner, J. S., & Goodman, C. C. (1947). Value and need as organizing factors in perception. *Journal of Abnormal and Social Psychology*, *42*(1), 33 – 44.

Bruner, J. S., Goodnow, J. J., & Austin, G. A. (1956). *A study of thinking.* New York, NY: Wiley.

Chomsky, N. (1959). A review of B. F. Skinner's *Verbal behavior. Language*, *35*(1), 26 – 58.

Estes, W. K. (1950). Toward a statistical theory of learning. *Psychological Review*, *57*, 94 – 107.

Estes, W. K. (1964). Probability learning. In A. W. Melton (Ed.), *Categories of human learning.* New York, NY: Academic Press.

Ferrucci, D., Brown, E., Chu-Carroll, J., Fan, J., Gondek, D., Kalyanpur, A. A., Welty, C. (2010). Building Watson: An overview of the DeepQA project. *AI Magazine*, *31*(3), 59 – 79.

Festinger, L. (1957). *A theory of cognitive dissonance.* Stanford, CA: Stanford University Press.

Fodor, J. A. (1983). *The modularity of mind: An essay on faculty psychology.* Cambridge, MA: MIT Press.

Hebb, D. O. (1949). *The organization of behavior: A neuropsychological theory.* New York, NY: Wiley.

Heider, F. (1982). *The psychology of interpersonal relations.* New York, NY:

Psychology Press. (Original work published 1958)

IBM (2011, September 13). Deep Blue - Overview. IBM icons of progress. Retrieved from www-03. ibm. com /ibm /history /ibm100 /us /en /icons /deepblue James, W. (1981). *The principles of psychology* (Vol. 1). Cambridge, MA: Harvard University Press. (Original work published 1890)

Kelly, G. A. (1955). *The psychology of personal constructs*. New York, NY: Norton.

Miller, G. A. (1956). The magical number seven, plus or minus two: Some limits on our capacity for processing information. *Psychological Review*, *63*, 81 - 97.

Miller, G. A. (1962). *Psychology: The science of mental life*. New York, NY: Harper & Row.

Miller, G. A. & Buckhout, R. (1973). *Psychology: The science of mental life* (2nd ed.). New York, NY: Harper & Row.

Miller, G. A., Galanter, E. & Pribram, K. A. (1960). *Plans and the structure of behavior*. New York, NY: Holt, Rinehart, & Winston.

Neisser, U. (1963).The imitation of man by machine. *Science*, *139*, 193 - 197.

Neisser, U. (1976). *Cognition and reality: Principles and implications of cognitive psychology*. New York, NY: Freeman.

Neisser, U. (1997). The ecological study of memory. *Philosophical Transactions: Biological Sciences*, *352*, 1697 - 1701.

Neisser, U. (Ed.). (1998). *The rising curve: Long-term gains in IQ and related measures*. Washington, DC: American Psychological Association.

Neisser, U. (2014). *Cognitive psychology*. New York, NY: Psychology Press. (Original work published 1967)

Neisser, U., Boodoo, G., Bouchard, T. J., Jr., Boykin, A. W., Brody, N., Ceci, S. J., Urbina, S. (1996). Intelligence: Knowns and unknowns. *American Psychologist*, *51*(2), 77 - 101.

Newell, A., Shaw, J. C., & Simon, H. A. (1958). Elements of a theory of problem solving. *Psychological Review*, *65*, 151 - 166.

Piaget, J. (1926). *The language and thought of the child*. London, UK: Routledge.

Rotter, J. B. (1954). *Social learning and clinical psychology*. Englewood Cliffs, NJ: Prentice Hall.

Rowlands, M. (2010). The mind embodied, embedded, enacted, and extended. In M. Rowlands (Ed.), *The new science of the mind: From extended mind to embodied phenomenology* (pp. 51 - 84). Cambridge, MA: MIT Press.

Searle, J. R. (1980). Minds, brains, and programs. *The Behavioral and Brain Sciences*, *3*(3), 417 - 424.

Searle, J. R. (1990). Is the brain's mind a computer program? *Scientific American*, *262* (1), 26 - 31.

Searle, J. (2011, February 23). Watson doesn't know it won on "Jeopardy!" *The Wall*

Street Journal. Retrieved from www. wsj. com /articles /SB100014240527 48703407304576154313126987674

Selfridge, O. G., & Neisser, U. (1960). Pattern recognition by machine. *Scientific American*, *203*(2), 60 - 68.

Shapiro, L. (2004). *The mind incarnate*. Cambridge, MA: MIT Press.

Shapiro, L. (2011). *Embodied cognition*. New York, NY: Routledge.

Shapiro, L. (Ed.). (2014). *The Routledge handbook of embodied cognition*. New York, NY: Routledge.

Swets, J. A. (1961). Is there a sensory threshold? *Science*, *134*, 168 - 177.

Turing, A. M. (1950). Computing machinery and intelligence. *Mind*, *59*, 433 - 460.

Wilson, M. (2002). Six views of embodied cognition. *Psychonomic Bulletin &Review*, *9* (4), 625 - 636.

Wilson, R. A., & Foglia, L. (2015). Embodied cognition. In E. N. Zalta (Ed.), *The Stanford encyclopedia of philosophy* (Spring 2016 ed.). Retrieved from http://plato.stanford.edu/archives/spr2016/entries/embodied-cognition

相关研究

Baars, B. J. (1986). *The cognitive revolution in psychology*. New York, NY: Guilford.

Bartlett, F. C. (1936). Frederic Charles Bartlett. In C. Murchison (Ed.), *A history of psychology in autobiography* (Vol. III, pp. 39 - 52). Worcester, MA: Clark University Press.

Beach, F. A. (1987). Donald Olding Hebb (1904 - 1985). *American Psychologist*, *42* (2), 186 - 187.

Broadbent, D. E. (1980). Donald E. Broadbent. In G. Lindzey (Ed.), *A history of psychology in autobiography* (Vol. VII, pp. 39 - 73). San Francisco, CA: W. H. Freeman.

Bruner, J. S. (1980). Jerome S. Bruner. In G. Lindzey (Ed.), *A history of psychology in autobiography* (Vol. VII, pp. 75 - 151). San Francisco, CA: W. H. Freeman.

Craik, F. I. M., & Baddeley, A. (1994). Donald E. Broadbent (1926 - 1993). *American Psychologist*, *50*(4), 302 - 303. doi:10.1037//0003-066X.50.4.302

Cutting, J. E. (2012). Ulric Neisser (1928 - 2012). *American Psychologist*, *67*(6), 492. doi:10.1037/a0029351

Fancher, R. E., & Rutherford, A. (2017). *Pioneers of psychology: A history* (5th ed.). New York, NY: W. W. Norton & Company.

Hebb, D. O. (1960). The American revolution. *American Psychologist*, *15*, 735 - 745.

Hebb, D. O. (1980). Donald O. Hebb. In G. Lindzey (Ed.), *A history of psychology in autobiography* (Vol. VII, pp. 273 - 303). San Francisco, CA: W. H. Freeman.

Hyman, I. (2014). Introduction to the classic edition: The rallying cry for the cognitive revolution. In U. Neisser, *Cognitive psychology* (pp. xv - xix). New York, NY:

Psychology Press.

Hyman, I., Adolph, K. E., Baddeley, A., Brewer, W. F., Ceci, S. J., Cutting, J., Winograd, E. (2012). Remembering the father of cognitive psychology: Ulric Neisser (1928 - 2012). *Observer*, *25* (5). Retrieved from www.psychologicalscience.org/index.php/publications/observer/2012/may-june-12/ remembering-the-father-of-cognitive-psychology.html

Kolb, B., Whishaw, I. Q. & Teskey, G. C. (2016). *An introduction to brain and behavior* (5th ed.). New York, NY: Worth Publishers/Macmillan Learning.

Kuhn, T. (1970). *The structure of scientific revolutions* (2nd ed.). Chicago, IL: University of Chicago Press. (Original work published 1962)

Malone, J. C. (2011). *Psychology: Pythagoras to present*. Cambridge, MA: MIT Press.

Mandler, G. (2002). Origins of the cognitive (r)evolution. *Journal of the History of the Behavioral Sciences*, *38*, 339 - 353.

Miller, G. A. (1989). George A. Miller. In G. Lindzey (Ed.), *A history of psychology in autobiography* (Vol. VIII, pp. 390 - 418). Stanford, CA: Stanford University Press.

Miller, G. A. (2003). The cognitive revolution: A historical perspective. *Trends in Cognitive Science*, *7*, 141 - 144.

Neisser, U. (2007). Ulric Neisser. In G. Lindzey & W. M. Runyan (Eds.), *A history of psychology in autobiography* (Vol. IX, pp. 269 - 270). Washington, DC: American Psychological Association.

Pinker, S. (1997). *How the mind works*. New York, NY: W. W. Norton & Company.

Pinker, S. (Moderator) (2007). *The cognitive revolution at fifty plus or minus one: A conversation with Jerome Bruner, Susan Carey, Noam Chomsky, and George Miller* (Parts 1 - 4) [Video]. Available from http://isites.harvard.edu/icb/icb.do?keyword=k69509

Pinker, S. (2013). George A. Miller (1920 - 2012). *American Psychologist*, *68*(6), 467 - 468. doi:10.1037/a0032874

Rosa, A. (n. d.). Sir Frederick Bartlett (1886 - 1969). An intellectual biography. Retrieved from www.bartlett.psychol.cam.ac.uk/Intellectual%20Biography.htm

第 20 章

常用资料

Allport, F. H. (1924). *Social psychology*. Boston, MA: Houghton Mifflin.

American Psychological Association. (2007). *APA guidelines for the undergraduate psychology major*. Retrieved from www.apa.org/ed/precollege/ undergrad/index.aspx

American Psychological Association. (2013). *APA guidelines for the undergraduate psychology major: Version 2. 0.* Retrieved from www. apa. org/ed/ precollege/ undergrad/index.aspx

Baltes, P. B., Staudinger, U. M., & Lindenberger, U. (1999). Lifespan psychology: theory and application to intellectual functioning. *Annual Review of Psychology*, *50*, 471 - 507.

Brody, N. (1980). Social motivation. *Annual Review of Psychology*, *31*, 143 - 168.

Buss, D. M. (1995). Evolutionary psychology: A new paradigm for the social sciences. *Psychological Inquiry*, *6*(1), 1 - 30.

Buss, D. M. (2015). *Evolutionary psychology: The new science of the mind* (5th ed.). New York, NY: Routledge.

Copleston, F. (1956). *Contemporary philosophy: Studies of logical positivism and existentialism.* Westminster, MD: Newman Press.

Drob, S. (2003). Fragmentation in contemporary psychology. *Journal of Humanistic Psychology*, *43*, 4, 102 - 123.

Gazzaniga, M. S. (1967). The split brain in man. *Scientific American*, *217*, 24 - 29.

Gazzaniga, M. S. (2011). *Who's in charge? Free will and the science of the brain.* New York, NY: HarperCollins Publishers.

Gergen, K. J. (2015). *An invitation to social construction* (3rd ed.). Thousand Oaks, CA: SAGE Publications.

Germer, C. K., Siegel, R. D., & Fulton, P. R. (Eds.) (2013). *Mindfulness and psychotherapy* (2nd ed.). New York, NY: Guilford Press.

Gluck, M. A., & Myers, C. E. (1997). Psychobiological models of hippocampal function in learning and memory. *Annual Review of Psychology*, *48*, 481 - 514.

Hunt, E. (1989). Cognitive science: Definition, status, and questions. *Annual Review of Psychology*, *40*, 603 - 629.

James, W. (1907). *Pragmatism: A new name for some old ways of thinking.* New York, NY: Longmans, Green, and Co.

Kenny, D. (1996). The design and analyses of social-interactive research. *Annual Review of Psychology*, *47*, 59 - 86.

Kimble, G. A. (1995). *Psychology: The hope of a science.* Cambridge, MA: MIT Press.

Matarazzo, J. D. (1980). Behavioral health and behavioral medicine: Frontiers for a new health psychology. *American Psychologist*, *35*, 807 - 817.

Mead, M. (1949). *Male and female: A study of sexes in a changing world.* New York, NY: Morrow.

Milgram, S. (1963). Behavioral study of obedience. *Journal of Abnormal and Social Psychology*, *67*, 371 - 378.

Münsterberg, H. (1914). *Psychology: General and applied.* New York, NY: D. Appleton and Company.

Norcross, J. C., Hailstorks, R., Aiken, L. S., Pfund, R. A., Stamm, K. E., &

Christidis, P. (2016). Undergraduate study in psychology: Curriculum and assessment. *American Psychologist*, *71*, 89 - 101.

O'Donohue, W. (1989). The (even) bolder model: The clinical psychologist as metaphysician-scientist-practitioner. *American Psychologist*, *44*(12), 1460 - 1468.

Peterson, C., & Seligman, M. E. P. (2004). *Character strengths and virtues: A handbook and classification*. New York, NY: Oxford University Press.

Pettigrew, T. F., & Campbell, E. Q. (1960). Faubus and segregation: An analysis of Arkansas voting. *Public Opinion Quarterly*, *24*, 436 - 447.

Piaget, J. (1926). *The language and thought of the child*. London, UK: Routledge.

Piaget, J. (1958). *The growth of logical thinking from childhood to adolescence*. London, UK: Routledge.

Piaget, J., & Inhelder, B. (1969). *The psychology of the child*. London, UK: Routledge and Kegan Paul.

Rogers, C. R. (1963). Toward a science of the person. *Journal of Humanistic Psychology*, *3*, 72 - 92.

Seligman, M. E. P. (1970). On the generality of the laws of learning. *Psychological Review*, *77*, 406 - 418.

Seligman, M. E. P. (1991). *Learned optimism: How to change your mind and your life*. New York, NY: Knopf.

Seligman, M. E. P. (2011). *Flourish: A Visionary New Understanding of Happiness and Well-being*. New York, NY: Free Press.

Seligman, M. E. P., & Hager, J. L. (Eds.) (1972). *Biological boundaries of learning*. Englewood Cliffs, NJ: Prentice Hall.

Sperry, R. (1995). The future of psychology. *American Psychologist*, *50*, 505 - 506.

Sternberg, R. J., & Lubart, R. I. (1996). Investing in creativity. *American Psychologist*, *51*, 677 - 688.

Vygotsky, L. S. (1971). *The psychology of art*. Cambridge, MA: MIT Press. (Original work published 1925)

White, N. M., & Milner, P. M. (1992). The psychobiology of reinforcers. *Annual Review of Psychology*, *43*, 443 - 471.

Witmer, L. (1896). Practical work in psychology. *Pediatrics*, 2, 462 - 471.

Witmer, L. (1907). Clinical psychology. *The Psychological Clinic*, *1*(1), 1 - 9.

图书在版编目（CIP）数据

剑桥心理学史：第7版 / (美) 詹姆斯 · F. 布伦南，(美) 基思 · A. 霍德著；颜雅琴，谢晴译. —上海：东方出版中心，2021.1

ISBN 978-7-5473-1694-8

Ⅰ. ①剑… Ⅱ. ①詹… ②基… ③颜… ④谢… Ⅲ. ①心理学史－世界－普及读物 Ⅳ. ①B84-091

中国版本图书馆CIP数据核字（2020）第201287号

上海市版权局著作权合同登记：图字09-2020-690号

剑桥心理学史（第7版）

著　　者　〔美〕詹姆斯 · F. 布伦南　〔美〕基思 · A. 霍德
译　　者　颜雅琴　谢　晴
责任编辑　江彦懿
封面设计　储　平
内文设计　陈绿竞

出版发行　东方出版中心
地　　址　上海市仙霞路345号
邮政编码　200336
电　　话　021-62417400
印 刷 者　上海盛通时代印刷有限公司

开　　本　890mm × 1240mm　1/32
印　　张　18.75
字　　数　361千字
版　　次　2021年1月第1版
印　　次　2021年1月第1次印刷
定　　价　88.00元

This is a simplified-Chinese edition of the following title published by Cambridge University Press:
History and Systems of Psychology
ISBN 978 - 1 - 316 - 63099 - 0

本书经授权译自英文版 *History and Systems of Psychology*
原版 ISBN 978 - 1 - 316 - 63099 - 0
詹姆斯·F. 布伦南　基思·A. 霍德　著
Cambridge University Press 2018 年出版
本书中文简体字版由剑桥大学出版社授权东方出版中心合作出版